# HTML 5 + CSS 3 网站布局应用教程

赵振方　魏红芳　赵林强　编著

资深专家亲自执笔，
全面解读HTML+CSS网站布局

**形式新颖**
用准确的语言总结概念，用直观的图示演示过程，用详细的注释解释代码，用形象的比方帮助记忆

**内容丰富**
通过16章的技术知识内容、25个动手操作以及2个大型综合案例的深入浅出讲解，使读者快速、轻松入门

**贴心提示**
全书在实战应用中穿插大量提示、注意和技巧，同时还提供大量的课后练习，帮助读者加深印象、拓展知识

**1CD 精心准备的高清视频教学**

- **视频文件** 提供28集本书所学案例的同步视频教学，总时长达200多分钟
- **源代码** 本书所用案例的源代码完全公开提供，使读者更加直观地学习HTML+CSS

北京希望电子出版社
Beijing Hope Electronic Press
www.bhp.com.cn

## 内 容 简 介

本书全面介绍 HTML 5 与 CSS 3 进行 Web 设计的知识。

全书由 16 章组成。主要内容包括：主流浏览器对 HTML 5 的支持情况、HTML 5 与 HTML 4 在语法上的区别、结构元素、表单与文件、图形绘制、多媒体播放。同时还详细介绍 CSS 3 的相关知识，包括新增选择器、文字与字体样式、颜色样式、盒样式、背景与边框样式、变形处理、多媒体和动画等内容。

本书语言通俗易懂，案例丰富多彩，知识全面、指导性强，既可作为初学者入门书籍，也能帮助中级读者提高技能。适合前台 Web 设计人员、前端开发人员、网站建设及网络开发人员以及对 HTML 5 与 CSS 3 感兴趣的设计爱好者参考使用。

本书配套光盘内容为书中部分视频教学及案例源代码文件。

需要本书或技术支持的读者，请与北京清河 6 号信箱（邮编：100085）发行部联系，电话：010-62978181（总机）转发行部，82702675（邮购），传真：010-82702698，E-mail：tbd@bhp.com.cn。

### 图书在版编目（CIP）数据

HTML 5+CSS 3 网站布局应用教程 / 赵振方，魏红芳，赵林强编著. 一北京：北京希望电子出版社，2012.7

ISBN 978-7-83002-039-2

Ⅰ. ①H… Ⅱ. ①赵… ②魏… ③赵… Ⅲ. ①超文本标记语言－程序设计－教材②网页制作工具－教材 Ⅳ. ①TP312②TP393.092

中国版本图书馆 CIP 数据核字（2012）第 096770 号

| 责任编辑：周凤明 | 责任校对：刘 伟 |
| 责任印刷：双 青 | 封面设计：深度文化 |

**北京希望电子出版社** 出版

北京市海淀区上地三街 9 号金隅嘉华大厦 C 座 611
邮政编码：100085
http://www.bhp.com.cn
北京市四季青双青印刷厂印刷
北京希望电子出版社发行　各地新华书店经销

\*

2012 年 7 月第 1 版　　开本：787mm×1092mm 1/16
2012 年 7 月第 1 次印刷　印张：26
印数：1-3500 册　　　　字数：602 千字

定价：49.80 元（配 1 张 CD 光盘）

# 前言

当今,是网络应用更加普及和不断变革的时代,作为与应用密切相关的前端技术更是备受瞩目,其中,以HTML 5和CSS 3为代表的新一代技术尤其受到关注,因为HTML 5不仅仅是一次简单的技术升级,还代表了未来Web的发展方向。

HTML 5解决了近十年来HTML 4出现的各种问题,废除了不合理的标记,革命性地增加了富有语义的标记,以及创造令人兴奋而更具交互性的网站和应用程序所需的特性,像本地绘图、离线缓存等。

与HTML 5类似,CSS 3是CSS规范的最新版本。CSS 3添加了一些新特性,帮助前端设计人员解决以前存在的问题,像更强大的选择器、允许边框图片、圆角、文本和块阴影以及动画等。

为了使广大的Web开发者能早日开发出更加前沿和时尚的Web应用而编写本书。本书遵循最新的HTML 5和CSS 3规范,详细介绍它们的所有新功能和新特性。

## 本书内容

第1章 讲解为什么使用HTML 5,HTML 5的发展,HTML 5新特性以及测试各种浏览器HTML 5性能等。

第2章 讲解HTML 5的新语法以及HTML 5新增加的结构元素、页面元素和表单元素,像header、aside和embed等。

第3章 介绍HTML 5中的元素,像details、command、section、mark等。

第4章 介绍HTML 5中新增加的表单属性、表单输入类型以及其他新表单元素,像output、keygen和optgroup等。

第5章 介绍canvas元素,包括使用canvas元素绘制圆形、绘制直线、绘制文字和绘制图像等。

第6章 介绍如何使用video元素和audio元素显示视频和音频。

第7章 介绍HTML 5中如何上传一个或多个文件以及如何读取文件。

第8章 介绍在HTML 5中如何进行数据处理,包括常用使用localStorage对象、sessionStorage对象和Web数据库。

第9章 介绍HTML 5中的功能,如Web离线应用、通信应用和多线程等。

第10章 介绍CSS的概念、历史和特点,CSS 3的相关知识及CSS 3新增加的颜色和文本样式等。

第11章 介绍CSS 3新增加的选择器以及如何使用选择器进行简单的操作。

第12章 介绍CSS 3新增加的边框样式、背景样式以及渐变,像border-radius、box-shadow、background-clip和background-origin等。

第13章 介绍CSS 3在变形、过渡和动画效果方面的应用。

第14章 介绍盒子模型和多列类布局的常用属性,像overflow、box-sizing、column-gap和

column-fill等。

第15章　介绍设计时尚的个人博客网站，详细讲解如何使用HTML 5+CSS 3技术实现各个页面的制作。

第16章　介绍使用HTML 5的线程与ASP.NET结合实现对博客的管理，包括管理员登录、添加文章、删除文章和图片上传等。

## 本书特色

本书的案例均来自真实项目，力求通过读者实际操作时的案例使读者更容易地掌握HTML 5和CSS 3的操作。本书难度适中，内容由浅入深，实用性强，覆盖面广，条理清晰。

◆ 形式新颖

用准确的语言总结概念，用直观的图示演示过程，用详细的注释解释代码，用形象的比方帮助记忆。

◆ 内容丰富

涵盖了实际Web开发中所用到的HTML 5页面结构、表单元素、操作文件、HTML 5绘图、CSS 3选择器、CSS 3动画、背景和布局等方面的知识。

◆ 随书光盘

本书为实例配备了视频教学文件，读者可以通过视频文件更加直观地学习HTML 5和CSS 3的使用知识。

◆ 网站技术支持

读者在学习或工作过程中，如果遇到实际问题，可以直接登录www.itzcn.com与我们取得联系，作者会在第一时间内给予帮助。

◆ 贴心的提示

为了便于读者阅读，全书还穿插着一些技巧、提示等小贴士，体例约定如下：

提示：通常是一些贴心的提醒，让读者加深印象或提供建议，或者解决问题的方法。

注意：提出学习过程中需要特别注意的一些知识点和内容，或者相关信息。

技巧：通过简短的文字，指出知识点在应用时的一些小窍门。

## 读者对象

本书适合以下人员阅读学习：

◆ 前台Web设计人员
◆ 前端开发人员
◆ 网站建设及网络开发人员
◆ 对HTML 5和CSS 3感兴趣的其他人员

编著者

# Contents 目录

## 第1章 下一代Web开发标准——HTML 5

- 1.1 为什么使用HTML 5 ............................ 2
- 1.2 HTML 5大势所趋 ............................... 5
  - 1.2.1 HTML 5的诞生 ............................ 5
  - 1.2.2 关于HTML 5的组织 ....................... 6
  - 1.2.3 HTML 5的目标 ............................ 6
  - 1.2.4 HTML 5的浏览器支持情况 ............... 8
- 1.3 HTML 5新特性与技巧 ......................... 9
- 1.4 Flash、Silverlight与HTML 5对比 ......... 12
- 1.5 动手操作：安装支持HTML 5的浏览器 ... 13
- 1.6 动手操作：运行HTML 5测试页面 ........ 14
- 1.7 本章小结 ......................................... 15
- 1.8 课后练习 ......................................... 16

## 第2章 从零开始构建HTML 5 Web页面

- 2.1 HTML 5新语法 .................................. 18
  - 2.1.1 基本语法 ................................... 18
  - 2.1.2 页面标记的语法 ......................... 19
  - 2.1.3 第一个HTML 5页面 ..................... 20
- 2.2 HTML 5的页面结构 ........................... 21
  - 2.2.1 新增结构元素 ............................ 22
  - 2.2.2 新增页面元素 ............................ 27
  - 2.2.3 新增表单元素 ............................ 29
  - 2.2.4 新增属性 .................................. 31
- 2.3 设计页面的基本结构 ........................ 32
- 2.4 改善为符合HTML 5的结构 ................ 33
- 2.5 动手操作：设计一个文章评论列表 ..... 40
- 2.6 本章小结 ......................................... 41
- 2.7 课后练习 ......................................... 42

## 第3章 使用HTML 5结构元素构建网站

- 3.1 html根元素 ...................................... 44
- 3.2 文档头部元素 .................................. 45
- 3.3 页面交互 ......................................... 49
  - 3.3.1 details元素 ............................... 49
  - 3.3.2 summary元素 ............................ 50
  - 3.3.3 menu元素 ................................. 50
  - 3.3.4 command元素 ........................... 51
  - 3.3.5 progress元素 ............................ 51
  - 3.3.6 meter元素 ................................ 52
- 3.4 页面节点 ......................................... 53
  - 3.4.1 section元素 ............................... 53
  - 3.4.2 nav元素 ................................... 53
  - 3.4.3 hgroup元素 ............................... 55
  - 3.4.4 address元素 .............................. 56
- 3.5 列表元素 ......................................... 56
  - 3.5.1 ul元素 ...................................... 57
- 3.5.2 ol元素 ...................................... 58
- 3.5.3 dl元素 ...................................... 59
- 3.6 文本层次语义 .................................. 59
  - 3.6.1 time元素 ................................... 60
  - 3.6.2 mark元素 .................................. 60
  - 3.6.3 cite元素 ................................... 61
- 3.7 公共属性 ......................................... 61
  - 3.7.1 draggable属性 ........................... 61
  - 3.7.2 hidden属性 ............................... 61
  - 3.7.3 spellcheck属性 .......................... 62
  - 3.7.4 contenteditable属性 ................... 63
- 3.8 动手操作：构建一个企业网站首页 ..... 63
- 3.9 动手操作：构建一个博客网站首页 ..... 68
- 3.10 本章小结 ....................................... 73
- 3.11 课后练习 ....................................... 74

# 第4章 基于HTML 5的表单

- 4.1 HTML 5新表单属性 ...... 76
  - 4.1.1 required属性 ...... 76
  - 4.1.2 placeholder属性 ...... 77
  - 4.1.3 pattern属性 ...... 79
  - 4.1.4 disabled属性 ...... 80
  - 4.1.5 readonly属性 ...... 82
  - 4.1.6 multiple属性 ...... 84
  - 4.1.7 form属性 ...... 84
  - 4.1.8 autocomplete属性 ...... 85
  - 4.1.9 datalist元素和list属性 ...... 86
  - 4.1.10 autofocus属性 ...... 88
- 4.2 HTML 5新表单输入类型 ...... 88
  - 4.2.1 search类型 ...... 89
  - 4.2.2 email类型 ...... 90
  - 4.2.3 url类型 ...... 91
  - 4.2.4 number类型 ...... 92
  - 4.2.5 tel类型 ...... 92
  - 4.2.6 range类型 ...... 93
  - 4.2.7 color类型 ...... 94
  - 4.2.8 date日期类型 ...... 95
- 4.3 动手操作：实现用户注册功能 ...... 96
- 4.4 HTML 5其他新表单元素 ...... 98
  - 4.4.1 output元素 ...... 98
  - 4.4.2 keygen元素 ...... 99
  - 4.4.3 optgroup元素 ...... 100
- 4.5 表单验证 ...... 101
  - 4.5.1 自动验证方式 ...... 101
  - 4.5.2 手动验证方式 ...... 102
  - 4.5.3 自定义验证提示 ...... 103
  - 4.5.4 取消验证 ...... 104
- 4.6 本章小结 ...... 105
- 4.7 课后练习 ...... 105

# 第5章 HTML 5的绘图技术

- 5.1 创建画布 ...... 108
  - 5.1.1 添加canvas元素 ...... 108
  - 5.1.2 canvas元素的基本用法 ...... 108
- 5.2 绘制基础 ...... 109
  - 5.2.1 绘制带边框矩形 ...... 109
  - 5.2.2 绘制渐变图形 ...... 110
  - 5.2.3 绘制圆形 ...... 113
  - 5.2.4 绘制直线 ...... 114
  - 5.2.5 绘制文字 ...... 115
- 5.3 对画布中图形的操作 ...... 116
  - 5.3.1 组合多个图形 ...... 116
  - 5.3.2 为图形添加阴影 ...... 118
  - 5.3.3 变换坐标 ...... 119
  - 5.3.4 变换矩阵 ...... 120
- 5.4 在画布中使用图像 ...... 121
  - 5.4.1 绘制图像 ...... 121
  - 5.4.2 平铺图像 ...... 123
  - 5.4.3 裁剪图像 ...... 124
- 5.5 其他操作 ...... 125
  - 5.5.1 保存和恢复图形 ...... 125
  - 5.5.2 输出图形 ...... 127
- 5.6 动手操作：将彩色图像转换成黑白图像 ...... 129
- 5.7 动手操作：绘制指针式动画时钟 ...... 130
- 5.8 动手操作：绘制弹球动画 ...... 133
- 5.9 本章小结 ...... 137
- 5.10 课后练习 ...... 137

# 第6章 HTML 5处理视频和音频

- 6.1 HTML 5中音频和视频概述 ...... 139
  - 6.1.1 视频容器 ...... 139

| | | | | |
|---|---|---|---|---|
| 6.1.2 | 音频和视频编解码器 ............. 139 | 6.3 | 使用audio元素显示音频 ............. 145 |
| 6.1.3 | 音频和视频的限制 ............. 140 | 6.3.1 | audio元素的属性 ............. 145 |
| 6.1.4 | audio元素和video元素的浏览器支持情况 ............. 140 | 6.3.2 | audio元素的事件 ............. 146 |
| 6.2 | 使用video元素显示视频 ............. 140 | 6.4 | 动手操作：制作属于自己的网页视频播放器 ............. 147 |
| 6.2.1 | video元素的属性 ............. 140 | 6.5 | 本章小结 ............. 152 |
| 6.2.2 | video元素的事件 ............. 142 | 6.6 | 课后练习 ............. 152 |

## 第7章 HTML 5与文件

| | | | | |
|---|---|---|---|---|
| 7.1 | 选择文件 ............. 155 | 7.3.3 | 读取二进制文件内容 ............. 163 |
| 7.1.1 | 选择一个文件 ............. 155 | 7.3.4 | 读取图像文件内容 ............. 164 |
| 7.1.2 | 选择多个文件 ............. 156 | 7.3.5 | 监听读取事件 ............. 166 |
| 7.1.3 | 对文件类型进行限制 ............. 157 | 7.3.6 | 错误处理方案 ............. 168 |
| 7.2 | 动手操作：实现文件上传 ............. 159 | 7.4 | 动手操作：通过拖放实现文件上传 ............. 168 |
| 7.3 | 读取文件 ............. 161 | 7.5 | 本章小结 ............. 173 |
| 7.3.1 | FileReader接口简介 ............. 161 | 7.6 | 课后练习 ............. 174 |
| 7.3.2 | 读取文本文件内容 ............. 162 | | |

## 第8章 HTML 5中的数据处理

| | | | | |
|---|---|---|---|---|
| 8.1 | 数据存储对象简介 ............. 176 | 8.4 | 使用HTML 5数据库 ............. 185 |
| 8.1.1 | Web存储和Cookie存储 ............. 176 | 8.4.1 | HTML 5数据库简介 ............. 185 |
| 8.1.2 | localStorage对象 ............. 176 | 8.4.2 | 创建与打开数据库 ............. 186 |
| 8.1.3 | sessionStorage对象 ............. 178 | 8.4.3 | 执行SQL语句 ............. 187 |
| 8.2 | 数据操作 ............. 179 | 8.4.4 | 数据管理 ............. 190 |
| 8.2.1 | 写入数据 ............. 179 | 8.5 | 动手操作：实现基于数据库的日志管理 ............. 194 |
| 8.2.2 | 读取数据 ............. 180 | 8.6 | 本章小结 ............. 200 |
| 8.2.3 | 清空数据 ............. 181 | 8.7 | 课后练习 ............. 200 |
| 8.2.4 | 使用JSON读取数据 ............. 181 | | |
| 8.3 | 动手操作：实现一个日志查看器 ............. 183 | | |

## 第9章 HTML 5高级功能

| | | | | |
|---|---|---|---|---|
| 9.1 | Web离线应用 ............. 203 | 9.1.2 | applicationCache对象简介 ............. 204 |
| 9.1.1 | manifest文件简介 ............. 203 | 9.1.3 | 检测本地缓存状态 ............. 205 |

| | | |
|---|---|---|
| 9.1.4 | 检测离线与在线状态 | 206 |
| 9.1.5 | 本地缓存更新 | 207 |
| 9.2 | 通信应用 | 208 |
| 9.2.1 | 跨文档之间消息的通信 | 208 |
| 9.2.2 | 使用sockets进行网络间通信 | 210 |
| 9.3 | Worker对象处理线程 | 211 |
| 9.4 | 获取地理位置信息 | 214 |
| 9.5 | HTML 5中处理拖放元素 | 216 |
| 9.6 | 动手操作：显示所在地的地图 | 218 |
| 9.7 | 动手操作：数据库的增删改查 | 221 |
| 9.8 | 本章小结 | 230 |
| 9.9 | 课后练习 | 230 |

# 第10章 CSS 3样式入门

| | | |
|---|---|---|
| 10.1 | CSS背景知识 | 232 |
| 10.1.1 | CSS简介 | 232 |
| 10.1.2 | CSS历史 | 232 |
| 10.1.3 | CSS特点 | 233 |
| 10.1.4 | 使用CSS的优势 | 233 |
| 10.2 | CSS 3简介 | 234 |
| 10.3 | CSS 3兼容情况 | 236 |
| 10.4 | CSS 3新增功能 | 237 |
| 10.5 | CSS 3新增颜色 | 240 |
| 10.5.1 | RGBA | 240 |
| 10.5.2 | HSL和HSLA | 241 |
| 10.5.3 | opacity属性 | 243 |
| 10.6 | 动手操作：设计网页色调 | 244 |
| 10.7 | CSS 3文本与字体样式 | 246 |
| 10.7.1 | text-shadow属性 | 246 |
| 10.7.2 | text-overflow属性 | 249 |
| 10.7.3 | word-wrap属性 | 249 |
| 10.7.4 | @font-face属性 | 250 |
| 10.8 | 动手操作：制作个性的图书列表 | 252 |
| 10.9 | 本章小结 | 255 |
| 10.10 | 课后练习 | 255 |

# 第11章 使用CSS 3选择器

| | | |
|---|---|---|
| 11.1 | CSS 3新增加的选择器 | 258 |
| 11.1.1 | 属性选择器 | 258 |
| 11.1.2 | 结构化伪类选择器 | 260 |
| 11.1.3 | 伪元素选择器 | 268 |
| 11.1.4 | UI元素状态伪类选择器 | 269 |
| 11.1.5 | 通用兄弟元素选择器 | 272 |
| 11.2 | 使用选择器来插入文字 | 272 |
| 11.2.1 | 使用选择器来插入内容 | 273 |
| 11.2.2 | 指定个别元素不进行插入 | 274 |
| 11.3 | 插入图像文件 | 276 |
| 11.3.1 | 在标题前插入图像文件 | 276 |
| 11.3.2 | 插入图像文件的好处 | 276 |
| 11.3.3 | 将alt属性的值作为图像的标题来显示 | 277 |
| 11.4 | 使用content属性插入项目编号 | 278 |
| 11.4.1 | 在多个标题前加上连续编号 | 278 |
| 11.4.2 | 在项目编号中追加文字 | 279 |
| 11.4.3 | 指定编号的样式 | 280 |
| 11.4.4 | 指定编号的种类 | 280 |
| 11.4.5 | 编号嵌套 | 281 |
| 11.4.6 | 中编号中嵌入大编号 | 282 |
| 11.4.7 | 在字符串两边添加嵌套文字符号 | 283 |
| 11.5 | 动手操作：设计窗内网网站首页 | 284 |
| 11.6 | 本章小结 | 290 |
| 11.7 | 课后练习 | 290 |

# 第12章 CSS 3边框和背景样式

- 12.1 边框样式 ........................................... 292
  - 12.1.1 border-image属性 ..................... 292
  - 12.1.2 border-radius属性 .................... 295
  - 12.1.3 box-shadow属性 ....................... 297
  - 12.1.4 border-color属性 ..................... 298
- 12.2 动手操作：中央图像的自动拉伸 ..... 300
- 12.3 动手操作：绘制不同半径四个角的圆角边框 ........................................... 301
- 12.4 背景样式 ........................................... 303
  - 12.4.1 background-clip属性 ................ 303
  - 12.4.2 background-origin属性 ............ 305
  - 12.4.3 background-size属性 ............... 307
  - 12.4.4 background-break属性 ............ 308
- 12.5 动手操作：在一个元素中显示多个背景图像 ........................................... 310
- 12.6 渐变 .................................................... 311
  - 12.6.1 线性渐变 .................................... 311
  - 12.6.2 径向渐变 .................................... 314
  - 12.6.3 重复渐变 .................................... 317
- 12.7 动手操作：为元素或模块设计背景图像 ........................................... 318
- 12.8 本章小结 ........................................... 319
- 12.9 课后练习 ........................................... 319

# 第13章 CSS 3新增变形和过渡特效

- 13.1 变形效果 ........................................... 322
  - 13.1.1 平移 ............................................ 322
  - 13.1.2 缩放 ............................................ 323
  - 13.1.3 旋转 ............................................ 325
  - 13.1.4 倾斜 ............................................ 327
  - 13.1.5 更改变形的原点 ........................ 328
- 13.2 动手操作：打造立体场景的网页 ..... 329
- 13.3 过渡效果 ........................................... 333
  - 13.3.1 transition-property属性 ............ 333
  - 13.3.2 transition-duration属性 ............ 334
  - 13.3.3 transition-timing-function属性 .. 334
  - 13.3.4 transition-delay属性 ................ 335
  - 13.3.5 transition属性 ........................... 336
- 13.4 动画效果 ........................................... 338
  - 13.4.1 关键帧 ........................................ 339
  - 13.4.2 动画属性 .................................... 340
- 13.5 动手操作：实现图片墙3D翻转效果 ........................................................ 342
- 13.6 本章小结 ........................................... 345
- 13.7 课后练习 ........................................... 345

# 第14章 CSS 3布局样式

- 14.1 单个盒子样式 ................................... 348
  - 14.1.1 盒子模型简介 ............................ 348
  - 14.1.2 overflow属性 ............................. 349
  - 14.1.3 overflow-x和overflow-y属性 ... 350
  - 14.1.4 box-sizing属性 ......................... 351
- 14.2 多列类布局 ....................................... 353
  - 14.2.1 column-count属性 .................... 353
  - 14.2.2 column-gap属性 ....................... 354
  - 14.2.3 column-width属性 .................... 355
  - 14.2.4 column-rule属性 ...................... 357
  - 14.2.5 column-span属性 ..................... 359
  - 14.2.6 column-fill属性 ........................ 360
  - 14.2.7 columns属性 ............................. 361
- 14.3 outline属性 ....................................... 362

| | |
|---|---|
| 14.4 动手操作：创建相册图片列表页面 .363 | 14.6 课后练习 ............................................. 365 |
| 14.5 本章小结 ............................................. 365 | |

# 第15章 制作个人博客网站

| | |
|---|---|
| 15.1 博客简介 ............................................. 367 | 15.3.2 设计相册内容 ............................. 379 |
| 15.2 设计博客首页模块 ............................. 368 | 15.4 设计博客文章目录模块 ..................... 380 |
|    15.2.1 结构分析 ..................................... 368 |    15.4.1 文章列表 ..................................... 381 |
|    15.2.2 设计顶部模块 ............................. 368 |    15.4.2 文章详细信息 ............................. 382 |
|    15.2.3 设计底部模块 ............................. 371 |    15.4.3 文章评论 ..................................... 383 |
|    15.2.4 设计中间内容模块 ..................... 373 | 15.5 设计博客登录模块 ............................. 387 |
| 15.3 设计博客相册模块 ............................. 378 | 15.6 本章小结 ............................................. 388 |
|    15.3.1 结构分析 ..................................... 378 | |

# 第16章 制作博客后台管理

| | |
|---|---|
| 16.1 需求分析 ............................................. 390 |    16.6.1 添加文章信息 ............................. 394 |
| 16.2 博客后台系统分析 ............................. 390 |    16.6.2 查看文章信息 ............................. 397 |
| 16.3 数据库分析 ......................................... 391 |    16.6.3 删除文章记录 ............................. 399 |
| 16.4 登录模块 ............................................. 391 | 16.7 相册管理模块 ..................................... 403 |
| 16.5 首页模块 ............................................. 393 | 16.8 本章小结 ............................................. 404 |
| 16.6 文章管理模块 ..................................... 394 | 习题答案 ............................................................. 405 |

# 第 1 章

# 下一代Web开发标准——HTML 5

**内容摘要：**

问世近十年的 HTML 4 已经成为不断发展的 Web 开发领域的瓶颈。所以，HTML 5 标准在此时显得尤为重要。为了实现更好的灵活性和更强的互动性，并创造令人兴奋而更具交互性的网站和应用程序，HTML 5 引入并增强了更为广泛的特性，像多媒体、拖放、网络通信、绘图以及更具语义的结构等。

有关 HTML 5 标准的工作，始于 2004 年，目前 HTML 5 规范仍然正在进行完善，完成它还有很长的路要走。因此，本章中提到的这些特性仍可能发生改变。本章的目的是使读者了解 HTML 5 的相关知识，并熟悉如何搭建 HTML 5 运行环境。

**学习目标：**

- 了解使用 HTML 5 的原因
- 了解 HTML 5 的发展历史
- 了解 HTML 5 浏览器支持情况
- 熟悉 HTML 5 的新特性
- 掌握测试 HTML 5 性能的方法

## 1.1 为什么使用HTML 5

如果你还没有开始使用 HTML 5，可能出于下面几方面的原因：
- HTML 5 没有被广泛支持
- 在 IE 中 HTML 5 不好使用
- 喜欢写比较严格的 XHTML 代码

无论出于何种原因，事实上，HTML 5 是 Web 开发世界的一次重大改变，它代表着未来趋势。而且 HTML 5 并没有想象中的难于理解和使用，本节将罗列一些为什么现在要开始使用 HTML 5 的原因。

### 1. 易用性

两个原因使得使用 HTML 5 创建网站更加简单：语义上及其 ARIA。新的 HTML 标签像 header、footer、nav、section 和 aside 等一样，使得阅读者更加容易去访问内容。在以前，即使定义了 class 或者 ID，阅读者也没办法去了解给出的一个 div 究竟是什么。使用新的语义定义的标签可以更好地了解 HTML 文档，并且创建一个更好的使用体验。

如图 1-1 所示为使用 HTML 5 中语义标签定义的页面的运行效果及源代码。

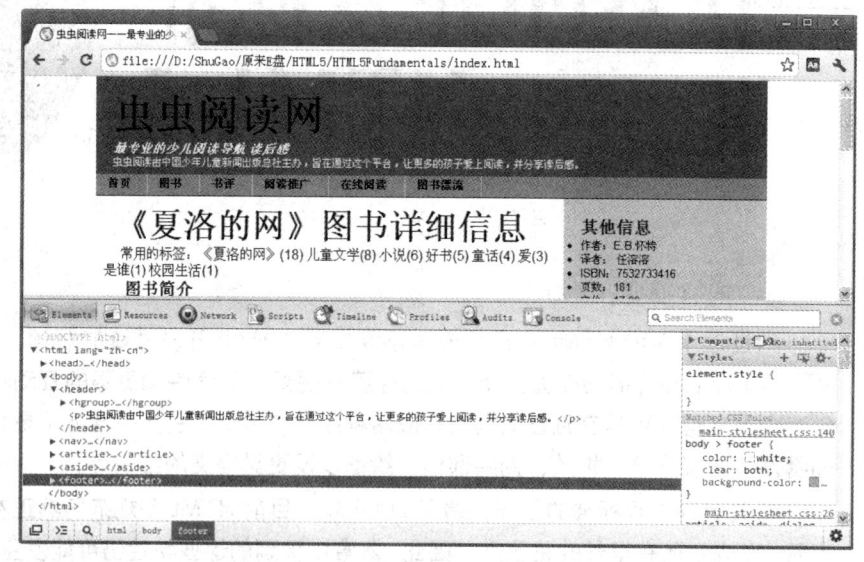

图1-1　HTML 5页面

ARIA 是一个 W3C 的标准，主要用于对 HTML 文章中的元素指定"角色"，通过角色属性来创建重要的页面地形。例如，header、footer、navigation 或者 article 很有必要，但却被忽略掉了，并且没有被广泛使用。然而，HTML 5 将会验证这些属性，同时将会内建这些角色，并且无法覆盖。

### 2. 视频和音频支持

在 HTML 5 之前，要显示视频或者音频，必须通过 Flash 或者插件。在 HTML 5 中通过 video 和 audio 标签就能访问视频或者音频。

如何正确播放媒体一直都是一个非常可怕的事情。之前需要使用 <embed> 和 <object> 标签，并且为了它们能正确播放必须赋予一大堆的参数。媒体标签将会非常复杂，变成大堆令人迷惑的代码。而 HTML 5 的视频和音频标签基本将它们视为图片"<video src=""/>",其他参数（像宽度、高度或者自动播放）作为属性。

例如，下面的示例代码：

```
<video poster="myvideo.jpg" controls>
 <source src="myvideo.m4v" type="video/mp4" />
 <source src="myvideo.ogg" type="video/ogg" />
 <embed src="/to/my/video/player"></embed>
</video>
```

### 3. doctype

在 HTML 5 中，省略了复杂的 HTML 声明，只需使用 doctype 即可，非常简单，而且兼容所有浏览器。

### 4. 更清晰的代码

如果你对于简答、优雅、容易阅读的代码有所偏好的话，HTML 5 绝对是一个为你量身定做的技术。使用 HTML 5，可以通过使用语义学的标签描述内容，最后解决 div 及其 class 定义问题。以前需要大量使用 div 来定义每一个页面内容区域，但是使用新的 section、article、header、footer、aside 和 nav 标签后，仅需要让你的代码更加清晰易于阅读即可。

看看下面这段典型的简单拥有导航的 header 代码：

```
<div id="header">
 <h1>Header Text</h1>
 <div id="nav">
  <ul>
   <li><a href="#">Link</a></li>
   <li><a href="#">Link</a></li>
   <li><a href="#">Link</a></li>
  </ul>
 </div>
</div>
```

使用 HTML 5 后，代码更加简单并且富有含义：

```
<header>
  <h1>Header Text</h1>
  <nav>
    <ul>
      <li><a href="#">Link</a></li>
      <li><a href="#">Link</a></li>
      <li><a href="#">Link</a></li>
    </ul>
  </nav>
</header>
```

如图 1-2 说明了一个典型的带 id 和 class 属性的 div 标记的两列布局。它包含一个页眉、页脚和标题下方的水平导航条，主要内容包含一篇文章和侧右栏。

如图 1-2 所示，div 元素的大量使用是因为 HTML 4 缺少必要的语义元素来更具体地描述这些部分。HTML 5 标准通过引入一些新的元素来解决这个问题，而这些元素表示各个不同的部分。如图 1-3 所示为使用新元素后的页面布局结构。

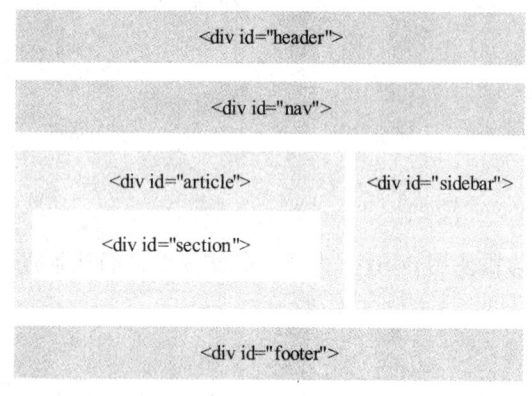

图1-2　传统的页面布局结构

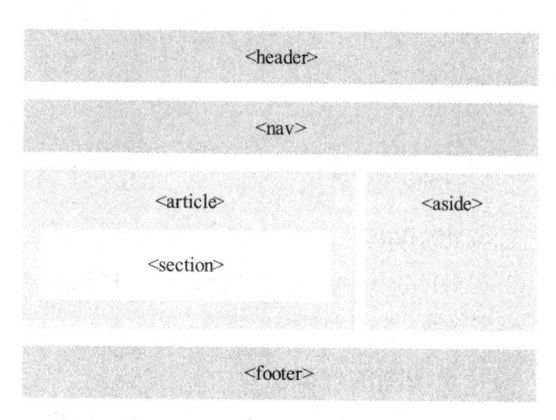

图1-3　使用HTML 5语义元素的页面布局结构

### 5. 更聪明的存储

HTML 5 中最酷的特性就是本地存储。有一点像比较老的 Cookie 技术和客户端数据库的融合。它比 Cookie 更好用，因为支持多个 Windows 存储，它拥有更好的安全和性能，即使浏览器关闭后也可以保存。

### 6. 更好的互动

我们都喜欢更好的互动，我们都喜欢对于用户有反馈的动态网站，用户可以享受互动的过程。使用 HTML 5 的画图标签可以实现很多互动和动画，就像使用 Flash 达到的效果。

### 7. 游戏开发

使用 HTML 5 的 canvas 可以开发游戏。HTML 5 提供了一个非常伟大的、移动友好的方式去开发有趣互动的游戏。如果有开发 Flash 游戏的经验，一定会喜欢上 HTML 5 的游戏开发过程。

如图 1-4 所示为使用 HTML 5 开发的游戏运行效果截图。

图1-4　游戏截图

### 8. 跨浏览器支持

现代流行浏览器都支持 HTML 5（Chrome、Firefox、Safari、IE 9 和 Opera），并且创建了 HTML 5 doctype，即使是非常老的浏览器，像 IE6 都可以使用。但是，老的浏览器能够识别 doctype 并不意味它可以处理 HTML 5 的标签和功能。

幸运的是，HTML 5 已经使得开发更加简单了，并支持更多的浏览器，这样老的 IE 浏览器可以通过添加 JavaScript 代码来使用新的元素：

```
<!--[if lt IE 9]>
 <script src="http://html5shiv.googlecode.com/svn/trunk/html5.js"></script>
<![endif]-->
```

### 9. 移动特性

移动技术将会变得更加流行。更多的用户会选择使用移动设备访问网站或者 Web 应用。HTML 5 是最适合移动化的开发工具。随着 Adobe 宣布放弃移动 Flash 的开发，人们将会考虑使用 HTML 5 来开发 Web 应用。当手机浏览器完全支持 HTML 5 后，开发移动项目将会和设计更小的触摸显示一样简单。

### 10. 未来是 HTML 5 的世界

今天使用 HTML 5 的最大原因是 HTML 5 代表着未来 Web 的发展方向，它将是未来的主流技术。HTML 5 不会往每个方向发展，但是更多的元素已经被很多公司采用，并且开始着手开发。

HTML 5 其实更像 HTML，它不是一个新的技术需要重新学习，所有人都可以考虑现在开始使用 HTML 5 书写代码，它能帮助开发人员改变书写代码的方式及其设计方式。所以放心、大胆地开始用 HTML 5 代码编写 Web 应用吧，说不定下一个移动应用或者游戏应用就是用 HTML 5 开发的。

## 1.2 HTML 5 大势所趋

尽管还有很长的路要走，但 HTML 5 已经开始吸引越来越多的人的目光。大型社交网站 Facebook 已经开始切换其视频部分到 HTML 5，Google 文档的离线模式被 HTML 5 取代，Youtube 宣布开放 HTML 5 的视频功能……这些变化，使我们能够感觉到 HTML 5 正在潜移默化地进行着对互联网的革命。

2007 年，HTML 5 向 W3C 标准进军，HTML 5 的使命是实现富 Web 应用的本地化，脱离浏览器插件的羁绊。W3C 于 2008 年 1 月推出 HTML 5 的第一份草案，而 HTML 5 标准的全部实现也只是时间问题。

### 1.2.1 HTML 5 的诞生

作为最基础的 Web 技术，HTML 语言已经 10 年没有过大范围的改变，这十年间互联网从技术到应用都已沧海桑田；与纷繁的服务器端技术的进化相比，人们甚至已经淡忘了 HTML 还需要升级，还可以增添更多的属性和功能。

让我们快速回顾一下 HTML 版本的历史：

- 超文本标记语言（第一版）在 1993 年 6 月由 IETF 工作草案发布（并非标准）
- HTML 2.0  1995 年 11 月作为 RFC 1866 发布，在 RFC 2854 于 2000 年 6 月发布之后被宣布已经过时
- HTML 3.2  1996 年 1 月 14 日，W3C 推荐标准

- HTML 4.0 1997 年 12 月 18 日，W3C 推荐标准
- HTML 4.01（微小改进）1999 年 12 月 24 日，W3C 推荐标准
- ISO HTML（"ISO/IEC 15445:2000"）2000 年 5 月 15 日发布,基于严格的 HTML 4.01 语法，是国际标准化组织和国际电工委员会的标准

HTML 5 是继 HTML 4.01 之后的又一个重要版本，旨在消除 RIA（Rich Internet Program）对 Flash、Silverlight、JavaFX 一类浏览器插件的依赖。

HTML 5 草案最早于 2004 年提出，在 2007 年时被 W3C 采纳。为此，W3C 组建了专门的 HTML 5 开发小组，对 HTML 5 进行开发、维护和标准化。与此同时，各大浏览器厂商也给予 HTML 5 强有力的支持，像 Mozilla、Google 和 Microsoft 等公司开发的最新版本浏览器都在不同程度上支持 HTML 5 的新功能和新特性。因此，可以说 HTML 5 将引领 Web 发展到一个新的高度，并掀起新一论学习 HTML 5 的热潮。

## 1.2.2 关于 HTML 5 的组织

为了推动 Web 标准化运动的发展，一些公司联合起来，成立了一个叫做 Web Hypertext Application Technology Working Group（WHATWG）的组织，HTML 5 草案的前身名为 Web Applications 1.0，于 2004 年被 WHATWG 提出，于 2007 年被 W3C 接纳，并成立了新的 HTML 工作团队。HTML 5 的第一份正式草案已于 2008 年 1 月 22 日公布。

正是因为有了这些组织积极努力的工作，才有了今天的 HTML 5。下面是这些组织的简单介绍。

- WHATWG

WHATWG 全称是 Web Hypertext Application Technology Working Group，中文含义是网页超文本技术工作小组。WHATWG 是一个以推动网络 HTML 5 标准为目的而成立的工作小组，成立于 2004 年，最初的成员包括 Apple、Mozilla、Google 和 Opera 等浏览器厂商。官方网址 http://www.whatwg.org/。

- W3C

W3C 全称是 World Wide Web Consortium，中文含义是万维网联盟，又称 W3C 理事会。于 1994 年 10 月在麻省理工学院计算机科学实验室成立。

为解决 web 应用中不同平台、技术和开发者带来的不兼容问题，保障 Web 信息的顺利和完整流通，万维网联盟制定了一系列标准，并督促 Web 应用开发者和内容提供者遵循这些标准。标准的内容包括使用语言的规范，开发中使用的导则和解释引擎的行为等。W3C 也制定了包括 XML 和 CSS 等的众多影响深远的标准规范。官方网址 http://www.w3.org/。

- IETF

IETF 全称是 Internet Engineering Task Force，中文含义是互联网工程任务组。IETF 的主要任务是负责互联网相关技术规范的研发和制定，当前绝大多数国际互联网技术标准出自 IETF。HTML 5 中定义的各种 API（线程、Socket、离线）均由 IETF 组织开发。官方网址 http://www.ietf.org/。

## 1.2.3 HTML 5 的目标

HTML 5 的目标是创建更简单的 Web 程序，编写出更简洁的 HTML 代码。例如，为了使 Web 程序的开发变得更加容易，提供了很多 API；为了使 HTML 变得更简洁，开发了很多新的

属性、新的元素和标签等。总体来说，为下一代 Web 平台提供了许许多多的新功能。

### 1. 让 HTML 跟上富互联网时代

富互联网应用与 HTML 并非一直是"天作之合"。因为，自从 HTML 出现之后，它就是一种用来创建平台独立的超文本文档的简单标记语言。XHTML（采用纯 XML 格式的语言）问世后，W3C 保留了把网页视做文档的这种理念，而几项提议的 XHTML 标准注重文档结构、与 XML 工具的兼容性以及语义 Web 等问题。

这让那些认为互联网作为一种应用平台还会有更大作为的开发人员深感沮丧。2004 年，Apple、Google、Mozilla 和 Opera 软件公司的代表共同成立了 WHATWG，这是个独立的 Web 标准联盟。WHATWG 独立于 W3C 组织开展工作，开始携手改进 HTML，方向是互联网以应用为中心。

2007 年，由于 XHTML 2 方面的工作陷入了似乎无休止的争论中，W3C 投票决定采纳 WHATWG 的工作成果，并在此基础上制定了新的 HTML 5 标准。至此，连互联网之父都改变了立场，支持互联网以应用为中心。

如图 1-5 所示为使用 HTML 5 地图的应用示例。

这倒不是说纯 XML 的标记语言已过时。虽然 HTML 在标准制定工作中重新扮演起主角，但采用 XML 格式的 HTML 5（名为 XHTML 5）同时也在开发中。区别在于，XHTML 5 将面向那些已经改用 HTML 5 的人，而开发人员不再非得遵守 XHTML 的严格语法才能充分利用 Web 标记语言的最新功能特性。

图1-5 地图应用示例

### 2. 重新定义标签

尽管如此，HTML 5 还是继承了当初提议为 XHTML 2 增添的许多特性，包括旨在改善文档结构的许多功能特性。例如，新的 HTML 标签（像 header、footer 和 figure）让内容能够以一致的方式指定常用文档元素。以前，开发人员不得不使用自定义类属性的 DIV 标签来标记这类元素，这种方法使得 HTML 文档很难解析。

HTML 5 还继续致力于把 Web 内容与表现分开来。例如，开发人员可能会惊讶地看到，新标准中可以使用 b 元素和 i 元素，不过这些元素现在用来以类属方式作为文本的一部分，而不代表任何特定的排版格式。i 元素过去代表斜体字体，而在 HTML 5 中它仅仅指"突出不同意见或语气的一段文本"。与之相似的是，b 元素并不代表特意加重字体的文本，而是代表文体上突出的不包含任何额外重要性的文本。

相比之下，原先专门代表下划线文本的 u 标签在 HTML 5 中被弃用了。同时弃用的还有其他针对特定表现的元素，包括 font、center 和 strike。这类样式属性现在被认为是 CSS 所特有的。

新标准为表单输入元素引入了额外的数据类型，包括日期、URL 和电子邮件地址，同时对部分原来的元素进行了修改，例如改进了对非拉丁文字符集的支持。HTML 5 还引入了微数据概念，这是一种用机器可读标签来标注 HTML 内容的方法，从而为语义 Web 简化了处理。

总之，这些结构上的改进让内容创作者可以提交更干净、更容易管理的网页，这些网页可与搜索引擎、屏幕阅读软件及其他自动化内容分析工具很好地兼容。

### 3. 实现更丰富、基于标准的 Web

世人最迫切期待的 HTML 5 新增方面却是那些新的元素和 API，让内容创作者只要使用基于标准的 HTML，就能制作丰富的多媒体内容。现代网页越来越多地采用可扩展图形、动画和多媒体，但到目前为止，这些功能要求使用 Flash、RealMedia 和 QuikTime 等专有插件。这类插件不但带来了新的安全风险，还限制了网页的受众面。

HTML 5 解决这个问题的一个办法就是让浏览器原生地支持相关的标记语言。内容创作者可以把用 MathML 和 SVG 编写的标记直接嵌入到 HTML 5 网页中。这种更强灵活性的跨平台设计，比既要支持图形又要兼顾文本的 Flash 和 Silverlight 等更有竞争力。

不过，Web 开发人员对 HTML 5 新的音频和视频标签的呼声更高，这些标签最终目的是要很容易地把多媒体内容嵌入到网页中。这些标签在 HTML 5 标准中要求与编解码器无关，这意味着将由浏览器厂商负责提供能播放任何内容所需的编解码器，只要符合一定标准即可。其中，视频标签尤其被寄予厚望，因为对网上视频提供商来说，它们希望自己的内容可以在 iPhone 和 iPad 上播放，这两款设备目前都不支持 Flash。

画布标签让交互式 Web 图形向前迈进了一步，该标签可用来把浏览器窗口的某些区域定义为动态位图。Web 开发人员可使用 JavaScript 来处理画布中的内容，针对用户操作实时渲染图形。从理论上说，这项技术有望让开发人员只使用 JavaScript 和 HTML 就能开发出完全交互的游戏。

如图 1-6 所示为基于画布标签制作的书法应用程序，具有非常好有用户体验和交互性。

除了这些显示技术外，HTML 5 还引入了基于浏览器的缓存概念，缓存让 Web 应用可以把信息存储在客户端设备上。与谷歌 Gears 插件一样，这些缓存既提升了应用性能，又可以让用户即便无法连接互联网，也能继续使用 Web 应用。实际上，谷歌已经逐步停止支持 Gears，改而支持 HTML 5 技术。

图 1-6　书法应用程序

## 1.2.4　HTML 5 的浏览器支持情况

现今浏览器的许多新功能都是从 HTML 5 标准中发展而来的。因为，无论 HTML 5 发生了哪些巨大的变化，提供了哪些革命性的特性，如果不能被业界承认并广泛地推广使用，这些都是没有意义的。

然而现在，HTML 5 被正式地、大规模地投入应用的可能性是相当高的。这主要是靠各个浏览器厂商来支持的，他们都在最新版本浏览器中支持 HTML 5。

- Apple

Apple 在 2010 年 6 月 7 日的开发者大会后发布了 Safari 5，这款浏览器支持 10 个以上的 HTML 5 新技术。包括全屏播放、HTML 5 视频、HTML 5 地理位置、切片元素、HTML 5 可拖动元素、表单验证和 Web Socket 等。Apple 官方网址：http://www.apple.com。

- Google

早在 2010 年初，Google 的 Gears 项目经理就宣布将放弃对 Gears 浏览器插件项目的支持，并重点研究 HTML 5 项目。Google 官方网址：http://www.google.com。

- Microsoft

2010 年，Microsoft 在 MIX10 技术大会上宣布，其推出的 Internet Explorer 9 浏览器已经支持 HTML 5，同时还声称，随后将更多地支持 HTML 5 的新标准和 CSS 3 特性。Microsoft 官方网址：http://www.microsoft.com。

- Mozilla

Mozilla 在 2010 年 7 月发布了第一款支持 HTML 5 的 Firefox 4 浏览器测试版。在该版本的浏览器中包含了 HTML 5 语法分析器、在线视频、离线应用和多线程等。Google 官方网址：http://www.mozilla.org。

- Opera

2010 年 Opera 软件公司首席技术官（CSS 之父）发表了关于 HTML 5 的看法，称 HTML 5 和 CSS 3 将是全球互联网的发展趋势。目前包括 Opera 在内的诸多浏览器厂商都支持 HTML 5，Web 的未来也将属于 HTML 5。Opera 官方网址：http://www.opera.com。

经过上面简短的描述，相信读者一定已看出，目前主流的浏览器都纷纷地投向 HTML 5 的怀抱，并向 HTML 5 方向迈进着。因此 HTML 5 已经广泛地推行开来，相信 HTML 5 的应用会越来越多。

## 1.3　HTML 5 新特性与技巧

过去的 HTM 已经难以满足现代 Web 应用的需要，事实上这个协议已经有超过 10 年没有更新了。HTML 5 的出现旨在解决 Web 中的交互、媒体、本地操作等问题，一些浏览器已经尝试支持 HTML 5 的一些功能，而开发者们有望最终从那些 Web 插件中得到解脱。

本节将对作为一个使用 HTML 5 的开发人员必须了解的新特性和技术进行简单介绍。

### 1. 新的 doctype

一个全新页面声明方法，即使用"<!DOCTYPE html>"语法。这种方法即使浏览器不支持 HTML 5，也会按照标准模式去渲染页面。

### 2. figure 元素

用 figure 元素和 figcaption 元素来语义化地表示带标题的图片。示例代码如下：

```
<figure>
  <img src="path/to/image.jpg" alt="About" />
  <figcaption>
  This is an image of something interesting.
  </figcaption>
</figure>
```

### 3. 去掉的 type 属性

针对 HTML 中的 link 和 script 元素无须再添加 type 属性。示例代码如下：

```
<link rel="stylesheet" href="assets/main-stylesheet.css" />
<script src="function.js" />
```

### 4. 闭合标签

HTML 5 没有严格地要求属性必须加引号，以及是否闭合，但是建议加上引号并闭合标签。

### 5. 让内容可编辑

使用 HTML 5 只需添加一个 contenteditable 属性，即可使页面中的任何元素变得可编辑。

### 6. Email Inputs

如果给 Input 的 type 设置为 email，浏览器就会验证这个输入是否是 email 类型。

### 7. Placeholders

使用 Placeholders 可以快速为 input 定义一个占位符，而无须编写 JavaScript 脚本。

### 8. Local Storage

使用 Local Storage 可以永久存储大的数据片段在客户端（除非主动删除），目前大部分浏览器已经支持此功能。在使用之前可以检测一下 window.localStorage 是否存在。

### 9. 语义化的 header 和 footer

使用 header 和 footer 可以更加明确地标识页面中元素的作用及含义。

### 10. IE 和 HTML 5

默认的，HTML 5 新元素被以 inline 的方式渲染，也可以通过下面的方式让其以 block 方式渲染。

```
header, footer, article, section, nav, menu, hgroup {
  display: block;
}
```

不幸的是，IE 会忽略这些样式，但是可以使用下面的方法进行修复。

```
document.createElement("article");
document.createElement("footer");
document.createElement("header");
document.createElement("hgroup");
document.createElement("nav");
document.createElement("menu");
```

### 11. hgroup 元素

HTML 5 中新增的 hgroup 元素一般用在 header 里面，将一组标题组合在一起。示例代码如下：

```
<header>
  <hgroup>
    <h1>Recall Fan Page</h1>
    <h2>Only for people who want the memory of a lifetime.</h2>
  </hgroup>
```

```
</header>
```

## 12. required 属性

required 属性定义了是否允许文本框的输入内容为空。示例代码如下：

```
<input type="text" name="someInput" required/>
```

或者

```
<input type="text" name="someInput" required="true"/>
```

## 13. autofocus 属性

autofocus 属性可使 input 元素自动获取鼠标的输入光标。示例代码如下：

```
<input type="text" name="someInput" autofocus/>
```

## 14. audio 标签

HTML 5 提供了 audio 标签，不需要再按照第三方插件来渲染音频。目前大多数现代浏览器提供了对于 HTML 5 audio 标签的支持，不过目前仍旧需要提供一些兼容处理。

## 15. video 标签

和 audio 标签很像，video 标签提供了对视频的支持。由于 HTML 5 文档并没有给 video 指定一个特定的编码，所以由浏览器去决定要支持哪些编码，这也导致了很多不一致。Safari 和 IE 支持 H.264 编码的格式，Firefox 和 Opera 支持 Theora 和 Vorbis 编码的格式，当使用 HTML 5 video 的时候，这些格式必须都提供。示例代码如下：

```
<video width="320" height="240" controls="controls" preload="preload">
<source src="cohagenPhoneCall.ogv" type="video/ogg;" />
<source src="cohagenPhoneCall.mp4" type="video/mp4;" />
Your browser is old. <a href="cohagenPhoneCall.mp4">Download this video instead.</a>
</video>
```

## 16. 正则表达式

使用 pattern 属性可以在 input 元素里面直接使用正则表达式。示例代码如下：

```
<form action="" method="post">
  <label for="username">Create a Username: </label>
  <input id="username" type="text" name="username" pattern="[A-Za-z]{4,10}" autofocus required>
  <button type="submit">Go </button>
</form>
```

## 17. 检测属性支持

除了使用 Modernizr（一个开源 JavaScript 库）方法之外，还可以通过 JavaScript 简单地检测一些属性是否被支持。示例代码如下：

```
<script type="text/javascript">
// <![CDATA[
  if (!'pattern' in document.createElement("input") ) {
    // do client/server side validation
  }
// ]]>
</script>
```

### 18. mark 元素

使用新增的 mark 元素可以在页面中高亮显示一段文本。示例代码如下：

```
<h3>Search Results</h3>
They were interrupted, just after Quato said, <mark>Open your Mind</mark>.
```

### 19. 用 Range Input 来创建滑块

HTML 5 引用的 range 类型可以创建滑块，它接受 min、max、step 和 value 属性。可以使用 CSS 的 :before 和 :after 来显示 min 和 max 的值。示例代码如下：

```
<input type="range" name="range" value="" />
input[type=range]:before {
  content: attr(min);
  padding-right: 5px;
}
```

HTML 5 还有很多令人心动的特性和新功能，限于篇幅无法一一举出。HTML 5 的前景还是非常看好的，毕竟丰富 Web 应用的大势已经掀起，Web 2.0 的浪潮也正在继续，让我们共同期待 HTML 5 的降临。

## 1.4 Flash、Silverlight 与 HTML 5 对比

Flash 与 Silverlight 是时下应用最广泛的两种 RIA 技术，而目前 HTML 5 风声鹤唳，也引发了微软和 Adobe 就 Flash、Silverlight 和 HTML 5 的一番辩论。本节将从三个方面简单对比这三种技术。

### 1. 吸引开发者

开发者是两家公司争夺的核心，Adobe 几乎抢占了全部终端用户市场，互联网上 98% 的计算机运行 Flash。这对开发者来说非常重要，虽然 Adobe 并不是操作系统提供商，但他们让 Flash 进驻到几乎每一个浏览器和平台。

微软的 Silverlight 已经发展到 4.0，声称拥有 45% 的市场，在欧洲和亚洲更高（60%）。它也提供跨平台和浏览器支持，但对 Linux 的支持不够及时。另外，微软声称，他们已经拥有近 50 万开发者。双方都有超级大客户，微软受益于体育运动赛事的泛滥，像冬奥会和全美大学生篮球冠军赛，他们还为 Netflix 以及维多利亚内衣 Show 提供在线视频。Adobe 则涵盖了几乎所有大型视频网站，包括 YouTube 和 Hulu。

微软在Silverlight的开发工具方面做得很好，他们在Silverlight刚刚推出时就向开发者社区提供了开发工具，微软.NET开发者可以直接在Visual Studio中开发Silverlight应用。Flash开发者则使用ActionScript、Flex、Flash Builder等工具进行开发。

另外，在编码器、API、音频处理、文件格式与尺寸、性能和动画模式等方面，双方也是各有千秋。不过，双方辩论的焦点最终放在如何同时吸引前端和后端开发者。微软的Expression目前只支持Windows，将Mac阵营的开发者拒之门外，同时，Adobe也借Catalyst吸引各个平台的开发者。

### 2. HTML 5

如果说Silverlight的推出让Adobe感到棘手，那么现在，双方都应该对HTML 5感到棘手。HTML 5的使命是让富Internet应用成为HTML标准。不过，双方都不承认HTML 5对他们的威胁，相反，他们表示要与HTML 5和平共处，让Flash和Silverlight在HTML 5下工作，并在他们的工具中对HTML 5提供支持。

他们同时提到，HTML 5前面还有很长的路，目前只是万里长征的第一步，前面还充满变数。与此同时，不管是Flash还是Silverlight都有属于自己的市场，即使在HTML 5已经成熟的时候。

类似于YouTube的站点已经开通了HTML 5支持。不过，人们对HTML 5的最大期待还是它将让富媒体更容易搜索。微软和Adobe也都在为使Silverlight和Flash变得容易搜索而努力。

### 3. 移动

最后，谈到了移动。在移动市场，两家公司都刚起步，不过，Adobe将在19到20家最大的OEM商那里提供Flash支持（Google已经演示过Android中的Flash）。

谈到微软，虽然Silverlight甚至不支持微软自己的移动操作系统，但这是他们的目标。最近微软已经宣布，同Nokia合作向Symbian系统提供Silverlight。

接着，大家谈到iPhone，这个让Adobe如梗在喉的东西，Adobe已经要求开发者编写可以在iPhone上运行的Flash程序，但苹果不允许在iPhone上运行解释代码（像Java、PHP）。

鉴于将来会有比桌面电脑更多的移动设备投入使用，微软和Adobe必将在移动领域激烈竞争。目前的手机硬件还不适合运行太多富Internet应用，但随着硬件的发展，未来的两三年就可以实现。

## 1.5 动手操作：安装支持HTML 5的浏览器

经过前面对HTML 5方方面面的介绍，相信读者一定想马上就开始使用HTML 5。但是在使用之前，必须先安装一款支持HTML 5的浏览器。在有了浏览器之后，也就具有了运行和使用HTML 5的环境。

下面列出了目前支持HTML 5的比较好的主流浏览器的下载地址：

- Internet Explorer 浏览器

http://windows.microsoft.com/zh-CN/internet-explorer/products/ie/home

- Safari 浏览器

http://www.apple.com.cn/safari

- Chrome 浏览器

http://www.google.com/chrome

- Firefox 浏览器

http://firefox.com.cn/

- Opera 浏览器

http://www.opera.com

这里以 Chrome 浏览器为例，输入上面的网址，将打开如图 1-7 所示的下载页面。

图1-7　下载Chrome浏览器

单击页面中的"下载 Chrome 浏览器"按钮，即可下载 Chrome 浏览器的安装文件，然后双击进行安装。如图 1-8 所示为安装 Chrome 17 浏览器后的运行效果。

图1-8　Chrome 17浏览器

> **提示**：在本书后面的介绍中如无特殊说明，浏览器是指Google Chrome 17。

## 1.6 动手操作：运行HTML 5测试页面

HTML 5 Test 网站（www.html5test.com）是用以测试浏览器对 HTML 5 热门新功能的支持程序。测试的满分是 500 分，如果浏览器同时支持那些没有列入 W3C 的标准，将会获得附加分，例如支持 MPEG-4 可获得 2 附加分。

截止至 2012 年 3 月 15 日，五大浏览器最新版本所取得的分数如表 1-1 所示。

表1-1 浏览器得分情况

| 浏览器 | 正式版本 | 分数 | 测试版本 | 分数 |
| --- | --- | --- | --- | --- |
| Internet Explorer | 9.0.8112.16421 | 141分 + 5 附加分 | 10 | 306分 + 6 附加分 |
| Mozilla Firefox | 11.0 | 335分 + 9 附加分 | 14 Alpha 1 | 335分 + 9 附加分 |
| Opera | 11.61 Build 1250 | 329分 + 9 附加分 | 12 Alpha | 344分 + 9 附加分 |
| Apple Safari | 5.1.4（7534.54.16） | 262分 + 2 附加分 | 5.2 | 352分 + 8 附加分 |
| Google Chrome | 17.0.963.79 | 374分 + 13 附加分 | 19.0.1074.0 | 379分 + 13附加分 |

如图 1-9 所示为 Firefox 浏览器运行测试页面的效果，图 1-10 所示为 Chrome 浏览器运行测试页面的效果。

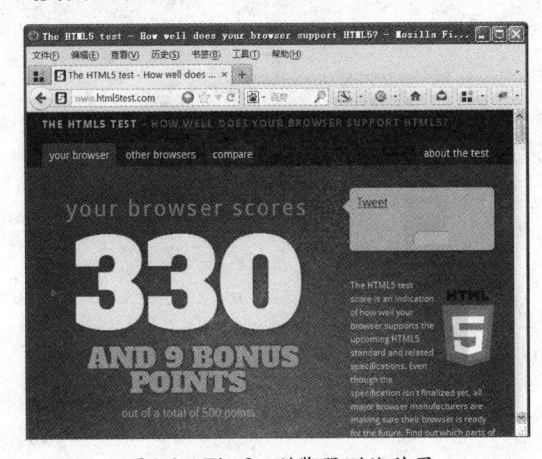

图1-9 Firefox浏览器测试效果

图1-10 Chrome浏览器测试效果

在这里需要注意，随着 HTML 5 的发展，该测试网站也会添加关于新特性的测试项目。因此，测试分数会随之发生变化。另外，分数高只代表浏览器现时对所挑选的新网页编码整体上有较佳的支持，并不代表日后其表现的趋势，因此分数只能作为参考。

## 1.7 本章小结

在新的时代里，相信网页技术会伴随 HTML 5 的来临进入大洗牌的局面，HTML 5 旨在解决 Web 中的交互、媒体、本地操作等问题，一些浏览器已经尝试支持 HTML 5 的一些功能，而开发者们有望最终从那些 Web 插件中得到解脱。

需要指出的是，尽管一些重量级 Web 技术厂家，像 Apple、Google、Mozilla、YouTube 已经开始支持这个新标准。但 W3C 表示，HTML 5 前面的路还很长，它的一些细则目前还存在争议，主流的 Web 在转至 HTML 5 之前还要经过很长的时间。而开发者们也不得不面临两难的境地，就是如何使用现在的技术设计出富 Web 应用，同时又为今后的 HTML 5 做好准备。

## 1.8 课后练习

### 一、填空题

(1) 在 HTML 5 中省略了复杂的 HTML 声明，只需使用 _____ 即可。

(2) HTML 5 草案最早于 2004 年提出，在 2007 年时被 _____ 采纳。

(3) 在 HTML 5 中新增的 _____ 属性可使 input 元素自动获取鼠标的输入光标。

(4) 使用新增的 _____ 元素可以在页面中高亮显示一段文本。

(5) HTML 5 引用的 range 类型可以接受 min、_____、step 和 value 属性。

### 二、选择题

(1) 下列选项中，不属于使用 HTML 5 的是 _____。

    A．HTML 5 支持严格的代码

    B．具有简单易用性

    C．提供更多语义性的元素

    D．支持视频和音频

(2) 下面与 HTML 5 发展没有关系的组织是 _____。

    A．W3C

    B．ISO

    C．IETF

    D．WHATWG

(3) 下列关于 HTML 5 新特性的描述不正确的是 _____。

    A．新增 contenteditable 属性

    B．新增 header 和 footer 元素

    C．新增 required 属性

    D．新增 Input 元素

(4) 下列关于 HTML 5、Flash 和 Silverlight 的描述，错误的是 _____。

    A．Silverlight 支持移动平台

    B．HTML 5 比 Flash 和 Silverlight 更容易搜索

    C．Flash 可用 ActionScript，Flex，Flash Builder 等开发工具

    D．HTML 5 支持移动平台

### 三、简答题

(1) 简述现在可以使用 HTML 5 的原因。

(2) 简述 HTML 5 的发展过程及现状。

(3) 列举出 HTML 5 的 5 个新特性。

(4) HTML 5、Flash 和 Silverlight 各有什么优缺点。

(5) 如何测试浏览器对 HTML 5 的支持情况。

# 第 2 章

# 从零开始构建 HTML 5 Web 页面

**内容摘要：**

俗话说"磨刀不误砍柴工"，通过上一章的学习我们了解了有关 HTML 5 的背景知识。

本章将介绍如何使用 HTML 5 构建一个页面，重点是使读者了解 HTML 5 页面的基本结构。其中包含了 HTML 5 的新语法、HTML 5 与 HTML 4 语法的区别、HTML 5 各种新增元素以及如何修改一个页面，使其符合 HTML 5 等。

**学习目标：**

- 掌握 HTML 5 的基本语法
- 掌握 HTML 5 与 HTML 4 在页面标记上的变化
- 了解 HTML 5 中新增的元素
- 了解 HTML 5 中新增的属性

## 2.1 HTML 5新语法

在介绍 HTML 5 的新语法之前，假设读者已经熟悉 HTML 4 的基本语法。

HTML 4 出现已经有很长一段时间了，其普及程度已经非常广，而且已经成为目前 Web 界的默认标准。HTML 5 与 HTML 4 相比在语法上发生了很大的变化，而这种变化与其他开发语言中的语法变化有着根本上的不同。因为 HTML 5 之前没有一个符合标准规范的 Web 浏览器。

我们知道，最初的 HTML 是在 SGML（Standard Generalized Markup Language）语言的基础上发展的。但是由于 SGML 语言非常复杂，没有一个完全支持它的语法分析器。因此，导致 HTML 虽然遵从 SGML 的语法，但是在实现上各个浏览器的标准却不统一。

HTML 5 建立之初，解决浏览器的兼容性是它的重要目标之一。为此制订了一个统一的标准。我们可以这样理解，HTML 5 的语法是围绕 Web 标准这个目标，在现有 HTML 的语法基础上修改而来的。

随着 HTML 5 标准的出现，各种主流浏览器也陆续推出支持 HTML 5 的版本。接下来，我们就来学习 HTML 5 的新语法。

### 2.1.1 基本语法

HTML 5 的基本语法是为了最大程度上兼容 HTML 4 而设计的。例如，HTML 5 允许出现"没有 <li> 结束标记"的 HTML 错误代码，并明确规定了如何处理这种情况的方法。与此类似的还有引号的省略问题，以及带有逻辑值属性的使用。

本节将从三个方面详细介绍 HTML 5 的基本语法。

**1．省略引号语法**

在 HTML 5 以前指定的属性值既可以使用双引号，也可以使用单引号，甚至省略引号。在 HTML 5 中规定，如果属性值不包含空字符串、"<"、">"、"="、单引号以及双引号等字符时，可以省略引号。

例如，下面给出一些正确处理属性值的示例：

```
<input name=keyword type="text" class="searchInput f14 input" />
<img width=16 height=25 align="absmiddle" src="bg.gif">
<ul id='indexliststr'>
```

其中，由于第一行的 class 属性值中包含了空格，所以在这里必须使用引号括起来。

**2．省略标记语法**

HTML 5 继承了 HTML 4 中标记可以省略的特点，使页面结构更加灵活。HTML 5 将这种情况分为三类，分别是：省略开始和结束标记、省略结束标记和不允许写结束标记。

下面针对这三类情况进行详细介绍。

● 省略开始和结束标记

当一个元素的开始标记和结束标记都可以省略时，属于这种情况。需要注意的是，即使省略了这些元素，他们仍然是隐式存在的。例如，在一个 HTML 页面中，body 元素可以省略不写，但是它仍然存在于文档结构中，可以使用代码 document.body 进行访问。

属于这类的元素有：html、head、body、colgroup、tbody。
- 省略结束标记

这类元素可以省略标记，HTML 5 会自动为其添加相应的结束标记。包括的元素有：li、dt、dd、p、rt、rp、optgroup、option、colgroup、thead、tbody、tfoot、tr、td、th。
- 不允许写结束标记

这类元素只能通过"< 元素名称 />"的形式进行使用，而不使用"</ 元素名称 >"形式作为结束标记。例如，"<br/>"就是正确的，而"<br></br>"的写法是错误的。

属于这类的元素有：area、br、base、col、command、embed、hr、img、input、keygen、link、meta、param、source、trace、wbr。

### 3. 省略逻辑属性语法

在 HTML 5 中，有很多属性的值是逻辑值，例如 checked 和 disabled 等。这些属性的默认值为 false，因此如果不指定，表示不使用该属性。要将一个逻辑属性的值设置为 true，可以使用如下的方法。

- 直接指定属性，不赋任何属性值。
- 将属性名称作为该属性的值。
- 使用空字符串作为该属性的值。

例如，下面给出一些使用逻辑属性值的示例。

```
<input type="checkbox" checked/>
<input type="checkbox" checked=""/>
<input type="checkbox" checked="checked"/>
<input type="checkbox" />
```

在上述代码中，除了第 4 行之外，其他行都可以表示 checked 属性的值为 true。

## 2.1.2 页面标记的语法

上一节介绍的是从 HTML 4 中借鉴过来的基本语法，本节讲解 HTML 5 中页面标记在语法上的变化。

### 1. DOCTYPE 声明

在一个 HTML 文件中，DOCTYPE 声明是必不可少的，它位于文件的第一行。在 HTML 4 中，该声明的代码如下：

```
<!DOCTYPE html PUBLIC "-//W3C//DTD XHTML 1.0 Transitional//EN" "http://www.w3.org/TR/xhtml1/DTD/xhtml1-transitional.dtd">
```

在 HTML 5 中，无须指定复杂的版本声明字符串，只需要使用一个非常简短的 DOCTYPE 即可。具体代码如下：

```
<!DOCTYPE html>
```

这样读者就不用去记住复杂的版本声明字符串，而且这个声明将会适用于所有的 HTML。新的声明方式使 IE、Firefox、Chrome 等浏览器都进入标准模式。

### 2. 命名空间声明

HTML 5 无须像 HTML 4 那样为 html 元素添加命名空间声明。例如，如下的代码：

```
<html xmlns="http://www.w3.org/1999/xhtml" lang="zh-cn">
```

在 HTML 5 中可以直接写成：

```
<html lang="zh-cn">
```

### 3. 字符集编码声明

如下所示为在 HTML 4 中使用 meta 元素指定页面字符集编码的代码。

```
<meta http-equiv="content-type" content="text/html; charset=utf-8" />
```

在 HTML 5 中，可以直接对 meta 元素添加 charset 属性的方式来指定字符集编码。上面代码的 HTML 5 形式如下：

```
<meta charset="utf-8" />
```

> 提示：HTML 5兼容HTML 4的方式，但是在一个页面中只能使用一种。

### 4. 链接 CSS 和 JavaScript 文件

在 HTML 4 中，要链接外部的 CSS 和 JavaScript 文件时，都需要指定 type 属性。示例代码如下：

```
<link rel="stylesheet" type="text/css" href="stylesheet.css" />
<script type="text/javascript" src="script.js"/>
```

而在 HTML 5 中实现同样的功能不需要 type 属性，代码更加简洁。示例如下：

```
<link rel="stylesheet" href="stylesheet.css" />
<script src="script.js" />
```

## 2.1.3 第一个HTML 5页面

本节将使用前面介绍的 HTML 5 语法创建第一个页面，具体步骤如下：

**Step 1** 新建一个 HTML 页面，使用 HTML 5 的语法指定页面的 DOCTYPE 声明。代码如下：

```
<!DOCTYPE html>
```

**Step 2** 使用 html 标记的不带命名空间形式，并指定 lang 属性为 zh-cn。代码如下：

```
<html lang="zh-cn">
```

**Step 3** 指定当前页面的字符集编码为 utf-8，这也是 HTML 5 推荐的页面编码。代码如下：

```
<meta charset="utf-8" />
```

**Step 4** 使用 title 元素将页面的标题设置为"HTML 5 教程"。代码如下：

```
<title>HTML 5教程</title>
```

**Step 5** 使用 h1 元素定义一个文字为"HTML 5 教程"的标题。代码如下：

```
<h1>HTML 5教程</h1>
```

**Step 6** 使用 ul 元素创建一个列表，然后向其中添加一些没有 li 结束标记的项。代码如下所示：

```
<ul>
    <li>1. HTML 5中最新的鲜为人知的酷特性
    <li>2. HTML 5新特性与技巧
    <li>3. 细谈HTML 5新增的元素
    <li>4. HTML 5技术概览
</ul>
```

**Step 7** 接下来创建一条水平线，这里使用"<hr/>"形式，因为该元素不可写结束标记。代码如下：

```
<hr/>
```

**Step 8** 使用 h4 元素定义一个文字为"专题：HTML 5 下一代 Web 开发标准详解"的标题。代码如下：

```
<h4>专题：HTML 5 下一代Web开发标准详解</h4>
```

**Step 9** 创建一个段落，添加一个选中的订阅复选框。代码如下：

```
<p><input type="checkbox" checked/>订阅
```

**Step 10** 使用换行标记进行换行，再添加一段文本。代码如下：

```
<br/>查看所有教程
```

**Step 11** 经过上面几步之后，第一个使用 HTML 5 新语法创建的网页就制作完成了。接下来需要打开支持 HTML 5 的浏览器进行测试，如图 2-1 所示为 Chrome 浏览器的运行效果，图 2-2 为 Firefox 浏览器的运行效果。

图2-1　Chrome浏览器运行效果　　　　图2-2　Firefox浏览器运行效果

## 2.2　HTML 5的页面结构

HTML 的主要任务是描述页面的结构。例如，在"<p></p>"标记之间的文本内容，HTML

将告诉浏览器这些文本是一个段落。

在 HTML 5 中，所有元素都是结构性的，而且它们的作用与块元素非常类似。为了帮助读者更好地理解 HTML 5，本节将介绍 HTML 5 中新增的页面结构元素。

## 2.2.1 新增结构元素

在 HTML 4 中使用 DIV 来定义页面的结构，例如，下面是一个页面的大致结构代码：

```html
<html>
<head></head>
<body>
<div id="header">
  <h1>My Site</h1>
</div>
<div id="nav">
  <ul>
    <li>Home</li>
    <li>About</li>
    <li>Contact</li>
  </ul>
</div>
<div id="content">
  <h1>My Article</h1>
  <p>...</p>
</div>
<div id="sidebar">
  <h1>sidebar</h1>
  <p>...</p>
</div>
<div id="footer">
  <p>...</p>
</div>
</body>
</html>
```

对于上面的例子，相信大多数读者都很熟悉，为所有 DIV 标记增加了 ID，如图 2-3 所示为此时的页面结构。这么做有两个作用，首先，ID 是页面的唯一标识，通过它可以对页面的特定部分定义样式；其次，ID 作为一种原始的伪语义结构，浏览器的解析器将查找标签上的 ID 属性，并尝试猜测其含义（区分 DIV 里面内容的级别），但这是一件很困难的事情，因为每个网站的 ID 可能都不一样。

HTML 5 的一个重大修改就是为了使页面结构更加清晰明确、容易阅读，为此增加了很多新的结构元素。如图 2-4 所示为使用 HTML 5 元素定义的页面结构。

这样浏览器就能区分各个部分，页面的主要内容在 <article> 元素中，导航栏在 <nav> 元素中等。除了更清晰和更符合语义的标记，它还增强了标记的互用性，比如搜索引擎能更精确地确定页面上什么内容比较重要，它可以忽略掉 <nav> 元素和 <footer> 里的内容，因为它们通常不包含页面的重要内容，提高了搜索引擎的效率。

| | |
|---|---|
| <div id="header"> | |
| <div id="nav"> | |
| <div id="content"> | <div id="sidebar"> |
| <div id="footer"> | |

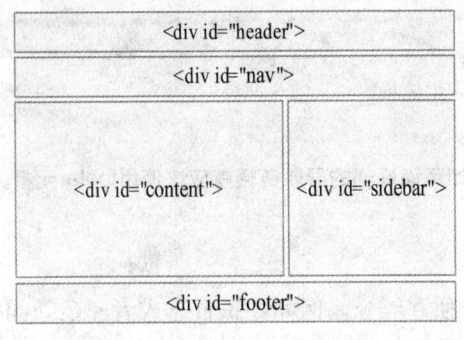

图2-3　HTML 4定义的页面结构

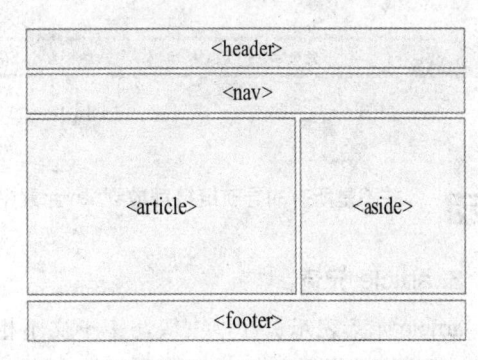

| | |
|---|---|
| <header> | |
| <nav> | |
| <article> | <aside> |
| <footer> | |

图2-4　HTML 5定义的页面结构

下面就来看看 HTML 5 中新增的结构元素。

### 1. header 元素

header 元素表示一个页面或者一个区域的头部，该元素可以包含所有通常放在页面头部的内容。使用 header 元素可以替换原来使用"<div id="header">"的标记，例如一篇文章显示页面中的标题、Logo 图片、搜索表单或者其他相关内容。

示例代码：

```
<header><h1>发挥你的想象 HTML 5可以干什么</h1></header>
```

如图 2-5 所示为作者博客首页中使用 header 元素的应用效果。

图2-5　header元素应用效果

> **提示**　header元素并非页面中的head元素。因此，在页面中可以为每个区域添加一个header元素（头部）。

### 2. nav 元素

nav 元素用于在页面上显示一组导航链接，这些导航通常位于 header 元素的下方，可以链接到站点的其他页面或者当前页的其他部分。

示例代码：

```
<nav>
    <ul>
        <li><a href="#">首页</a></li>
        <li><a href="#">业内资讯</a></li>
        <li><a href="#">技术文档</a></li>
        <li><a href="#">资源下载</a></li>
    </ul>
</nav>
```

如图 2-6 所示为某著名视频网站中使用 nav 元素的应用效果。

图2-6  nav元素应用效果

> **技巧**：并不是所有的导航链接都放到nav元素中，例如页面底部的导航链接就应该使用footer元素。

### 3. article 元素

article 元素表示页面中一块与上下文不相关的独立部分，例如一篇日志或者一条新闻等。article 元素通常使用多个 section 元素进行划分，一个页面中的 article 元素也可以出现多次。例如，在一个博客首页中，可能会用 10 个 article 元素表示 10 篇文章。

示例代码：

```html
<article>
    <header>
        <h1>第1章</h1>
    </header>
    <section>
        <header>
            <h1>第1节</h1>
        </header>
    </section>
    <section>
        <header>
            <h1>第2节</h1>
        </header>
    </section>
</article>
<article>
    <header>
        <h1>第2章</h1>
    </header>
</article>
```

上述代码包含了两个 article 元素，其中，第 1 个 article 元素又包含了一个 header 元素和两个 section 元素。

如图 2-7 所示为某网站使用 article 元素的应用效果。

图2-7  article元素应用效果

### 4. aside 元素

aside 元素表现的是与文档主要内容有关的附属信息部分。它可以包含当前页面相关的其他引用、备注、注释，甚至侧边栏和广告等其他类似的有别于主要内容的部分。

示例代码：

```
<article>
    <header>
        <h1>文章标题</h1>
    </header>
    <section>文章主要内容</section>
    <aside>其他相关文章<aside>
</article>
<aside>
    右侧管理菜单
</aside>
```

如图 2-8 所示为 aside 元素在一些网站中的应用效果。

图2-8 aside元素应用效果

### 5. section 元素

section 元素用于将页面上的内容划分为独立的区域。一个 section 元素通常是一个有主题的内容组，前面有一个 header 元素，后面跟一个 footer 元素，如果需要，section 也可以嵌套使用。

示例代码：

```
<article>
    <header>
        <h1>第1章</h1>
    </header>
    <section>
        <header>
            <h1>第1节</h1>
        </header>
        <p>第1节的内容</p>
        <footer>
            第1节的其他信息
        </footer>
    </section>
</article>
```

如图 2-9 所示为某技术博客中使用 section 元素的应用效果。

> **注意**：section元素是一个划分内容标识，而不是容器。因此，如果希望放置一些内容并定义样式，那么应该使用div而不是section元素。

图2-9　section元素应用效果

### 6. footer 元素

footer 元素用于表示一个页面或者一个区域的底部，该元素可以包含所有通常放在页面底部的内容。使用 footer 元素替换原来在"<div id="footer">"标记内定义的内容，像脚注信息、相关链接、分页列表以及版权信息等。

示例代码：

```
<article>
    文章内容
    <footer>
        文章的分页列表
    </footer>
</article>
<footer>
    页面的脚注
</footer>
```

如图 2-10 所示为某网站中使用 footer 元素的应用效果。

图2-10　footer元素应用效果

上面介绍了 HTML 5 中新增的页面结构元素，下面对本节开始的页面进行重写。如下所示为采用 HTML 5 元素后的代码：

```
<!DOCTYPE html>
<html>
<head></head>
<body>
<header>
    <h1>My Site</h1>
</header>
<nav>
    <ul>
        <li>Home</li>
        <li>About</li>
        <li>Contact</li>
```

```
    </ul>
  </nav>
  <article>
    <h1>My Article</h1>
    <section>
      <p>...</p>
    </section>
  </article>
  <aside>
    <h1> sidebar </h1>
    <p>...</p>
  </aside>
  <footer>
    <p>...</p>
  </footer>
</body>
</html>
```

从上面的代码中,我们可以清晰地分辨中页面的头部、底部、导航部分、主要内容部分以及侧边栏部分。这也是为什么使用 HTML 5 结构元素定义页面的主要原因,如图 2-11 所示为使用这些元素定义的产品展示页运行效果。

图2-11　产品展示页

### 2.2.2 新增页面元素

在上节我们学习了 HTML 5 中新增的、用于控制页面结构的元素。本节将讲解 HTML 5 为页面新增的元素,这些元素使页面更加具有表现力,例如新增的绘图元素和视频元素等。

- audio 元素

HTML 5 提供了 audio 元素,解决了以往必须依靠第三方插件才能播放音频文件的问题。
示例代码:

```
<audio controls="controls" autoplay="autoplay">
    <source src="file.ogg" />
    <source src="file.mp3" />
</audio>
```

- figure 元素

figure 元素表示文档中一个独立的流，一般是指一个单独的单元。可以使用 figcaption 为 figure 元素组添加标题。

示例代码：

```
<figure>
  <figcaption>HTTP</figcaption>
  <p>HTTP的全称为HyperText Transfer Protocol，中文为超文本传输协议</p>
</figure>
```

- video 元素

和 audio 元素一样，HTML 5 也提供了 video 元素对播放视频文件的支持。

示例代码：

```
<video controls="controls" preload=" preload ">
    <source src="cohagenPhoneCall.ogv" type="video/ogg"；codecs='vorbis, theora' />
        <source src="cohagenPhoneCall.mp4" type="video/mp4；'codecs=' avc1.42E01E, mp4a.40.2' />
</video>
```

- canvas 元素

canvas 元素表示图形，例如绘制的圆形、图表或其他图像等。下面的代码会显示一个红色的矩形：

```
<canvas id="myCanvas"></canvas>
<script type="text/javascript">
var canvas=document.getElementById('myCanvas');
var ctx=canvas.getContext('2d');
ctx.fillStyle='#FF0000';
ctx.fillRect(0,0,80,100);
</script>
```

- hgroup 元素

hgroup 元素用于将多个标题（主标题和副标题或者子标题）组成一个标题组。

示例代码：

```
<header>
  <hgroup>
     <h1>小鱼儿的个人网站</h1>
     <h2>在这里记录了我工作相关的内容</h2>
  </hgroup>
  <p>超越梦想一起飞，真心面对每一天</p>
</header>
```

- mark 元素

mark 元素用于高亮显示那些需要在视觉上向用户突出其重要性的文字，包含在此元素里的字符串必须与用户当前的行为相关。例如，在博客中搜索"HTML 5 实例"关键字时出现的代码：

```
<h3>所有搜索结果 </h3>
<h6>本次搜索共用0.1秒，找到10条有关<mark>HTML 5实例</mark>的内容。</h6>
```

- embed 元素

在 HTML 5 中使用 embed 元素可以嵌入多种媒体文件，格式可以是 MP3、MIDI 和 WAV 等。
示例代码：

```
<embed src="mountain.mp3"/>
<embed src="mouse.wav."/>
```

- time 元素

time 元素可以使用很多格式表示一个时间或者时间，或者同时表示两者。
示例代码：

```
<time datetime="2011-12-25">2011年12月25日</time>
<time datetime="12/25/2011">今天圣诞节</time>
<time datetime="2011-12-25 19:30">2011年12月25日晚上7点30分</time>
```

- wbr 元素

wbr 元素表示一个软换行，如果浏览器有足够宽度时不进行换行；当宽度不足时就在此元素处换行。
示例代码：

```
<p>HTML has been in continuous evolution since it was introduced<wbr> to the Internet<wbr> in the early 1990s. </p>
```

- progress 元素　表示 JavaScript 中运行进程的一个进度条。
- ruby、rt 和 rp 元素　用于表示 ruby 注释。
- details 元素　表示用户可以获取的细节信息。
- datalist 元素　为用户提供一个可选的数据列表。
- keygen 元素　用于生成密钥。
- output 元素　用于表示不同类型的输出。
- meter 元素　表示用于测量类的内容，例如硬盘使用率。
- bdi 元素　表示双向文本格式及周围无环绕的独立文本。
- command 元素　表示一个命令按钮，像提交按钮、单选或者复选按钮。

### 2.2.3 新增表单元素

HTML 5 提供了很多令开发人员兴奋的功能，这不仅表现在结构元素和页面元素上。HTML 5 还为表单提供了很多新的元素，下面我们来了解一下。

为 input 元素增加了如下的 type 类型：

- tel　用于输入电话号码格式的文本输入框。
- search　用于在文本状态或搜索状态输入的文本输入框。
- url　用于输入 URL 地址的文本输入框。
- email　用于输入 Email 地址的文本输入框。
- datetime-local　用于输入本地时间的日期和时间选择器。
- datetime　用于输入 UTC 时间的日期和时间选择器。
- date　用于选择日期的日期和时间选择器。

- month 用于选择月份的日期和时间选择器。
- week 用于选择周和年的日期和时间选择器。
- time 用于选择时间的日期和时间选择器。
- number 用于输入数值的文本输入框。
- range 用于输入一定范围内在数字值的文本输入框。
- color 用于输入颜色值的文本输入框。

下面的代码演示了如何使用 input 的新 type 类型。

```
<p>
    <label>Email:</label> <input type="email" name="html5email"><br/>
    <label>URL:</label> <input type="url" name="html5url"><br/>
    <label>Number:</label> <input type="number" name="html5number" min="1" max="10" step="1" value="1"><br/>
    <label>Range:</label> <input type="range" name="html5range" min="-100" max="100" value="0" step="10"><br/>
    <label>Time:</label> <input type="time" step="900" name="html5time"><br/>
    <label>Date:</label> <input type="date" name="html5date"><br/>
    <label>Month:</label> <input type="month" name="html5month"><br/>
    <label>Week:</label> <input type="week" name="html5week"><br/>
    <label>DateTime:</label><input type="datetime" name="html5datetime">
</p>
```

新增表单相关的属性主要包括有：
- autofocus 属性 使元素在页面打开时自动获得焦点。
- placeholder 属性 为元素提供一个占位符，提示用户可以输入的内容。
- form 属性 为元素指定一个属于的表单，然后可以将该元素放到表单外的任何位置。
- required 属性 指定一个元素在提交时必须有内容，即必选项。
- novalidate 属性 用于取消提交时进行的有关检查，适用于 input、button 和 form 元素。

例如，下面是使用常用属性构建一个表单的代码。

```
<label>邮箱:
    <input type=email form="UserForm" name="email" placeholder="name@domain.com">
</label>
<form id="UserForm">
  <fieldset>
    <legend>表单新增属性</legend>
    <p>
      <label>自动获得焦点:</label>
      <input type="text" name="html5autofocus" autofocus="true">
      <small>Works in Opera, Chrome & Safari</small> </p>
    <p>
      <label>占位符:</label>
      <input type="text" name="html5placeholder" placeholder="name@domain.com">
```

```
      <small>Works in Chrome & Safari</small> </p>
    <p>
      <label>必选项:</label>
      <input type="text" name="html5requied" required="true">
      <small>Works in Opera & Chrome</small> </p>
  </fieldset>
  <div>
    <button>Submit</button>
  </div>
</form>
```

如图 2-12 所示为上述代码在 Chrome 浏览器上的运行效果。

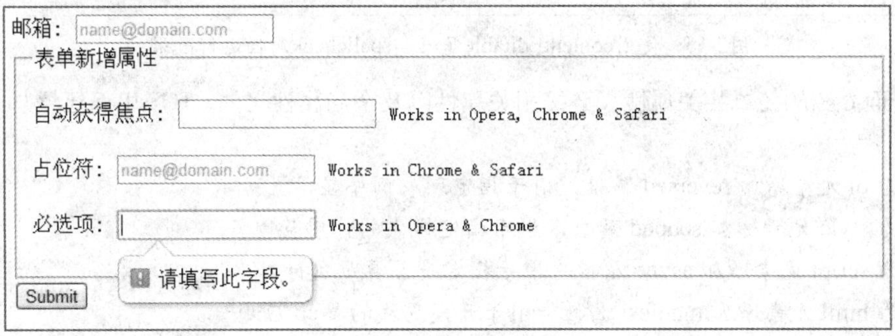

图2-12 表单运行效果

### 2.2.4 新增属性

新增的与链接相关的属性主要有：

- 为 a 和 area 元素增加了 media 属性，该属性规定目标 URL 为哪些类型的设备进行优化。
- 为 area 元素增加了 hreflang 与 rel 属性，以保持与 a 元素和 link 元素的一致。
- 为 link 元素增加了 sizes 属性，该属性可以与 icon 元素结合使用，指定关联图标的大小。
- 为 base 元素增加了 target 属性，主要目的是与 a 元素保持一致。

在 HTML 5 中新增了一些全局属性，也就是指可以对任何元素都使用的属性。这些全局属性分别是：

- contentEditable 属性 允许用户在页面中编辑元素中的内容，必须应用到可获得鼠标焦点的元素。
- designMode 属性 此属性用于指定整个页面是否可编辑。当页面可编辑时，页面上任何支持 contentEditable 属性的元素都变成了可编辑状态。此属性有 on 和 off 两个属性，而且必须在 JavaScript 中才可以修改。
- hidden 属性 与 input 元素的 hidden 属性功能相同，使页面上的元素不可见。
- spellcheck 属性 用于指定是否对 input 和 textarea 两个文本框的内容进行拼写和语法检查，有 true 和 false（默认）两个值。
- draggable 和 dropzone 属性 定义可以使用拖放 API 的元素。

下面的代码是使用 contentEditable 属性和 spellcheck 属性创建的一个示例，运行效果如图 2-13 所示。

```
<ul>
   <li contentEditable="true">这是一个可编辑项</li>
   <li>这是一个不可编辑项</li>
</ul>
<textarea spellcheck="true"> </textarea>
```

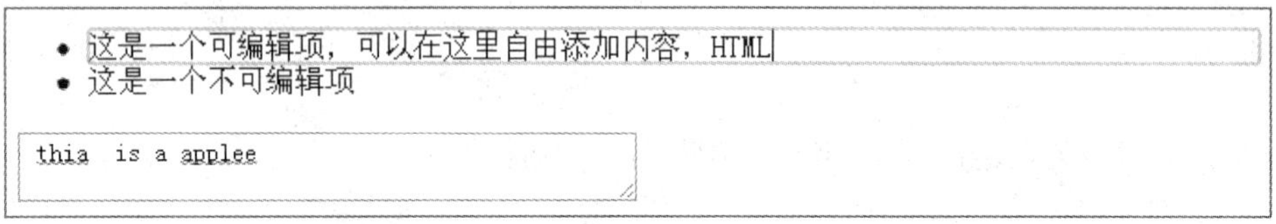

图2-13　使用contentEditable属性和spellcheck属性运行效果

除上面介绍的表单相关属性、链接相关属性以及全局属性之外，HTML 5 还增加了下面的一些属性。

- 为 ol 元素增加 reversed 属性，用于指定列表倒序显示。
- 为 style 元素增加 scoped 属性，用于指定样式的作用范围。
- 为 script 元素增加 async 属性，用于指定是否异步执行。
- 为 html 元素增加 manfest 属性，用于开发离线的 Web 应用。

为 iframe 元素增加 sandbox、seamless 和 srcdoc 属性，用于提高页面安全性，防止不信任的 Web 页面执行某些操作。

## 2.3　设计页面的基本结构

学至此处，相信读者对 HTML 5 的语法以及 HTML 5 中新增的元素和属性有了一定的了解。下面，我们就使用 HTML 5 的新语法和元素构建一个完整的 Web 页面。在创建之前，首先需要确定页面的基本结构。

首先，选择目前主流的上、中、下结构，将页面划分为三个主要区域。在中间的内容区域中又主要分为左右两个子区域。如图 2-14 所示为最终设计的页面基本结构。

根据图中的结构设计，在页面中添加如下 HTML 代码：

```
<div id="body">
   <div id="Header">Header</div>
   <div id="Main">Main</div>
   <div id="Right">Right</div>
   <div id="Footer">Footer</div>
</div>
```

在页面中，body 是一个主容器，里面包含 Header、Main、Right 和 Footer 四个子容器。如图 2-15 所示为添加样式后页面的运行效果。

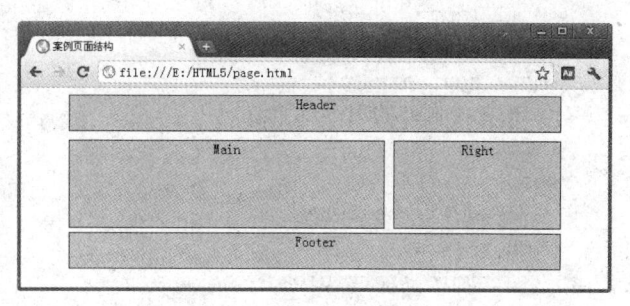

图2-14　页面主体框架结构　　　　图2-15　应用样式后的页面结构

## 2.4　改善为符合HTML 5的结构

HTML 5 是一种设计来组织 Web 内容的语言，其目的是通过创建一种标准的、直观的标记语言来把 Web 设计和开发变得容易起来。为此，HTML 5 提供了各种用于划分页面结构和布局的元素，他们使用户创建的页面不仅能用来呈现内容，而且具有聚合能力，且用户体验好。

上一节分析了一个页面的基本结构，并使用传统的标记对其进行设计。本节将采用 HTML 5 语法对页面进行重构，并最终完成一个页面。

**Step 1** 首先看看上一节完成后页面的完整源代码，如下所示：

```
<!DOCTYPE html PUBLIC "-//W3C//DTD XHTML 1.0 Transitional//EN" "http://www.w3.org/TR/xhtml1/DTD/xhtml1-transitional.dtd">
<html xmlns="http://www.w3.org/1999/xhtml">
<head>
  <meta http-equiv="Content-Type" content="text/html; charset=utf-8" />
  <title>案例页面结构</title>
</head>
<body>
<div id="body">
  <div id="Header">Header</div>
  <div id="Main">Main</div>
  <div id="Right">Right</div>
  <div id="Footer">Footer</div>
</div>
</body>
</html>
```

从上述的源代码中可以看出，通过为 DIV 标记的 id 属性赋不同的值来区分页面的各个区域。在 HTML 5 中提供了很多元素，用来从语义上将页面划分为不同的区域，例如 header 元素表示头部区域。

**Step 2** 如下所示为采用 HTML 5 元素重新划分页面结构的代码，其中展示了如何使用它们来创建格式良好的代码和优雅的页面设计。

33

```
<!doctype html>
<html lang="zh-cn">
<head>
<meta charset="utf-8">
<title>案例页面结构</title>
</head>
<body>
  <header></header>
  <nav></nav>
  <article></article>
  <aside></aside>
  <footer></footer>
</body>
</html>
```

可以看到，HTML 5 为每种不同的结构分别定义了元素，使用它们可以很直观地了解页面的布局情况。接下来，我们将对每个结构进行详细介绍，最终将页面构建完整。创建过程中会涉及 CSS 3 的知识，需要使用它们来控制页面的显示风格。

**Step 3** 在页面的 title 元素中为页面定义一个有意义的名称，代码如下：

```
<title>虫虫阅读网——最专业的少儿阅读导航 读后感</title>
```

**Step 4** 在 title 元素下创建 link 元素，为当前页面引用一个外部 CSS 样式表。代码如下：

```
<link rel="stylesheet" href="assets/main-stylesheet.css" />
```

**Step 5** 在 header 元素中定义两个与页面有关的标题，并将它们放在 hgroup 元素中。再使用 p 元素为页面添加一个描述信息。代码如下：

```
<header>
  <hgroup>
     <h1>虫虫阅读网</h1>
     <h2>最专业的少儿阅读导航 读后感</h2>
  </hgroup>
    <p>虫虫阅读由中国少年儿童新闻出版总社主办，旨在通过这个平台，让更多的孩子爱上阅读，并分享读后感。</p>
</header>
```

上述代码可以理解为，在网页的头部共包含两个标题（一个主标题 h1 和一个副标题 h2）和一个段落（用 p 元素表示）。

**Step 6** 如下所示为 header 元素所需的样式代码，将它们添加到 main-stylesheet.css 文件中。

```
body>header {
   background: #666;   padding: 20px;    height:80px;
clear:both;
}
header h1 {
   font-size: 50px; margin: 0px;       color: #005;}
header h2 {
```

```
    font-size: 15px; margin: 0px;        color: #EEE;
font-style: italic;
  }
  header p{
    color: #EEE;   font-size:10px;
  }
```

**Step 7** nav 元素的作用是标识页面的导航链接。因此，在这里为 nav 添加一个 ul 列表并定义一个导航菜单，代码如下：

```
<nav>
  <ul>
    <li><a href="#">首页</a></li>
    <li><a href="#">图书</a></li>
    <li><a href="#">书评</a></li>
    <li><a href="#">阅读推广</a></li>
    <li><a href="#">在线阅读</a></li>
    <li><a href="#">图书漂流</a></li>
  </ul>
</nav>
```

**Step 8** HTML 5 提供了一种更加高效的将页面结构与表现分离的方法。例如，只要在 nav 元素中定义导航菜单的链接名称和链接地址即可。具体如何显示的则交给 CSS 来处理，如下所示为这里所需的代码：

```
  nav {
      height:25px;  background: #000;  color: #fff;  font-weight: bold;
clear:both;
  }
  nav ul {
    list-style: none;  padding: 0px;  display: block;
clear: right; background-color: #99f;  padding-left: 4px;
height: 24px;
  }
  nav ul li {
    display: inline;padding: 0px 20px 5px 10px;height: 24px;border-right: 1px
solid #ccc;
  }
  nav ul li a {
    color: #006;  text-decoration: none;font-size: 13px;
font-weight: bold;
  }
  nav ul li a:hover {
    color: #fff;
  }
```

**Step 9** 转到 footer 元素，在这里为页面添加页脚和底部版权信息。代码如下所示：

```
<footer>
```

```
    <p> 关于我们 ｜ 广告服务 ｜ 联系我们 ｜ 人才招聘 ｜ 网站地图<br/>
      &copy; 2011 少年网. All rights reserved.</p>
</footer>
```

**Step 10** 如下是 footer 元素对应的 CSS 样式代码。

```
body>footer {
  color:#fff; clear:both;  background-color: #AAA;
}
footer p {
  text-align: center; font-size: 12px; color: #005;
}
```

**Step 11** 此时，在浏览器中打开即可看到包含 header、nav 和 footer 元素的运行效果，如图 2-16 所示。

图2-16 运行效果

**Step 12** 接下来找到页面的 article 元素，它是页面的主体结构，里面定义了需要显示的实际内容。article 元素可以出现多次，另外，除了内容部分，在 article 元素中通常还有它自己的标题（header）和脚注（footer）。

在本实例中使用一个 article 元素来表示一本图书，并用 header 元素将图书名称作为标题，内容用 p 元素定义常用标签。这部分代码如下所示：

```
<article>
  <header>
    <h1> <a href="#"  rel="bookmark">《夏洛的网》图书详细信息</a> </h1>
  </hea der>
  <p>常用的标签：《夏洛的网》(18)   儿童文学(8)   小说(6)   好书(5)   童话(4)   爱(3)   是谁(1)   校园生活(1)  </p>
</article>
```

**Step 13** 由于 article 元素是独立于页面上下文的，其中又包含了 header、h1 和 p 这样的元素。因此，在 CSS 样式表中需要使用选择符定位到 article 元素。代码如下：

```
body>article {
     width:540px;  padding:10px;   float: left;
}
article > header h1 {
  font-size: 40px; float: left;    margin-left: 14px;
}
article > header h1 a {
```

```
    color: #000090;   text-decoration: none;
}
article p {
    clear: both; text-indent:20px;
}
```

**Step 14** 在 article 元素中,使用 section 元素为图书主体添加一个简介小节,代码如下所示:

```
<section>
  <header>
    <h1>图书简介</h1>
  </header>
    <p>一只名叫威尔伯的小猪和一只叫<mark>夏洛</mark>的蜘蛛成为朋友。小猪未来的命运是成为圣诞节时的盘中大餐,这个悲凉的结果让威尔伯心惊胆寒。它也曾尝试过逃跑,但它毕竟是一只猪。看似渺小的<mark>夏洛</mark>却说:"让我来帮你。"于是<mark>夏洛</mark>用它的网在猪棚中织出"王牌猪"、"朱克曼的名猪"等字样,那些被人类视为奇迹的字让威尔伯的命运整个逆转,终于得到了比赛的特别奖和一个安享天命的未来。但就在这时,蜘蛛<mark>夏洛</mark>的生命却走到了尽头……</p>
    <figure><img src="assets/book.jpg" alt="夏洛的网封面图片" width="100" height="136" ><br/>
      <figcaption>《夏洛的网》封面图片</figcaption>
    </figure>
</section>
```

在这里再次使用了 header 元素来定义标题,不同的是这里定义的是小节的标题。另外,还使用了 mark 元素来突出显示"夏洛"两个字,使用 figure 元素定义了一个图书封面图片,使用 figcaption 元素定义图片的标题。

**Step 15** 如下所示为图书简介小节的 section 元素用到的样式代码。

```
article > section header h1{
    font-size: 20px; margin-left: 25px;
}
article > section figure {
    margin-bottom: 10px;  text-align: center;
}
```

**Step 16** 将文件保存后在浏览器中运行,将看到如图 2-17 所示的效果。

图2-17 运行效果

**Step 17** 使用 section 元素创建一个有关图书适合年龄段的小节，代码如下所示：

```html
<section>
  <header>
    <h1>适合年龄段</h1>
  </header>
  <p >幻想童话阶段（小学一~二年级）、历史故事阶段（小学三~四年级）、知识与论理阶段（小学五~六年级）、自我探索阶段（初中生）</p>
</section>
```

**Step 18** 接下来为图书主体添加一个视频小节，使用 HTML 5 中的 video 元素来播放视频内容。这部分代码如下所示：

```html
<section>
  <header>
    <h1>视频欣赏</h1>
  </header>
  <p>
    <video src="assets/BigBuckBunny.ogv"  controls  loop>
    <div>
      <p>建议使用最新的Firefox或者Chrome浏览器查看此格式视频的播放。</p>
    </div>
    </video>
  </p>
</section>
```

在上述代码中，使用 section 元素重新创建一个新的结构，里面使用 video 元素显示视频。其中的 src 属性指定视频的地址，controls 属性用于显示视频控制栏，loop 属性表示循环播放。

**Step 19** 如下所示为 video 元素所需的 CSS 样式。

```css
article > section video {
  height: 200px; margin-left: 180px;
}
```

**Step 20** 保存页面，在浏览器中运行，将会看到如图 2-18 所示运行效果。

图2-18  运行效果

**Step 21** 经过上面的步骤，页面中 article 元素的创建完成了。下面对页面结构中的 aside 元素进行编辑，该元素通常用于存放与主体有关的附属内容。在本实例中，aside 元素又包含两个 section 元素，一个用于定义图书的其他信息，一个用于定义作者简介。

如下所示为 aside 元素的最终代码：

```html
<aside>
  <section>
    <header>
      <h1>其他信息</h1>
    </header>
    <ul>
      <li>作者：E.B.怀特</li>
      <li>译者：任溶溶</li>
      <li>ISBN：7532733416</li>
      <li>页数：181</li>
      <li>定价：17.00</li>
      <li>出版社：上海译文出版社</li>
      <li>装帧：平装</li>
      <li>出版时间：2004-05</li>
    </ul>
  </section>
  <section>
    <header>
      <h1>作者简介</h1>
    </header>
    <p>E.B.怀特(1899-1985)生于纽约蒙特弗农，毕业于康奈尔大学。多年来他为《纽约人》杂志担任专职撰稿人。怀特是一位颇有造诣的散文家、幽默作家、诗人和讽刺作家。对于几代美国儿童来说，他之所以出名是...</p>
  </section>
</aside>
```

**Step 22** 可以看到，aside 可以像 article 元素一样使用 section 元素和 header 元素。它所需的样式代码如下：

```css
aside {
    width:200px; padding:20px;   float: left;    background: #ccc;
color: #000;   font-size:0.8em;
}
aside > section header h1{
    font-size: 20px;
}
aside p {
    width: 200px;  float: right; color: #000;
}
```

**Step 23** 到目前为止，在本节开始为页面定义的 5 个结构元素的内容就都已经编辑完成了。如图 2-19 所示为最终实例的运行效果。

图2-19　运行效果

## 2.5　动手操作：设计一个文章评论列表

假设有一个博客网站，在查看博客文章页面中有一个发表评论表单，用于记录读者对文章的看法或者意见。同时，在该页面中还会显示已经发表的所有评论。下面就使用 HTML 5 来设计一个博客中文章的评论列表，最终运行效果如图 2-20 所示。

在文章页面中，评论仅仅占用一小块区域，因此在设计时应该考虑使用何种元素来表示。在本案例中使用 section 元素来标识这是页面中的一个评论列表，然后通过嵌入 article 元素的方式显示一条评论。

如下所示为最终评论列表布局结构：

```
<section id="comments">
  <header>
    <h3>"Designing a blog with html5"文章的所有评论</h3>
  </header>
  <article class="comment">   </article>
```

```
        <article class="comment">  </article>
</section>
```

图2-20　评论列表运行效果

header 元素表示评论的标题，此处用 h3 元素来定义。article 元素中则是具体有关评论的内容，包括：发表评论的用户名称、用户邮箱地址、网站地址、评论内容以及头像图片。

如下所示为一条评论的布局代码：

```
<article class="comment" >
    <div class="comment-meta" > <a href="#" rel="external nofollow" class="url" >Laley</a> says<img alt="" src="Doctor_files/3bf32e785ba583565ee8975251f8b0cd.jpeg" class="avatar avatar-48 photo" height="48" width="48" ><time datetime="2009-06-30T15:00:21+00:00" pubdate="" >August 23, 2010 at 12:17 am <a class="permalink" href="#" >#</a></time></div>
    <div class="comment-body" >
        <p>非常不错的一篇文章，特别是像我这种初学者。照着做了一边，很快就会用了。谢谢。呵呵~~~~~~</p>
    </div>
</article>
```

在评论列表中的所有评论都共享上面这个布局模板，只是内容上有所变化。

## 2.6　本章小结

HTML 5 以 HTML 4 为基础，并对 HTML 4 进行了大量的修改。因此，读者在使用 HTML 5 构建网页之前需要在总体上对 HTML 5 有所了解，这包含 HTML 5 的语法、页面标记的变化以及新增的结构元素、页面元素、表单元素和属性等。这也是本章的主要内容，本章通过两个案例演示了 HTML 5 的具体使用方法。

另外，在使用 HTML 5 时选择一款合适的浏览器也是非常重要的。在本书中使用 Google Chrome 15 作为主要浏览器进行测试。

## 2.7 课后练习

### 一、填空题

(1) 代码"<input type="checkbox" checked/>"运行之后，checked 的值是 _____。
(2) 符合 HTML 5 语法的 DOCTYPE 声明代码是 _____。
(3) HTML 5 使用 _____ 元素表示页面中一块与上下文不相关的独立区域。
(4) HTML 5 提供了 _____ 元素嵌入音频，_____ 元素嵌入视频。
(5) 使用 _____ 属性可以为 textarea 开启拼写和语法检查。

### 二、选择题

(1) HTML 是在 SGML_____ 语言的基础上发展的。
　　A．HML
　　B．XML
　　C．TML
　　D．SGML
(2) 在 HTML 5 中，不可以使用 _____ 的方法将逻辑值设置为 true。
　　A．将属性名称作为该属性的值
　　B．直接指定属性，不赋任何属性值
　　C．不指定属性名称，使用默认值
　　D．使用空字符串作为该属性的值
(3) 下面的选项中不属于 HTML 5 语法的是 _____。
　　A．<br></br>
　　B．bgcolor="#00BB00"
　　C．controls=3
　　D．<link rel="stylesheet" href="stylesheet.css"/>
(4) 与 HTML 4 相比，HTML 5 要链接外部的 CSS 不需要使用 _____。
　　A．type 属性
　　B．src 属性
　　C．link 属性
　　D．rel 属性

### 三、简答题

(1) 简述 HTML 5 与 HTML 4 语法上的主要区别。
(2) 列举 HTML 5 在页面标记上的语法变化。
(3) HTML 5 在表单方面与 HTML 4 有什么区别。
(4) HTML 5 新建了哪些全局属性，他们的含义是什么。
(5) 简述如何使用 HTML 5 来重构一个页面。

# 第 3 章
# 使用 HTML 5 结构元素构建网站

**内容摘要：**

在简单了解 HTML 5 页面的基本语法和新页面结构之后，本章将会详细介绍 HTML 5 中新增的结构元素。

掌握这些元素是正确使用 HTML 5 构建网页的基础，像使用 details 元素与用户交互，使用 nav 元素制作导航列表以及 time 元素标识一个时间等。最后创建两个符合 HTML 5 的实例网页来结束本章。

**学习目标：**

- 掌握 HTML 5 根元素的使用
- 熟悉各种头部元素的用法
- 掌握 HTML 5 的页面交互元素
- 掌握 HTML 5 的页面节点元素
- 掌握 HTML 5 列表元素的使用
- 掌握控制文本层次语义的元素
- 熟悉各种公共属性的用法

## 3.1　html根元素

一个 HTML 文档中包含的任何内容都是 HTML 元素，这些元素的根是 html。html 是 HTML 文档的最外层元素，也称为 html 根元素，所有的其他元素都被包含在该元素内。

浏览器在遇到 html 根元素时，将它理解为 HTML 文档。在用法上，HTML 5 与 HTML 4.01 中的 html 根元素没有太大的区别，主要区别就是 xmlns 属性。该属性在 HTML 4.01 中是必须的，用于对 HTML 文档进行验证；而在 HTML 5 中该属性可以忽略，或者认为该属性有一个默认值 "http://www.w3.org/1999/xhtml"。

HTML 5 为 html 根元素新增了一个 manifest 属性，用于指向一个保存文档缓存信息的 URL。另外，使用 lang 属性可以定义 HTML 文档使用的语言，这对搜索引擎和浏览器非常有帮助，默认值是 en。

根据 W3C 推荐标准应该通过 html 根元素的 lang 属性对页面中的主要语言进行声明。HTML 5 的示例代码如下：

```
<html lang="en">
</html>
```

在 HTML 4.01 中，采用如下方式在 html 根元素中对语言进行声明：

```
<html xmlns="http://www.w3.org/1999/xhtml" lang="en" xml:lang="en">
</html>
```

下面通过一个简单的例子来了解 html 根元素的具体使用方法。实例是一个完整的 HTML 5 代码，页面实现了显示一首古诗的效果，具体代码如下所示：

```
<!DOCTYPE HTML>
<html lang="en" manifest="index.maifest">
<head>
<meta charset="utf-8">
<title>春晓</title>
<style type="text/css">
body {
  text-align:center;
  padding-top:70px;
  color:#805231;
  font-family: "楷体_GB2312";
  background-image:url(imgs/ypz.jpg);
  background-position:center top;
  background-repeat:no-repeat;
}
p {
  font-size:26px;
}
</style>
</head>
```

```
<body>
<h1 style="font-size:30px; padding-bottom:20px;">春晓</h1>
<p>春眠不觉晓，</p>
<p>处处闻啼鸟。</p>
<p>夜来风雨声，</p>
<p>花落知多少。 </p>
</body>
</html>
```

上述代码使用了 html 根元素的 lang 属性和 manifest 属性，它包括 head 和 body 两个部分。在 head 部分定义了页面的标题、字符集以及样式，body 部分则定义了页面的具体内容。如图 3-1 所示为在浏览器中查看页面的运行效果。

图3-1 古诗运行效果

## 3.2 文档头部元素

在 HTML 文档中，head 通常是 html 根元素的第一个元素。在 head 元素中包含的是对页面的设置，像标题、描述、收藏图片、样式和脚本等，这些内容不会显示到页面。因此，head 元素又可以称为 HTML 文档的头部元素。

表 3-1 中列出了头部元素中常用的元素及其描述。

表3-1 head常用元素及描述

| 元素名称 | 描 述 |
| --- | --- |
| base | 为页面上的所有链接定义默认地址或默认目标 |
| link | 定义文档与外部资源之间的关系，像链接外部样式表，链接外部图标 |
| meta | 定义页面的辅助信息，像针对搜索引擎的描述和关键词 |
| script | 定义客户端脚本，例如 JavaScript，也可以链接外部脚本文件 |
| style | 定义页面的样式信息 |
| title | 定义文档的标题 |

### 1. base 元素

在 HTML 5 中，建议把 base 作为 head 的第一个元素，这样 head 中的其他元素就可以使用 base 的信息。如下代码演示了 base 元素的使用方法：

```
<head>
<base href="http://www.itzcn.com/" target="_blank" />
</head>
<body>
<a href="index.html ">窗内网首页</a>
</body>
```

在这里将默认 URL 设置为 www.itzcn.com，因此窗内网首页的真实链接 URL 是 www.itzcn.com/index.html。

### 2. link 元素

link 元素最常用的是链接外部样式表，示例代码如下：

```
<link rel="stylesheet" type="text/css" href="menu.css" />
```

HTML 5 中的 link 元素不再支持 charset、rev 和 target 属性，同时新增了 sizes 属性。Sizes 属性仅适用于 rel 属性为 icon 的情况，用于定义图标的尺寸，示例代码如下：

```
<link rel="icon" href="demo_icon.gif" type="image/gif" sizes="16x16" />
```

### 3. meta 元素

在 HTML 5 中，meta 元素不再支持 scheme 属性。另外，新增了一个 charset 属性，用于快速定义页面的字符集。

例如，在 HTML 4.01 中，meta 元素定义字符集的代码如下：

```
<meta http-equiv="content-type" content="text/html; charset=utf-8 ">
```

而在 HTML 5 中对应的代码如下：

```
<meta charset="utf-8 ">
```

使用 meta 元素还能完成很多功能，例如定义针对搜索引擎的关键词：

```
<meta name="keywords" content="HTML, CSS, XML, XHTML, JavaScript" />
```

定义对页面的描述：

```
<meta name="description" content="免费的Web技术教程" />
```

定义页面的最新版本：

```
<meta name="revised" content="somboy, 2012/12/12/" />
```

每 10 秒刷新一次页面：

```
<meta http-equiv="refresh" content="10" />
```

### 4. script 元素

script 元素通常用于定义一段 JavaScript 脚本，或者链接外部的脚本文件。例如，下面的示例弹出一个显示 Hello World 的对话框。

```
<script type="text/javascript">
alert("Hello World!");
</script>
```

在 HTML 5 中，type 属性是可选的，不再支持 xml 属性，而且新增了 async 属性。async 属性定义当脚本可用时是否立即异步执行。

下面的示例代码以异步方式向页面中输出"Hello World"字符串。

```
<script type="text/javascript" async="async">
document.write ("Hello World!");
</script>
```

### 5. style 元素

style 元素用于定义页面所用到的 CSS 样式代码。例如，下面的示例代码定义页面中的 p 元素的字体颜色为黑色，h1 元素的字体为红色。

```
<style type="text/css">
h1 {color:red}
p {color:black}
</style>
```

在 HTML 5 中，为 style 元素增加了 scoped 属性，该属性可以为文档的指定部分定义样式，而不是整个文档。使用 scoped 属性后，规定的样式只能应用到 style 元素的父元素及其子元素。

### 6. title 元素

title 元素定义的标题将显示在浏览器的标题栏、收藏夹以及搜索引擎的结果中。HTML 4.01 与 HTML 5 中的 title 元素用法相同，但是要注意，一个文档中该元素只能出现一次。

示例如下：

```
<title>窗内网</title>
```

现在使用上面介绍的 6 个元素创建一个实例，通过该实例演示各个 head 子元素的具体用法。

**Step 1** 首先新建一个 HTML 文件，并搭建 HTML 5 的基本结构。

```
<!DOCTYPE HTML>
<html>
<head>
</head>
<body>
</body>
</html>
```

**Step 2** 向 body 元素中添加要显示的内容，如下所示为本实例中使用的代码。

```
<h1 id="titlename"></h1>
<p>青春不是年华，而是心境；青春不是桃面、丹唇、柔膝，而是深沉的意志，恢宏的想象，炙热的恋情；青春是生命的深泉在涌流。</p>
<p>青春气贯长虹，勇锐盖过怯弱，进取压倒苟安。如此锐气，二十后生而有之，六旬男子则更多见。年岁有加，并非垂老，理想丢弃，方堕暮年。</p>
```

**Step 3** 运行后将会看到如图 3-2 所示的效果。接下来在 head 元素中使用 base 元素定义页面的默认 URL 为 www.izuowen.com。

```
<base href="http://www.izuowen.com/" target="_blank" />
```

**Step 4** 使用 meta 元素定义页面的字符集为 utf-8。

```
<meta charset="utf-8">
```

**Step 5** 使用 meta 元素为页面添加关键字、描述信息以及版权声明。

```
<meta name="keywords" content="小学语文,作文练习,古诗,散文,教学课件,国标教材,学习辅导" />
<meta name="description" content="小学语文,作文练习,古诗,散文,教学课件,国标教材,学习辅导"/>
<meta name="Copyright" content="汇智科技" />
```

**Step 6** 使用 link 元素为页面添加一个收藏图标。

```
<link rel="icon" href="imgs/logo.ico" type="image/gif" sizes="32x32" />
```

**Step 7** 使用 title 元素设置页面的标题为"青春"。

```
<title>青春</title>
```

**Step 8** 使用 style 元素为 body 中的内容定义显示样式代码。

```
<style type="text/css">
body {
  padding-top:50px;
  font-family: "黑体";
  background-image:url(imgs/back.jpg);
  background-position:center top;
  background-repeat:no-repeat;
}
p {
  font-size:16px;
  color:#000000;
  text-indent:10px;
}
h1 {
  font-size:30px;
  padding-bottom:20px;
  text-align:center;
  margin-bottom:70px;
}
</style>
```

**Step 9** 使用 script 元素编写一段 JavaScript 脚本，在页面加载完成后执行。

```
<script type="text/javascript">
window.onload = function(){
document.getElementById("titlename").innerHTML="青春感想";
}
</script>
```

使用HTML 5结构元素构建网站　第3章

**Step 10** 保存之后，再次在浏览器中查看，将会看到如图 3-3 所示的运行效果。

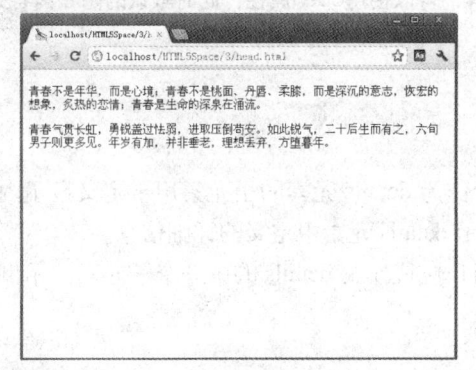

图3-2　未添加head子元素前的运行效果 　　　　图3-3　使用head子元素后的运行效果

## 3.3　页面交互

在 HTML 5 中，一个页面其实也是一个应用程序，表现最突出的是与用户的交互操作。HTML 5 为增强页面与用户的交互新增了很多元素，像 details、summary、menu 和 meter 等。在本节将详细介绍这些交互元素。

### 3.3.1　details元素

details 元素提供了一种快捷、简化的方案，将页面上的部分区域进行展开或者收缩，而无须编写任何 JavaScript 代码。

summary 作为 details 的子元素，用于定义默认显示的内容，单击该元素将会展开或者收缩 details 内的其他元素。如果没有 summary 元素，浏览器将会显示一个默认的文字。

在 HTML 5 中使用 details 元素可以简化 Web 设计人员的工作。示例代码如下：

```html
<details>
    <summary>显示列表</summary>
    <menu>
            <li>列表1 </li>
            <li>列表2</li>
    </menu>
</details>
```

上述代码运行之后，默认会在浏览器中出现 summary 元素定义的"显示列表"文字，如图 3-4 所示。单击该文字可以控制下方 menu 元素的隐藏与显示，如图 3-5 所示为显示时的效果。

图3-4　默认运行效果 　　　　　　　　　　　图3-5　单击summary后的运行效果

49

> 技巧：如果希望打开时就显示details元素的隐藏内容，可以使用open属性，此时默认的隐藏内容处于展开状态。

### 3.3.2 summary元素

如上节关于 details 元素的介绍，summary 元素作为 details 元素的子元素用于定义显示内容的一个简短信息，或者摘要等。单击该元素可以显示 details 元素中定义的详细信息。

summary 元素通常与 details 元素一起使用，而且应该作为 details 的第一个子元素。示例代码如下：

```
<details>
<summary>页面说明</summary>
本页面生成于2011-03-07
</details>
```

运行效果如图 3-6 所示。

图3-6　summary元素的运行效果

### 3.3.3 menu元素

menu 元素是为 Web 应用程序增加的元素，适用于菜单、工具栏以及弹出菜单。menu 元素提供了如下属性：

- ausubmit　如果属性值为 true，当表单中的元素发生变化时自动提交。
- lable　为菜单定义一个可见标注。
- type　定义菜单类型，可选值有 context、toolbar 和 list，默认为 list，表示菜单中的选项。

当作为布局时，menu 元素可以与 li 元素一起使用，表示一个列表。示例代码如下：

```
<menu>
    <li><img src="8117068363343.jpg" ><span>风景一</span></li>
    <li><img src="09.jpg" ><sapn>风景二</sapn></li>
    <li><img src="51.jpg" ><span>风景三</span></li>
</menu>
```

上述代码的运行效果如图 3-7 所示。

图3-7　menu元素的运行效果

## 3.3.4 command元素

command 元素用来定义用户能够调用各种命令按钮，像单选按钮、复选框按钮和图片按钮等。command 元素只有与 menu 元素结合使用时才有作用。下面列出了 command 元素具有的属性：
- checked 定义是否被选中，仅适用于 type 为 radio 或者 checkbox 的情况。
- disabled 定义命令是否可用。
- icon 定义作为命令来显示的图像的 URL 路径。
- label 定义命令上显示的文本。
- radiogroup 定义命令所属的组名，仅在 type 为 radio 时可用。
- type 定义命令的类型，可选值有 checkbox、radio 和 command（默认值）。

下面是 command 元素最简单用法的示例代码：

```
<menu>
    <command onclick="alert('first command')" label="Do 1st Command"/>
    <command onclick="alert('second command')" label="Do 2nd Command"/>
    <command onclick="alert('third command')" label="Do 3rd Command"/>
</menu>
```

上面的代码创建的菜单包含三个文本命令按钮，单击它们将弹出一个对话框。如下是使用 command 元素实现工具栏的代码：

```
<menu type="toolbar">
<command type="radio" radiogroup="alignment" checked="checked"
    label="Left" icon="icons/alL.png" onclick="setAlign('left')">
<command type="radio" radiogroup="alignment"
    label="Center" icon="icons/alC.png" onclick="setAlign('center')">
<command type="radio" radiogroup="alignment"
    label="Right" icon="icons/alR.png" onclick="setAlign('right')">
<hr>
<command type="command" disabled
    label="Publish" icon="icons/pub.png" onclick="publish()">
</menu>
```

## 3.3.5 progress元素

progress 元素用于定义一个正在完成的进度条，提供了如下与进度条相关的属性：
- min 进度条的最小值。
- max 进度条的最大值。
- value 当前的进度值。

示例代码如下：

```
<h1>我的工作进展</h1>
<p><progress min="0" max="100" value="50"><span>50</span>%</progesss></p>
```

通过上面的示例可以得到如图 3-8 所示的运行效果。

图3-8 progress元素的运行效果

> **提示**：progress元素通常与JavaScript脚本结合使用，实现动态改变进度条的值。

### 3.3.6 meter元素

meter 元素用于表示指定范围内的数值。例如，磁盘使用量、投票人数和文档等级评分等。meter 元素支持如下属性：

- min 定义允许范围内的最小值，默认值为 0，且值不能小于 0。
- max 定义允许范围内的最大值，默认值为 1。如果该值小于 min，则将 min 作为最大值。
- value 定义需要显示在 min 和 max 之间的值，默认值为 0。
- low 定义范围内的下限值，必须小于或者等于 high 属性的值。如果该值小于 min，则使用 min 作为 low 的值。
- high 定义范围内的上限值。如果该属性值小于 low，则使用 low 作为 high 的值；如果该值大于 max，则使用 max 作为 high 的值。
- optimum 定义范围内的最佳值，必须在 min 和 max 之间。

例如对于考试成绩，范围为 0~100，分数低于 60 的被认为是不及格，高于 80 的被认为是优秀，100 是最理想的分数。下面的代码使用 meter 元素演示了不同成绩的表示方法：

```
<h1>成绩列表</h1>
<p>
祝红涛：<meter value="65" min="0" max="100" low="60" high="80" title="65分" optimum="100">65</meter><br/>
张均熹：<meter value="85" min="0" max="100" low="60" high="80" title="85分" optimum="100">85</meter><br/>
侯艳书：<meter value="30" min="0" max="100" low="60" high="80" title="30分" optimum="100">30</meter><br/>
李丽霞：<meter value="93" min="0" max="100" low="60" high="80" title="93分" optimum="100">93</meter>
</p>
```

运行上述代码将看到如图 3-9 所示的效果。

图3-9 meter元素的运行效果

## 3.4 页面节点

HTML 5 在页面区域的划分上增加了很多元素。使用这些元素可以更加清晰地对节点按内容或者段进行归类，像使用 nav 元素划分一组导航链接等。

### 3.4.1 section元素

section 元素用于将页面上的内容划分为独立的区域。一个 section 元素通常是一个有主题的内容组，前面有一个 header 元素，后面跟一个 footer 元素，如果需要，section 也可以嵌套使用。

在这里要注意，section 元素并非一个普通的容器元素。例如，当一个容器需要被定义样式或者通过脚本定义行为时，应该使用 div 而不是 section 元素。因此可以这样理解，section 元素中的内容可以单独存储到数据库中或者输出到外部文档中。

下面是 section 元素的示例代码：

```html
<article>
  <header>
    <h1>第1章  使用Windows</h1>
  </header>
  <section>
    <header>
      <h1>第1节  安装Windows</h1>
    </header>
    <p>在安装之前首先需获取Windows的安装源。</p>
    <footer> 本节我们学习了如何安装Windows。 </footer>
  </section>
</article>
```

如图 3-10 所示为打开之后的运行效果。

图3-10 section元素的运行效果

### 3.4.2 nav元素

nav 元素表示的就是他本身的含义，即一组导航链接。虽然 nav 元素的作用是包含一个无序的链接，但是它还有其他作用。例如，一段文字包含页面或页面某个部分的主要导航链接，都可以使用 nav 元素来表示。在这两种情况下，nav 元素应为最重要的导航预留。所以，建议读者避免在页脚的简短链接表中使用 nav 元素。

下面是使用 nav 元素创建导航链接的示例代码：

```html
<nav>
  <ul>
    <li><a href="#">首页</a></li>
    <li><a href="#">图书</a></li>
    <li><a href="#">书评</a></li>
    <li><a href="#">阅读推广</a></li>
    <li><a href="#">在线阅读</a></li>
    <li><a href="#">图书漂流</a></li>
  </ul>
</nav>
```

如图 3-11 所示为打开之后的运行效果。

nav 元素可以在页面中多次使用，主要适用于如下情况：

- 传统导航条　主流网站上不同层次的导航条，作用是将当前页面跳转到其他网站。
- 侧边栏导航　主流博客或者商品网站上的侧边栏导航，作用是将当前文章或者商品跳转到其他文章或者商品。
- 页内导航　作用是在本页面的几个主要组成部分之间进行跳转。
- 翻页操作　多个页面的前进、后退或者分页列表。

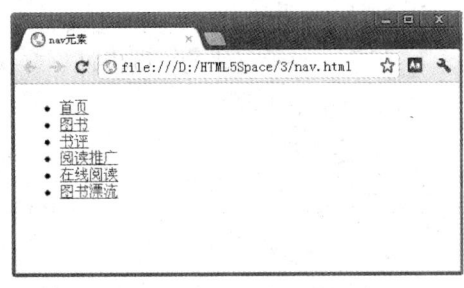

图3-11　nav元素的运行效果

如下所示为使用 nav 元素作为传统导航条的代码：

```html
<nav>
  <ul>
    <li><a href=" # ">入口页面</a></li>
    <li><a href="#">其他网页</a></li>
    <li><a href="#">灰色选项</a></li>
    <li><a href="#">黄色选项</a></li>
    <li><a href="#">绿色选项</a></li>
    <li><a href="#" class="selected">白色选项</a></li>
    <li><a href="#">红色选项</a></li>
  </ul>
</nav>
```

如图 3-12 所示为上述代码的运行效果。

图3-12　nav元素实现的导航条效果

### 3.4.3 hgroup元素

hgroup 元素用于将多个标题（主标题和副标题或者子标题）组成一个标题组。hgroup 元素扮演着一个可以包含一个或者更多与标题相关容器的角色。

通常，将 hgroup 元素放在 header 元素中，如下是一个简单的示例：

```html
<header>
  <hgroup>
    <h1>小鱼儿的个人网站</h1>
    <h2>在这里记录了我工作相关的内容</h2>
  </hgroup>
  <p>超越梦想一起飞，真心面对每一天</p>
</header>
```

如图 3-13 所示为打开之后的运行效果。

在使用 hgroup 元素时要注意以下几点：

- 如果只有一个标题元素（h1-h6 中的一个），不建议使用 hgroup 元素。
- 当出现一个或者一个以上的标题与元素时，推荐使用 hgroup 元素作为标题容器。
- 当一个标题有副标题、其他 section 或者 article 的元数据时，建议将 hgroup 元素和元数据放到一个单独的 header 元素容器中。

图3-13　hgroup元素的运行效果

如下所示为使用 hgroup 元素作为标题容器的代码：

```html
      <hgroup>
        <figcaption class="left-nav-title"><font style=" font-size:16px;">标题组一</font></figcaption>
        <ul>
          <li class="left-nav-group"><a href="#">菜单链接 5-3</a></li>
          <li class="left-nav-group"><a href="#">菜单链接 5-4</a></li>
          <li class="left-nav-group"><a href="#">菜单链接 5-5</a></li>
          <li class="left-nav-group"><a href="#">菜单链接 5-6</a></li>
          <li class="left-nav-group"><a href="#">菜单链接 5-3</a></li>
          <li class="left-nav-group"><a href="#">菜单链接 5-4</a></li>
          <li class="left-nav-group"><a href="#">菜单链接 5-5</a></li>
          <li class="left-nav-group"><a href="#">菜单链接 5-6</a></li>
        </ul>
      </hgroup>
```

如图 3-14 所示为上述代码的运行效果。

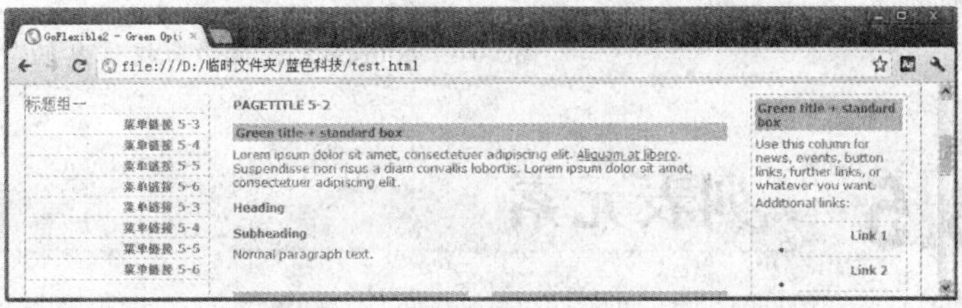

图3-14　hgroup元素实现的标题容器效果

### 3.4.4 address元素

address元素用来表示离它最近的article或body元素内容的联系信息,例如文章的作者名字、网站设计和维护者的信息。当address的父元素是body时,也可表示该文档的版权信息。但是要注意,address元素并不适合所有需要地址信息的情况,例如对于客户的联系信息就不需要。

在address元素中,不能包含标题、区块内容、header、footer或address元素。通常将address元素和其他内容一起放在footer元素中。示例如下:

```
<footer>
<address>
获取更多的细节信息请联系 <a href="mailto:hzkj@itzcn.com">汇智科技</a>。
</address>
<p>版权所有&copy; 汇智科技　2012</p>
</footer>
```

示例的运行效果如图3-15所示。

下面再来看一个address与footer结合的示例,代码如下所示:

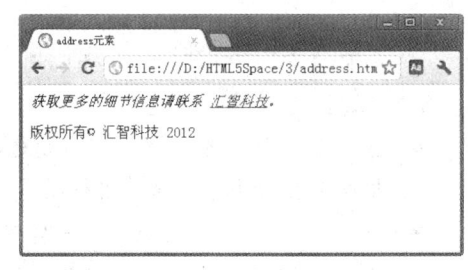

图3-15　address元素的运行效果

```
<footer>
    <address>
    本公司保留所有权利<br />
    Design by <a href="mailto:gw@actamail.com">格哈德工作室</a> | <a href="http://validator.w3.org/check?uri=referer" title="Validate code as W3C XHTML 1.1 Strict Compliant">W3C XHTML 1.1</a> | <a href="http://jigsaw.w3.org/css-validator/" title="Validate Style Sheet as W3C CSS 2.0 Compliant">W3C CSS 2.0</a>
    </address>
</footer>
```

在上述代码中,address元素定义了文档的版权信息,并显示在页面最底部,效果如图3-16所示。

图3-16　address元素显示版权信息的效果

## 3.5 列表元素

本节将详细介绍ul元素、ol元素和dl元素在HTML 5中的用法,并给出与HTML 4.01的区别。

## 3.5.1 ul元素

HTML 5 中的 ul 元素的作用与 HTML 4.01 中的相同,用于创建一个无序列表。不同的是,在 HTML 5 中不再支持该元素的 compact 和 type 属性。

ul 元素的使用方法也很简单。例如,下面使用该元素创建一个列表,然后向其中添加一些没有 li 结束标记的项。代码如下:

```
<ul>
    <li>1. HTML 5中最新的鲜为人知的酷特性
    <li>2. HTML 5新特性与技巧
    <li>3. 细谈HTML 5新增的元素
    <li>4. HTML 5技术概览
</ul>
```

如图 3-17 所示为打开之后的运行效果。

下面是 ul 元素和其他元素结合使用的示例代码:

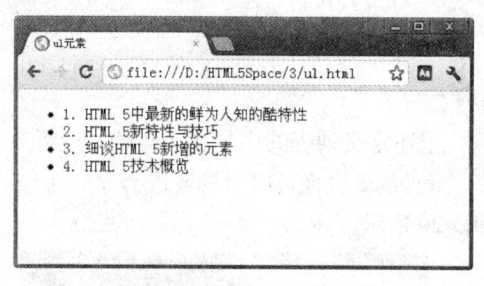

图3-17 ul元素的运行效果

```
<h1>侧面菜单</h1>
<div id="sidemenu">
  <ul>
    <li><a HREF="#">链接1</a></li>
    <li><a HREF="#">链接2</a></li>
    <li><a HREF="#">链接3</a></li>
    <li><a HREF="#">链接4</a></li>
    <li><a HREF="#">链接5</a></li>
    <li><a HREF="#">链接6</a></li>
  </ul>
</div>
```

在这里,使用 ul 元素创建一个链接列表,该列表被嵌入到 div 元素内,运行效果如图 3-18 所示。

图3-18 ul元素制作链接列表的运行效果

## 3.5.2 ol元素

有序列表在当列表项目的每个列表项目前面需要一个递增值的时候使用（例如1,2,3等）。有序列表的列表类型 list-style-type 可以被设置为任何在无序列表下可以设置的值。在大部分情况下，有序列表要么前面是一个递增数值，要么前面没有任何标记。不建议使用有序列表实现类似于无序列表的表现。因为这样，有序列表本身的语义已经不正确了。

HTML 5 对 HTML 4.01 中的 ol 元素功能进行了增强，不仅可以显示有序列表，还增加了 start 属性和 reversed 属性。其中，start 属性可以更改列表编号的起始值，示例代码如下：

```
<ol start="3" >
    <li>亚洲</li>
    <li>中国</li>
    <li>华南</li>
    <li>广东</li>
    <li>深圳</li>
</ol>
```

上述定义列表的序号从 3 开始，运行效果如图 3-19 所示。

reversed 属性可以对列表进行反向排序。例如，对上例添加 reversed 属性的列表运行效果如图 3-20 所示。

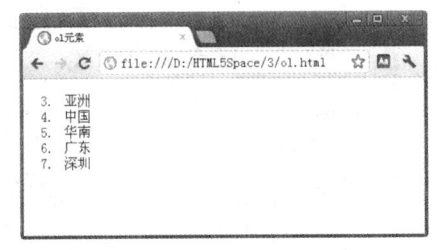

图 3-19　ol元素start属性效果 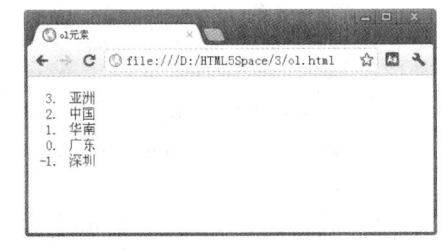　　　　图 3-20　ol元素reversed属性效果

ol 元素同样可以实现 ul 元素的无序列表的效果。例如，下面的示例代码：

```
<ol id="nav1" >
    <li><a href="#">关于</a></li>
    <li><a href="#">产品</a></li>
    <li><a href="#">技术</a></li>
    <li><a href="#">销售</a></li>
    <li><a href="#">分行</a></li>
    <li><a href="#">分支</a></li>
</ol>
```

为了使 ol 元素中的 li 不显示编号，需要在样式中使用"list-style:none;" 代码，运行效果如图 3-21 所示。

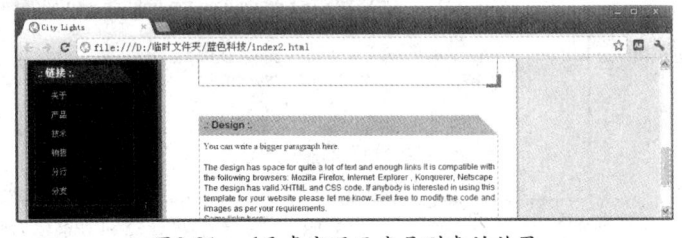

图 3-21　ol元素实现无序号列表的效果

### 3.5.3　dl元素

在 HTML 4.01 中，dl 元素是一个专门用来定义术语的列表元素。这是因为 dl 元素包含了定义术语名称的 dt 元素，以及对术语进行解释说明的 dd 元素，而且可以同时重复多次使用。

dl 元素在 HTML 5 中的作用与 HTML 4.01 中相同，可以在 dl 元素中包含多个带名字的列表项。每个项包含一个或者多个 dt 元素定义的术语，dt 元素后面紧跟一个或者多个 dd 元素，对术语进行详细描述。但是，在一个 dl 元素内，不允许有相同的 dt 元素。

下面给出的示例代码演示了 dl 元素在网页上的不同用法。

```
<h3>网络名词解释</h3>
<dl>
  <dt>FTP</dt>
  <dd>全称：File Transfer Protocol，中文含义：文件传输协议</dd>
  <dt>HTTP</dt>
  <dd>全称：HyperText Transport Protocol，中文含义：超文本传送协议</dd>
  <dt>DHCP</dt>
  <dd>全称：Dynamic Host Configuration Protocol，中文含义：动态主机配置协议</dd>
</dl>
<h3>流行榜</h3>
<dl>
  <dt>热门电影 </dt>
  <dd>十月围城</dd> <dd>龙门飞甲</dd> <dd>变形金刚3</dd> <dd>树先生</dd>
</dl>
<dl>
  <dt>热点关注 </dt> <dd>股市 </dd> <dd>消费者315</dd> <dd>油价</dd> <dd>两会</dd>
</dl>
```

示例的运行效果如图 3-22 所示。

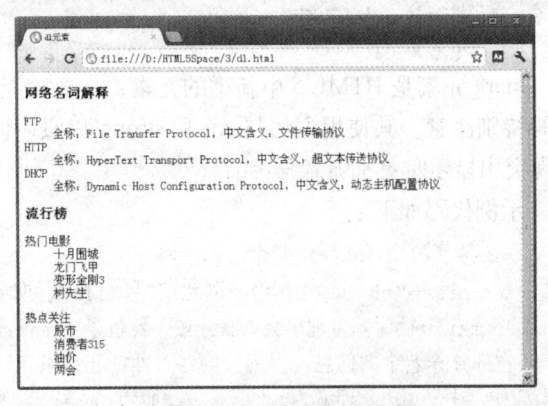

图3-22　dl元素的运行效果

## 3.6　文本层次语义

通常，为了使 HTML 页面中的文本内容更加形象、生动并有明确的含义，需要增加一些特殊功能的元素来突出文本间的层次关系，这样的元素就称为层次语义元素。

在 HTML 5 中，常用的层次语义元素有 time、mark 和 cite，下面将详细介绍。

### 3.6.1 time元素

time 是 HTML 5 新增加的一个元素，用于定义时间或日期。该元素可以代表 24 小时中的某一时刻，在表示时刻时允许有时间差。

time 元素可以定义很多格式的时间和时间，只需将它们作为 datetime 属性的值即可。Time 元素还有一个 pubdate 属性，用于定义文档的发布日期。

示例代码如下：

```
<p>我们在每天早上 <time>9:00</time> 开始营业。</p>
<p>今年的<time datetime="2012-05-01">五一节</time>我们有长个假期，准备去旅游。</p>
<time datetime="2012-4-21" pubdate="true">
 本消息发布于2012年4月21日
</time>
<p>
<time datetime="2012-4-25 19:30">2012年4月25日晚上7点30分</time>
有我最喜欢的球赛不能错过！</p>
```

上述代码的运行效果如图 3-23 所示。

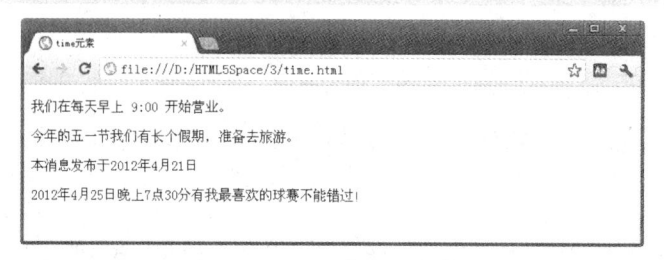

图3-23　time元素的运行效果

### 3.6.2 mark元素

mark 元素是 HTML 5 中新增的元素，主要功能是在文本中高亮显示某些字符，旨在引起用户的特别注意。其使用方法与 em 和 strong 相似，但相比而言，HTML 5 中新增的 mark 元素在表现突出显示时更加随意与灵活。

示例代码如下：

```
<h3>委托投资 <mark>基金</mark> 不是入<mark>股市</mark></h3>
<p class="p3_5">中国经济网北京3月21日讯 据全国社会保障基金理事会网站消息，昨天，全国
    <mark>社保基金理事会</mark> 公布了 <mark>全国社保基金理事会</mark> 受托投资运营
广东省部分养老金的信息，得到社会各方面的正确解读。但是，也有一些媒体和个人把"委托投资运营"
误读为"委托入市"，理解为入" <mark>股市</mark> "，这是不准确的。</p>
```

上述代码的运行效果如图 3-24 所示。

图3-24　mark元素的运行效果

## 3.6.3 cite元素

cite 元素可以创建一个引用标记，用于文档中参考文献的引用说明，像书名或文章名称。使用 cite 元素定义的内容会以斜体显示，以区别于文档中的其他字符。

示例代码如下：

```
<h3>新华网新闻</h3>
<p>北京上海等地银行房贷利率现折扣优惠</p>
<p> --- 引自 << <cite>新华网</cite> >> ---</p>
```

上述代码的运行效果如图 3-25 所示。

图3-25 cite元素的运行效果

## 3.7 公共属性

所谓公共属性是指无论哪个元素都可以使用的属性。在 HTML 5 中最常用的公共属性有 draggable、hidden、spellcheck 和 contenteditable。下面依次详细介绍它们的用法。

### 3.7.1 draggable属性

draggable 属性用于设置是否允许用户拖动元素，该属性有两个值：true 和 false（默认值）。值为 true 时表示元素选中之后可以进行拖动操作，否则表示不能拖动。

示例代码如下：

```
<h3>元素拖动属性</h3>
<article draggable="true"/>
    这是一段可以拖动的文字
</article>
可拖动的图片<img src="imgs/ypz.jpg" draggable="true" />
```

> 提示：如果希望元素在拖动时跟随鼠标显示，必须与 JavaScript 结合使用。

### 3.7.2 hidden属性

在 HTML 5 中，大多数元素都支持 hidden 属性，该属性有两个值：true 和 false。当 hidden 属性取值为 true 时，元素不在页面显示，反之则会显示。

如下的示例演示了如何使用 hidden 属性控制页面元素的显示与隐藏。

```
<h3>是否显示详细信息</h3>
<input type="radio" onclick="test(1)" value="1" checked="checked" name="html5"/> 显示
<input type="radio" onclick="test(0)" value="0" name="html5"/> 隐藏
<p>
<article id="art"> 蓝蓝的天空，飘着朵朵白云 </article>
</p>
<script>
  function test(obj)
  {
    var isShow=(obj)?false:true;
    var str=document.getElementById("art").hidden=isShow;
  }
</script>
```

上述代码运行后的显示效果如图 3-26 所示，隐藏效果如图 3-27 所示。

图3-26　显示效果 　　　　　　　　图3-27　隐藏效果

### 3.7.3　spellcheck属性

spellcheck 属性用于检测文本框或者输入框的拼音或语法是否正确。spellcheck 属性有两个值：true 和 false，值为 true 时检测输入框中的值，反之不检测。示例代码如下：

```
<h3>输入框中语法检测属性</h3>
<p>spellcheck属性值为true<br/>
  <textarea spellcheck="true"></textarea>
</p>
<p>spellcheck属性值为false<br/>
  <textarea spellcheck="false"></textarea>
</p>
```

上述代码的运行效果如图 3-28 所示。

> **注意**：虽然各种浏览器都支持spellcheck属性，但是每个浏览器之间都存在差异。例如，Chrome浏览器支持textarea输入框，但不支持input输入框；而Firefox和Opera浏览器需要手动设置才能显示效果。

图3-28　spellcheck属性的运行效果

### 3.7.4 contenteditable属性

在 HTML 5 之前，如果要使页面上的文本变得可编辑，需要编写复杂的 JavaScript 脚本才能实现。而在 HTML 5 中，只需为文本添加 contenteditable 属性即可。

contenteditable 属性的作用就是允许用户编辑元素中的内容，前提是该元素必须可以获得鼠标焦点。在单击元素之后，会在鼠标位置显示一个光标的插入符号，提示用户元素内容可以编辑。该属性有两个值，如果为 true 表示可编辑，为 false 表示不可编辑。

下面的示例演示了如何使用 contenteditable 属性使元素可编辑，以及获取编辑后的内容。

```
<h4>可以对下面的内容进行编辑</h4>
<article contenteditable="true" id="article1"> 春去春又来，花谢花又开，一年又一年 </article>
<input type="button" value="保存" onclick="save()" />
<h4>结果</h4>
<article id="article2"></article>
<script>
function save()
{
  var str=document.getElementById("article1").innerHTML;    //获取编辑后的内容
  document.getElementById("article2").innerHTML=str;         //显示到结果中
}
</script>
```

运行上述代码，在 article 元素内单击鼠标，便可以对内容进行编辑，效果如图 3-29 所示。编辑完后单击"保存"按钮即可在下方看到效果，如图 3-30 所示。

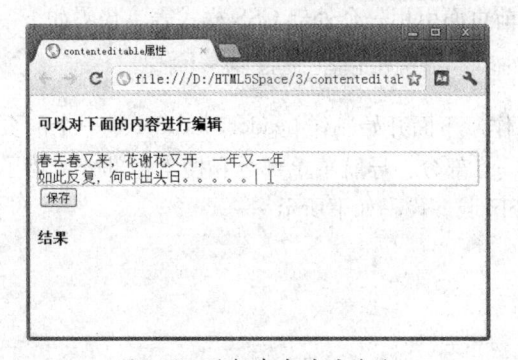

图3-29　编辑内容时的效果　　　　　图3-30　编辑内容后的效果

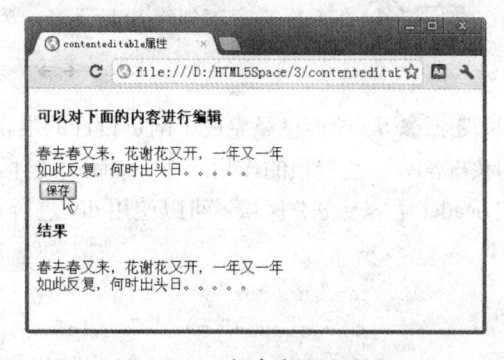

## 3.8 动手操作：构建一个企业网站首页

通过前面的学习，读者一定了解了 HTML 5 中构建网站所需各种元素的用法。本次练习将结合这些元素构建一个企业网站的首页，以此讲解元素的实际应用。

具体步骤如下：

**Step 1** 首先划分页面区域,每种页面都有不同区域划分的方法。这里选择一种常见的划分区域的方法,分为 header、main 和 footer,其中,main 又包括 left 和 right,整体页面布局如图 3-31 所示。

**Step 2** 如下所示为采用 HTML 5 元素重新划分页面结构的代码,其中展示了如何使用它们来创建格式良好的代码和优雅的页面设计。

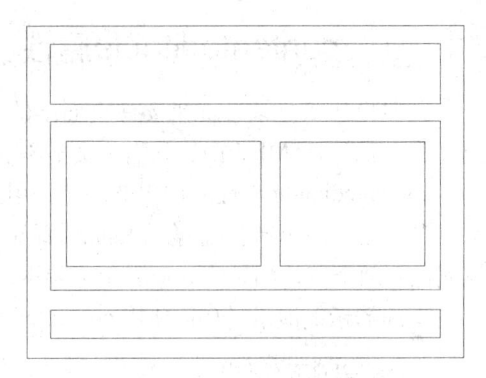

图3-31 整体页面布局

```
<div id="body">
    <header></header>
    <nav></nav>
    <article></article>
    <aside><aside>
    <footer></footer>
</div>
```

可以看到,HTML 5 为每种不同的结构分别定义了元素,使用它们可以很直观地了解页面的布局情况。接下来将对每个结构进行详细介绍,最终将页面构建完整。在创建过程中会涉及 CSS 的知识,需要使用它们来控制页面的显示风格。

**Step 3** 在页面的 title 元素中为页面定义一个有意义的名称。代码如下:

```
<title>Home - Home Page</title>
```

**Step 4** 在 title 元素下创建 link 元素,为当前页面引用一个外部 CSS 样式表。代码如下:

```
<link rel="stylesheet" href="assets/main-stylesheet.css" />
```

**Step 5** 前面已经完成了网页设计的准备工作,下面开始制作 header。header 是一个网页的头部部分,是置顶的作用。在 header 中包括:logo 部分、导航菜单部分和搜索框部分。为了在 header 中容易划分区域,可以使用 div 进行划分区域。代码如下所示:

```
<header>
    <div id="header">
        <div class="extra"></div>
        <div class="row-1"><!--该部分为logo部分--></div>
        <menu >
            <ul>
                <li class="m1"><a href="home.html" class="active">首页</a></li>
                <li class="m2"><a href="about-us.html">关于我们</a></li>
                <li class="m3"><a href="services.html">产品服务</a></li>
                <li class="m4"><a href="support.html">技术支持</a></li>
                <li class="m5"><a href="contact-us.html">联系我们</a></li>
                <li class="m6"><a href="sitemap.html">站点地图</a></li>
            </ul>
```

```html
        </menu>
        <div class="row-3">
            <form action="" method="post" id="search-form">
                <!--该部分作为搜索部分。-->
            </form>
        </div>
    </div>
</header>
```

这里使用了 menu 元素和 li 元素来制作导航菜单。在 menu 中,只需要关注菜单链接的内容,具体如何显示样式由外围的 div 来控制。

**Step 6** 如下所示为 header 元素所需的样式代码,将它们添加到 main-stylesheet.css 文件中。

```css
#header{height:478px;background:url(images/header-bg.jpg)
no-repeat left bottom;position:relative;z-index:2}
#header .extra {position:absolute;right:-24px;top:113px}
#header .row-1 {height:117px;width:100%;overflow:hidden}
#header .row-1 .fleft {padding:24px 0 0 26px}
#header .row-1 .fright {padding:27px 15px 0 0}
#header .row-2 {height:68px}
#header .row-2 ul {width:100%;overflow:hidden;position:relative;z-index:2}
#header .row-2 ul li {float:left;text-transform:uppercase;margin-right:4px}
#header .row-2 ul li a {color:#fff;text-decoration:none;display:block;text-align:center;padding:28px 0 24px 0;background-repeat:no-repeat;background-position:0 0}
/* button1 */
#header .row-2 ul li.m1 a {width:89px;background:url(images/m1.png)}
#header .row-2 ul li.m1 a:hover,
#header .row-2 ul li.m1 a.active {background:url(images/m1-act.png)}
/* button2 */
#header .row-2 ul li.m2 a {width:95px;background:url(images/m2.png)}
#header .row-2 ul li.m2 a:hover,
#header .row-2 ul li.m2 a.active {background:url(images/m2-act.png)}
/* button3 */
#header .row-2 ul li.m3 a {width:117px;background:url(images/m3.png)}
#header .row-2 ul li.m3 a:hover,
#header .row-2 ul li.m3 a.active {background:url(images/m3-act.png)}
/* button4 */
#header .row-2 ul li.m4 a {width:114px;background:url(images/m4.png)}
#header .row-2 ul li.m4 a:hover,
#header .row-2 ul li.m4 a.active {background:url(images/m4-act.png)}
/* button5 */
#header .row-2 ul li.m5 a {width:123px;background:url(images/m5.png)}
#header .row-2 ul li.m5 a:hover,
#header .row-2 ul li.m5 a.active {background:url(images/m5-act.png)}
```

```
/* button6 */
#header .row-2 ul li.m6 a {width:105px;background:url(images/m6.png)}
#header .row-2 ul li.m6 a:hover, #header .row-2 ul li.m6 a.active
{background:url(images/m6-act.png)}
```

上面是用于控制 header 元素显示外观的 CSS 样式代码，运行效果如图 3-32 所示。

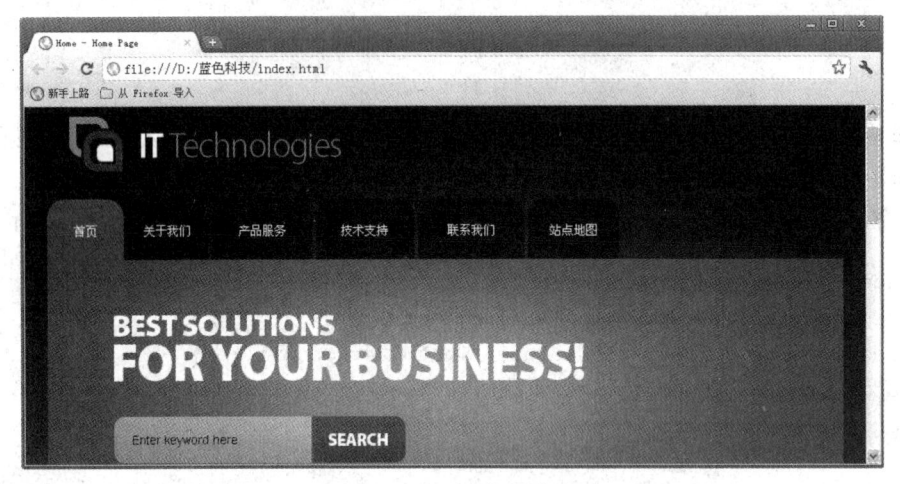

图3-32　header部分效果

**Step 7** main 是页面的核心部分，在 main 中包括 left 和 right 两个部分。代码如下所示：

```
<article >
  <article class="indent">
    <div class="indent1">
      <header> <!--该部分为left区域的头部部分。      如图3-33所示--> </header>
      <section> <!--该部分为left的主要部分。         如图3-34所示--> </section>
    </div>
    <section>
      <article > <!--该部分为left的其他信息。        如图3-35所示--> </article>
    </section>
  </article>
</article>
```

这里使用了 article 和 section 元素，article 元素构成了主体的结构，section 里面定义了需要显示的内容，article 元素可以出现多次。另外，除了内容部分外，在 article 元素中通常还有它自己的标题（header）和脚注（footer）。

图3-33　left中header部分的效果

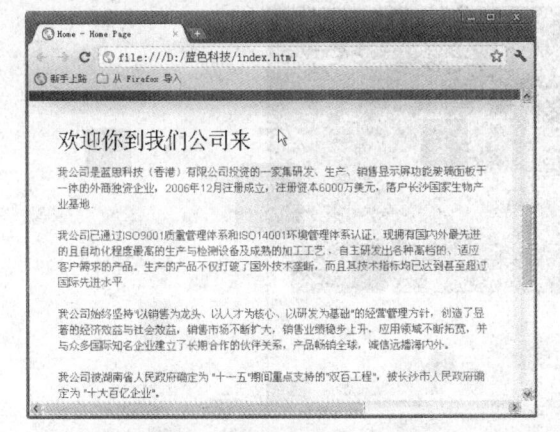

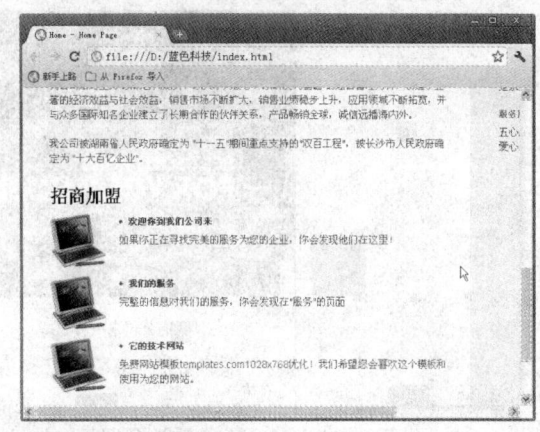

图3-34　left主要部分的效果　　　　　　　图3-35　left其他部分的效果

**Step 8**　在 right 中显示其他信息，显示的代码如下：

```
<aside>
    <header>    <!--right的头部部分。--></header>
    <section>
        <!--该部分作为right的主要部分。如图3-36所示-->
    </section>
    <footer> Right的脚注部分。</footer>
</aside>
```

如上述代码所示，aside 可以和 article 元素一样使用，aside 也可以有自己的 header 和 section 元素。

**Step 9**　最后编辑 footer 元素，该元素通常包含创作者的姓名、文档的创作日期或者联系方式等信息。

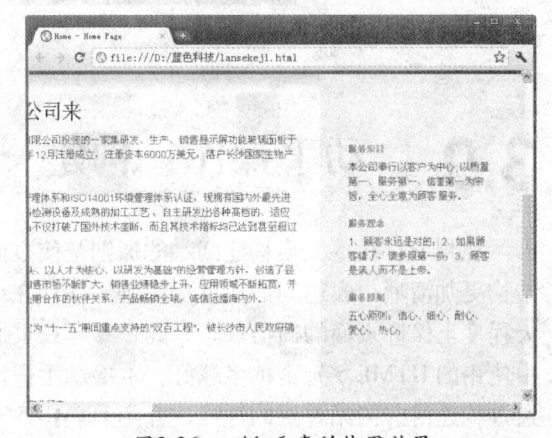

图3-36　aside元素的使用效果

```
<footer>
        <div id="footer">
          <div class="indent">
            <div class="fleft">蓝色科技版权所有</div>
            <div class="fright">2012-12-12</div>
          </div>
        </div>
</footer>
```

**Step 10**　至此，网站的主要工作就搭建完成了，如图 3-37 所示为运行后的整体最终效果。

67

图3-37 最终运行效果

# 3.9 动手操作：构建一个博客网站首页

使用 HTML 5 元素构建网站的原则是使页面结构更加清晰，表达的语义更加明确，并且在最大程度上保证页面的简洁性。因此，并非在页面中使用的 HTML 5 元素越多越好。本次动手操作通过构建博客网站首页的过程，介绍 HTML 5 重要元素的使用。

具体步骤如下：

**Step 1** 首先对博客网站划分页面区域。我们采用目前比较主流的框架，分为上、中、下三个大区域，其中，中间区域又划分为左侧菜单和右侧内容显示两个部分，框架如图 3-38 所示。

图3-38 整体页面布局

根据图 3-38 所示的布局设计，可以在页面中添加如下的 HTML 代码。

```
<body>
    <div id="topMain"><header></header></div>
```

```
    <div id="bodyMain">
        <div id="body">
            <div id="left"></div>
            <div id="right"></div>
        </div>
    </div>
    <div id="footerMain"></div>
</body>
```

**Step 2** 在页面的 title 元素中为博客首页定义名称。代码如下：

```
<title>ecode 博客首页</title>
```

**Step 3** 在 title 元素下面创建 link 元素，为当前页面引用一个外部 CSS 样式表。代码如下：

```
<link rel="stylesheet" href=" style.css"/>
```

**Step 4** 完成了上面的基本工作，下面对顶部区域进行分析。header 元素是一个网页的顶部部分，起置顶的作用，header 元素中包括：logo 部分、导航菜单部分和搜索框部分。如下所示是采用 HTML 5 语法中的元素构建的顶部代码，主要展示了 logo 部分的信息。

```
<header>
<div id="top">
    <a href="#"><img src="images/logo.gif" alt="ecode" width="163" height="50" border="0" class="logo" title="Love me forerver" /></a>
    <p class="topTxt">柏拉图说：若爱，请深爱，如弃，请彻底，不要暧昧，伤人伤己。柏拉图说，人生最遗憾的，莫过于轻易地放弃了不该放弃的，固执地坚持了不该坚持的。<< 摘自《<cite class="red">柏拉图语录</cite>》 >></p>
</div>
</header>
```

可以看到，logo 部分主要使用 img 元素显示图片信息，使用 cite 元素说明引用的文献信息，p 元素添加页面的描述信息。

**Step 5** 顶部区域的 logo 部分的主要样式如下所示：

```
#topmain{
    width:100%;
    background:url(images/top_bg.gif) 0 0 repeat-x;
    height:134px;
    padding:19px 0 0 0;
}
#top{
    width:958px;
    margin:0 auto;
    height:134px;
}
```

**Step 6** 顶部区域的导航菜单部分的 nav 元素定义页面的导航链接，主要展示导航显示信息。如下所示：

```
<nav>
<li><a href="#" class="hover">博客首页</a></li>
<!-- 导航部分的其他信息 -->
</nav>
<ul class="sub">
<li><a href="#">公司简介</a></li>
<!-- 导航部分小标题下的其他信息 -->
</ul>
```

nav 元素和 li 元素相结合，更好地把导航部分的信息展示了出来。

**Step 7** 顶部区域的导航部分需要的部分样式如下所示：

```
#top Nav{
    width:847px;
    height:26px;
    padding:0 0 0 56px;
    float:left;
}
#top ul.sub{
    width:892px;
    height:29px;
    padding:0 0 0 65px;
    float:left;
}
```

**Step 8** form 用于创建用户输入的 HTML 表单，本案例在顶部区域中主要用于搜索信息。如下代码所示：

```
<form name="serch" action="#" method="post">
<input type="text" name="serch_item" placeholder="请输入搜索内容" class="txtBox" />
<input type="submit" name="go" value="搜索" class="go" />
</form>
```

上述代码中，搜索的文本框使用了 placeholder 属性，为搜索内容提供一个占位符，提示用户可以输入。

**Step 9** 页面的底部区域也很简单，主要是博客的友情链接以及版权信息。代码如下：

```
<div id="footerMain">
  <footer>
    <ul>
    <li><a href="#" class="hover">博客首页</a></li>
    <!-- 底部区域友情链接的内容 -->
  </ul>
<p class="copyright">Copyright © ecode 2012. All Rights Reserved.</p>
<address class="design">设计者：Template World</address>
```

```
</footer>
    </div>
```

在上述代码中，使用 footer 元素控制底部区域，使用 address 元素说明作者或者拥有者的联系信息。

**Step 10** 在底部区域中，使用到的 style.css 文件中的样式如下：

```css
#footerMain{
    width:100%;
    height:109px;
    background:url(images/footer_bg.gif) 0 0 repeat-x;
}
footer{
    width:958px;
    margin:0 auto;
    position:relative;
    height:109px;
}
```

**Step 11** 根据上面步骤的制作，完成了顶部区域和底部区域的代码设计，运行效果如图 3-39 所示。

**Step 12** 顶部区域和底部区域的代码实现之后，最重要的就是中间区域。main 是页面的核心部分，在 main 中，包括 left 和 right 两个部分。

图 3-39 顶部区域和底部区域的效果图

left 左侧主要显示了博客榜列表、热门微博以及博客登录三个主要内容。其代码如下所示：

```html
<div id="left">
<dl><dt>博客榜单</dt></dl>
<ul>
<li><a href="#"><span class="nor">8,640</span><span class="bg">01</span>老徐的博客 </a></li>
<!-- 博客榜单的其他几条排行内容，包括博客名、点击率等 -->
</ul>
<dl><dt>热门博客</dt></dl>
<ul>
<li><a href="#"><span class="nor">叶檀</span><span class="bg">01</span>房地产暴露居民真实收入</a></li>
<!-- 热门博客其他几条内容，包括博客标题、作者等 -->
</ul>
<dl><dt>用户登录</dt></dl>
<form name="memberLogin" action="#" method="post">
```

```
<input type="text" name="name" class="txtBox" spellcheck="true" autofocus="true" />
<!-- 其他登录信息,包括密码、按钮 -->
</form>
</div>
```

上述代码使用了 dl 和 dt 元素,显示左侧导航的标题信息,其作用效果和 header 元素实现的效果一样。使用 ul 和 li 元素构成博客榜和热门博客的列表。用户登录名使用 autofocus 属性定位当前焦点,使用 spellcheck 属性检测用户名输入字符是否合法。

**Step 13** 左侧的代码已经完成,下面看看主要用到了哪些样式。

```
#left{
    width:240px;
    float:left;
}
#left ul{
    width:240px;
}
```

**Step 14** 右侧主要展示了博客的详细信息。代码如下:

```
<article>
<section>
<header><h3>新iPad首发销量再破纪录 <label style="font-size:13px; font-weight:100">热度:<meter style="font-size:13px;" value="50" min="0" max="100" low="10" high="85" title="热度">50gb</meter></label></h3></header>
<p class="rightTxt2">当苹果的新iPad发布以后,相信很多黄牛们都开始在摩拳擦掌,希望能在新iPad的浪潮中狠狠地大赚一笔,不过由于苹果采用了抽签购买的方式,所以我们并没有在香港新iPad首发时看到熟悉的排场龙的情景出现。</p>
<p class="rightTxt2">好了,你可能会有一个疑问,一部居然要抽奖才能买到的<mark>平板电脑</mark>(对,抽中了还是要付全价),到底能有多少人会购买呢?在发售一个星期之后我们有了答案,Apple 宣布新iPad自上周五开卖至今已卖出 300 万部,对比前作,第一代 iPad 的销量,其在首发后第28天才仅仅卖出 100 万部,可以说新iPad在销售速度上还是远远抛离两位老大哥。</p>
</section>
</article>
```

在这里使用 article、section、meter、make 元素等。article 元素构成了主体的结构,section 元素里面定义了需要显示的内容,article 元素和 section 元素可以出现多次。meter 元素主要显示当前博客的热度。mark 元素主要说明博客首页用户搜索的关键字。aside 元素和 article、section 元素的使用方法一样,上述代码中的 section 元素也可以使用 aside 元素代替。另外,article 元素通常还有自己的标题(header)和脚注(footer)。

**Step 15** 中间区域右侧的代码已经完成,下面看一下这些代码用到的样式。如下所示:

```
article{
    width:695px;
    float:right;
```

```
}
article h3{
    display:block;
    height:30px;
    border-bottom:#C5C5A8 solid 1px;
    font:bold 28px/25px Arial, Helvetica, sans-serif;
    color:#333333;
    background-color:inherit;
    margin:0;
}
article p.rightTxt2 mark{
    color:#000;
    background-color:#F4F4E3;
}
```

**Step 16** 至此，中间区域的代码已经完成了。本案例主要是将前几节学习过的元素结合起来构建一个博客网站，到目前为止，构建的博客网站的内容已经结束，博客网站的页面设计的最终效果如图3-40所示。

图3-40　页面的整体效果图

## 3.10 本章小结

本章从构建一个网页的根元素 html 开始，接下来是头部元素。然后从页面交互、页面节点、列表元素和文本层次语义 4 个方面详细介绍了 HTML 5 中的重要元素。而且针对每个元素采用理论结合实例的方式进行介绍，使读者能加深对 HTML 5 元素的理解。

此外，还对 HTML 5 新增的公共属性进行介绍。最后通过企业网站和博客网站两个综合案例剖析 HTML 5 元素的实际应用。

当然，HTML 5 中新增的元素远不止这些，在后续章节中将着重介绍一些常用、功能性强的重要元素。通过对本章 HTML 5 元素的学习加深对各元素的理解，为下一章 HTML 5 中表单元素的学习打下扎实的基础。

## 3.11 课后练习

### 一、填空题

(1) 在 HTML 5 的页面中，所有元素的根元素是 _____ 。
(2) head 元素中定义页面的辅助信息是 _____ 。
(3) HTML 5 使用 _____ 元素定义一个正在完成的进度条。
(4) spellcheck 属性的值为 _____ 时，表示启用输入时的拼写检查。
(5) 文档中参考文献的引用说明可以使用 _____ 元素。

### 二、选择题

(1) HTML 5 中，每隔 1 分钟刷新一次页面，下面的代码 _____ 是正确的。
  A．<meta:http-equiv="refresh" content="1" />
  B．<meta http-equiv="refresh" content="60" />
  C．<meta http-equiv="content-type " content="60" />
  D．<meta:http-equiv="refresh" content="10" />
(2) 下列选项中，_____ 是 HTML 5 中 ol 元素新增的属性。
  A．compact 属性和 type 属性
  B．start 属性和 sizes 属性
  C．sizes 属性和 reversed 属性
  D．start 属性和 reversed 属性
(3) 如果希望用户可以拖动某一段文字，应该使用 _____ 。
  A．checked 属性
  B．contenteditable 属性
  C．spellcheck 属性
  D．draggable 属性
(4) 下面的元素中，_____ 不是 HTML 5 新增的元素。
  A．menu 元素
  B．meter 元素
  C．p 元素
  D．mark 元素

### 三、简答题

(1) 列举文档头部元素常用的元素以及这些元素的作用。
(2) 描述 nav 元素主要适用于哪些情况。
(3) 描述 HTML 5 中 hgroup 元素的作用以及使用情况。
(4) 描述 HTML 5 中 address 元素的常用情况。
(5) 简述如何使用 HTML 5 结构元素来重构一个网站。

# 第 4 章

# 基于HTML 5的表单

## 内容摘要：

表单是开发 Web 应用程序时使用最多的布局。因为用户可以输入的内容都是在表单中完成的，表单元素完成了与用户的交互操作，而且它可以与后台进行数据传递。

HTML 5 在传统表单的基础上增加了很多与应用程序相关的功能，像验证必填属性、自动显示和验证邮箱等。本章将会对 HTML 5 表单新增属性和新增类型进行详细介绍，同时将介绍新增的其他表单元素以及验证方法。

## 学习目标：

- 掌握 HTML 5 中各种新表单属性的用法
- 掌握 HTML 5 中各种新表单输入类型的用法
- 熟悉 ouput、keygen 和 optgroup 的使用
- 掌握对表单进行手动验证和自定义验证信息的方法

## 4.1　HTML 5新表单属性

表单属性在 HTML 中有着很重要的作用，因为表单属性有助于完善信息的完整性、安全性。在 HTML 4 中，表单属性作用有限，很多工作都需要依靠 JavaScript 代码完成。在 HTML 5 中弥补了这些不足，新增了很多表单属性来提升表单的可用性。本节将详细介绍各种新表单属性的使用。

### 4.1.1　required属性

required 属性用于检测文本内容是否为空，对于输入文本框的文本是否为空并不验证。required 为布尔类型属性，只有文本内容不为空时，该属性返回 true 值，才能提交表单。除了已含有默认值的 button 和 range 元素外，required 属性可以设置任何输入类型。

示例代码如下：

```
<form id="form1">
    <div>
      <lable for="name">用户名</lable><input type="text" required aria-required="true" id="username"/><br/>
      <lable for="pwd">密　码</lable><input type="text" required aria-required="true" id="Text1"/><br/>
      <input type="submit" value="提 交" />
    </div>
</form>
```

上述示例的效果如图 4-1 所示。

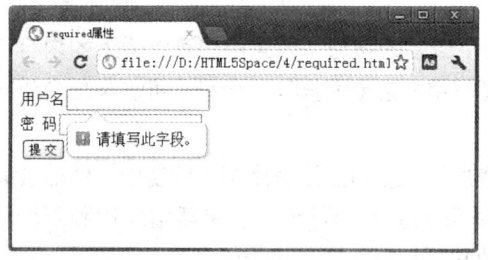

图4-1　required属性的运行效果

从图 4-1 所示可以看出，在表单的用户名和密码输入框没有任何文本内容时，required 属性检测到输入框内容为空，required 属性返回一个 false，告诉用户表单输入框内容为空不能提交。

通过上述示例，我们了解了 required 属性的基本用法。为了进一步加深对该属性的掌握，下面看一下在评论表单中该属性的具体应用，示例代码如下：

```
            <div id="contactFormArea">
                <form action="scripts/contact.php" method="post" id="cForm">
                    <p><label for="posName">姓名 <span>(必填)</span></label><br>
```

```
                <input class="text" size="25" name="posName" id="posName" type="text" required aria-required="true"><br>
                <span class="error" id="nameError">Please enter your name</span></p>
                <p><label for="posEmail">Email <span>(必填)</span></label><br>
                <input class="text" size="25" name="posEmail" id="posEmail" type="text" required aria-required="true"><br>
                <span class="error" id="emailError1">Please enter your email</span>
                <span class="error" id="emailError2">This email address is invalid</span></p>
                <p><label for="posText">留言 <span>(必填)</span></label><br>
                <textarea cols="50" rows="5" name="posText" id="posText" required aria-required="true"></textarea><br>
                <span class="error" id="messageError">Please enter a message</span></p>
                <p id="loadBar">
                    Sending your email. Hold on just a second...<br>
                    <img src="img/loadingBar.gif" alt="Sending email..." title="Sending email...">
                </p>
                <p id="emailSuccess">Success! Your Email has been sent.</p>
                <p><input class="button" name="sendContactEmail" id="sendContactEmail" value="发送" title="Send the message" type="submit"></p>
        </form>
        </div>
```

上述示例代码的运行效果如图 4-2 所示。

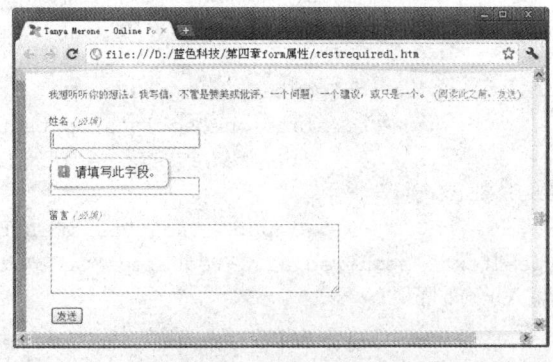

图4-2 required属性的运行效果

## 4.1.2 placeholder属性

在 HTML 5 的表单元素中，使用 placeholder 属性可以显示一个简短的提示，用于提示用户应该在此输入什么数据。在字段获得焦点时，提示会消失，如果没有输入文本内容，那么提示将会再次出现。

示例代码如下：

```
<form id="form1" >
  <div>
        <label for="email">邮箱</label><input type="email" id="email" name="email" required="required" placeholder="请输入正确的E-mail地址" title="email"/><br/><br/>
        <label for="nicheng">昵称</label><input type="text" id="email1" name="nicheng" required="required" placeholder="请输入正确的昵称" title="nicheng"/><br/><br/>
        <label for="address">地址</label><input type="text" id="email2" name="address" required="required" placeholder="请输入正确的地址"/><br/><br/>
        <label for="id">身份证号</label><input type="text" id="email3" name="id" required="required" placeholder="请输入正确的id"/><br/><br/>
        <label for="name">姓名</label><input type="text" id="email4" name="name" required="required" placeholder="请输入正确的姓名"/><br/><br/>
        <input type="submit" value="确 定" />
  </div>
</form>
```

上述代码的效果如图4-3所示。

上面讲述的是placeholder属性的作用以及使用方法。下面通过一段代码来讲解该属性如何和其他元素一起应用到网页中。

示例代码如下：

图4-3 placeholder属性的运行效果

```
<div id="contactFormArea">
    <form action="scripts/contact.php" method="post" id="cForm">
        <p><label for="posName">昵称 <span>(必填)</span></label><br>
        <input class="text" size="25" name="posName" id="posName" type="text" required aria-required="true" placeholder="请输入正确的昵称" title="请输入正确的昵称"><br>
        <span class="error" id="nameError">Please enter your name</span></p>
        <p><label for="posEmail">Email <span>(必填)</span></label><br>
        <input class="text" size="25" name="posEmail" id="posEmail" type="text" required aria-required="true" placeholder="请输入正确的邮箱地址" title="请输入正确的邮箱地址"><br>
        <span class="error" id="emailError1">Please enter your
```

```
email</span>
                <span class="error" id="emailError2">This email address is invalid</span></p>

                <p><label for="posText">留言 <span>(必填)</span></label><br>
                <textarea cols="50" rows="5" name="posText" id="posText" required aria-required="true" placeholder="请输入留言内容" title="请输入留言内容"></textarea><br>
                <span class="error" id="messageError">Please enter a message</span></p>
                <p id="loadBar">
                    Sending your email. Hold on just a second...<br>
                    <img src="img/loadingBar.gif" alt="Sending email..." title="Sending email...">
                </p>
                <p id="emailSuccess">Success! Your Email has been sent.</p>
                <p><input class="button" name="sendContactEmail" id="sendContactEmail" value="发送" title="Send the message" type="submit"></p>
        </form>
    </div>
```

上述代码的效果如图4-4所示。

在 HTML 5 之前如果要实现这样的效果需要编写 JavaScript 代码，而在 HTML 5 中只要设置 placeholder 属性就可以实现效果，很合理地实现了代码的重用。虽然使用 placeholder 属性可以实现提示信息的功能，但是如果文本内容过长，建议使用 title 属性。

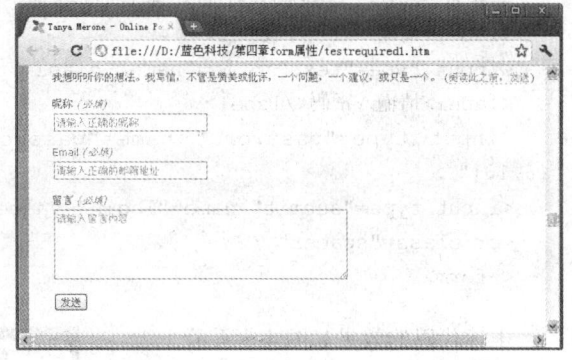

图4-4　placeholder属性的运行效果

> **提示**：目前，除了IE之外的其他最新主流浏览器都支持placeholder属性。

## 4.1.3 pattern属性

pattern 属性能够提供一种正则表达式，只有用户输入内容与表达式匹配时才被视为有效。对于任何 input 元素，用户可以自定义文本格式，也可以使用 pattern 来定义可以接受的格式。

在 HTML 5 中，该属性使用的正则表达式与 JavaScript 正则表达式的语法是一样的，但是 pattern 属性必须与整个值匹配，而不仅仅是一个子集。

下面做一个简单的示例，为表单的密码字段添加一个 pattern 属性，限制密码的长度为6~10位数字。

```
<form id="form1" >
    <div>
```

```
        <lable for="name">用户名</lable><input type="text" id="username"/><br/>
        < lable for="pwd">密 码</lable><input type="password"  id="Text1" pattern="[0-9]{6,10}"/><br/>
        <input type="submit" value="提 交" />
    </div>
</form>
```

上述代码的效果如图 4-5 所示。

从上图可以看出，定义 pattern 属性之后，需要输入 6~10 位数字的密码。当输入的密码与 pattern 属性定义的规则不符合时，该属性返回一个 false，告诉用户表单密码输入格式不符合定义的标准，不能提交。

在 HTML 5 中，使用 pattern 属性可以代替 HTML 4 中的 JavaScript 代码，大大提高了代码的运行效率。再来看另一个示例，代码如下所示：

图 4-5　pattern属性页面效果

```
<h2 class="mem">Member Login</h2>
<form name="memberLogin" action="#" method="post">
<label>请输入账号</label>
<input type="text" name="name" class="txtBox" />
<label>请输入密码</label>
<input type="password" name="password" class="txtBox" pattern="[0-9]{6,10}"/>
<input type="submit" name="login" value="登录" class="login" />
<br class="spacer" />
</form>
```

上述代码的效果如图 4-6 所示。

> **注意**：如果pattern属性定义的模式不是有效的，则该属性不会验证；另外，该属性不会验证文本框值为空的情况。

图 4-6　pattern属性的运行效果

## 4.1.4　disabled属性

　　disabled 属性的作用是使浏览器中的内容变成灰色，此属性经常用于禁用提交按钮。在 HTML 5 中，disabled 的属性得到了扩展，能够用于 fieldset 中，并将其用于 fieldset 包含的所有属性。使用 disabled 属性的控件并不能和表单一起提交，所以它们的值对服务器端的表单处理不可用。如果想要该值不能被编辑，同时又可以提交给服务器，可以使用 readonly 属性。

下面看一下 disabled 属性结合 JavaScript 一起使用的示例，代码如下：

```
            <div id="contactFormArea">
                <form action="scripts/contact.php" method="post" id="cForm">
                    <p><label for="posName">昵称 <span>(必填)</span></label><br>
                    <input class="text" size="25" name="posName" type="text" required aria-required="true" title="请输入正确的昵称" onblur="test1()" id="username"><br>
                    <span class="error" id="nameError">Please enter your name</span></p>
                    <p><label for="posEmail">Email <span>(必填)</span></label><br>
                    <input class="text" size="25" name="posEmail" type="text" required aria-required="true" title="请输入正确的邮箱地址" onblur="test1()" id="email"><br>
                    <span class="error" id="emailError1">Please enter your email</span>
                    <span class="error" id="emailError2">This email address is invalid</span></p>
                    <p><label for="posText">留言 <span>(必填)</span></label><br>
                    <textarea cols="50" rows="5" name="posText" required aria-required="true" title="请输入留言内容" onblur="test1()" id="liuyan"></textarea><br>
                    <span class="error" id="messageError">Please enter a message</span></p>
                    <p id="loadBar">
                        Sending your email. Hold on just a second...<br>
                        <img src="img/loadingBar.gif" alt="Sending email..." title="Sending email...">
                    </p>
                    <p id="emailSuccess">Success! Your Email has been sent.</p>
                    <p><input class="button" name="sendContactEmail" id="login" value="发送" title="Send the message" type="submit" onclick="test2()"></p>
                </form>
            </div>
```

从上述代码中可以看出，当焦点离开文本框时会触发 JavaScript 事件，当所有文本框都不为空时，提交按钮才可以使用。JavaScript 代码如下：

```
<script type="text/javascript">
    window.onload=function test()
    {
        document.getElementById("login").disabled=true;
    }
    function test1()
    {
        var name=document.getElementById("username").value;
```

```
            var pwd=document.getElementById("liuyan").value;
            var email=document.getElementById("email").value;
            if(name.length!=0&&pwd.length!=0&&email.length!=0)
            {
                document.getElementById("login").disabled=false;
            }
        }
        function test2()
        {
            alert('disabled属性');
        }
</script>
```

上述代码的运行效果如图 4-7 和图 4-8 所示。

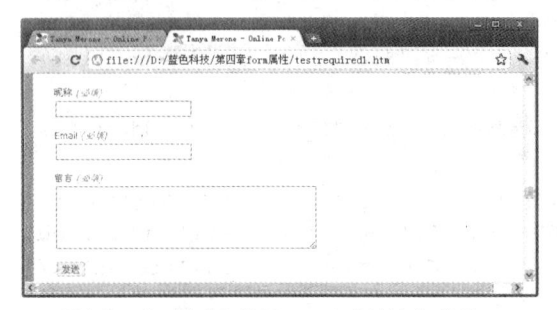

图4-7　disabled属性返回true时的运行效果　　　　图4-8　disabled属性返回false时的运行效果

## 4.1.5　readonly属性

　　readonly 属性与 disabled 属性的效果相似，含有该属性的字段不能接受焦点，也不能进行编辑。但是，readonly 属性的值可以与表单一起提交，这一点与 disable 属性不同。下面是一个配合 JavaScript 代码一起使用的示例，填写后的信息不能修改。

　　示例代码如下：

```
<form id="form1" runat="server">
    <div>
    <label for="firstname">编　号:</label>
    <input name="firstname" id="firstname" type="text" />
</div>
<br/>
<div>
    <label for="middlename">姓　名:</label>
    <input id="middlename" name="middlename" type="text" />
</div>
<br/>
<div>
    <label for="addr">地　址:</label>
    <input id="addr" name="addr" type="text" />
</div>
```

```html
      <br/>
      <div>
        <label for="city">城　市:</label>
        <input id="city" name="city" type="text" />
      </div>
      <br/>
      <div>
        <label for="country">国　家:</label>
        <select id="country" name="country">
          <option value="-1" selected="selected">请选择</option>
          <option value="GR">希腊</option>
          <option value="China">中国</option>
        </select>
      </div>
      <br/>
      <div>
        <label for="zipcode">邮　编</label>
        <input id="zipcode" name="zipcode" type="text" />
      </div>
      <br/>
    <div id="fm-submit" class="fm-req">
      <input name="Submit" value="确定" type="button"  onclick="test()"/>
    </div>
    </form>
```

从上述代码中可以看出，单击按钮时会触发 JavaScript 事件，在 JavaScript 事件中，将所有文本框的 readonly 属性设置为 true，这时文本框只能读取，不能被编辑。JavaScript 代码如下：

```html
<script type="text/javascript">
    function test() {
        document.getElementById("firstname").readOnly = "true";
        document.getElementById("middlename").readOnly = "true";
        document.getElementById("addr").readOnly = "true";
        document.getElementById("city").readOnly = "true";
        document.getElementById("country").readOnly = "true";
        document.getElementById("zipcode").readOnly = "true";
    }
</script>
```

上述代码的效果如图 4-9 所示。

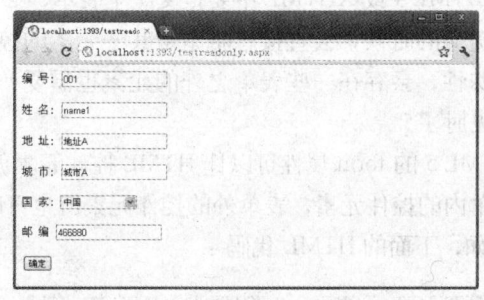

图4-9　readonly属性的运行效果

### 4.1.6 multiple属性

如果控件使用了 multiple 属性，则该控件可以输入多行值。在 HTML 5 中支持它的类型有 input、email 和 file。

下面做一个选择多个文件、并显示文件名称的示例。前台表单代码如下：

```
<form id="form1" runat="server">
<div>
<input type="file" name="img" id="img" multiple="multiple"/><input type="submit" value="确定"/>
</div>
</form>
```

上述代码完成了可以选择多个文件的功能，运行效果如图 4-10 所示。为了验证选择了多个文件，用户可以使用后台代码获取文件的名称，后台代码如下：

```
if (Page.IsPostBack)
{
    Page.RegisterStartupScript("", "<script>alert('" +Request["img"]+ "')</script>");
}
```

上述代码可以显示出被选中的多个文件名称，运行效果如图 4-11 所示。

图4-10　multiple属性的运行效果　　　　　图4-11　验证选择了多个文件

### 4.1.7 form属性

在 HTML 4 或 XHTML 中要提交一个表单，必须把相关的控件元素都放在 form 元素下。因为表单提交的时候，会直接忽略不是其子元素的控件。但是，实际情况下，由于页面设计与实现的特殊性，会存在一些表单之外的元素也需要一并提交的情况，这时候传统的表单功能就显得捉襟见肘了。

HTML 5 的 form 属性可以让 HTML 控件元素孤立在表单之外，而在表单提交时，不仅可以提交表单内的控件元素，表单外的控件元素值也可以一并提交。

例如，下面的 HTML 代码：

```
<form id="contact_form" method="get" action="#">
```

```
    <p>
        <label for="name">姓名：</label><input type="text" id="name" name="name">
    </p>
    <p>
        <label for="email">邮箱:: </label><input type="email" id="email" name="email">
    </p>
    <input type="submit" id="submit" value="发送"/>
</form>
<p>
    评¨论: <textarea id="comments" name="comment" form="contact_form"></textarea>
</p>
```

如上述代码所示，姓名和邮箱输入框被包含在 form 元素内，可以随表单一起提交。但是，由于下面的评论输入框使用了 form 属性，并指定为上面的 form，因此它也会随表单一起提交。

当单击"发送"按钮时会提交表单，这时在后台可以取出这些值。后台代码如下：

```
if (Request["name"] !=null)
{
    string name = Request["name"];              //获取姓名
    string comment = Request["comment"];        //获取评论
    string email = Request["email"];            //获取邮箱
     Response.Write("<script>alert('"+name+"'+'  '+'"+comment+"'+'  '+'"+email+"')</script>");
}
```

上述代码的效果如图 4-12 所示。

图 4-12　使用 form 属性的页面效果

## 4.1.8　autocomplete属性

autocomplete 属性具有自动完成功能，即当用户输入文本时出现一个下拉列表。默认状态下，autocomplete 为打开状态，如果想覆盖该属性的默认状态，可将 autocomplete 状态设置为 off。示例代码如下：

```
<form id="contact_form" method="get" action="#" >
    <p>
        <label for="name">姓名</label><input type="text" id="name" name="name">
    </p>
    <p>
```

```html
            <label for="email">邮箱</label><input type="email" id="email" name="email">
        </p>
</form>
```

上述代码的效果如图4-13所示。

再来看一个与之相反的示例，示例代码如下：

```html
<form id="contact_form" method="get" action="#" autocomplete="off">
    <p>
            <label for="name">姓名</label><input type="text" id="name" name="name">
    </p>
    <p>
            <label for="email">邮箱</label><input type="email" id="email" name="email">
    </p>
    <input type="submit" value="确定" />
</form>
```

上述代码的效果如图4-14所示。

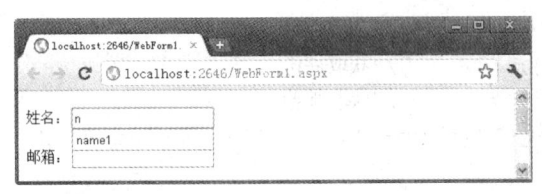

图4-13　autocomplete属性为on时的运行效果 　　　图4-14　autocomplete属性为off时的运行效果

### 4.1.9　datalist元素和list属性

datalist元素的作用是创建一个选项列表，datalist元素自定义一组具有自动选项的文本内容。但是对于敏感数据，浏览器对其具有保护作用，datalist元素并不能对其发生作用。

datalist将子项放在option元素中。在使用时只需将input元素的list属性值设置为一个datalist元素的id即可。例如下面的示例代码：

```html
<input type="text" list="animal" id="animals" name="animals"/>
    <datalist id="animal">
<option value="小黑">
<option value="小白">
<option value="小花">
</datalist>
```

上述示例的效果如图4-15所示。

提示：datalist元素只有在Opera浏览器中才能展现其功能。

图4-15　使用datalist元素页面的效果

从上述示例效果可以看出，datalist 元素自定义了一组具有选项的文本字段，方便了用户选择。使用 datalist 元素的优势很明显，例如下面的示例代码：

```html
<div class="form_subtitle">create new account</div>
 <form name="register" action="#">
    <div class="form_row">
    <label class="contact"><strong>名称:</strong></label>
    <input type="text" class="contact_input" />
    </div>
    <div class="form_row">
    <label class="contact"><strong>密码:</strong></label>
    <input type="text" class="contact_input" />
    </div>
    <div class="form_row">
    <label class="contact"><strong>Email:</strong></label>
    <input type="text" class="contact_input" />
    </div>
    <div class="form_row">
    <label class="contact"><strong>电话:</strong></label>
    <input type="text" class="contact_input" />
    </div>
    <div class="form_row">
    <label class="contact" ><strong>地址:</strong></label>
    <input type="text" class="contact_input" list="address"/>
    <datalist id="address">
    <option value="北京"/>
    <option value="河南"/>
    <option value="广东"/>
    <option value="海南"/>
    <option value="广西"/>
    <option value="天津"/>
    </datalist>
    </div>
    <div class="form_row">
       <div class="terms">
       <input type="checkbox" name="terms" />
         I agree to the <a href="#">terms &amp; conditions</a>   </div>
    </div>
    <div class="form_row">
    <input type="submit" class="register" value="注册" />
    </div>
 </form>
</div>
```

运行上述代码，然后在输入地址的文本框中单击鼠标，将看到 datalist 元素的列表，效果如图 4-16 所示。

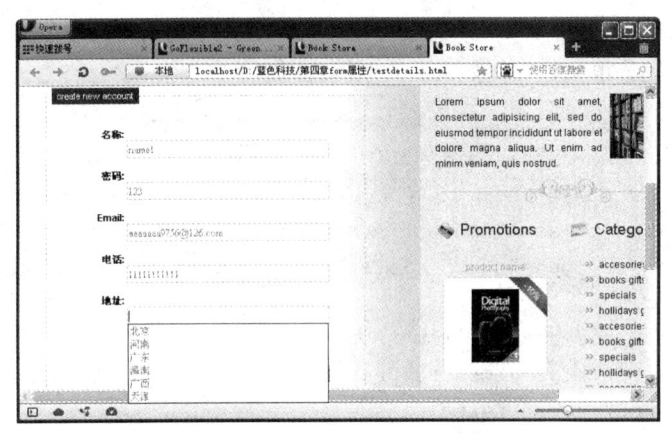

图4-16　datalist元素的运行效果

### 4.1.10 autofocus属性

autofocus 属性的值为布尔类型，如果该属性被指定，则在页面加载完成后，被指定的 autofocus 属性指定的元素将获得焦点。一个页面只有一个表单元素具有 autoufocus 属性。

代码示例如下：

```
<form id="form1">
<div>
    <lable for="username">账号</lable><input type="text" id="name" name="name" autofocus="true"/><br/><br/>
    <lable for="pwd">密码</lable><input type="text" id="pwd" name="pwd"/><br/><br/>
    <input type="submit" value="确定"/>
</div>
</form>
```

上述代码的运行效果如图 4-17 所示。

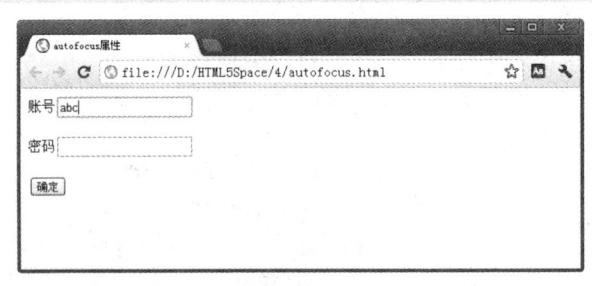

图4-17　autofocus属性的运行效果

## 4.2　HTML 5新表单输入类型

HTML 5 相比 HTML 4 有了很大的进步，特别是对表单的 input 元素进行了大量修改，添加了很多新的表单属性和输入类型。上节已经讲述了 HTML 5 表单的属性，下面将介绍 HTML 5 新表单的输入类型，这些输入类型提供了更好的输入控制和验证，比如 search、email 和 url 等。

## 4.2.1 search类型

search 类型用于输入关键词的搜索域，比如站点搜索或者 Google 搜索。

在 HTML 4 之前的版本中，search 类型的 <input> 表单输入类型并不存在。而在 HTML 5 版本中，增加了搜索输入框类型，search 类型的输入类型和其他的 text 类型没有多大区别，不同的是，它可以简单地把输入框自动圆边，当用户开始输入时，输入框的右边会有一个 ✖ 图标，单击这个图标，可以快速清除搜索框中的内容，非常方便。

在 Dreamweaver CS5 中创建一个页面 formsearch.html。在 form 表单中添加一个 "type="search"" 类型的输入框，再添加一个"提交"按钮，实现关键搜索的操作。具体代码如下所示：

```
<form id="Form1" >
<fieldset>
    <legend>请输入您要查询的关键字：</legend>
    <input type="search" id="sch" class="inputtxt" />
     <input type="submit" id="btn" vlaue="提交" class="inputbtn" onClick="return searchKey();" />
    <p id="spanid"></p>
</fieldset>
</form >
```

在上述代码中，使用文本框的输入类型 type="search"，用到了 inputtxt 和 inputbtn 样式，所需要的样式代码如下所示：

```
<style>
body{font-size:12px;}
.inputbtn{
    border:solid 1px #ccc;
    background-color:#eee;
    line-height:18px;
    font-size:12px;
}
.inputtxt{
    border:solid 1px #ccc;
    line-height:18px;
    font-size:12px;
    width:180px;
}
fieldset{
    padding:10px;
    width:260px;
}
</style>
```

从上述代码还可以看到，"提交"按钮有一个 onClick 事件，单击"提交"按钮时会触发 onClick 事件。JavaScript 中的 onClick 事件的代码如下所示：

```
<script type="text/javascript" language="javascript">
function searchKey()
```

```
{
document.getElementById("spanid").innerHTML = "您输入的要搜索的关键字是：
"+document.getElementById("sch").value;
return false;
}
</script>
```

从上面代码中，触发 searchKey 事件时，将 span 元素的 innerHTML 设置为输入的值，并给出提示信息，运行效果如图 4-18 所示。

图4-18　search搜索效果图

> **注意**：编写本书时，只有Chrome浏览器支持search输入类型。另外，输入框只针对非空的内容进行了格式检测，在搜索框内容不为空的情况下 ✖ 图标才会出现。

## 4.2.2　email类型

email 类型用于需包含 e-mail 地址的输入域，比如 QQ 邮箱、新浪邮箱等。

和 search 类型一样，email 类型的 <input> 表单输入类型也是 HTML 5 新添加的，目前并不是所有的浏览器都兼容，不兼容的浏览器也只是把它们看作一个文本框，大部分用户不会注意到这个变化。在提交表单时，会自动验证 email 输入框的值是否合法。如果 email 地址不合法，浏览器不允许提交，并且有错误信息提示。

在 Dreamweaver CS5 中创建一个页面 formemail.html。在 form 表单中添加一个 type="email" 类型的文本框，再添加一个 "提交" 按钮，实现提交邮箱的操作。具体代码如下所示：

```
<form id="Form1" >
<fieldset>
    <legend>请输入邮件地址：</legend>
    <input type="email" id="myemail" class="inputtxt" multiple="true" />
    <input type="submit" id="btn" class="inputbtn" vlaue="提交Email" />
</fieldset>
</form>
```

在上述代码中,使用输入框的类型type="email",如果将输入框的multiple属性设置为"true",则允许用户输入一串逗号分隔的 email 地址，运行效果如图 4-19 和图 4-20 所示。

图4-19　Chrome浏览器效果图 　　　　图4-20　Opera浏览器效果图

在图 4-19 和图 4-20 中，如果将 multiple 属性设置为"true"，单击"提交"按钮，在 Chrome 浏览器和 Opera 浏览器中效果稍有不同。Chrome 浏览器提示"请输入用逗号分隔的电子邮件地址的列表"，而 Opera 浏览器则提示"请输入一个有效的电子邮件地址"。

> **注意**　和 search 类型一样，有效性检测并不判断输入框的内容是否为空，而是针对非空的内容进行格式检测，即如果要检测 email 地址是否合法，必须确保文本框输入内容不为空值。

### 4.2.3　url 类型

url 类型用于需包含 URL 地址的输入域，例如百度地址、谷歌地址、某公司网址等。目前并不是所有的浏览器都支持，不支持的浏览器将它识别为普通的文本框。

浏览器支持的情况下，url 类型的输入框能够正确提交符合 URL 地址格式的内容。在提交表单时，会自动验证 url 输入框的值。如果 URL 地址不合法，浏览器不允许提交，并且会有错误信息提示。

在 Dreamweaver CS5 中创建一个页面 formsurl.html。在 form 表单中添加一个 url 类型的输入框，再添加一个"提交"按钮，实现表单提交 URL 网址的操作。具体代码如下所示：

```
<form id="Form1">
<fieldset>
    <legend>请输入网址：</legend>
    <input type="url" id="myurl" />
    <input type="submit" class="inputbtn" id="btn" vlaue="提交url" />
</fieldset>
</form>
```

在上述代码中，使用文本框的输入类型 type="url"，运行效果如图 4-21 和图 4-22 所示。

图 4-21　Chrome 浏览器效果图　　　　　图 4-22　Opera 浏览器效果图

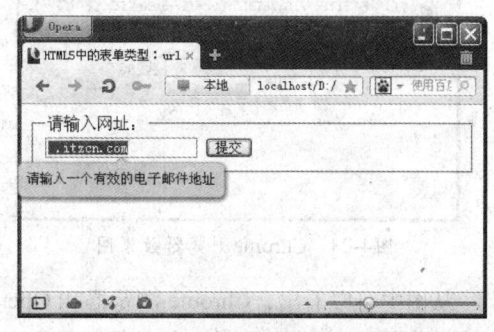

如图 4-21 所示，在 Chrome 浏览器中必须输入完整的 URL 地址，它会忽略前面的空格。而在 Opera 浏览器中不必输入完整的路径，会自动在开始处添加"http://"，但对空格敏感，如果 URL 地址文本框中有空格，则会提示"请输入一个有效的电子邮件地址"。

> **注意**　和前面的输入类型一样，url 地址有效性检测并不判断输入框的内容是否为空，而是针对非空的内容进行格式检测。

### 4.2.4 number类型

在 HTML 4 之前的版本中，如果想要得到匹配的数字，就得使用 JavaScript 或者 JQuery 等方法来帮助实现。在 HTML 5 中，增加了新的数字类型 number 来解决这个问题。

- number 类型还提供了一些额外的属性，如下所示：
- min 指定输入框可以接受的最小输入值。
- max 指定输入框可以接受的最大输入值。
- step 输入域合法的间隔，如果不设置，则默认值是 1。
- value 指定默认值。

在 Dreamweaver CS5 中创建一个页面 formsnumber.html。在 form 表单中添加三个 type 为 number 类型的文本框，再添加一个"提交"按钮，实现数字匹配的操作。具体代码如下所示：

```
<form id="Form1">
<fieldset>
    <legend>请选择出生日期：</legend>
    <input name="txtYear" type="number" min="1960" max="2020" step="1" value="1990" />年
    <input name="txtMonth" type="number" min="1" max="12" step="1" value="5" />月
    <input name="txtDay" type="number" min="1" max="31" step="13" value="17" />日
    <input type="submit" class="inputbtn" id="btn" vlaue="提交number" />
</fieldset>
</form>
```

在上述代码中，使用文本框的输入类型 type="number"，使用 min 属性设置文本框输入的最小值，使用 max 属性设置文本框输入的最大值，step 指定间隔，运行效果如图 4-23 和图 4-24 所示。

图 4-23　Chrome 浏览器效果图　　　　　图 4-24　Opera 浏览器效果图

从图中可以看出，Chrome 浏览器和 Opera 浏览器都实现了数字验证，它们只允许输入数字（大多数情况下不会注意到，直到提交表单的时候，才会提示错误）。其中，图 4-23 是因为输入的月份超出了最大值，而图 4-24 是因为输入的 17 不合法（step 设置为 13，只有 13、26 合法）。

### 4.2.5 tel类型

在 HTML 4 之前的版本中，用户可以使用 JavaScript、JQuery 或者正则表达式等方法来验证固定电话、手机是否合法。本节将学习另外一种方法，一种新的表单输入类型 tel。tel 类型可用于验证电话号码之类的输入域，像固定电话或者手机等。

## 基于 HTML 5 的表单　第4章

如果仅仅设置 input 元素的类型为 tel，并不能达到验证电话的效果，还必须结合 pattern 属性使用。

在 Dreamweaver CS5 中创建一个页面 formstel.html。在 form 表单中添加一个 type 为 tel 类型的输入框，再添加一个"提交"按钮；验证输入的固定电话是否合法。具体代码如下所示：

```
<form id="Form1">
  <fieldset>
    <legend>请输入固定电话：</legend>
    <input type="tel" pattern="^\d{3}-\d{8}|\d{4}-\d{7}$" name="telname" />
    <input type="submit" value="提交" />
  </fieldset>
</form>
```

上述代码设置输入框的 type 为 tel，输入框的 pattern 属性 "^\d{3}-\d{8}|\d{4}-\d{7}$" 表示输入的电话类型必须符合格式 XXXX-XXXXXXX 或 XXX-XXXXXXXX 格式。如果输入的电话号码不合法则会提示错误，运行效果如图 4-25 所示。

图4-25　tel类型的效果图

### 4.2.6　range类型

range 类型用于需包含一定范围内的数字值的输入域。range 和 number 类型类似，number 类型在页面的输入框为微调格式显示，而 Range 则以滑动条的形式展示数字，通过拖动滑块实现数字的改变。

- range 类型支持如下属性：
- min 指定输入框可以接受的最小输入值。
- max 指定输入框可以接受的最大输入值。
- step 输入域的合法间隔，如果不设置，则默认值是1。
- value 指定默认值。

在 Dreamweaver CS5 中创建一个页面 formsrange.html。在 form 表单中添加三个 type 为 range 类型的输入框，再添加一个 span 元素。在拖动滑动条时改变背景颜色，实现某段范围内颜色的动态改变。具体代码如下所示：

```
<form id="Form4">
    <legend>请选择颜色值：</legend>
    <input id="txtR" type="range" min="0" max="255" step="5" value="10" onChange="changeColor()" />
```

```
        <input id="txtG" type="range" min="0" max="255" step="20" value="0" onChange="changeColor()" />
        <input id="txtB" type="range" min="0" max="255" step="10" value="0" onChange="changeColor()" />
    <br/>
    <span style="width:200px; height:200px;" id="spanid">拖动滑动条可以改变颜色</span>
    </form>
```

上述代码使用文本框的输入类型 type 为 range，使用 min 属性设置拖动条允许拖动的最小值，使用 max 属性设置允许拖动的最大值，step 指定间隔。文本框有 onChange 事件，滑动条滑动时调用 JavaScaipt 中代码触发该事件，JavaScript 的具体代码如下所示：

```
<script type="text/javascript" language="javascript">
function changeColor()
{
    var txtr = document.getElementById("txtR").value;
    var txtg = document.getElementById("txtG").value;
    var txtb = document.getElementById("txtB").value;
    var colors = "rgb("+txtr+","+txtg+","+txtb+")";
    document.getElementById("spanid").style.backgroundColor=colors;
}
</script>
```

上述 JavaScript 代码中，拖动滑动条可以获得滑动条的值，然后动态改变 span 元素中的颜色。运行效果如图 4-26 和图 4-27 所示。

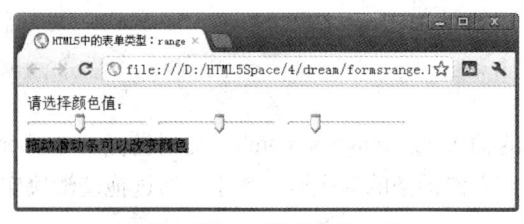

图-26　Chrome 浏览器效果图　　　　　图 4-27　Opera 浏览器效果图

如图 4-26 和图 4-27 所示，Chrome 浏览器和 Opera 浏览器都支持 range 类型。但是 Opera 浏览器和 Chrome 浏览器相比，range 类型的 input 元素带有刻度，而且支持左右方向键增加或者减少刻度的值，而 Chrome 浏览器暂不支持。

### 4.2.7　color 类型

相信大家之前肯定使用过颜色选取器选取所需要的颜色。在 HTML 5 中就为表单新增了这样一个类型，color 类型提供了一个颜色选取器，可以用来选取颜色。用户通过 color 类型选择的颜色值将保存到它的 value 属性中。

在 Dreamweaver CS5 中创建一个页面 formscolor.html，在 form 表单中添加一个 type 为 color 的输入框。具体代码如下所示：

```
<form id="Form4">
```

## 基于HTML 5的表单 第4章

```
选取颜色：<input type="color" value="#34538b" />
</form>
```

上述代码中，设置了选取颜色输入框 input 的样式，样式代码如下所示：

```
<style>
body{font-size:12px;}
input[type="color"] { width: 200px; }
</style>
```

到了这里，代码和样式完成以后，color 类型的运行效果如图 4-28 和图 4-29 所示。

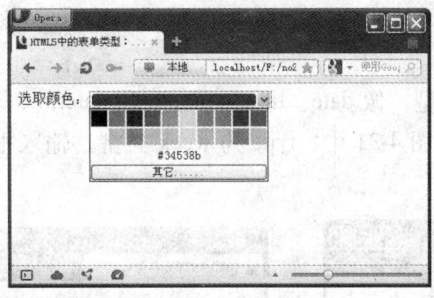

图4-28　Color类型效果图 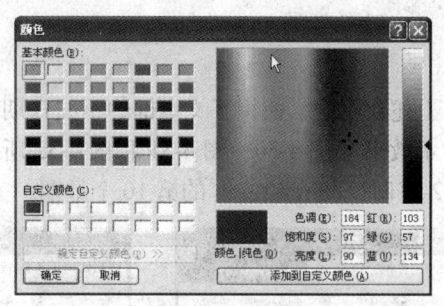　　　　　　图4-29　其他颜色选择效果图

> **提示**：和其他输入类型一样，并非所有的浏览器都支持color类型，上述实例是在Opera浏览器中的运行效果图。

### 4.2.8　date日期类型

在 HTML 4 之前的版本中，用户只能使用 JavaScript 或者 JQuery 等方法来实现日期的选择。这种方法虽然有封闭好的代码和控件，但是使用起来还是很麻烦，没有显示选择日期的文本框直接。

HTML 5 就为表单新增了日期类型，这些类型不用使用任何脚本就可以实现日期的选择。如下所示是日期类型的介绍：

- date　选取日、月、年。
- month　选取月、年。
- week　选取周和年。
- time　选取时间（小时和分钟）。
- datetime　选取时间、日、月、年（UTC 时间）。
- datetime-local　选取时间、日、月、年（本地时间）。

在 Dreamweaver CS5 中创建一个页面 formstime.html。然后在 form 表单中添加不同类型的输入框，实现日期类型的选择。具体代码如下所示：

```
<form id="Form5">
  <fieldset>
    <legend>date and time: </legend>
    <input name="dateTime1" type="date" />
    <input name="dateTime2" type="time" />
```

```
        </fieldset>
        <fieldset>
            <legend >month and week: </legend>
            <input name="dateTime3" type="month" />
            <input name="dateTime4" type="week" />
        </fieldset>
        <fieldset>
            <legend >datetime and datetime-local: </legend>
            <input name="dateTime5" type="datetime" />
            <input name="dateTime6" type="datetime-local" />
        </fieldset>
</form>
```

上述代码中，使用了文本框的不同日期输入类型，像 date、time、month 和 datetime 等。运行显示效果如图 4-30、图 4-31 和图 4-32 所示。在图 4-31 中，type 为 week 类型，输入框的值"2012-W10"表示 2012 年的第 10 个星期。

图 4-30　date 和 time 效果 　　　图 4-31　month 和 week 效果 　　　图 4-32　datetime 和 datetime-local 效果

> **注意**　使用 HTML 5 的日期类型，解决了繁琐的 JavaScript 日历控件带来的问题。但是也要注意，这些类型并非所有浏览器都支持。

## 4.3　动手操作：实现用户注册功能

通过前两节的学习，相信读者一定对 HTML 5 中表单输入类型和表单属性有所了解。本次练习将表单的输入类型和表单属性相结合，实现一个用户注册的功能，加深读者对这些表单属性和输入类型基本知识的理解。

**Step 1**　首先分析用户注册需要哪些信息。例如：用户名、用户密码、邮箱、个人主页、联系电话等。在 Dreamweaver CS5 中建立页面 register.html，创建用户信息的输入框，并且设置输入框的类型。

**Step 2**　如果希望用户注册时，他的登录账号是系统设置只读的并且不能更改，读者可以使用前几节介绍的 readonly 属性。具体代码如下所示：

```
<label for="email">用户ID: </label>
```

```
<input class="input" type="text" maxLength=32 readonly="readonly"
value="FK201203220001" ><font color="#FF0000">（用户ID自动生成，无法更改）</font>
```

上述代码使用了输入框的 input 样式，样式具体代码如下所示：

```
input{
border:1px solid #AADAFE;height:23px;background:#EBF8FF;
padding-left:3px;line-height:23px;color:#2866A3;font-weight:bold;
}
```

**Step 3** 创建用户名和密码的输入框，读者可以使用 autofocus 属性设置页面加载时自动获取焦点，使用 required 属性设置用户名和密码是必须填写的。具体代码如下所示：

```
<p>
<label for="email">您的登录名：</label>
<input type="text" id="username" maxLength=32 required="true"
autofocus="true" name="username" />
</p>
<p>
<label for="email">登录密码：</label>
<input required="required" type=password maxLength=16 id="password"
name="userpass">
</p>
```

**Step 4** 创建用户年龄的输入框，设置 type 类型为 number，使用 required 属性设置输入框必须填写，使用 max 属性设置允许输入年龄的最大值，使用 min 属性设置允许输入年龄的最小值。具体代码如下所示：

```
<p>
<label for="age">年龄：</label>
<input id=ageid name=age value="20" required="true" type="number" min="10"
max="150" />
</p>
```

**Step 5** 创建用户出生日期的输入框，设置 type 类型为 date，使用 required 属性设置出生日期是必须选择的。具体代码如下所示：

```
<label for="date">出生日期：</label>
<input id=birthday required="true" class="input" name=date type="date" />
```

**Step 6** 创建用户固定电话的输入框，设置 type 类型为 tel，使用 required 属性设置电话必须填写，使用 placeholder 属性设置占位符，使用 patterern 属性设置输入电话的格式。具体代码如下所示：

```
<label for="phone">固定电话：</label>
<input id=phone type=tel required=true placeholder="0371-69525666" pattern="^\
d{3}-\d{8}|\d{4}-\d{7}$" name="phone"/>
```

**Step 7** 创建用户电子邮箱的输入框，设置 type 类型为 email，使用 required 属性设置电子邮件必须填写，使用 placeholder 属性设置占位符，使用 multiple 属性设置可以输入多个电子邮箱，中间使用逗号隔开。具体代码如下所示：

```
<label for="email">电子邮箱：</label>
<input id=email placeholder="798212804@qq.com" required="true" type="email" multiple="true" name="email" />
```

**Step 8** 创建选择颜色的输入框，设置 type 类型为 color。具体代码如下所示：

```
<label for="color">选择颜色：</label>
<input id=colorid class="input" type="color" style="width:120px" name=colorid value="#34538b" />
```

**Step 9** 创建个人空间地址的输入框，设置 type 类型为 url。具体代码如下所示：

```
<label for="personal">个人空间：</label>
<input id=personal type="url" class="input" name=personal />
```

**Step 10** 创建个人介绍说明的文本域，使用 spellcheck 属性对文本域中的内容进行拼写检查。具体代码如下所示：

```
<label for="email">个人介绍：</label>
<textarea spellcheck="true"></textarea>
```

**Step 11** 基本信息设置完成，最后一步创建注册提交的按钮。具体代码如下所示：

```
<input type="submit" name="myregister" value="注册" />
```

**Step 12** 到了这里，用户注册的基本案例已经完成，本案例主要结合前几节学习的表单类型和表单属性，希望能够加深读者的理解。最后来看一下实现的效果，如图 4-33 所示。

图 4-33　用户注册效果图

## 4.4　HTML 5 其他新表单元素

HTML 5 除了对现有表单属性和表单输入类型进行了增加之外，还提供了一些新的表单元素。其中最常用的是 output 元素、keygen 元素和 optgroup 元素。

### 4.4.1　output 元素

output 元素必须属于某个表单，该元素可以显示不同表单元素的内容。output 元素可以与

input 元素建立关联，当 input 元素的值改变时会自动触发 JavaScript 事件。

output 元素包含的属性如下：
- for 定义输出域相关的一个或多个元素
- form 定义输入字段所属的一个或多个表单
- name 定义对象的惟一名称（表单提交时使用）

与 ouput 元素有关的事件是 oninput，它在关联的内容发生变化时触发。

下面使用 output 元素结合前面的表单元素制作一个实例，实现了实时显示两个数字相加的结果。示例代码如下：

```html
<form id="form1" oninput="x.value=parseInt(i1.value)+parseInt(i2.value)">
    <div>
         0<input type="range" name="i1" value="50"/>100+<input type="number" name="i2" value="50"/>=<output name="x" for="i1 i2"></output>
    </div>
</form>
```

上述代码运行效果如图 4-34 所示。

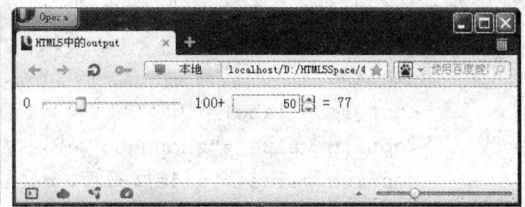

图4-34　ouput元素的运行效果

> 提示：output元素只有在Opera和Chrome浏览器中才能展现其功能。

## 4.4.2　keygen元素

keygen 元素用于表单的密钥生成器字段。它在随表单提交时会生成两个密钥：私密钥和公密钥，其中，私密钥存储在本地，公密钥发送到服务器端。keygen 元素主要包含如下属性：
- challenge 如果使用，将 keygen 的值设置为在提交时会给出提示。
- disabled 禁用 keygen 字段。
- form 定义该 keygen 字段所属的一个或多个表单。
- keytype 定义生成密钥使用的算法，默认值为 rsa。
- name 定义 keygen 元素的唯一名称。name 属性用于在提交表单时获取字段的值。

下面做一个示例，介绍 keygen 元素的使用过程，示例代码如下：

```html
<form id="form1" >
<div>
     <keygen name="ki"/><input type="submit" value="提交" />
</div>
</form>
```

上述代码的效果如图 4-35 所示。

图 4-35　keygen元素的运行效果

### 4.4.3　optgroup元素

一般情况下，下拉菜单只能允许一种类型的选项，并不能进行各种类型的选项进行组合。而使用 optgroup 元素可以进行不同类型的选项的组合。optgroup 元素的属性如下：

- label　定义选项组的标注。
- disabled　在其首次加载时，禁用该选项组。

下面看一个使用 optgroup 元素的示例。代码如下：

```
<form id="form1" runat="server">
  <div>
    <select>
      <optgroup label="国家">
      <option value ="zhongguo">中国</option>
      <option value ="xila">希腊</option>
      <option value ="yindu">印度</option>
      </optgroup>
      <optgroup label="省份">
      <option value ="henan">河南</option>
      <option value ="shanxi">山西</option>
      </optgroup>
       <optgroup label="城市">
      <option value ="luoyang">洛阳</option>
      <option value ="hebi">鹤壁</option>
      </optgroup>
    </select>
  </div>
</form>
```

上述代码的运行效果如图 4-36 所示。

图 4-36　optgroup元素运行效果

## 4.5 表单验证

HTML 5 在增加了大量的表单元素和输入类型的同时,也增强了对表单元素进行验证的功能。通过对元素内容进行本地的有效性验证,避免了重复提交,减轻了服务器的处理压力。

根据验证的提交方式,可以分为自动验证和手动验证两种。另外,在验证时除了使用系统提示之外,还可以自定义验证提示。

### 4.5.1 自动验证方式

自动验证方式是 HTML 5 表单的默认验证方式,它会在表单提交时执行自动验证,如果验证不通过,将无法提交。

在 HTML 5 中,使用如下属性可以对输入的内容进行限制。

- require 属性  限制在提交时元素内容不能为空。
- pattern 属性  通过正则表达式限制元素内容的格式,不符合格式则不允许提交。
- min 属性和 max 属性  限制数字类型输入范围的最小值和最大值,不在范围内不允许提交。
- step 属性  限制元素的值每次增加或者减少的基数,不是基数倍数时不允许提交。

这些属性在前面都已经介绍过,下面看一个综合使用的示例。代码如下所示:

```html
<form>
    <label for="posName">姓名 <span>(必填)</span></label>
    <input class="text" size="25" name="posName" id="posName" type="text" required aria-required="true"><br>
    <label for="pwd">密 码</label>
    <input type="password" aria-required="true" id="pwd" pattern="[0-9]{6,10}" required >
    <label for="numeric-spinner">年龄</label>
    <input type="number" name="numeric-spinner" id="numeric-spinner" value="24" min="20" max="60" >
    <label for="number-field">编号</label>
    <input type="number" id="number-field" name="number-field" placeholder="5" required step="5">
    <label for="email-field">邮箱</label>
    <input type="email" id="email-field" name="email-field" placeholder="contact@ghinda.net" required>
    <button type="submit" aria-disabled="false"> <span class="ui-button-text">提交</span> </button>
    <div class="clearfix"></div>
</form>
```

上述代码还使用了 HTML 5 表单的 number 类型和 email 类型对内容进行限制。如图 4-37 所示为 Chrome 浏览器中提交时的验证效果,如图 4-38 所示为 Opera 浏览器中提交时的验证效果。

图4-37　Chrome中的验证效果　　　　　　　图4-38　Opera中的验证效果

## 4.5.2 手动验证方式

除了对表单元素添加限制属性，以及在提交时自动验证之外，还可以通过调用checkValidity()方法对表单内所有元素或者单个元素进行有效性验证。

HTML 5 中的所有 form 元素、input 元素、select 元素和 textarea 元素都具有该方法。另外，form 和 input 元素都存在一个 validity 属性，该属性返回一个 ValidityState 对象。该对象有很多属性，其中最常用的是 valid 属性，它表示表单内所有元素的内容是否有效。

下面是对表单进行手动验证的示例。如下所示是表单的定义代码：

```
<form id="form1" name="form1" >
  <table width="100%" border="0">
    <tr>
      <td width="7%">标题：</td>
      <td width="93%"><input name="textfield" type="text" id="title" placeholder="请输入要发表内容的标题" size="40" required/></td>
    </tr>
    <tr>
      <td>邮箱：</td>
      <td><input name="textfield2" type="email" id="email" placeholder="请输入常用的邮箱地址" size="40" required /></td>
    </tr>
    <tr>
      <td>内容：</td>
      <td><textarea name="content" cols="40" rows="4" wrap="virtual" id="content" placeholder="请输入要发表主题的内容" ></textarea> <br />
        <input type="button" name="button" id="button" value="提交" onclick="check()"/></td>
    </tr>
  </table>
</form>
```

在这个表单中，有三个元素分别用于输入标题、邮箱和内容，其中标题和邮箱都使用 required 属性限制不能为空。单击"提交"按钮之后，会调用 check() 函数对表单内容进行验证，而不是表单提交时验证。

如下所示为 check() 函数的代码：

```javascript
<script type="text/javascript" language="javascript">
function check()
{
  var title=$("title");
  var email=$("email");
  if(!title.checkValidity())                    //验证标题
  {
      alert("标题不能为空。");
      title.focus();
      return false;
  }
  if(!email.checkValidity())                    //验证邮箱
  {
      alert("邮箱不能为空，或者格式不对。");
      email.focus();
      return false;
  }
}
function $(id){return document.getElementById(id);}
</script>
```

在 check() 函数中对输入标题的 input 元素，title 调用 checkValidity() 方法判断是否验证通过，运行效果如图 4-39 所示。如图 4-40 所示为验证邮箱时的效果。

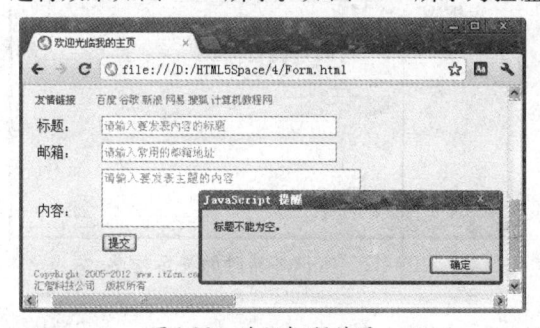

图4-39　验证标题效果 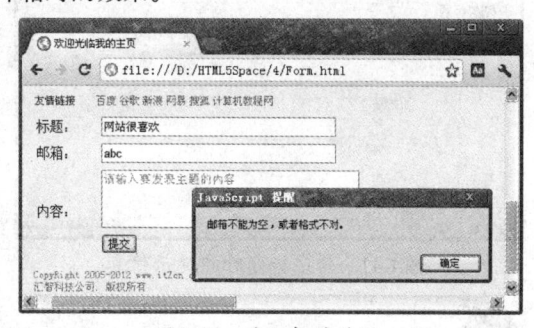　　　　　　　　　　图4-40　验证邮箱效果

### 4.5.3　自定义验证提示

　　HTML 5 提供了对 input 元素输入内容进行有效性检查的功能，如果检查不通过，将会通知浏览器显示一个针对该错误的提示信息。但是，有时候开发人员希望使用自定义的信息作为错误提示，或者为浏览器增加一种错误提示，这时候就需要使用 setCustomValidity() 方法。

　　setCustomValidity() 方法适用于 HTML 5 中的所有 input 元素，而且通常都是结合 JavaScript 脚本来调用的。

　　例如，以上节出现的表单为例，去掉标题和邮箱输入框的 required 属性，然后编写代码，对内容进行有效性检查并给出提示。如下所示为 check() 函数的实现代码：

```
function check()
{
  var title=$("title");
  var email=$("email");
  if(title.value.length<4)              //判断标题长度是否正确
  {
      title.setCustomValidity("标题长度不能小于4，请您重新输入。");
  }
  else
  {
      title.setCustomValidity("");
  }
  if(!email.checkValidity())            //判断邮箱格式是否正确
  {
      email.setCustomValidity("您输入的邮箱格式不对。");
  }
}
```

如上述代码所示，当标题内容的长度小于4时会执行title的setCustomValidity()方法，显示"标题长度不能小于4，请您重新输入。"，运行效果如图4-41所示。如图4-42所示为验证邮箱格式时的提示信息。

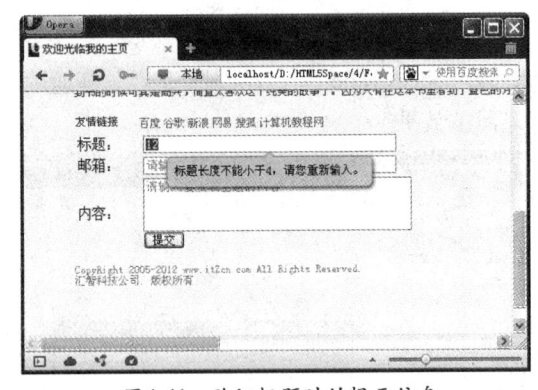

图4-41 验证标题时的提示信息 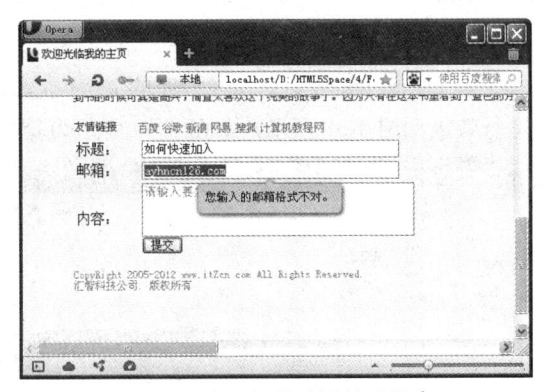　　　　　图4-42 验证邮箱时的提示信息

**注意**　在编写本书时只有Opera 11支持setCustomValidity()方法。

### 4.5.4 取消验证

HTML 5 为表单还新增了一个novalidate属性，该属性用于取消对表单全部元素的有效性验证。默认情况下，表单该属性的值为false，表示在提交时对每个元素进行内容检查，只有所有元素都相符，表单才能提交，否则显示错误信息。

但是，并非所有情况下开发人员都希望对表单元素进行验证。这时候就需要为form添加novalidate属性，并设置值为true，从而使表单提交时的验证失效。另外，如果只是希望表单中的某个元素不被验证，也可以使用该属性。

如图 4-43 所示为对 4.5.1 节实例的表单添加"novalidate="true""之后的运行效果。从中可以看到，提交的内容全部不正确，但仍然可以提交。

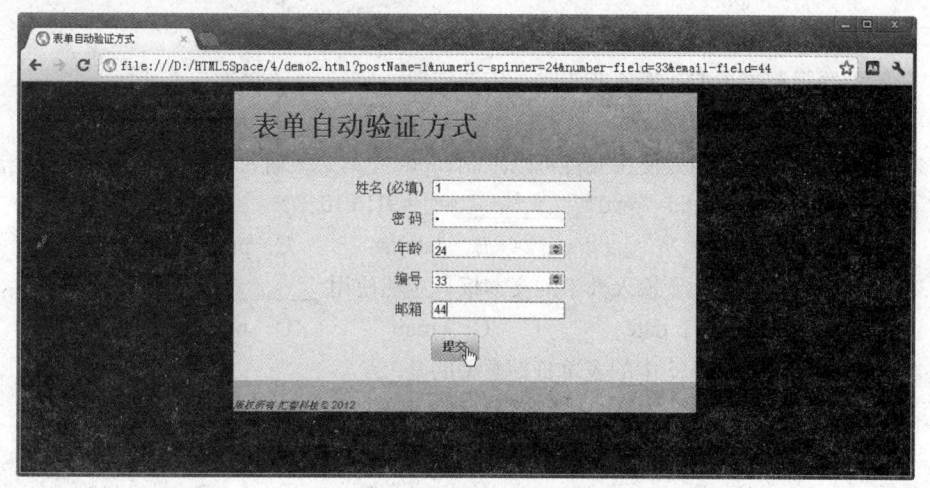

图4-43　取消验证后的提交效果

> **注意**　表单内容不经过验证而直接提交给服务器可能会带来安全隐患。因此，出于数据的安全性考虑，不建议读者使用此属性。

## 4.6 本章小结

表单在 HTML 中有着不可代替的作用。表单之所以如此重要，主要是因为它承担着收集用户资料、与用户进行交互以及向服务器提交数据的任务。在传统的 HTML 4 中，很多表单功能都依赖于 JavaScript 脚本，像输入类型检查、非空校验、自动提示以及格式验证等。

而 HTML 5 在保持表单简便易用的同时，增加了大量的新属性、输入类型以及表单元素，从而使用户不用编码即可满足大部分需求。

本章详细对 HTML 5 在表单属性和输入类型方面的新特性进行介绍，而且在讲解时结合案例加深读者对新知识的理解。本章最后介绍了表单的验证方式，它们可以使读者更加灵活地控制表单。

## 4.7 课后练习

**一、填空题**

（1）在 HTML 5 中使用 _____ 属性可使元素不可编辑，但可以随表单一起提交。

（2）如果要关闭输入文本时的提示下拉列表，应该将 autocomplete 属性值为 _____。

（3）为了实现验证电话号码的功能，需要将 _____ 类型与 pattern 属性一块使用。

(4) 使用_____类型限制输入范围时会显示一个滚动的滑块。

(5) 如果需要为表单添加手动的验证方式，需要在表单提交时调用_____方法进行有效性验证。

## 二、选择题

(1) 假设要限制表单的元素不能为空，应该使用_____属性。

  A．disabled  B．form  C．pattern  D．required

(2) 在下面代码的空白处使用属性可以限制 input 元素必须输入匹配的格式才能提交。

`<input type="password" id="pwd" _____="[0-9]{6,10}"/>`

  A．autocomplete  B．datalist  C．pattern  D．readonly

(3) 如果要实现一个用于输入数字的文本框，应该使用_____类型。

  A．color  B．date  C．email  D．number

(4) 下列不属于 HTML 5 中的表单日期类型的是_____。

  A．day  B．date  C．time  D．week

(5) 下列选项中不属于 HTML 5 的新增类型的是_____。

  A．color  B．email  C．number  D．password

(6) 假设有如下代码定义的 input 元素，哪个值是不合法的_____。

`<input type="number" min="1" max="100" step="6"/>`

  A．100  B．62  C．90  D．48

(7) 下列属性中，不能对 input 元素内容进行限制的是_____。

  A．max  B．length  C．require  D．step

## 三、简答题

(1) 简述 HTML 5 在表单属性方面增加了哪些属性。

(2) 简述 datalist 元素的作用及其使用方法。

(3) 列举 HTML 5 在表单输入类型方面新增加的类型。

(4) 简述手动处理表单内容有效性验证的步骤。

(5) 列举在表单中需要取消验证的情况。

# 第 5 章

# HTML 5 的绘图技术

**内容摘要：**

本章将详细讲解 HTML 5 中 canvas 元素的各种方法和属性。canvas 元素是 HTML 5 的一个特色，使用 canvas 元素可以绘制任意图像和图形，此外，还可以通过编写 JavaScript 代码制作有趣的动画效果。

**学习目标：**

- 掌握 canvas 元素的含义
- 掌握 canvas 元素的使用
- 熟悉 canvas 元素的各种方法及属性
- 掌握使用 canvas 元素绘制图形

## 5.1 创建画布

canvas 元素是 HTML 5 中新添加的一个元素，该元素是 HTML 5 中的一个亮点。canvas 元素在 HTML 5 有着非常重要的作用，它就像一块画布，通过该元素自带的 API 结合 JavaScript 代码可以在这个画布上面可以绘制各类图形和图像以及动画效果。

### 5.1.1 添加canvas元素

在页面中创建 canvas 元素与创建其他元素一样，只需要添加一个 &lt;canvas&gt; 标记即可。可以通过 height 和 width 设置 canvas 元素的高度和宽度。

添加 canvas 元素也即是创建了一个画布，在此画布上可以绘制图形。下面设置一个宽度为 400，高度为 400 的画布。示例代码如下：

```
<canvas id="can1" width="400px" height="400px"></canvas>
```

### 5.1.2 canvas元素的基本用法

canvas 元素很多年前就被当作一个新的 HTML 标记成员加入到了 HTML 5 标准中。在此之前，人们要想实现动态的网页应用，只能借助于第三方的插件，比如 Flash 或 Java，而引入了 canvas 元素后，人们直接打通了通往神奇的动态应用网页的大门。

最常见的在 canvas 上画图的方法是使用 JavaScript 的 Image 对象。所支持的来源图片格式依赖于浏览器的支持，一些典型的图片格式（png、jpg 和 gif 等）基本上都没有问题。

canvas 就是一块画布，可以在画布上面绘制图像。下面通过一个示例介绍 canvas 的使用方法。示例代码如下：

```
<body onload="showimg()">
<canvas id="can1" width="400px" height="400px"></canvas>
</body>
```

上述代码创建了一块画布，在画布上要绘制的图像由 JavaScript 代码完成。其中，在页面加载时调用了 JavaScript 代码，JavaScript 示例代码如下：

```
function showimg ()
{
    var canvas=document.getElementById("can1");
    var imgtext=canvas.getContext("2d");
    var img1=new Image();                    //动态创建图像
      img1.src='city1.jpg';                  //为图像添加路径
    imgtext.drawImage(img1,100,100);         //在画布上面绘制图像
    imgtext.drawImage(img1,125,125);
    imgtext.drawImage(img1,200,200);
}
```

上述代码的运行效果如图 5-1 所示。

> **提示** 只有在Opera 浏览器中才能展现canvas元素的效果。

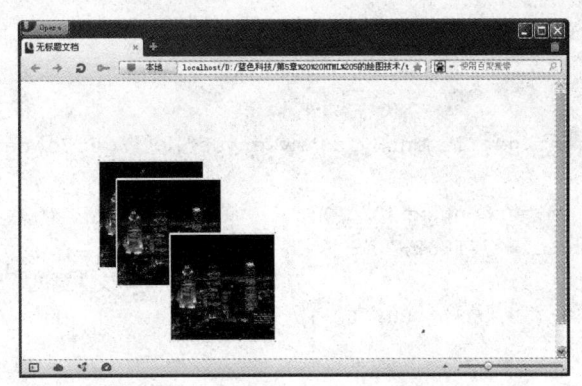

图5-1 canvas元素绘制图片效果

## 5.2 绘制基础

使用 canvas 元素绘制图像需要先创建一个画布区域，再通过获取 canvas 元素取得上下文环境变量，然后根据环境变量在画布上绘制图像或者动画。本节结合案例详细介绍 canvas 元素的基本用法。

### 5.2.1 绘制带边框矩形

在本节中将详细介绍绘制带边框的矩形的实现过程。步骤如下：

**Step 1** 在上下文中获取一个 HTML 5 中的内置对象，即时上下文环境变量，其实现方式如下：

```
var elem = document.getElementById("myCanvas");
var context = elem.getContext("2d");
```

**Step 2** 获得上下文环境之后可以调用 strokeRect(x,y,width,height) 方法，该方法不是绘制矩形区域，而是绘制矩形边框。线条颜色和线条宽度由 strokeStyle 和 lineWidth 属性指定，调用格式如下：

```
context.strokeRect(30,25,90,60);
```

**Step 3** 在绘制边框之前，调用 strokestyle 属性设置边框的颜色，格式如下：

```
context.strokeStyle = "#f00";                    // red
```

**Step 4** 绘制图形时可以控制图形边框的宽度，格式如下：

```
context.lineWidth= 4;                            //线框宽度
```

**Step 5** 完整的示例代码如下：

```
<body onload="rect()">
<canvas id="myCanvas" width="600" height="600" name="myCanvas">
</canvas>
</body>
```

从上述代码可以看出，在页面加载时调用了一个 JavaScript 方法，而 JavaScript 方法实现在画布上绘制图形，JavaScript 代码如下所示：

```
function rect ()
{
    var elem = document.getElementById("myCanvas"); //getContext("2d") 对象是内建的 HTML5 对象
    var context = elem.getContext("2d");
    context.strokeStyle = "#f00";              // red
    context.lineWidth= 4;                       //线框宽度
    context.strokeRect(30, 25,  90, 60);
}
```

上述代码的运行效果如图 5-2 所示。

图5-2　canvas元素绘制边框矩形的运行效果

## 5.2.2 绘制渐变图形

在 HTML 5 出现前，实现图形渐变需要多幅图像，不同色彩的版本图形。现在 HTML5 让创建渐变效果更加容易和高效，因为图形图像将会直接从原始文件生成。本节将详细介绍渐变图形的实现过程。

### 1. 径向渐变

**Step 1** 通过上下文环境变量调用 createRadialGradient() 方法，创建一个 RadialGradient 对象，该函数的调用格式如下：

```
context.createRadialGradient(xStart,yStart,radiusStart,xEnd,yEnd,radiusEnd)
```

- xStart 渐变开始圆的圆心横坐标。
- yStart 渐变开始圆的圆心纵坐标。
- radiusStart 渐变开始圆的半径。
- xEnd 渐变结束圆的圆心横坐标。
- yEnd 渐变结束圆的圆心纵坐标。
- radiusEnd 渐变结束圆的半径。

```
context.createRadialGradient(250, 250, 0, 250, 250, 300);
```

**Step 2** 获取 RadialGradient 对象之后调用 addColorStop() 方法，设置颜色的渐变和偏移量。该方法的语法格式如下：

```
context .addColorStop (value,color)
```

其中，value 和 color 分别为 addColorStop() 的参数，value 的取值范围是 0~1；color 表示渐变开始和结束的颜色，分别对应偏移量 0 和 1。

**Step 3** 完成了对象的偏移量和颜色的渐变设置之后，将 g1 对象赋给 context 对象的 fillStyle 属性，表明此图形样式是一个渐变的图形。

```
context.fillStyle = g1;
```

**Step 4** 完成了渐变对象之后，使用 fillRect() 方法绘制一个矩形的图形。其中，x 为矩形起点横坐标，y 为矩形起点纵坐标，width 为矩形宽度，height 为矩形高度。fillRect() 方法的语法格式如下所示：

```
context.fillRect(x,y,width,height);
```

**Step 5** 改变渐变图形的起始位置和大小循环绘制图形。在 arc() 方法中，x,y 指定了要绘制的圆弧的圆心坐标，radius 是圆的半径，startAngle 和 endAngle 分别指定了弧的起始和结束的角度，anticlockwise 为布尔类型，该参数的作用确定是否使用逆时针方向绘图。示例代码如下所示：

```
arc( x, y, radius, startAngle, endAngle, anticlockwise)
```

完整的示例代码如下：

```
<canvas id=" mycanvas " width="600" height="400"></canvas>
```

上述代码创建了一个 canvas 元素，JavaScript 代码实现在画布上绘制图形，JavaScript 代码如下所示：

```
<script type="text/javascript" >
window.onload = function()
{
var canvas = document.getElementById("mycanvas");
var context = canvas.getContext("2d");           //获取上下文环境变量
var g1 = context.createRadialGradient(400, 0, 0, 400, 0, 400);
g1.addColorStop(0.1, "rgb(255, 255, 0)");
g1.addColorStop(0.3, "rgb(255, 0, 255)");
g1.addColorStop(1, "rgb(0, 255, 255)");
context.fillStyle = g1;
context.fillRect(0, 0, 400, 300);
var n = 0;
var g2 = context.createRadialGradient(250, 250, 0, 250, 250, 300);
g2.addColorStop(0.1, "rgba(255, 0, 0, 0.5)");
g2.addColorStop(0.7, "rgba(255, 255, 0, 0.5)");
g2.addColorStop(1, "rgba(0, 0, 255, 0.5)");
for(var i = 0; i < 10; i++)
{
context.beginPath();
context.fillStyle = g2;
context.arc(i * 25, i * 25, i * 10, 0, Math.PI * 2, true);
context.closePath();
context.fill();
}
}
</script>
```

上述代码的运行效果如图 5-3 所示。

## 2. 线性渐变

在径向渐变案例中介绍了径向渐变的效果，接下来详细介绍线性渐变的实现过程。

通过上下文环境变量调用 createLinearGradient(sx,sy,ex,ey) 方法，其中，sx 为起点的横坐标，sy 为起点坐标的纵坐标，ex 为终点坐标的横坐标，ey 为终点的纵坐标。

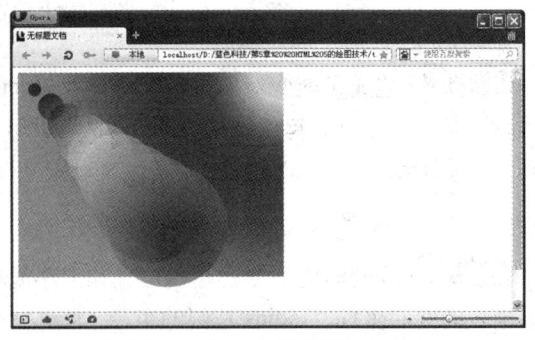

图5-3 径向渐变图形的运行效果

```
createLinearGradient(sx,sy,ex,ey)
```

示例代码如下所示：

```
<canvas id="mycanvas" width="600" height="400"></canvas>
```

上述代码创建了一个 canvas 元素，JavaScript 代码实现在画布上绘制图形，JavaScript 代码如下所示：

```
window.onload = function()
 {
var canvas = document.getElementById("mycanvas");
var context = canvas.getContext("2d");            //上下文环境变量
var g1 = context.createLinearGradient(0, 0, 0, 300);
                                                   //返回渐变对象,指定渐变区域(矩形)
g1.addColorStop(0, "rgb(255, 255, 0)");           //为指定的渐变区域添加颜色
g1.addColorStop(1, "rgb(0, 255, 255)");
context.fillStyle = g1;
 context.fillRect(0, 0, 400, 300);                //绘制矩形区域
var n = 0;
 var g2 = context.createLinearGradient(0, 0, 300, 0);   //指定渐变区域(圆形)
g2.addColorStop(0, "rgba(0, 0, 255, 0.5)");
g2.addColorStop(1, "rgba(0, 255, 0, 0.5)");
for(var i = 0; i < 10; i++)                       //循环打印圆形
{
 context.beginPath();                             //开始绘制路径
    context.fillStyle = g2;
context.arc(i * 25, i * 25, i * 10, 0, Math.PI * 2, true);  //绘制圆形
    context.closePath();                          //结束路径
context.fill();                                   //把绘制的图形填充到画布上
    }
 }
```

上述代码的运行效果如图 5-4 所示。

> **提示**：线性渐变是指从开始地点到结束地点，颜色呈直线的徐徐变化的效果。径向渐变是环形的渐变，由圆心（或者较小的同心圆）开始向外扩散渐变的效果。径向渐变调用 createRadialGradient() 方法，而线性渐变调用的是 createLinearGradient() 方法。

HTML 5的绘图技术　第5章

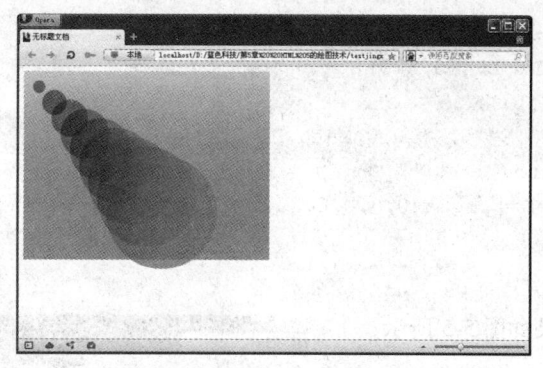

图5-4　线性渐变的运行效果

## 5.2.3 绘制圆形

前面学习了使用 canvas 元素绘制边框和渐变图形，本节将详细介绍如何使用 canvas 元素绘制圆形，加深对 canvas 元素功能的了解。

**Step 1** 获取上下文环境变量之后，使用 fillStyle 属性设置区域的填充颜色。fillStyle 属性的使用方法的示例代码如下：

```
context.fillStyle="#eeeeee";
```

**Step 2** 创建路径的第一步便是调用 beginPath() 方法，返回一个存储路径的信息。注意，这只是信息，并没有实质在画布上做什么。该方法使用格式如下：

```
context. beginPath ();
```

**Step 3** arc 为 canvas 元素绘制圆形的关键方法，在 arc 接口中，前两个参数 x,y 指定了要绘制的圆弧的圆心坐标，radius 是圆的半径，startAngle 和 endAngle 指定了弧的起始和结束的角度，anticlockwise 指定是否使用逆时针方向绘图。

其使用格式如下：

```
arc(float x, float y, float radius, float startAngle, float endAngle, boolean anticlockwise)
```

**Step 4** 接下来是定义圆形的颜色和填充颜色，使用格式如下：

```
context.fillStyle='rgba(0,0,0,0.25)';
context.fill();
```

**Step 5** 创建圆形图形的完整的示例代码如下：

```
<body onload="draw()">
<canvas id="mycanvas" width="800" height="800"></canvas>
</body>
```

上述代码创建了画布，在页面加载时调用 JavaScript 函数，JavaScript 代码实现在画布上绘制图形，JavaScript 示例代码如下：

```
function draw(){
 var canvas=document.getElementById("mycanvas");
 var context=canvas.getContext('2d');
```

113

```
context.fillStyle="#eeeeee";
context.fillRect(0,0,400,300);
context.beginPath();
context.arc(9*25,9*25,9*10,0,Math.PI*2,true);
context.closePath();
context.fillStyle='rgba(0,0,0,0.25)';
context.fill();
}
```

上述代码的运行效果如图5-5所示。

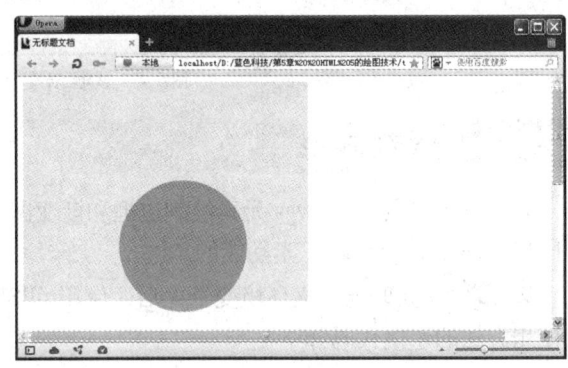

图5-5 canvas元素创建的圆形

## 5.2.4 绘制直线

在 HTML 5 中绘制一条直线是相当简单的一件事情，在数学中是两个点确定一条直线。在网页中却不然，想要在网页中绘制一条直线，需要确定起点坐标和终点坐标。下面通过一个案例介绍在 HTML 5 中绘制直线的过程。

**Step 1** 使用 getContext() 方法获取上下文变量，获取变量之后，使用 moveTo(x,y) 方法进行绘制。moveTo() 方法用于将画笔移动到指定点并以该点为起始点画直线。其中，x 为起点的横坐标，y 为起点的纵坐标。moveTo() 方法的具体使用如下：

```
context.moveTo(70,140);
```

**Step 2** lineTo(x,y) 是用画笔从指定的起点到指定终点绘制一条直线。其中，x 为终点的横坐标，y 为终点的纵坐标。140 和 70 分别对应终点的横坐标和纵坐标。lineTo() 方法的具体使用如下：

```
context.lineTo(140,70);
```

**Step 3** 当直线的路径绘制完成后，效果并不能立刻显示出来，需要调用 stroke() 方法填充路径，展现该直线的效果。调用格式如下：

```
context.stroke();
```

使用 canvas 元素绘制直线的完整代码如下所示：

```
<body onload="drawLine()">
<canvas id="drawLine" style="border:1px solid;width:200px;height:200px;"></canvas>
</body>
```

上述代码创建了画布，JavaScript 代码实现在画布上绘制图形，JavaScript 代码如下：

```
function drawLine(){
    var canvas=document.getElementById("drawLine");
    var context=canvas.getContext('2d');      //取得canvas对象及其上下文对象
    context.beginPath();                       //开始启动画笔
    context.moveTo(70,140);                    //开始坐标
    context.lineTo(140,70);                    //结束坐标
    context.stroke();                          //直线填充画布
}
window.addEventListener("load",drawLine,true);//首页加载时调用drawLine()函数
```

上述代码的运行效果如图5-6所示。

图5-6 canvas元素绘制直线

## 5.2.5 绘制文字

在网页中，经常需要使用文字来描述内容，漂亮的文字能为网页增添光彩，本节将讲述文字的设置方式，包括改变文字的大小和形状。

绘制文字时需要调用 filltext(text,topx,topy,maxlength) 方法，其中，text 为文本内容；topx 为左上角横坐标；topy 为左上角纵坐标；maxlength 为最大长度。filltext() 方法的具体使用如下所示：

```
context.fillText('你 好!', 0, 0,50);
```

绘制文字时，只调用 filltext() 方法是不能实现绘制文字效果的，还需调用 strokeText(text,topx,topy,maxlength) 方法，其中，text 为文本内容；topx 为左上角横坐标；topy 为左上角纵坐标；maxlength 为最大长度。strokeText() 方法的具体使用如下所示：

```
context.strokeText('你 好!', 0, 50,100)
```

绘制文字需要调用样式相关属性，以便设置文字样式，设置文字需要调用的属性如下：
- font 设置 CSS 样式中字体的任何值。
- textAlign 设置文本的对齐方式。
- textBaseline 设置文本相对于起点的位置。

> **提示** filltext()是以填充的方式绘制文字，stroketext()是以描边的方式绘制文字。

完整的示例代码如下：

```
<body onload="pageInit()">
<canvas id="my_canvas" width="200" height="200" style="border:1px solid #ff0000"></canvas>
</body>
```

在页面加载时调用 JavaScript 方法，用以完成画布的内容，JavaScript 代码如下所示：

```
function pageInit()
{
    var elem = document.getElementById("my_canvas");
        var context = elem.getContext("2d");
        context.fillStyle= '#00f';
        context.font= 'italic 30px 微软雅黑';.
        context.textAlign='left';
        context.textBaseline='top';
        context.fillText('你 好!', 0, 0,50);
        context.font='bold 0px sans-serif';
        context.strokeText('你 好!', 0, 50,100);
}
```

上述代码的运行效果如图 5-7 所示。

图5-7　canvas元素绘制文字

## 5.3　对画布中图形的操作

有时已经绘制的图像并不能满足需求，需要对已经绘制的图形进行修改。这些修改可以借用 canvas 元素的相关属性和方法实现，将不同或相同的图形结合在一起，组合成新的图形；或者为图形添加不同的样式效果。本节将详细介绍对已绘制图形的操作。

### 5.3.1　组合多个图形

在画布上绘制多个交叉的图形，显示时将根据绘制的先后顺序显示每个图形，也有可能新图形将会覆盖原来的图形，这种默认的多图组合方式给网页的设计带来很大的困扰，在 HTML 5 中可以修改上下文对象的 globalCompositeOperation 属性的值来改变默认的组合方式。该属性的值如下所示：

- source-over　默认相交部分由绘制的图形填充（颜色、渐变、纹理）
- source-in　只绘制相交部分，由绘制的图形填充相交部分，其余部分透明。
- source-out　只绘制不相交的部分。
- source-atop　不相交的部分透明，相交部分由绘制的图形填充。
- destination-over　相交部分由绘制的图形填充。
- destination-in　只绘制相交部分，该部分由绘制的图形填充，其余部分透明。

- destination-out 绘制不相交的部分，该部分由绘制的图形填充，其余部分透明。
- destination-atop 先绘制图形不相交的部分透明，相交部分由先绘制图形的填充覆盖。
- lighter 在图形重叠（相交）的地方颜色由两个颜色值相加后决定。
- darker 在图形重叠（相交）的地方颜色由两个颜色值相减后决定。
- cpy 只绘制图形。
- xr 相交部分透明。

通过上下文的 fillStyle 属性和 fillRect() 方法，可以绘制一个蓝色的矩形区域；用 globalCompositeOperation 属性选择多种图形的组合方式；使用上下文对象的 arc() 方法可以绘制一个圆形。最后通过 fill() 方法填充到画布上。

下面通过一个多种图形组合的示例，介绍 globalCompositeOperation 属性的使用方法，示例代码如下：

```
<body onload="draw()">
<canvas id="mycanvas" width="800" height="800"></canvas>
</body>
```

上述代码创建一个 canvas 元素。页面加载时，调用 JavaScript 方法来完成画布上的内容，JavaScript 代码如下：

```
function draw()
{
    var canvas=document.getElementById("mycanvas");
    var context=canvas.getContext('2d');
    var oprtns=new Array(
        "source-atop",
        "source-in",
        "source-out",
        "source-over",
        "destination-atop",
        "destination-in",
        "destination-out",
        "destination-over",
        "lighter",
        "copy",
        "xor"
        )
    var i=10;
    context.fillStyle="blue";
    context.fillRect(10,10,60,60);
    context.globalCompositeOperation=oprtns[i];
    context.beginPath();
    context.fillStyle="red";
    context.arc(60,60,30,0,Math.PI*2,false);
    context.fill();
}
```

上述代码的运行效果如图 5-8 所示。

图5-8　canvas元素组合多个图形

### 5.3.2　为图形添加阴影

在网页中，有的区域只显示一张图片会显得很单调，为了不使网页图像显得单调，可以为图像添加阴影，以求达到立体显示的效果。使用 HTML 5 的 canvas 元素绘制图形时，可以为图片添加背景阴影，以达到立体显示的效果。

使用 canvas 元素绘制图形的阴影部分需要用到的属性如下所示：

- shadowoffsetx　阴影与图形的水平距离，大于零时向右偏移，小于零时向左偏移，0为默认值。
- shadowoffsety　图形与阴影的垂直距离，大于零时向下偏移，小于零时向上偏移。
- shadowBlur　背景颜色值。
- shadowColor　阴影的模糊值，值越大模糊强度越强，默认值为 1。

下面通过一个示例，介绍 canvas 元素为图形绘制阴影效果的过程。示例如下所示：

```
<body onload="draw()">
<canvas id="mycanvas" width="400px" height="600px"></canvas>
</body>
```

上述代码完成了画布的创建。其中，在页面加载时调用 JavaScript 代码，JavaScript 代码实现绘制图形阴影的效果，JavaScript 代码如下：

```
function draw ()
{
 var canvas=document.getElementById("mycanvas");
    var context=canvas.getContext('2d');
    context.shadowOffsetX = 10;
context.shadowOffsetY = 10;
context.shadowBlur =4;
context.shadowColor= 'rgba(255, 0, 0, 0.5)';
context.fillStyle='#00f';
context.fillRect(20, 20, 150, 100);
}
```

上述代码的运行效果如图5-9所示。

图5-9　canvas元素为图形添加阴影

### 5.3.3 变换坐标

绘制图形的时候，可能需要旋转图形，或者对图形使用变形处理，在 HTML 5 中，使用 canvas 的坐标轴变换处理功能，就能实现坐标转换的效果。

通常，是以坐标点为基准来进行图形绘制的，默认情况下，画布的最左上角对应于坐标轴的原点 (0,0)。如果对这个坐标轴进行改变，那么就可以实现图形的变换处理了。在 HTML 5 中，对坐标的变换处理有以下三种方式。

（1）平移

使用图形上下文对象的 translate() 方法移动坐标轴原点，该方法定义如下：

```
cantext.translate(x, y);
```

x 表示横坐标，也就是将坐标轴 x 从原点向左移动多少个单位，默认以像素为单位。y 表示纵坐标，也就是将坐标轴 y 从原点向下移动多少个单位，默认以像素为单位。

（2）扩大

使用图形上下文对象的 scale 方法将图形放大，该方法的定义如下：

```
cantext.scale(x, y);
```

x 表示横坐标，也就是水平方向将图形放大的倍数。y 表示纵坐标，也就是垂直方向将图形放大的倍数。

> **注意** 将图形缩小的时候，将这两个参数设置为 0~1 之间的小数即可，比如，0.5 表示将图形缩小一半。

（3）旋转

使用图形上下文对象的 rotate 方法将图形进行旋转，该方法的定义如下：

```
cantext.rotate(angle);
```

angle 表示旋转的角度，旋转的中心点是坐标轴的原点。旋转方向为顺时针方向，如果逆方向旋转，只需要设置为负数即可。

下面通过一个示例介绍使用 canvas 元素，实现对图形进行移动、缩放、旋转的操作过程。示例代码如下：

```
<canvas id="mycanvas" width="600" height="400"></canvas>
```

上述代码创建了一个画布，JavaScript 代码将画布上的图形进行变换坐标的操作，JavaScript 代码如下：

```
window.onload = function()
{
var canvas = document.getElementById("mycanvas");
var context = canvas.getContext("2d");
context.fillStyle = "#d4d4d4";
context.fillRect(0, 0, 400, 300);
//绘制图形
context.translate(200, 25);
```

```
context.fillStyle = "rgba(0, 0, 255, 0.25)";
for(var i = 0; i < 50; i++)
{
context.translate(25, 25);
context.scale(0.95, 0.95);
context.rotate(Math.PI / 10);
context.fillRect(0, 0, 100, 50);
}
}
```

上述代码的运行效果如图 5-10 所示。

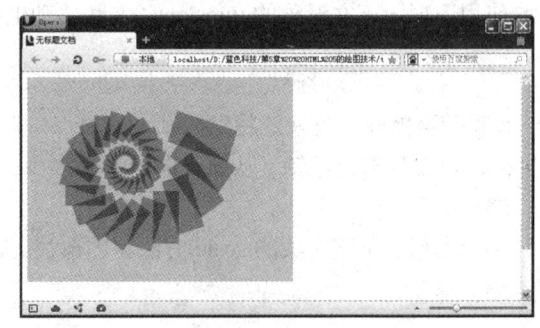

图5-10　canvas元素变换坐标效果

## 5.3.4　变换矩阵

坐标变换可以实现图形的变换，当利用坐标变换不能满足要求时，可以利用矩阵变换技术。下面将介绍更为复杂的矩阵变换变形技术。

矩阵是专门用来实现图形变形的，它与坐标一起配合使用，可达到变形的目的。当图形上下文被创建完毕时，事实上也创建了一个默认的变换矩阵，如果不对这个矩阵进行修改，那么接下来绘制的图形将以画布的最左上角为坐标原点进行绘制，绘制出来的图形也不经过缩放变形处理，但如果对这个变换矩阵进行修改，那么情况就不一样了。

下面通过一个示例介绍 canvas 元素图形转换的使用方法。

(1) 通过 context 获得一个颜色的集合。

```
var colors=["red","orange","yellow","green","blue","navy","purple"];
```

(2) 通过 context.transform(a,b,c,d,x,y) 方法改变图形的形状和位置。其中，a,b,c,d 这 4 个参数主要用来对图形进行变形；x, y 表示移动的坐标点。

transform() 方法可以使用如下方法代替：

- translate(x,y) 改变水平、上下方向的大小。
- scale(a,d) 扩大图形的倍数。
- rotate(b,c) 旋转图形，b，c 分别对应横轴和纵轴的值。

> **注意**　scale()方法其实只有一个参数，在这里为了便于理解且对应transform，故使用剩余的两个参数，放在这里是为了告诉读者，这两个参数的作用差不多，都是与旋转有关的。

完整的示例代码如下：

```
<body onload=" draw()">
```

```
<canvas id="canvas" width="400" height="300" />
</body>
```

上述代码完成了画布的创建,JavaScript 代码实现在画布上绘制图像的工作,其中,页面加载时调用了 JavaScript 函数,JavaScript 代码如下:

```
function draw(id)
{
    var canvas=document.getElementById("canvas");
    var context=canvas.getContext('2d');
    //定义颜色
    var colors=["red","orange","yellow","green","blue","navy","purple"];
    //定义线宽
    context.lineWidth=10;
    context.transform(1,0,0,1,100,0);
    //循环绘制圆弧
    for(var i=0;i<7;i++){
        context.transform(1,0,0,1,0,10);
        context.strokeStyle=colors[i];
        context.beginPath();
        context.arc(50,100,100,0,Math.PI,true);
        context.stroke();
    }
}
```

上述代码的运行效果如图 5-11 所示。

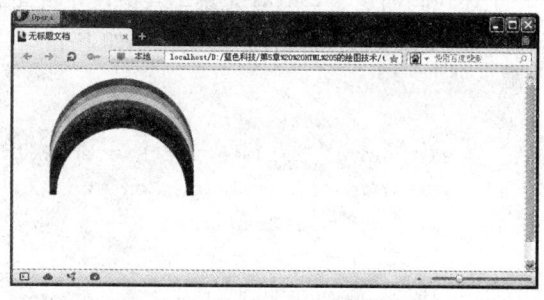

图5-11 canvas元素变换矩阵效果

## 5.4 在画布中使用图像

在 HTML 5 中,canvas 元素不仅可以绘制各种类型的图形,还可以用 canvas 元素绘制图像,并且对图像进行切割、平铺以及像素处理。本节将详细介绍对图像的处理。

### 5.4.1 绘制图像

合理地绘制多幅图像可以做出漂亮的组合效果,比如常见的画廊就是框图片与照片的叠加,只不过要注意绘制的先后顺序。

**Step 1** 动态地创建图片:用脚本创建一个新的 Image 对象,使用该对象指定一个图片路径。

```
var img1=new Image();
```

**Step 2** 当脚本执行后，图片开始装载。若调用 drawImag() 方法时图片没装载完，脚本会自动等待，直至装载完毕。如果不希望这样的效果，则需要使用图片的 onload 事件。

drawImag() 方法有三种使用格式，使用方法如下所示：

- drawImage(image,dx,dy)　在网页中绘制一张图像，必须在绘制图像前加载该图像。dx 为 image 图像在画中起点的横坐标，dy 为 image 图像在画布中起点的纵坐标。
- drawImage(image,dx,dy,dw,dh)　前三个参数的使用方法与第一种调用格式相同。dw 指定图像在画布中的宽度，dh 指定图像在画布中的高度。
- drawImage(image,sx,sy,sw,sh,dx,dy,dw,dh)　image,dx,dy,dw,dh 参数的使用方法与第二种调用格式相同。sx,sy,sw,sh 对应裁剪的范围，sx 表示原图像被切割的起点横坐标，sy 表示原图像被切割的起点纵坐标，sw 表示原图像被切割的宽度，sh 表示原图像被切割的高度。

drawImag() 方法的三个参数的使用方法如下：

```
img1.onload=function()
   {
       imgtext.drawImage(img1,100,100);
   }
```

完整的示例代码如下：

```
<body onload="test()">
<canvas id="canvas1" width="300px" height="300px"></canvas>
</body>
```

上述代码创建了 canvas 元素，其中，在页面加载时调用了 JavaScript 函数，JavaScript 代码是在画布上绘制图片的过程，示例代码如下：

```
function test()
   {
    var canvas=document.getElementById("canvas1");
    var imgtext=canvas.getContext("2d");
    var img1=new Image();
    img1.src='city1.jpg';
    img1.onload=function()
       {
           imgtext.drawImage(img1,100,100);
       }
}
```

上述代码的运行效果如图 5-12 所示。

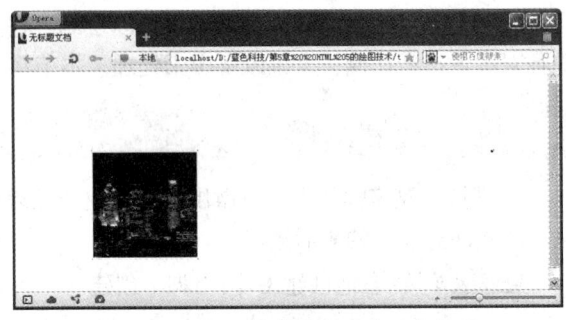

图5-12　canvas元素绘制图片运行效果

## 5.4.2 平铺图像

图片像背景一样在 canvas 中以重复方式平铺开来。实现起来也很简单，只需要设置 createPattern 属性的平铺方式即可。省去了循环嵌套的代码，这种方法达到了铺设背景图案的效果。

**Step 1** 如下代码是通过 context 对象获取一个带有背景颜色的区域，其中，context 为上下文环境变量。

```
context.fillStyle="#eeeeff";
context.fillRect(0,0,400,300);
```

**Step 2** createPattern(imgtype,repeattype) 方法可以实现图像的平铺，其中，imgtype 为图像的数据源，repeattype 为平铺的方式。

repeattype 有如下 4 种平铺方式：

- no-repeat 不平铺。
- repeat-x 横方向平铺。
- repeat-y 纵方向平铺。
- repeat 全方向平铺。

如下代码实现了图片的全方向平铺。

```
var ptrn=context.createPattern(image,'repeat');    //指定填充样式
context.fillStyle=ptrn;
```

完整的示例代码如下所示：

```
<body onload="draw()">
<canvas id="canvas1" width="600" height="600"></canvas>
</body>
```

从上述代码中可以看出，在页面加载时调用 JavaScript 函数，JavaScript 函数实现了图片的平铺方式。

```
function draw(){
    var canvas=document.getElementById("canvas1");
    var context=canvas.getContext('2d');
    context.fillStyle="#eeeeff";
    context.fillRect(0,0,400,300);
    image=new Image();
    image.src="city1.jpg";
        //创建填充样式，全方向平铺
        var ptrn=context.createPattern(image,'repeat');
        //指定填充样式
        context.fillStyle=ptrn;
        //填充画布
        context.fillRect(0,0,400,300);
}
```

上述代码的运行效果如图 5-13 所示。

图5-13　canvas元素平铺图像效果

## 5.4.3　裁剪图像

在网页中，有时候并不需要显示整张图片，而只需其中的一部分。在 HTML 5 中可以通过上下文环境变量的 clip() 方法对图像进行切割。

clip() 是一个无参的方法，用于切割在画布上所选中的区域。因此，在使用该方法之前必须使用一个路径绘制一个区域，然后调用该方法。使用格式如下所示：

```
context.clip();                                    //切割选中的圆形区域
```

完整的示例代码如下：

```
<canvas id="mycanvas" width="200" height="200"></canvas>
<img src="52.JPG" width="200px" height="200px"/>
```

在页面加载时会调用 JavaScript 函数，JavaScript 函数的代码如下所示：

```
    window.onload=function draw()
{
    var context=document.getElementById("mycanvas").getContext("2d");
    var img=new Image();
    img.src="52.JPG";
    context.beginPath();                          //开始绘制路径
    context.arc(100,100,60,0,Math.PI*2,true);     //绘制圆形
    context.closePath();                          //结束绘制路径
    context.lineWidth=4;
    context.clip();                               //切割选中的圆形区域
    context.stroke();                             //填充切割的路径
    context.drawImage(img,10,10);                 //被切割的图像
}
```

上述代码的运行效果如图 5-14 所示。

图5-14　canvas元素裁剪图像效果

## 5.5 其他操作

在 HTML 5 中，通过 canvas 元素可以绘制图像、图形以及文字。在绘制图形的同时可以将图形保存和恢复，并将图像或图形以 base64 位的形式输出到浏览器中。

### 5.5.1 保存和恢复图形

在网页中常常需要绘制多个图像，同时图像之间进行转换，如果原始图像不进行保存，原来的图像就会丢失，这是不希望看到的结果。在 HTML 5 中为了解决这些问题，可以调用 save() 方法将图像保存起来；restore() 方法取出保存的图像。下面的示例中会详细介绍两种方法的使用。

**Step 1** save() 的作用是保存当前画布，可以将前面设置好的画布属性临时保存在内存中，如果要返回以前状态可以用 restore()。第一次使用 con.save() 时为初始化 save() 方法。

```
con.save();
```

**Step 2** 指针每转动一次即重新绘制一个图形，为防止出现多次重合，需要更新画布信息。

```
con.clearRect(0,0,400,400);
```

**Step 3** 第二次出现 save() 方法，保存更新后画布的信息。

```
con.save();
```

**Step 4** restore() 的作用是从内存中取出图形信息并且返回。

第一次出现 restore() 方法，保存绘制时针之后的图形信息，并且返回。再次使用 save() 方法保存新图形。

```
con.stroke();
con.restore();
con.save();
```

**Step 5** 在 JavaScript 函数中，最后会出现两次 restore()，第一次要返回到第一次出现 save() 状态，即时初始时的状态，第二次是保存整个时钟的图形并且返回。

完整的示例代码如下所示：

```
<body onload="startime()">
<canvas id="mycanvas" height="600" width="600"></canvas>
</body>
```

**Step 6** 在页面加载时会调用 JavaScript 函数。startimt() 函数每秒会调用一次 clock() 函数，由 clock() 函数绘制一个钟表的图形。JavaScript 函数的代码如下所示：

```
function clock() {
    var now=new Date();
    var hour=now.getHours(),
    min=now.getMinutes(),
    sec=now.getSeconds();
    hour=hour>=12?hour-12:hour;
    var con=document.getElementById("mycanvas").getContext("2d");
```

```
con.save();
//首先清除画布，需注意高宽的设置，否则画布只将清除一半，后面的会不停地重合
con.clearRect(0,0,400,400);
con.translate(120,120);
con.scale(0.8,0.8);
con.rotate(-Math.PI/2);                    //画布选择角度
con.strokeStyle="#fc4e19";                 //设置路径颜色
con.lineWidth=2;                           //设置线的宽度
con.lineCap="square";                      //设置线段的末端如何绘制
con.save();
//画小时刻度
con.beginPath();
for(var i=0;i<12;i++) {
    con.rotate(Math.PI/6);
    con.moveTo(110,0);
    con.lineTo(120,0);
}
con.stroke();
con.restore();
con.save();
//画分钟刻度
con.beginPath();
for(var i=0;i<60;i++) {
    con.rotate(Math.PI/30)
    con.moveTo(117,0);
    con.lineTo(120,0);
}
con.stroke();
con.restore();
con.save();
//画时针
con.rotate((Math.PI/6)*hour+(Math.PI/360)*min+(Math.PI/21600)*sec);
con.lineWidth=5;
con.beginPath();
con.moveTo(0,0);
con.lineTo(60,0);
con.strokeStyle="#000000";
con.stroke();
con.restore();
con.save();
//画分针
con.rotate((Math.PI/30)*min+(Math.PI/1800)*sec);
con.lineWidth=3;
con.beginPath();
con.moveTo(0,0);
con.lineTo(75,0);
```

```
            con.strokeStyle="#1ca112";
            con.stroke();
            con.restore();
            con.save();
            //画秒针
            con.rotate(sec*Math.PI/30);
            con.lineWidth=1;
            con.beginPath();
            con.moveTo(0,0);
            con.lineTo(90,0);
            con.strokeStyle="#ff6b08";
            con.stroke();
            con.restore();
            con.save();
            //画外圈
            con.lineWidth=2;
            con.strokeStyle="#fc4e19";
            con.fillStyle="#fc4e19";                       //设置线的颜色
            con.beginPath();
            con.arc(0,0,125,0,2*Math.PI,false);
            con.stroke();
            //这里restore()返回两次，因为要返回到第一个save()的状态，即初始化状态
            con.restore();
            con.restore();
        }
        function startime()
        {
          setInterval(clock,1000);
        }
```

上述代码的运行效果如图 5-15 所示。

> **提示**：save()方法和restore()方法是对内存的存读操作，save()是将图形保存在内存中；restore()是将保存在内存中的图形取出来。

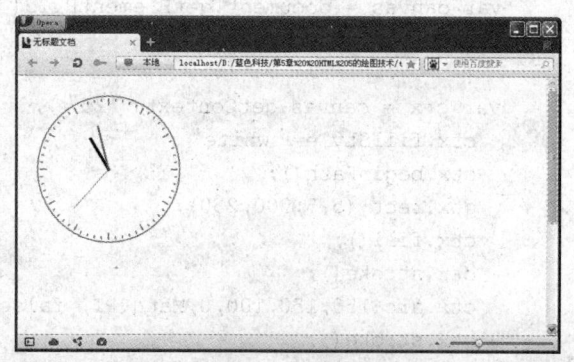

图5-15 canvas元素保存图形效果

## 5.5.2 输出图形

在 HTML 5 中，有时候需要绘制多个图形，并且切换图形，如果切换之后的图形没有进行保存，图像就会消失，为了防止图像丢失，可以使用 save() 和 restore() 方法，在上节中已经讲述了这两种方法的使用。除了 save() 和 restore() 方法之外，还可以使用输出图形的方法将图像

输出到浏览器中，输出图像应调用 toDataURL() 方法。

**Step 1** 获取上下文环境变量，利用 canvas 变量设置输出类型。示例代码如下：

```
var canvas1 = document.getElementById("MyCanvas");
var ctx = canvas1.getContext("2d");
```

**Step 2** 使用 canvas.toDataURL() 方法设置输出数据的类型，其中，canvas 为上下文环境变量，通过 img 对象显示需要输出的图像。最后绘制的图像将以 base64 位编码方式输出到浏览器上，示例代码如下：

```
var myImage = canvas1.toDataURL("image/jpg");    // Get the data as an image.
var imageElement = document.getElementById("MyPix");  // Get the img object.
imageElement.src = myImage;
```

完整的示例代码如下所示：

```
<body onload="draw()" bgcolor="lightgray">
    <div>
      <button onclick="putImage()">复制图形使用toDataURL </button>
    </ div >
    <div>
      <canvas id="MyCanvas" width="400" height="400"></canvas>
      <img id="MyPix" width="200px" height="200px">
    </div>
</ body >
```

在上述代码中可以看出，在页面加载时调用 JavaScript 函数，其中，单击 button 按钮时开始调用 putImage() 函数，开始输出图像，JavaScript 函数的代码如下所示：

```
function draw()
{
// Create some graphics.
  var canvas = document.getElementById( "MyCanvas" );
  if (canvas.getContext)
    {
  var ctx = canvas.getContext( "2d" );
    ctx.fillStyle=" white ";
    ctx.beginPath();
    ctx.rect (5,5,300,250);
    ctx.fill();
    ctx.stroke();
    ctx.arc(150,150,100,0,Math.PI, false);
    ctx.stroke();
    }
}
function putImage()
{
  var canvas1 = document.getElementById( "MyCanvas" );
    var ctx = canvas1.getContext( "2d" );
      var myImage = canvas1.toDataURL( "image/jpg" );
```

```
        var imageElement = document.getElementById("MyPix");
        imageElement.src = myImage;
}
```

上述代码的运行效果如图 5-16 和图 5-17 所示。

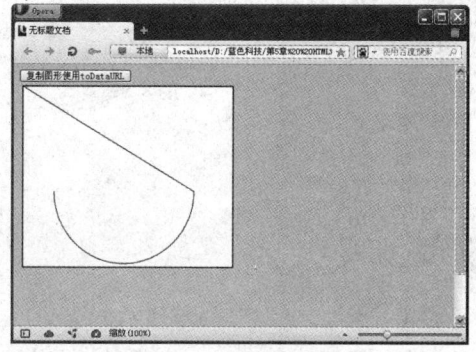

图5-16　页面加载完后的运行效果 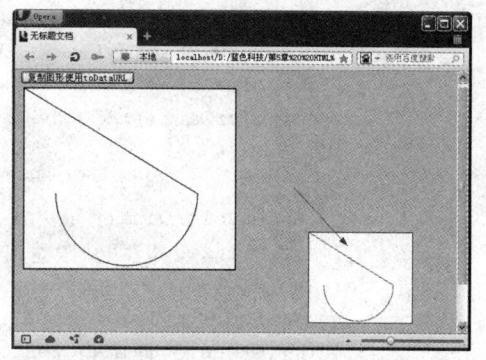　　　　图5-17　输出图形的运行效果

## 5.6 动手操作：将彩色图像转换成黑白图像

在网页中对图像进行颜色的转换很重要，同一个图像的不同颜色在网页中的效果是不一样的。下面是一个将彩色图像转换成黑白图像的案例，介绍图像颜色转换的过程。

HTML 5 中使用 canvas 元素对图像的像素进行处理需要调用 putImageData() 方法和 getImageData() 方法。

**Step 1** myImage.onload 事件在图像加载完成后触发一个 JavaScript 事件。

```
myImage.onload = function()
```

**Step 2** getImageData(x,y,w,h) 方法用于获取图形的像素，其中，x 为坐标的横轴，y 为坐标的纵轴，w 为所选区域的宽度，h 为所选区域的高度。通过 getImageData() 方法所获取的对象是一个像素的数组。

```
getImageData(0, 0,300,300);
```

**Step 3** putImageData(myImage,x,y) 中 img 为需要重新绘制的图像，x 为新图像的起始坐标的横轴，y 为新图像的起始坐标的纵轴。

```
ctx.putImageData(myImage,0,0);
```

完整的示例代码如下所示：

```
        <canvas id="myCanvas" width="600" height="600">
        </canvas>
```

在页面加载时触发 JavaScript 函数，JavaScript 函数飞代码如下所示：

```
        var picWidth = 300;
        var picHeight = 300;
        var picLength = picWidth * picHeight;
```

```
var myImage = new Image();.
function displayImage() {
  canvas = document.getElementById("myCanvas");
    ctx = canvas.getContext("2d");
  myImage.src = "51.jpg";
    myImage.onload = function() {
      ctx.drawImage(myImage, 0, 0,300,300);
      getColorData();
      putColorData();
    }
}
function getColorData() {
  myImage = ctx.getImageData(0, 0,300,300);
    for (var i = 0; i < picLength * 4; i += 4) {
    var myRed = myImage.data[i];
    var myGreen = myImage.data[i + 1];
    var myBlue = myImage.data[i + 2];
    myGray = parseInt((myRed + myGreen + myBlue) / 3);
    myImage.data[i] =myGray;
    myImage.data[i + 1]=myGray;
    myImage.data[i + 2] =myGray;
  }
}
function putColorData() {
  ctx.putImageData(myImage,0,0);
}
```

上述代码的运行效果如图 5-18 和图 5-19 所示。

图5-18  canvas元素未转换颜色前图像　　图5-19  canvas元素转换颜色后的效果

## 5.7　动手操作：绘制指针式动画时钟

绘制时钟是 JavaScript 中很典型的网页特效，下面做一个时钟的特效，加深理解本章中学到的 canvas 元素属性和方法。

**Step 1** 页面加载时调用 JavaScript 函数 window_onload()，在该函数中每秒都会调用 draw() 函数。

```
setInterval("draw()",1000);//每隔一秒重绘时钟，重新显示时间
```

**Step 2** 为防止不正常的重合，需要清除整个画布，否则在后面会多次出现重合现象。

```
context.clearRect(0,0,canvas.width,canvas.height);
```

**Step 3** 第一次使用 con.save() 时为初始化 save() 方法。save() 方法用来保存当前画布，它可以将前面设置好的画布属性临时保存，如果要返回以前的状态可以用 restore() 方法。

```
context.save();                                    //保存当前绘制状态
```

**Step 4** 通过 restore() 方法返回之前的绘图信息，可以在原来绘制图形的基础上编辑图形，成为新的图形。

```
context.restore();                                 //恢复之前保存的绘制状态
```

**Step 5** beginPath() 方法开始一条新的路径。在使用不同的子路径绘制一条新线段之前，必须要使用 beginPath() 来标明一个绘制过程要遵循的新起点。在绘制第一条线段时，beginPath() 方法的调用不是必须的。

```
context.beginPath();                               //开始创建路径
```

**Step 6** 当一个图形绘制结束后，并不能立刻显示出来，需要通过 stroke() 填充画布之后，绘制的图形才能显示。

```
context.stroke();                                  //绘制指针边框
```

完整的示例代码如下所示：

```
<div class="divcanvas"><div class="divcanvas"><canvas id="canvas" width="200px" height="200px"></canvas></div>
</div>
```

上述代码创建了 canvas 元素，即是创建了一个画布。JavaScript 代码实现在画布上绘制图像的功能，其中页面加载时调用 JavaScript 函数，JavaScript 代码如下：

```
var canvas;
var context;
//页面装载
window.onload=function window_onload()
{
    canvas=document.getElementById("canvas");    //获取canvas元素
    context=canvas.getContext('2d');             //获取canvas元素的图形上下文对象
    setInterval("draw()",1000);                  //每隔一秒重绘时钟，重新显示时间
}
//绘制时钟
function draw()
{
    var radius=Math.min(canvas.width / 2, canvas.height / 2) -25;
                                                 //时钟罗盘半径
    var centerx=canvas.width/2;                  //时钟中心横坐标
    var centery=canvas.height/2;                 //时钟中心纵坐标
    context.clearRect(0,0,canvas.width,canvas.height);    //清除之前所绘时钟
```

```
        context.save();                                     //保存当前绘制状态
//绘制时钟圆盘
        context.fillStyle = '#efefef';                      //时钟背景色
        context.strokeStyle = '#c0c0c0';                    //时钟边框颜色
        context.beginPath();                                //开始创建路径
        context.arc(centerx,centery,radius, 0,Math.PI*2, 0);  //创建圆形罗盘路径
        context.fill();                                     //用背景色填充罗盘
        context.stroke();                                   //用边框颜色绘制罗盘边框
        context.closePath();                                //关闭路径
        context.restore();                                  //恢复之前保存的绘制状态
//绘制时钟上表示小时的文字
        var r = radius - 10;                                //缩小半径，因为要将文字绘制在时钟内部
        context.font= 'bold 16px 宋体';                     //指定文字字体
        Drawtext('1', centerx + (0.5 * r), centery - (0.88 * r));
        Drawtext('2', centerx + (0.866 * r), centery - (0.5 * r));
        Drawtext('3', centerx + radius - 10,centery);
        Drawtext('4', centerx + (0.866 * r), centery + (0.5 * r));
        Drawtext('5', centerx + (0.5 * r), centery + (0.866 * r));
        Drawtext('6', centerx, centery + r);
        Drawtext('7', centerx - (0.5 * r), centery + (0.866 * r));
        Drawtext('8', centerx - (0.866 * r), centery + (0.49 * r));
        Drawtext('9', centerx - radius + 10, centery);
        Drawtext('10',centerx - (0.866 * r),centery - (0.50 * r));
        Drawtext('11', centerx - (0.51 * r), centery - (0.88 * r));
        Drawtext('12', centerx, 35);
//绘制时钟指针
        var date=new Date();                                //获取需要表示的时间
        var h = date.getHours();                            //获取当前小时
        var m = date.getMinutes();                          //获取当前分钟
        var s=date.getSeconds();                            //获取当前秒
        var a = ((h/12) *Math.PI*2) - 1.57 + ((m / 60) * 0.524);
                                                            //根据当前时间计算指针角度
        context.save();                                     //保存当前绘制状态
        context.fillStyle='black';                          //指定指针中心点的颜色
        context.beginPath();                                //开始创建路径
        context.arc(centerx,centery,3,0,Math.PI * 2, 0);    //创建指针中心点的路径
        context.closePath();                                //关闭路径
        context.fill();                                     //填充指针中心点
        context.lineWidth=3;                                //指定指针宽度
        context.fillStyle='darkgray';                       //指定指针填充颜色
        context.strokeStyle='darkgray';                     //指定指针边框颜色
        context.beginPath();                                //开始创建路径
//绘制小时指针
        context.arc(centerx,centery,radius - 55, a + 0.01, a, 1);
        context.lineTo(centerx,centery);                    //绘制分钟指针
           context.arc(centerx,centery,radius - 40, ((m/60) * 6.27) - 1.57,
((m/60) * 6.28) - 1.57, 0);
        context.lineTo(canvas.width / 2, canvas.height / 2);  //绘制秒钟指针
           context.arc(centerx,centery,radius - 30, ((s/60) * 6.27) - 1.57,
```

```
                    ((s/60) * 6.28) - 1.57, 0);
        context.lineTo(centerx,centery);
        context.closePath();                        //关闭路径
        context.fill();                             //填充指针
        context.stroke();                           //绘制指针边框
        context.restore();                          //恢复之前保存的绘制状态

                        //指定时钟下部当前时间所用的字符串,文字格式为hh:mm:dd
        var hours   = String(h);
        var minutes = String(m);
        var seconds = String(s);
        if (hours.length == 1)   h = '0' + h;
        if (minutes.length == 1) m = '0' + m;
        if (seconds.length == 1) s = '0' + s;
        var str =h + ':' + m + ':' +s;

                                                    //绘制时钟下部的当前时间
        Drawtext(str, centerx, centery + radius + 12);
    }
    function Drawtext(text, x, y)
    {
                        //因为需要使用到坐标平移,所以在平移前线保存当前绘制状态
        context.save();
        x -= (context.measureText(text).width / 2); //文字起点横坐标
        y +=9;                                      //文字起点纵坐标
        context.beginPath();                        //开始创建路径
        context.translate(x, y);                    //平移坐标
        context.fillText(text,0,0);                 //填充文字
        context.restore();
    }
```

上述代码的运行效果如图 5-20 所示。

图5-20　canvas元素制作时钟效果

## 5.8 动手操作:绘制弹球动画

在很长一段时间内,网页动画是由 GIF 和 Flash 主导的,它们会有一个独立于页面其他元

素的板块，而不是像文字和图像那样自然地呈现。直到 HTML5 canvas 出现，一切都改变了。canvas 把动画和手绘自然地融入到网页设计中。可以把动画和文字结合起来，并让它们互动。本节将介绍如何使用 canvas 元素绘制动画。

下面通过一个动画的弹力球的示例展现 canvas 元素绘制动画的过程。制作该动画的关键在于控制小球的移动，当小球移动到边框的临界点时，小球要返回到桌面内，小球每移动一次就是一个新的绘画。

**Step 1** 在页面加载时调用 window_onload() 函数，在该函数中向 canvas 元素注册一个 canvas_mouseup 事件，在 canvas_mouseup 事件中设置小球结束的情况。window_onload() 函数的示例代码如下所示：

```
document.getElementById("canvas").onmouseup=canvas_mouseup;
```

**Step 2** 单击按钮之后触发 btnBegin_onclick 事件，该事件为小球的移动做初始工作。在该事件中，每 0.1 秒会调用 draw 事件一次，draw 事件控制了小球移动的图像。在下述代码中，BallX 为当前小球的横坐标，小球每次移动的横坐标为 5，所以当该值小于 5 时表示到了边框的边缘，小球要重新回到桌面内。纵坐标移动位置和横坐标一样。

```
if(BallX<5)                    //小球向左移动时位置超过左边框
{
    BallX=5;                   //将小球移到桌面内
    AddX=-AddX;                //改变小球移动方向，使其向右移动
}
```

**Step 3** 在每次开始绘制路径前，都应该使用 context.beginPath() 方法来告诉 context 对象开始绘制一个新的路径，否则接下来绘制的路径会与之前绘制的路径叠加。

```
context.beginPath();           //开始创建路径
```

**Step 4** closePath() 方法告诉 context 此路径的绘画已经结束，fill() 方法用来填充这条绘画的路径，restore() 方法是从内存中取出绘画的状态。

```
context.closePath();           //关闭路径
context.fill();                //绘制小球
context.restore();             //恢复上次保存的绘制状态
```

完整的示例代码如下：

```
<body onload="window_onload()">
<p class="lftTxt1">小球弹跳游戏</p>
<p class="lftTxt2">HTML 5中canvas元素和CSS组合制作的动画</p>
<p class="lftTxt4">
<input type="button" id="btnBegin" value="开始游戏" onclick="btnBegin_onclick()"/><br/>
<canvas id="canvas" width="400" height="200" style="background-color:#d6d6d6;"></canvas>
</p>
<p class="roundbox"><span>单击小球可以结束游戏</span></p>
</body>
```

在页面加载和单击按钮时都触发 JavaScript 函数，JavaScript 函数完成了弹力小球的移动和设置工作。JavaScript 代码如下所示：

```javascript
<script type="text/javascript">
var BallX,BallY;                            //小球在canvas元素中的横坐标与纵坐标
var AddX,AddY;                              //小球每次移动时的横向移动距离与纵向移动距离
var width,height;                           //canvas元素的宽度与高度
var canvas;                                 //canvas元素
var context;                                //canvas元素的图形上下文对象
var functionId;                             //用来停止动画函数的整型变量
//单击开始游戏按钮
function btnBegin_onclick()
{
    canvas=document.getElementById("canvas");      //获取canvas元素
    width=canvas.width;                            //获取canvas元素的宽度
    height=canvas.height;                          //获取canvas元素的高度
    context=canvas.getContext('2d');               //获取canvas元素的图形上下文对象
    BallX=parseInt(Math.random()*canvas.width);    //随机设置小球的当前横坐标
    BallY=parseInt(Math.random()*canvas.height);   //随机设置小球的当前纵坐标
    AddX=-5;                                       //设置小球每次横向移动距离为5
    AddY=-5;                                       //设置小球每次纵向移动距离为5
    draw();                                        //绘制矩形桌面与小球
//使开始游戏按钮变为无效
    document.getElementById("btnBegin").disabled="disabled";
                        //每0.1秒重绘矩形桌面与小球,改变小球位置以产生动画效果
    functionId=setInterval("draw()",100);
}
//重绘矩形桌面与小球
function draw()
{
    context.clearRect(0,0,width,height);           //清除canvas元素中的内容
    context.save();                                //保存当前绘制状态
    context.fillStyle="lightgreen";                //设置桌面为淡绿色
    context.strokeStyle="black";                   //设置桌面边框为黑色
    context.linewidth=3;                           //设置桌面边框宽度
    context.fillRect(3,3,width-5,height-5);        //绘制淡绿色桌面
    context.strokeRect(3,3,width-5,height-5);      //绘制桌面黑色边框
    context.beginPath();                           //开始创建路径
    context.fillStyle="blue";                      //设置小球为蓝色
    context.arc(BallX,BallY,5,0,Math.PI * 2,false);   //创建小球路径
    BallX+=AddX;                                   //计算小球移动后的下次绘制时的横坐标
    BallY+=AddY;                                   //计算小球移动后的下次绘制时的纵坐标
    if(BallX<5)                                    //小球向左移动时位置超过左边框
    {
   BallX=5;                                        //将小球移到桌面内
        AddX=-AddX;                                //改变小球移动方向,使其向右移动
    }
    else if(BallX>width-5)                         //小球向右移动时位置超过右边框
    {
        BallX=width-5;                             //将小球移到桌面内
        AddX=-AddX;                                //改变小球移动方向,使其向左移动
    }
```

```
        if(BallY<5)                              //小球向上移动时位置超过上边框
        {
            BallY=5;                             //将小球移到桌面内
            AddY=-AddY;                          //改变小球移动方向，使其向下移动
        }
        else if(BallY>height-5)                  //小球向下移动时位置超过下边框
        {
            BallY=height-5;                      //将小球移到桌面内
            AddY=-AddY;                          //改变小球移动方向，使其向上移动
        }
        context.closePath();                     //关闭路径
        context.fill();                          //绘制小球
        context.restore();                       //恢复上次保存的绘制状态
}
function canvas_mouseup(ev)
{
    var differenceX;                             //鼠标击中点与小球中心点的横向偏差
    var differenceY;                             //鼠标击中点与小球中心点的纵向偏差
                                                 //计算鼠标击中点与小球中心点的横向偏差
    differenceX=ev.pageX-document.getElementById("canvas").offsetLeft-BallX;
                                                 //计算鼠标击中点与小球中心点的纵向偏差
    differenceY=ev.pageY-document.getElementById("canvas").offsetTop-BallY;
        //如果横向偏差与纵向偏差均在5个像素之内即为击中小球,因为小球的半径为5
    if(-5<=differenceX&&differenceX<=5)
        if(-5<=differenceY&&differenceY<=5)
        {
            alert("恭喜您获胜！游戏结束");
            clearInterval(functionId);           //停止动画
                                                 //恢复开始游戏按钮为有效状态
            document.getElementById("btnBegin").disabled="";
        }
}
//画面打开时添加鼠标单击canvas元素时的事件处理
function window_onload()
{
    document.getElementById("canvas").onmouseup=canvas_mouseup;
}
</script>
```

上述代码的运行效果如图 5-21 所示。

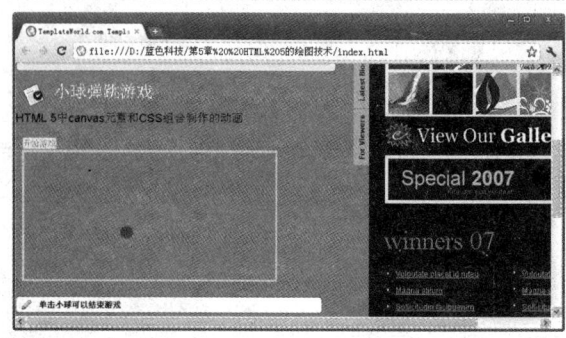

图5-21　canvas元素制作动画的运行效果

## 5.9 本章小结

本章从最基础的创建 canvas 元素开始讲解，详细介绍了如何在画布中创建路径，绘制各种图形，以及绘制的技巧。除此之外，介绍了如何在已有图形的基础上做修改，以达到内容与网页的相互配合。

此外，详细介绍了如何绘制图像，控制图像方法，绘制文字，制作简单动画。在详细介绍知识点的同时附有案例，以使读者深入理解属性或方法。在本章最后附有综合案例，以便巩固前面所学的知识。通过本章的学习，读者将理解 canvas 元素绘制各种图形，图像的绘制方法。

## 5.10 课后练习

### 一、填空题

(1) 在 HTML 5 中获取上下文环境变量的方法 _____。
(2) HTML 5 中绘制图像的方法 _____。
(3) HTML 5 中绘制矩形边框的方法 _____。
(4) HTML 5 中保存当前绘图信息的方法 _____。
(5) HTML 5 中将绘制的图形展现出来的方法 _____。

### 二、选择题

(1) 在 HTML 5 中，下列 drawImage() 方法的参数正确的是 _____。
　　A．drawImage (x)　　　　　　　　B．drawImage (x,y)
　　C．drawImage(image,dx,dy)　　　　D．drawImage(image)
(2) 平移一个坐标需要用到下列哪个方法 _____。
　　A．translate()　　B．scale()　　C．rotate()　　D．fillRect()
(3) translate ()，scale ()，rotate () 三个方法可以用下列哪个方法代替 _____。
　　A．strokeRect ()　　B．save()　　C．drawImage()　　D．transform()
(4) 将图像以 base64 位方式输出到浏览器中需要用到下列哪个方法 _____。
　　A．strokeRect()　　B．drawImage()　　C．fill()　　D．toDataURL()

### 三、简答题

(1) 列举文档 fill() 方法和 toDataURL() 的作用与区别。
(2) 描述如何动态地创建图像以及动态创建图像的缺点和解决办法。
(3) 描述如何在 HTML 5 中使用 save() 和 restore()。
(4) transform() 可以拆分为哪些方法，拆分后的方法怎么使用。
(5) 简述 beginPath() 的作用，为什么需要多次使用 beginPath()。

# 第 6 章

# HTML 5处理视频和音频

**内容摘要：**

我们知道，HTML 5 是近十年来 Web 开发标准最大的飞跃，HTML 5 的出现引起了很多 Web 开发者的关注。本章将主要讲解 HTML 5 中的音频元素和视频元素。对 HTML 5 视频容器、编解码器、音频和视频的属性、事件等内容进行全面的介绍。最后以一个网页视频播放器实例来结束本章。

**学习目标：**

- 熟悉常用的视频容器格式
- 熟悉常用的编解码器
- 了解 HTML 5 对音频和视频有哪些限制
- 熟练掌握音频和视频的常用属性和事件
- 熟练使用 video 和 audio 元素，能够制作网页视频播放器

## 6.1 HTML 5中音频和视频概述

如果没有介绍新的音频和视频，那么这本书就不能称之为关于 HTML 5 一本完整的书，audio 元素和 video 元素是首批被添加到 HTML 5 规范中的特征标记。他们的加入使得浏览器能够以一种更易用的方式来处理音频及视频文件，让用户无须加载项或外部播放器即可添加播放，而且能够更加精准地对音频和视频进行控制。

### 6.1.1 视频容器

无论是音频文件还是视频文件，实际上都只是一个容器文件，这一点类似于压缩了一组文件的 ZIP 文件。

读者可以把视频文件看作是 AVI 文件或者 MP4 文件。在我们的生活中，AVI 和 MP4 也仅仅是视频容器的格式。就像 ZIP 文件可以存储任意格式的文件一样，视频容器格式只是定义了如何在容器中存储东西，而不是定义什么类型的数据可以进行存储。

从图 6-1 可以看到，视频容器（文件）包含了音频轨道、视频轨道和其他一些元数据。视频播放的时候，音频轨道和视频轨道是关联绑定在一起的。一个音频轨道中存储着标记来帮助和视频同步。单一的轨道可以包含元数据，元数据部分包含了视频的封面、标题、子标题和字幕等相关信息。

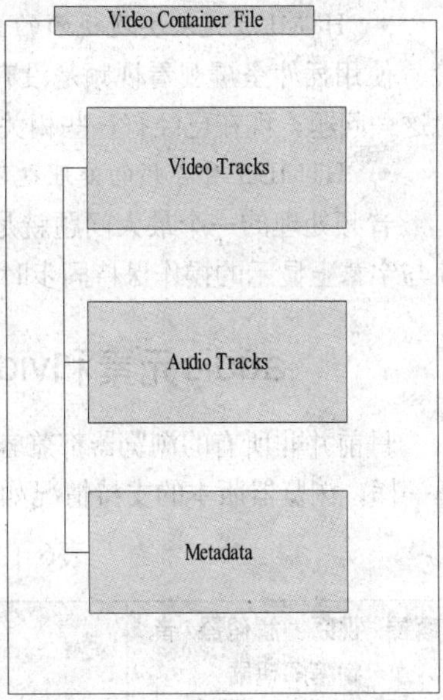

视频的容器格式有很多，目前比较重要的有：

- Flash 通常以 .flv 结尾。
- MPEG-4 通常是 .mp4 或者 .m4v 的扩展名。
- Ogg 通常以 .ogv 作为其扩展名。
- Vudio Video Interleave 通常以 .avi 结尾。
- WebM WebM 是一个新的容器格式。

与 HTML 5 相关的视频容器格式是 MPEG-4、Ogg 和 WebM。

图6-1 视频容器（文件）

### 6.1.2 音频和视频编解码器

音频和视频编解码器是一组算法，用来对一段特定音频或者视频流进行解码和编码，以便音频和视频能够正常播放。原始的媒体文件体积非常大，如果不对其进行编码，那么构成一段视频和音频的数据会非常庞大，以至于在因特网上传播耗费时间过长。编解码器可以读懂特定的容器格式，并且对其中的音频轨道和视频轨道进行解码。而解码器就是接收方把编码过的数据重组为原始的媒体数据。

HTML 5 中使用最多的视频解码器是：H.264、VP8 和 Ogg THeora。
HTML 5 中使用最多的音频解码器是：AAC 和 Ogg Vorbis。

### 6.1.3 音频和视频的限制

尽管 HTML 5 功能十分强大，对音频和视频的功能也提供支持，但是 HTML 5 对音频和视频的功能仍有限制，如下所示：

- 流式音频和视频

因为目前 HTML 5 视频规范中还没有比特率切换标准，所以对视频的支持只限于加载的全部媒体文件，但是将来一旦流媒体格式被 HTML 5 支持，则肯定会有相关的设计规范。

- HTML 5 不能播放直播视频

HTML 5 已经可以很好地处理静态的视频问题了，但是它现在还无法处理直播的视频。尽管 HTML 5 能够提供优质的视频查询和视频点播服务，但是它却无法支持用户在线观看篮球比赛。

- HTML 5 无法实现视频的全屏播放

使用插件全屏观看视频是没有问题的。但是，如果是使用 HTML 5 目前来说还有困难。针对这一问题，现在已经有一些相关的支持协议了，让我们拭目以待吧。

- HTML 5 对音频的处理也不是特别完美

音频处理的一个最大问题就是怎样处理延迟的问题。当用户的应用程序或游戏要求音频文件与字幕上显示的操作保持同步时，这个问题就凸显出来了。

## audio元素和video元素的浏览器支持情况

目前并非所有的浏览器都兼容音频和视频，不同的浏览器对 audio 元素和 video 元素的支持不一样，浏览器版本的支持情况如表 6-1 所示。

表6-1　对HTML 5视频的浏览器支持

| 容器/视频编解码器/音频编解码器 | Chrome | IE | Firefox | Opera |
|---|---|---|---|---|
| Ogg/Theora/Vorbis | 3及更高版本 | No | 3.5及更高版本 | 10.5及更高版本 |
| MP4/H.264/AAC | 3-11 | 9及更高版本 | No | No |
| WebM/VP8/Vorbis | 6及更高版本 | 9及更高版本 | 4及更高版本 | 10.6及更高版本 |

> **提示**：用户在Windows上安装VP8编解码器后，IE9支持用VP8回放WebM的视频。

## 6.2 使用video元素显示视频

通过上节的学习，读者朋友一定对音频和视频有了初步的了解和认识。这一节将介绍 video 元素中的属性和事件，使读者能够熟练地使用 video 元素显示视频。

### 6.2.1 video元素的属性

在 HTML 4 版本之前，大多数视频是通过插件来显示的，然而并非所有的浏览器都拥有同样的插件。HTML 5 规定了一种通过 video 元素来包含视频的标准方法，刚好解决了 HTML 4 版本之前所遇到的必须使用第三方插件显示视频的问题。

video 元素有很多属性，常见的属性如下：

- autoplay 如果出现该属性，表示当前网页完成载入后自动播放。
- controlds 如果出现该属性，向用户显示控件，比如播放按钮，暂停按钮等控件。
- loop 如果出现该属性，表示视频结束时重新开始播放。
- preload 是否在页面加载完成后载入视频。如果使用了 autoplay，则忽略该属性。
- src 所播放视频的 url 地址。
- networkState 返回视频文件的网络状态（有 4 个可能值：0- 尚未初始化；1- 加载完成，网络空闲；2- 视频加载中；3- 加载失败）。
- error 只读属性。在多媒体元素加载或读取文件过程中，如果出现异常或错误，将触发元素的 error 事件。通过元素的 error 属性返回当前的错误值。
- currentTime 返回媒体文件当前播放时间，也可以修改该时间属性。
- startTime 返回多媒体元素开始播放的时间。
- duration 返回多媒体元素总体播放时间。
- played 获取媒体文件已播放完成的时间段。
- paused 返回当前播放的文件是否处于暂停状态。
- ended 返回当前播放的文件是否结束。
- defaultPlaybackRate 返回页面媒体元素默认的文件播放速度频率，即默认播放速率。一般情况下，该属性值是 1。
- playbackRate 返回当前正在播放的媒体文件的速度频率。
- volume 媒体元素播放时的音量。
- muted 表示是否设置为静音。
- height 设置视频播放器的高度。
- width 设置视频播放器的宽度。
- poster 用于指定一张图片，在当前视频数据无效时显示。视频数据无效可能是视频正在加载，也可能是视频地址错误等。

> **提示** video 元素的常见属性已经介绍完毕，当然它的属性不止这些，感兴趣的读者可以在网上查找其他相关资料。

下面在 Dreamweaver CS5 中创建一个新页面，实现显示视频的基本功能，具体代码如下所示：

```
<div>
<video src="http://demoplayer.inrete.eu/video/samplevideo_hq.old.mp4" autoplay="true" controls="true" loop="true" width=320 height=240 poster="2.jpg"></video>
浏览器不支持Video元素
</div>
```

上段代码使用 src 属性指定视频的 url 地址，controlds 属性指定使用内置的播放器，显示播放按钮、暂停按钮等控件，width 和 height 属性分别指定视频播放器的宽度和高度，poster 属性指定媒体元素加载时显示的图片。<video> 标签和 </video> 标签之间插入的内容是供不支持

video 元素的浏览器显示的。运行效果如图 6-2 所示。

如果用户需要为视频文件提供至少两种不同的解码器才能覆盖所有支持 HTML 5 的浏览器，这时用户需要用到一种新的元素：source 元素。

source 元素可以用来链接不同的媒体文件，例如音频和视频。source 元素常用的属性如下所示：

- src 提供媒体源的 url 地址。
- type 包含了媒体源的播放类型，通常出现在视频格式中。
- media 包含了制定媒体源所匹配的编解码器信息。

图6-2　video显示效果图

video 元素允许有多个 source 元素，浏览器将选择第一个可识别格式的文件地址。读者可以对上面的示例进行扩展，指定两种视频格式 Ogg Vorbis 和 MP4。具体代码如下所示：

```
<video controls autoplay loop>
    <source src= "http://demoplayer.inrete.eu/video/samplevideo_hq.old.ogg" type="video/ogg"></source>
    <source src= "http://demoplayer.inrete.eu/video/samplevideo_hq.old.mp4" type="video/mp4"></source>
</video>
```

执行上段代码解析视频元素时，浏览器按 source 元素的顺序检测其指定的视频是否能够正常播放（可能是视频格式不支持或者视频不存在等），如果不能正常播放，换下一个。一旦找到后，就播放该文件并忽略随后的其他元素。这种方法可用来兼容不同的浏览器。<source> 标签和 </source> 标签本身不代表任何含义，不能单独出现。

## 6.2.2　video元素的事件

介绍 video 事件之前，我们先了解一下媒介事件的相关知识。

媒介事件是指由视频、图像以及音频等媒介触发的事件。适用于所有 HTML 5 元素，不过在媒介元素中 audio、embed、img、image 以及 video 最为常用。媒介事件主要包括 loadstart、progress、suspend、abort、error、emptied、stalled、play、pause、seeking、seeked、timeupdate、ended 和 volumechange 等。

video 元素中比较常用的事件如下所示：

- loadstart 事件　浏览器开始请求媒介时运行脚本。
- progress 事件　浏览器正在获取媒介数据时运行脚本。
- suspend 事件　浏览器已在获取媒介素数据，但在取回整个媒介文件之前停止时运行脚本。
- abort 事件　浏览器发生中止事件时运行脚本。
- error 事件　获取媒介出错，有错误发生时，才发送这个事件。另外，还有一个 error 属性。
- emptied 事件　媒介资源元素突然为空时（网络错误、加载错误等）运行脚本。
- stalled 事件　浏览器获取媒介数据过程中（延迟）存在错误时运行脚本。
- play 事件　媒介数据即将开始播放时运行脚本。
- pause 事件　媒介数据暂停播放时运行脚本。

- loadeddata 事件 加载当前播放位置的媒体数据时运行脚本。
- loadedmetadata 事件 当加载完毕媒体元数据时，发送此事件。它将包括尺寸、时长和文本轨道等。
- playing 事件 表明媒体已经开始播放。
- canplay 事件 浏览器能够开始媒介播放，但估计以当前速率播放不能直接将媒介播放完（播放期间需要缓冲）。
- canplaythrough 事件 浏览器估计以当前速率直接播放可以直接播放完整个媒介资源（期间不需要缓冲）。
- seeking 事件 当搜索操作开始时，将发送此事件（seeking 属性值为 true）。
- seeked 事件 当浏览器停止请求数据，搜索操作完成时，引发该事件（seeking 属性值为 false）。
- timeupdate 事件 当媒介改变其播放位置时运行脚本。
- volumechange 事件 音量（volume 属性）改变或静音（muted 属性）时触发事件

> **提示**
> 1. playing和play的区别在于：视频循环或再一次播放开始时，将不会发送play事件，但是会发送playing事件。
> 2. 和属性一样，video元素的事件也远远不止这些。这里仅列出了一些常用事件，有兴趣的读者可以在网上查找其他相关资料。

下面我们在 Dreamweaver CS5 中创建一个新页面，具体代码如下所示：

```html
<div>
    <input id="source" value="http://demoplayer.inrete.eu/video/samplevideo_hq.old.mp4" type="text" />
    <p><input id="start" type="button" value="加载视频文件" onclick="start();" /></p>
    <p><input id="goon" type="button" value="设置静音" onClick="setyin();" /></p>
    视频播放时间：<span id="times"></span>
</div>
```

上段代码中添加了两个按钮，每个按钮都有一个 click 事件。单击某个按钮时，会触发自身的 click 事件。单击"加载视频文件"按钮，触发按钮的 click 事件，调用 JavaScript 中的 start() 函数。JavaScript 的具体代码如下所示：

```javascript
function start() {
    var source=document.getElementById("source");
    var videoTest=document.getElementById("VideoTest");
    if(videoTest==null)
    {
        var video=document.createElement("video");
        video.id="VideoTest";
        video.width = 400;
        video.height = 250;
        video.src = source.value;   //数据源
        video.controls = true;      //如果是true，则向用户显示控件，比如播放按钮
```

```
            video.autoplay = true;      //如果是true,则视频在就绪后马上播放
            document.body.appendChild(video);
        }
        else
        {
            var video = document.getElementById("VideoTest");
            video.pause();              //重新单击后的时间,这里的作用等同于暂停
        }
        var videoE1 = document.getElementsByTagName("video")[0];
        videoE1.addEventListener('timeupdate',function(){document.
getElementById("times").innerHTML = videoE1.currentTime},false);
        videoE1.addEventListener('ended',function(){videoE1.currentTime = 0;
videoE1.pause();},false);
    };
```

JavaScript 的函数 start() 动态地创建了一个 video 元素,将 video 元素的 width、height、src、control 等属性赋值。document.body.appendChild() 方法将 video 元素的视频显示在页面上。动态创建 video 元素且获得 video 元素之后,调用了 video 元素的 timeupdate 事件和 ended 事件。timeupdate 事件用来动态地更新视频播放的时间,ended 事件的代码表示若视频播放到结尾处,视频将发送回第一帧,准备再次播放。

单击"设置静音"按钮触发按钮的 click 事件,调用 JavaScript 代码中的函数 setin()。setyin() 函数的具体代码如下所示:

```
function setyin()
{
    var videoE1 = document.getElementsByTagName("video")[0];
    if(videoE1.muted){
        videoE1.muted = false;document.getElementById("goon").value="设置静音";
    }
    else{
        videoE1.muted=true;document.getElementById("goon").value="取消静音";
    }
}
```

上段代码中,单击"设置静音"按钮,将会把 video 元素的 muted 属性设置为 true,同时更改按钮的值为"取消静音";单击"取消静音"按钮,则会把 video 元素的 muted 属性设置为 false,同时更改按钮的值为"设置静音",可以重新设置是否静音。

到了这里,video 事件基本介绍完毕,运行效果如图 6-3 所示。

图6-3  video元素的运行效果

## 6.3 使用audio元素显示音频

和video元素一样，HTML 4版本之前，大多数的音频文件也都是通过第三方控件来实现的。上节介绍了如何使用video元素显示视频。下面介绍HTML 5中用于显示音频的元素：audio。HTML 5规定了一种通过audio元素来包含音频的标准方法，解决了HTML 4版本之前只能通过第三方控件显示音频的问题。

### 6.3.1 audio元素的属性

audio元素能够播放声音文件或者音频流。audio元素的属性和video元素相比少了三个属性，这三个属性分别是width、height、poster。除这三个属性以外，audio元素的其他详细属性请参考6.2.1节。

对audio元素的属性了解以后，在Dreamweaver CS5中创建一个新页面，实现显示一段显示音频文件的功能。具体代码如下所示：

```
<audio controls autoplay loop src="a.mp3">
    浏览器不支持audio元素
</audio>
```

上段代码使用src属性指定音频的url地址，controlds属性指定使用内置的播放器，显示播放按钮、暂停按钮等控件，autoplay属性指定页面完成载入后自动播放此音频文件，loop属性指定音频文件播放完毕后重新播放。<audio>标签和</audio>标签之间插入的内容是供不支持audio元素的浏览器显示的。各个浏览器的内部播放器可能会在样式或者功能上有所不同。不同浏览器的效果如图6-4、图6-5、图6-6所示。

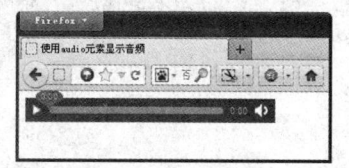

图6-4　Chrome浏览器　　　　图6-5　Firefox浏览器　　　　图6-6　Opera浏览器

如果用户也需要为音频文件提供至少两种不同的解码器才能覆盖所有支持HTML 5的浏览器，如同对视频元素的处理一样，也需要使用上节介绍的source元素来实现该功能。

一个audio元素能够包含多种source元素，因此用户能够为音频提供多种格式的支持。扩展上面的示例，用户也可以像下面这样为相同的音频内容指定两种音频格式Ogg Vorbis和MP3。具体代码如下：

```
<audio controls autoplay loop>
    <source src="a.ogg" type="audio/ogg"></source>
    <source src="a.mp3" type="audio/mp3"></source>
</audio>
```

执行上段代码的原理和video元素中使用source元素的原理是一样的。当浏览器解析音频元素时，它将通过source元素列表循序地查找，直到找到一个它能播放的文件格式。一旦找到后，就播放该文件并忽略随后的其他元素。

## 6.3.2 audio元素的事件

前面已经学习了如何使用 video 元素显示视频，并介绍了 video 元素的事件。事实上，audio 元素的事件和 video 元素的事件是一样的。这里不再详细介绍，具体信息可以参考 6.2.2 节。

在 Dreamweaver CS5 中创建一个新页面，添加一个按钮，单击按钮可显示音频文件。具体代码如下所示：

```
<div>
  <input id="source" value="http://bbsimg.shangdu.com/UserFiles/File/542/60858542/1305294424690.mp3?" type="text" style="border:none;" /><br/>
  <input id="start" type="button" value="加载音频文件" onClick="start();"/><br/><br/>
  <span id="changes"></span>
</div>
```

上段代码中，单击"加载音频文件"按钮触发按钮的 click 事件，调用 JavaScript 代码中的 start() 函数。JavaScript 中的具体代码如下：

```
<script type="text/javascript">
    function start(){
        var source = document.getElementById("source");
        var audioTest=document.getElementById("AudioTest");
        if(audioTest==null)
        {
            var audio = document.createElement("audio");
            audio.id="AudioTest";
            audio.src = source.value;  //数据源
            audio.controls =true;  //如果是 true，则向用户显示控件，比如播放按钮。
            audio.autoplay =true;  //如果是 true，则音频在就绪后马上播放。
            document.body.appendChild(audio);
        }
        else
        {
            var audio = document.getElementById("AudioTest");
            audio.pause();  //重新单击后的时间，这里暂时做了跟暂停一个效果
        }
    var audioE1=document.getElementsByTagName("audio")[0];
    audioE1.addEventListener('volumechange',function(){document.getElementById("changes").innerHTML="更改了音量，触发了volumechange事件";},false);
    };
</script>
```

上段代码中，start() 函数动态地创建了一个 audio 元素，并且使用 audio 元素的 src、controls、autoplay 等属性动态赋值。音频文件加载完成后，单击声音图标，触发 audio 元素的 volumechange 事件，并且将 span 元素赋值。运行效果如图 6-7 所示。

图6-7 audio音频效果

## 6.4 动手操作：制作属于自己的网页视频播放器

下面动手操作练习，使用 video 元素的相关属性、事件和方法制作一个属于自己的网页视频播放器，加深对 video 元素属性和事件的理解。

**Step 1** 在 Dreamweaver CS5 中创建一个新的页面，页面的具体代码如下所示：

```
<video id="video" src="http://demoplayer.inrete.eu/video/samplevideo_hq.old.mp4" width="800" controls autoplay>
您的浏览器不支持video元素
</video>
<div id="showTime" style="display:block; margin-left:750px;"></div>
<div id="state">当前播放状态：</div>
<div id="buttonDiv">
<button id="btnPlayOrPause" onclick="PlayOrPause()" />播放/暂停</button>
<button id="addVolume" onClick="AddVolume()">增大音量</button>
<button id="minVolume" onClick="MinVolume()">减小音量</button>
<button id="addSpeed" onClick="AddSpeed()">加速播放</button>
<button id="minSpeed" onClick="MinSpeed()">减速播放</button>
<button id="setMuted" onClick="SetMuted()">设置静音</button>
<button id="playback" onClick="PlayBack()">回放</button>
<button id="btnCatchPicture" onclick="CatchPicture()" />截图</button>
</div>
```

上段代码使用 video 元素显示了一个视频文件。video 元素的 controls 属性显示播放器控件，autoplay 属性表示页面加载完毕自动播放此视频文件，width 属性设置视频文件的宽度。新建页面添加了 8 个按钮，单击某个按钮触发 click 事件，调用 JavaScript 中的不同函数，我们在后面会一一讲解。页面加载完毕后 JavaScript 中的具体代码如下所示：

```
var video = document.getElementById("video");
var showTime=document.getElementById("showTime");
if(video.canPlayType)
{
    video.addEventListener('loadstart',LoadStart,false);
    video.addEventListener('loadedmetadata',loadedmetadata,false);
    video.addEventListener('play',videoPlay,false);
    video.addEventListener('playing',videoPlay,false);
    video.addEventListener('pause',videoPause,false);
    video.addEventListener('ended',videoEnded,false);
    video.addEventListener('timeupdate',updateTime,false);
    video.addEventListener('volumechange',VolumeChange,false);
    video.addEventListener("error",catchError,false);
}
```

事件的处理方式有两种，本案例使用监听方式进行处理。页面加载完成时上段代码调用了 video 元素的 8 个事件。

**Step 2** 当浏览器开始请求媒介时，就会触发 loadstart 事件，调用 LoadStart() 函数，将当前播放状态的文本设置为"开始加载"。JavaScript 中的具体代码如下所示：

```
function LoadStart()
{
    document.getElementById("state").innerHTML = "当前播放状态：开始加载";
}
```

**Step 3** loadedmetadata 事件是其他媒介数据加载完毕时才触发的。在 loadedmetadata() 函数中，把当前的状态改为"加载完毕"，同时调用 video 元素的 play() 方法播放视频。JavaScript 中的具体代码如下所示：

```
function loadedmetadata()
{
    var btnPlay=document.getElementById("btnPlayOrPause");
    document.getElementById("state").innerHTML = "当前状态：加载完毕";
    video.play();
}
```

**Step 4** play 事件、playing 事件、pause 事件、ended 事件很容易理解，读者需要在触发事件的时候将播放状态的值更改，调用对应的方法即可。JavaScript 中的具体代码如下所示：

```
function videoPlay()
{
    document.getElementById("state").innerHTML = "当前播放状态：即将播放";
}
function videoPlaying()
{
    document.getElementById("state").innerHTML = "当前播放状态：正在播放";
}
function videoPause()
{
    document.getElementById("state").innerHTML="当前播放状态：暂停播放";
}
function videoEnded()
{
    video.currentTime = 0;
    video.pause();
    document.getElementById("btnPlayOrPause").innerHTML="重新播放";
    document.getElementById("state").innerHTML="当前播放状态：播放完毕";
}
```

上段代码中，视频播放完毕触发 ended 事件，调用函数 videoEnded()，它使用 video 的 currentTime 属性将当前时间设置为 0，并调用 video 元素的 pause() 方法暂停播放视频。

**Step 5** 媒介改变其播放位置时会触发 video 元素的 timeupdate 事件，调用 timeUpdate() 函数显示播放的时间。JavaScript 的具体代码如下所示：

```
function updateTime()
{
  video.addEventListener('timeupdate',function(){
    var durationtime=RumTime(Math.floor(video.duration/60),2)+":"+RumTime(Math.floor(video.duration%60),2);
```

```
    var currenttime=" 播放时间: "+RumTime(Math.floor(video.currentTime/60),2)+":
"+RumTime(Math.floor(video.currentTime%60),2)+"|"+durationtime;
    document.getElementById("showTime").innerHTML=currenttime;
    },false);
}
function RumTime(num,n)
{
    var len=num.toString().length;
    while(len<n)
    {
        num="0"+num;len++;
    }
    return num;
}
```

上段代码使用 currentTime 属性获得当前播放的时间，使用 duration 属性显示总体播放时间。RumTime(m,n) 函数用来处理时间。

**Step 6** 音量改变或者设置静音可以触发 volumechange 事件，在 VolumeChange() 函数中弹出"音量已经改变，触发 volumechange 事件"的提示。JavaScript 中的具体代码如下所示：

```
function VolumeChange()
{
    alert("您的音量已经改变,触发volumechange事件");
}
```

**Step 7** 浏览器加载过程中如果发生错误就会触发 error 事件，JavaScript 中的具体代码如下所示：

```
function catchError()
{
    var error=video.error;
    switch(error.code)
    {
        case 1:
            alert("视频的下载过程被中止。");
            break;
        case 2:
            alert("网络发生故障，视频的下载过程被中止。");
            break;
        case 3:
            alert("解码失败。");
            break;
        case 4:
            alert("媒体资源不可用或媒体格式不被支持。");
            break;
    }
}
```

上段代码使用 error 属性返回一个 MediaError 对象，使用该对象的"code"返回当前的错误值。此属性只能读取，是不可更改的。MediaError 对象中的"code"对应的返回值只有 1、2、3、4。

**Step 8** 目前为止，我们把本案例中涉及到的 video 元素的事件已经介绍完毕了，下面讲解本案例中和页面按钮相关的 click 事件。如果当前视频正在播放，单击"播放/暂停"按钮暂停播放；反之则播放。JavaScript 的具体代码如下所示：

```
function PlayOrPause()
{
    if(video.paused)
    {
        document.getElementById("btnPlayOrPause").value = "单击暂停";
        video.play();
    }else
    {
        document.getElementById("btnPlayOrPause").value = "单击播放";
        video.pause();
    }
}
```

上段代码使用 paused 属性来判断当前视频是否为暂停状态。如果为 true 则调用 video 元素的 play() 方法播放视频；否则调用 pause() 方法暂停视频播放。

**Step 9** 单击"增大音量"或"减小音量"按钮，实现音量的增加或减小功能。使用 volume 属性来控制音量的大小。JavaScript 的具体代码如下所示：

```
function AddVolume()
{
    if(video.volume<1)
        video.volume+=0.2;
    volume=video.volume;
}
function MinVolume()
{
    if(video.volume>0)
        video.volume-=0.2;
    volume=video.volume;
}
```

**Step 10** 单击"加速播放"或"减速播放"按钮，实现视频的快速或慢速播放功能。使用 video 元素的 palybackrate 属性来控制播放速度的快慢。JavaScript 中具体代码如下所示：

```
function AddSpeed()
{
    video.playbackRate+=1;
    speed=video.playbackRate;
}
function MinSpeed()
{
    video.playbackRate-=1;
    if(video.playbackRate<0)
        video.playbackRate=0;
    speed=video.playbackRate;
}
```

**Step 11** 单击"设置静音"按钮，设置播放视频的音量为静音。使用 muted 属性判断当前视频是否处于静音模式。如果为 true 将按钮链接改为"取消静音"，反之改为"设置静音"，同时更改 muted 对应的值。JavaScript 中的具体代码如下所示：

```
function SetMuted()
{
   if(video.muted)
   {
      video.muted = false;
      document.getElementById("setMuted").innerHTML = "取消静音";
   }else
   {
      video.muted = true;
      document.getElementById("setMuted").innerHTML = "设置静音";
   }
}
```

**Step 12** 单击"回放"或"取消回放"按钮，调用 JavaScript 中的内置函数 setInterval 和 clearInterval。setInterval 运行时会按照规定的事件间隔一次将列出的参数传递给指定的函数。clearInterval 则是清除 setInterval 函数的调用。JavaScript 中的具体代码如下所示：

```
function PlayBack(){
    var playBackBtn=document.getElementById("playback");
    if(playBackBtn.innerHTML=="回放")
    {
        functionId=setInterval(playBack1,200);
        playBackBtn.innerHTML="取消回放";
    }
    else
    {
        clearInterval(functionId);
        playBackBtn.innerHTML="回放";
    }
}
function playBack1()
{
    var playBackBtn=document.getElementById("playback");
    if(video.currentTime==0)
    {
        playBackBtn.innerHTML="回放";
        clearInterval(functionId);
    }
    else
        video.currentTime-=1;
}
```

**Step 13** 单击"截图"按钮，实现当前播放视频的截图功能。使用 videoWidth 和 videoHeight 属性获得视频的长度和宽度，使用 canvas 元素绘制在页面上截取的图片（上章介绍过，本章就不再详细介绍）。JavaScript 中的具体代码如下所示：

```
function CatchPicture()
{
    var canvas=document.getElementById("canvas");
    var ctx=canvas.getContext('2d');
    canvas.width=video.videoWidth;
    canvas.height=video.videoHeight;
    ctx.drawImage(video,0,0,canvas.width,canvas.height);
    canvas.style.display="block";
}
```

**Step 14** 到了这里，本章的案例已经完成，通过这个案例的学习，相信读者一定会有新的收获。案例运行的效果如图6-8所示。

图6-8　网页视频播放器

## 6.5 本章小结

本章从视频容器、音频和视频的编解码器等基本信息开始介绍，然后又具体讲述了video元素和audio元素的属性和事件，以及如何使用video元素和audio元素显示视频和音频。采用理论和实例相结合的方式，使读者一步步了解video元素和audio元素。

通过对video元素和audio元素的探索和实现，基本可以实现网页内嵌入视频和音频的需求，本章仅仅演示了它们的基本功能，仅此也足以证明HTML 5在流媒体方面功能的强大。

## 6.6 课后练习

**一、填空题**

（1）_____ 元素用来链接不同的文件。

（2）音频或者视频结束时重新开始播放指的是 _____ 属性。

(3) 指定一张图片，在视频数据无效时显示指的是 video 元素中的 _____ 属性。
(4) _____ 属性返回当前播放文件的各种状态。
(5) 在 <audio src="song.mp3" controls></audio> 中，controls 属性的默认值是 _____。
(6) _____ 属性返回媒体文件当前播放时间。

## 二、选择题

(1) 判断当前视频是否处于暂停状态使用 _____。
　　A．autoplay 属性　　B．play 属性　　　　C．paused 属性　　D．muted 属性
(2) 下列选项中，_____ 不是 audio 元素中的属性。
　　A．error 属性　　　B．readyState 属性　　C．autoplay 属性　　D．poster 属性
(3) 改变音量或者设置静音可以触发 video 元素或 audio 元素的 _____ 事件。
　　A．volumechange　　B．canplaythrough　　C．seeked　　　　D．progress
(4) 如果用户想实现自动播放一段视频，并且该视频能重复播放的功能，代码 _____ 是正确的。
A．<video controls loop src="song.mp3"></video>
B．<video loop src="song.mp3"></video>
C．<audio controls src="song.mp3"></audio>
D．<video controls src="song.mp3"></video>
play 事件和 playing 事件的区别是 _____。
A．视频循环或再一次播放开始时，将不会发送 playing 事件，但是会发送 play 事件。
B．视频循环或再一次播放开始时，将不会发送 play 事件，但是会发送 playing 事件。
C．视频循环或再一次播放开始时，会发送 play 事件和 playing 事件。
D．没有什么区别，他们两个可以互换使用。

## 三、简答题

(1) 列举出常用的视频解码器和音频解码器。
(2) 列举几种 video 元素和 audio 元素的最常用属性和事件。
(3) 请说出 HTML 5 对音频和视频的限制。
(4) 简述如何使用 video 元素显示一段视频文件。

# 第 7 章
# HTML 5 与文件

**内容摘要：**

文件在 HTML 5 中占有非常重要的作用。HTML 5 为文件提供了很多新的功能，像允许选择多个文件、file 对象以及 FileReader 接口等。利用这些功能可以更加快捷地访问、读取和操作文件内容，甚至是将文件上传到服务器。本章将向读者详细介绍 HTML 5 中与文件相关的各种新增功能，并结合案例演示应用方法。

**学习目标：**

- 掌握如何获取文件的各种信息
- 掌握选择一个和多个文件的方法
- 掌握如何限制文件选择类型
- 掌握文件上传的实现过程
- 熟悉 FileReader 接口的使用
- 掌握读取文件、二进制文件和图片的方法
- 了解常见读取错误的处理方法
- 熟悉拖放式文件上传的实现代码

## 7.1 选择文件

与 HTML 4 一样，HTML 5 同样可以使用 file 类型来创建一个文件域。不同的是 HTML 5 允许在文件域中选择多个文件。本节首先来学习如何选择一个和多个文件，然后进一步学习如何获取选中文件的类型以及对它进行限制。

### 7.1.1 选择一个文件

选择一个文件进行上传，这是最简单的上传方式。这种上传方式在 HTML 5 和 HTML 4 中的使用方法相同。具体方法是在 form 内创建一个 input 类型为 file 的元素，然后运行即可。浏览器会自动识别并创建相应的浏览按钮和选择文件对话框。

在 file 类型中选择的文件其实是一个 file 对象。file 对象有 4 个属性，如下所示：
- name 属性 表示选中文件不带路径的名称。
- size 属性 使用字节表示的文件长度。
- type 属性 使用 MIME 类型表示的文件类型。
- lastModifiedDate 属性 表示文件的最后修改日期。

下面创建一个使用这些属性获取选中文件信息的示例。表单部分的代码非常简单，如下所示：

```
<form id="form1">
    <h2><img src="imgs/bullet1.gif" />文件上传</h2>
    选择一个封面图片
    <input type="file" id="bookfile" />
    <input type="button" value="提 交" onclick="selectedFile()" />
</form>
```

在表单中指定用于选择文件的 file 类型的 id 是 bookfile，单击"提交"按钮后执行 selectedFile() 函数。如下所示是用于显示选择文件信息的代码：

```
<ul class="prod clear">
    <li>文件名称：<span id="fName"></span></li>
    <li>文件大小：<span id="fSize"></span></li>
    <li>文件类型：<span id="fType"></span></li>
    <li>上次修改日期：<span id="fDate"></span></li>
</ul>
```

运行代码后将看到如图 7-1 所示的效果。虽然可以选择文件但无法显示文件的信息，这是因为缺少 selectedFile() 函数。下面是该函数的实现代码：

```
<script type="text/javascript" language="javascript">
function selectedFile()
{
    var bookfile=$("bookfile").files[0];              //获取选中的文件
    $("fName").innerHTML=bookfile.name;               //获取文件名称
    $("fSize").innerHTML=bookfile.size+"字节";        //获取文件大小
    $("fType").innerHTML=bookfile.type;               //获取文件类型
    $("fDate").innerHTML=bookfile.lastModifiedDate;   //获取文件修改日期
```

```
    }
    function $(id) {return document.getElementById(id);}
</script>
```

再次运行示例，先单击"选择文件"按钮，在弹出的对话框中选择一个文件。然后单击"提交"按钮查看文件信息，运行效果如图 7-2 所示。

图7-1　未选择文件时的效果　　　　　　　图7-2　显示文件信息的效果

## 7.1.2 选择多个文件

HTML 5 为表单新增了 multiple 属性。当该属性应用到 file 类型并且值为 true 时，用户可以在弹出的对话框中选择多个文件。

下面就来看一个选择多个文件的示例。表单代码如下所示：

```
<form id="form1">
    <h2><img src="imgs/bullet1.gif" />文件上传</h2>
    选择封面图片
    <input type="file" id="bookfile" multiple="true" />
    <input type="button" value="提 交" onclick="selectedFiles()" />
</form>
```

在上述代码中，为 input 元素的 file 类型添加了值为 true 的 multiple 属性。如下所示是用于显示选择结果的布局代码：

```
<table width="450" class="prod">
<tr>
    <th>文件名称</th>
    <th>文件大小</th>
    <th>文件类型</th>
    <th>上次修改日期</th>
</tr>
<tbody id="tFiles"></tbody>
</table>
```

运行示例代码，即可在弹出的对话框中选择多个文件。如图 7-3 所示为 Chrome 浏览器显示多个选中文件的效果。

为了实现在单击"提交"按钮后显示这些文件的信息，还需要编写 selectedFiles() 函数，具体实现代码如下所示：

## HTML 5 与文件 第7章

```
function selectedFiles()
{
    var result=$("tFiles");
     for(var i=0;i<$("bookfile").files.length;i++)    //遍历选中的多个文件
     {
         var aFile=$("bookfile").files[i];
         var str="<tr><td>"+aFile.name+"</td><td>"
         +aFile.size+"字节</td><td>"+aFile.type+"</td><td>"
         +aFile.lastModifiedDate+"</td></tr>";
         result.innerHTML+=str;
     }
}
```

当使用 multiple 属性后，用户选择的多个文件实际上保存在一个 files 数组中，其中的每个元素都是一个 file 对象。因此，为了获取每个文件的信息，需要对 files 数组进行遍历，再逐个获取文件名称、大小、类型和修改日期。代码运行效果如图 7-4 所示。

图7-3　选中多个文件 　　　　　　　　　图7-4　显示多个文件信息

### 7.1.3　对文件类型进行限制

通过前面两节的学习，我们知道使用 file 对象的 type 属性可以获取文件的类型。利用这个属性可以在 JavaScript 中判断用户选择的文件是否为特定类型，从而实现对文件类型进行限制的功能。例如，在相册图片批量上传时，只允许上传 JPG 图片，如果不是则给出错误提示或者跳过该文件。

下面对 7.1.2 节的 selectedFiles() 函数进行修改，增加文件类型判断的功能，使用户可以上传图像类型的文件。如下所示是修改后的函数代码：

```
function selectedFiles()
{
    var result=$("tFiles");
     for(var i=0;i<$("bookfile").files.length;i++)
     {
         var aFile=$("bookfile").files[i];
         if(!/image\/\w+/.test(aFile.type))    //判断类型是否匹配
         {
```

```
            alert(aFile.name+"不是图像文件不能上传.");
            continue;
        }
        var str="<tr><td>"+aFile.name+"</td><td>"
            +aFile.size+"字节</td><td>"+aFile.type+"</td><td>"
            +aFile.lastModifiedDate+"</td></tr>";
        result.innerHTML+=str;
    }
}
```

在这里主要是通过判断 type 属性的值是否以"image/"开头来区分图像类型。现在运行程序仍然可以在对话框中选择任何类型的文件,如图 7-5 所示为选择 6 个文件后的效果。

单击"提交"按钮将会对文件类型进行判断,不匹配时将弹出对话框进行提示。最终仅在列表中显示符合条件的文件,如图 7-6 所示。

图 7-5　选择多个文件后的效果 　　　　　　图 7-6　提交后的运行效果

使用这种方法虽然能够根据文件返回的类型过滤所选择的文件,但是需要编写额外的代码。在 HTML 5 中还可以为 file 类型添加 accept 属性来指定要过滤的文件类型。在设置完 accept 属性之后,在浏览器中选择文件时会自动筛选符合条件的文件。

例如,下面的代码演示了 accept 属性的使用方法:

```
<input type="file" id="bookfile" multiple="true" accept="image/jpeg"/>
```

这里限制可选择的文件类型为 image/jpeg,如图 7-7 所示为在 Chrome 浏览器中选择文件的效果,如图 7-8 所示为在 Opera 浏览器中选择文件的效果。

图 7-7　Chrome浏览器效果 　　　　　　　图 7-8　Opera浏览器效果

> **注意** 目前只有Chrome和Opera浏览器支持accept属性。

## 7.2 动手操作：实现文件上传

在网页中上传文件是非常常见的功能。前面学习了如何让用户选择文件以及对文件进行各种操作，下面结合 ASP.NET 实现一个文件上传的案例，讲解 file 如何与后台进行数据传输。该案例允许用户选择多个文件，对文件信息进行预览以及上传到服务器。

**Step 1** 创建一个文件 default.aspx，作为实例文件。

**Step 2** 在页面的合适位置使用 form 创建一个表单，再添加 file 类型和其他按钮。

```
<form id="form1" action="default.aspx" enctype="multipart/form-data" method="post" target="_self" runat="server">
    <h2><img src="imgs/bullet1.gif" />文件上传</h2>
    选择一个或者多个文件
    <input type="file" id="bookfile" multiple="true" name="bookfiles"/>
    <input type="button" value="预览" onclick="getFilesInfo()" /> <input type="submit" value="上传"/>
</form><br />
```

在上述代码中，file 类型使用了 multiple 属性，从而可以选择多个文件。单击"预览"按钮后执行 getFilesInfo() 函数，而单击"上传"按钮提交表单。

**Step 3** 在表单下方制作一个用于显示选中文件信息的表格。代码如下所示：

```
<table width="450" class="prod">
    <tr>
    <th>文件名称</th>
    <th>文件大小</th>
    <th>文件类型</th>
    </tr>
    <tbody id="tFiles"></tbody>
</table>
```

这里仅定义了表格的标题行，具体内容是由选择的文件动态创建的，并显示到 id 为 tFiles 的标记内。

**Step 4** 编写 getFilesInfo() 函数获取文件的名称、大小和类型信息，再显示到页面。实现代码如下所示：

```
function getFilesInfo() {
    var result = $("tFiles");
    for (var i = 0; i < $("bookfile").files.length; i++) {
        var aFile = $("bookfile").files[i];
        var str = "<tr><td>" + aFile.name + "</td><td>"
            + aFile.size + "字节</td><td>" + aFile.type + "</td> </tr>";
        result.innerHTML += str;
    }
}
```

```
                    result.innerHTML += "<tr><td colspan='3'>本次一共上传" + 
$("bookfile").files.length + "个文件。</td></tr>";
            }
```

**Step 5** 接下来转到后台页面 index.aspx.cs 文件，编写单击"上传"按钮之后用于实现上传的代码。具体如下所示：

```
        private string _msg = "上传成功！";              //定义默认返回信息
        protected void Page_Load(object sender, EventArgs e)
        {
            if (IsPostBack)
            {
                int iTotal = Request.Files.Count;       //获取文件数量
                if (iTotal == 0)
                {
                    _msg = "没有数据";
                }
                else
                {
                    for (int i = 0; i < iTotal; i++)    //循环进行上传
                    {
                        HttpPostedFile file = Request.Files[i];
                            if (file.ContentLength > 0 || !string.IsNullOrEmpty(file.FileName))
                        {
                            //保存文件
                            file.SaveAs(System.Web.HttpContext.Current.Server.MapPath("./file/" + Path.GetFileName(file.FileName)));
                        }
                    }
                    _msg += "一共上传" + iTotal + "个文件。";
                }
                Page.ClientScript.RegisterStartupScript(Page.GetType(), "", "<script>alert('" + _msg + "');</script>");
            }
        }
```

上述代码非常容易理解。首先判断是否有文件，如果有则通过循环逐一进行上传处理，将文件保存到程序所在的 file 目录中，最后提示上传成功。

**Step 6** 至此，实例就制作完成了。运行 default.aspx 文件，选择多个文件之后单击"预览"按钮查看它们的信息，如图 7-9 所示。

**Step 7** 单击"上传"按钮确认上传。完成之后会给出提示信息，如图 7-10 所示。

**Step 8** 为了验证文件是否上传成功，可以打开程序所在的 file 目录，查看刚才上传的文件，如图 7-11 所示。

图7-9 预览运行效果

图7-10　上传运行效果　　　　　　　　　图7-11　查看上传的文件

## 7.3　读取文件

使用 file 对象提供的各种属性可以获取文件的相关信息，像名称、大小和类型等。但是如果要读取文件的内容，则需要调用 HTML 5 中新增的 FileReader 接口。FileReader 接口提供了很多用于读取文件的方法，以及监听读取进度的事件，本节将详细介绍该接口的使用方法。

### 7.3.1　FileReader接口简介

FileReader 接口主要用于将文件载入内存并读取文件中的数据。FileReader 接口提供了一组异步 API，通过这些 API 可以从浏览器的主线程中异步访问文件系统。

由于 FileReader 接口是 HTML 5 的新特性，并非所有浏览器都支持。因此，在使用之前必须先判断浏览器是否对 FileReader 接口提供支持，代码如下所示：

```
if(typeof FileReader=="undefined")
{
    alert("对不起，您的浏览器不支持FileReader接口，将无法正常使用本程序。");
}else{
    alert("您的浏览器环境正常。");
    var fd=new FileReader();
}
```

当访问不同的文件时，必须创建不同的 FileReader 接口实例。因为每调用一次 FileReader 接口都将返回一个新的 FileReader 对象，这样才能访问不同文件中的数据。

表 7-1 列出了 FileReader 接口中用于读取文件的方法及其说明。需要注意，无论读取成功或者失败，读取方法都不会返回读取结果，而是将结果保存在 result 属性中。

除了上述的方法之外，FileReader 接口还包含了一套完整的事件模型来监视读取文件时的各个状态。这些事件主要有：

- onabort　当读取数据中断时触发。
- onerror　当读取数据出错时触发。
- onloadstart　当读取数据开始时触发。

161

- onprogress 正在读取数据时触发。
- onload 当读取数据成功时触发。
- onloadend 当读取操作完成时触发，无论成功或者失败都触发。

表7-1 FileReader接口方法

| 方法名称 | 说明 |
| --- | --- |
| readAsBinaryString() | 使用二进制格式读取文件内容 |
| readAsText() | 使用文本格式读取文件内容 |
| readAsDataURL() | 使用URL格式读取文件内容 |
| abort() | 中断当前读取操作 |

## 7.3.2 读取文本文件内容

使用 FileReader 接口的 readAsText() 方法可以以文本格式读取文件的内容。readAsText() 方法有两个参数，第一个参数是 file 类型，表示要读取的文件，第二个参数字符串类型用于指定读取时使用的编码，默认值为 UTF-8。

下面使用 readAsText() 方法制作一个实现读取用户选择文本文件内容的案例，并最终将内容显示到页面上。首先创建一个表单，添加文件上传域和结果显示布局。代码如下所示：

```
<form id="form1">
    <h2><img src="imgs/bullet1.gif" />文件上传</h2>
    选择图书目录的文件
    <input type="file" id="bookfile" accept="text/plain"/>
    <input type="button" value="读取" onclick="readFileContent()" />
</form><br />
<div class="prod" id="fileContent">    </div>
```

上述代码的重点是 file 类型和读取按钮，file 类型允许用户选择一个文件。单击"读取"按钮后将执行 readFileContent() 函数，将文件内容显示到下方的 div 中。

readFileContent()函数的实现代码如下所示：
```
function readFileContent()                          //读取文本文件的内容
{
    if($("bookfile").files.length)                  //判断是否选择了文件
    {
        var aFile=$("bookfile").files[0];
        if(!/text\/\w+/.test(aFile.type))           //判断是否为文本文件
        {
            alert(aFile.name+"不是文本文件不能上传.");
            return false;
        }
        if(typeof FileReader=="undefined")          //判断当前浏览器是否支持FileReader接口
        {
```

```
                    alert("对不起，您的浏览器不支持FileReader接口，将无法正常使用本程
序。");
                }else
                {
                    var fd=new FileReader();              //创建FileReader接口的对象
                    fd.onload=function(res){              //显示文件内容
                        $("fileContent").innerHTML=this.result;
                    }
                    fd.readAsText(aFile);                 //开始读取
                }
            }
            else{
                alert("没有选择文件，不能继续。");
                return false;
            }
        }
```

如上述代码所示，在 readFileContent() 函数中针对没有选择文件、文件类型不对以及浏览器不支持 FileReader 接口的情况进行了判断。真正使用 readAsText() 方法读取文件内容的代码非常简单，不过要注意结果属性 result 只能在 onload 事件中使用。

现在运行即可查看读取文本文件内容的效果。但是，在这里要注意虽然 Chrome 浏览器支持 FileReader 接口，但如果要使用其中的方法必须通过服务器运行页面。如图 7-12 所示为 Firefox 浏览器的运行效果，图 7-13 所示为 Opera 浏览器的运行效果。

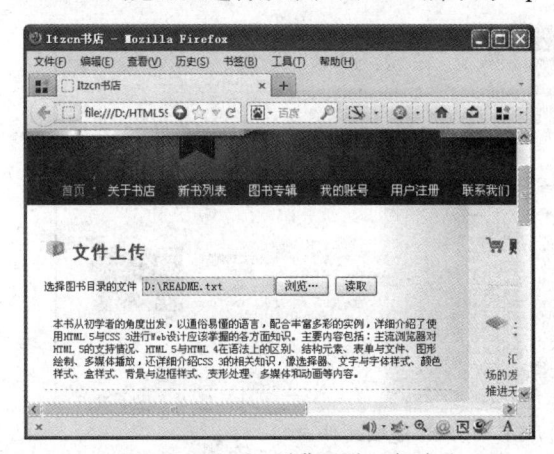

图7-12　Firefox浏览器的运行效果 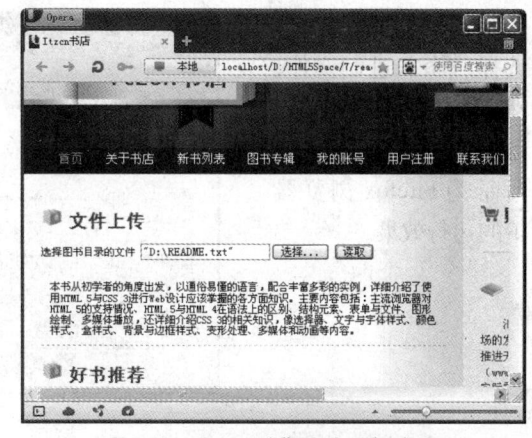　　　　图7-13　Opera浏览器的运行效果

## 7.3.3　读取二进制文件内容

readAsText() 方法仅适用于读取文本文件的内容。如果要读取二进制文件的内容，可以使用 FileReader 接口的 readAsBinaryString() 方法。readAsBinaryString() 方法只有一个要读取的文件 file 作为参数，读取结果保存在 result 属性中。

例如，以上节读取文本文件内容的案例为基础，在这里实现单击"读取"按钮之后显示二进制文件的内容。如下所示为实现该功能所需的 readFileContent() 函数代码：

```
        function readFileContent()                    //读取二进制文件的内容
        {
            if($("bookfile").files.length)            //判断是否选择了文件
            {
                var aFile=$("bookfile").files[0];
                if(typeof FileReader=="undefined")    //判断当前浏览器是否支持
FileReader接口
                {
                    alert("对不起,您的浏览器不支持FileReader接口,将无法正常使用本程
序。");
                }else
                {
                    var fd=new FileReader();           //创建FileReader接口的对象
                    fd.readAsBinaryString(aFile);      //开始读取
                    fd.onload=function(res){
                        $("fileContent").innerHTML=this.result;
                    }
                }
            }
            else{
                alert("没有选择文件,不能继续。");
                return false;
            }
        }
```

再次运行案例,选择一个二进制文件,然后单击"读取"按钮可看效果。如图7-14所示为Firefox浏览器下的运行效果。

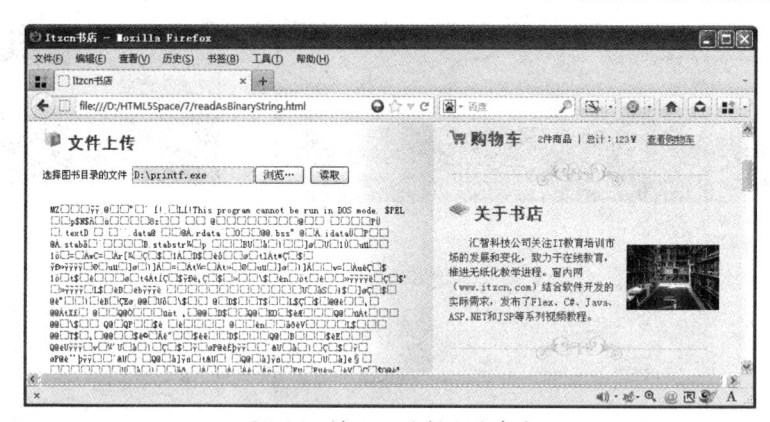

图7-14 读取二进制文件内容

## 7.3.4 读取图像文件内容

使用 FileReader 接口的 readAsDataURL() 方法可以将文件读取为一串 URL 字符串。该字符串通常会使用特殊格式的 URL 形式直接读入页面,像图像格式等。

下面创建一个使用 readAsDataURL() 方法的案例。该案例允许用户选择多个图片文件,在表单提交后,将在页面上显示上传图片的总数以及各图片的缩略图。

第一步是创建选择图片文件的表单,代码如下所示:

```
<form id="form1">
```

```
        <h2><img src="imgs/bullet1.gif" />文件上传</h2>
        选择图书目录的文件
        <input type="file" id="bookfile" multiple="true" accept="image/jpeg"/>
        <input type="button" value="读取" onclick="readFileContent()" />
    </form><br />
    <div class="prod" id="fileContent">   </div>
```

这里为 file 类型添加了 multiple 属性，允许用户选择多个文件。接下来编写 readFileContent() 函数，具体实现代码如下所示：

```
    function readFileContent()                    //读取用户选择的多个图片
    {
        if($("bookfile").files.length)
        {
         var count=0;                             //保存文件数量
         for(var i=0;i<$("bookfile").files.length;i++)
         {
            var aFile=$("bookfile").files[i];
            if(!/image\/\w+/.test(aFile.type)){   //判断文件类型是否匹配
                alert(aFile.name+"不是图像文件不能上传."); continue;
            }
            count++;                              //数量增加
            if(typeof FileReader=="undefined")
            {
                alert("对不起，您的浏览器不支持FileReader接口，将无法正常使用本程序。");
            }else
            {
                var fd=new FileReader();
                fd.readAsDataURL(aFile);
                fd.onload=function(res){
                    $("fileContent").innerHTML+="<img src="+this.result+" width=100/>";
                }
            }
         }
         $("fileContent").innerHTML+="<h4>本次一共上传了"+count+"张图片。</h4>";
        }
        else{
            alert("没有选择文件，不能继续。");
            return false;
        }
    }
```

与 readAsText() 方法和 readAsBinaryString() 方法不同，readAsDataURL() 方法读取后获取的是文件的 URL 路径而不是内容。因此在这里可以将它作为 img 元素的 src 属性的值来显示图片。

如图 7-15 所示为在 Firefox 浏览器上传多个图片的运行效果，图 7-16 所示为 Opera 浏览器下的运行效果。

图7-15　Firefox浏览器的运行效果　　　　　图7-16　Opera浏览器的运行效果

## 7.3.5　监听读取事件

前面介绍 FileReader 接口中的读取方法时，仅对 onload 事件进行了处理。在读取正常的情况下，FileReader 接口中事件的触发顺序如下：

```
onloadstart -> onprogress -> onload -> onloadend
```

除了执行顺序外，在实际使用时还应该注意如下区别。

（1）大部分的文件读取过程都集中在 onprogress 事件，该事件耗时最长。

（2）如果文件在读取过程中出现异常或者中止，那么 onprogress 事件将结束，并直接触发 onerror 或者 onabort 事件，而不触发 onload 事件。

（3）onload 事件是文件读取成功时触发的，而 onloaded 事件虽然也是文件操作成功时触发。但是 onloaded 事件无论读取成功与否都会触发，这一点需要注意。因此，如果要正确获取文件数据，必须在 onload 事件中编写代码，而不是在 onloaded 事件中。

FileReader 接口中的每个事件都表示读取文件时的一个状态。下面创建一个示例来监听读取过程中的所有事件，并输出事件的执行先后顺序。布局代码如下所示：

```
<h2><img src="imgs/bullet1.gif" />文件上传</h2>
<div class="prod clear"> <img class="pic" id="bookpic"/>
<div class="explain_box">
  <div class="top"></div>
  <div class="content">
  <form id="form1">
  选择封面图片　<input type="file" id="bookfile"  accept="image/jpeg"/>
    <input type="button" value="读取" onclick="readFileContent()" />
  </form>
  </div>
  <div class="bottom"></div>
</div>
</div>
<ol id="eventList"></ol>
```

在上述代码中，id 为 bookpic 的 img 元素用于显示选中的图片，id 为 eventList 的 ol 元素用于显示事件的执行顺序。

如下所示是单击"读取"按钮调用 readFileContent() 函数的实现代码：

```
function readFileContent()
{
  var aFile=$("bookfile").files[0];
  if(typeof FileReader=="undefined")
  {
       alert("对不起,您的浏览器不支持FileReader接口,将无法正常使用本程序。");
  }else
  {
       var fd=new FileReader();
       fd.readAsDataURL(aFile);
  //处理onload事件
       fd.onload=function(e){
           $("bookpic").src=this.result;
           $("eventList").innerHTML+="<li>触发了onload事件</li>";
       }
  //处理onprogress事件
      fd.onprogress=function(e){$("eventList").innerHTML+="<li>触发了onprogress
事件</li>";}
  //处理onabort事件
      fd.onabort=function(e){$("eventList").innerHTML+="<li>触发了onabort事件</
li>";}
  //处理onerror事件
      fd.onerror=function(e){$("eventList").innerHTML+="<li>触发了onerror事件</
li>";}
  //处理onloadstart事件
      fd.onloadstart=function(e){$("eventList").innerHTML+="<li>触发了
onloadstart事件</li>";}
  //处理onloadend事件
      fd.onloadend=function(e){$("eventList").innerHTML+="<li>触发了onloadend事
件</li>";}
  }
}
```

上述代码对使用 readAsDataURL() 方法读取图像过程中触发的所有事件进行了监听,并依次进行显示。最终通过显示的结果可以了解事件的执行顺序。如图 7-17 所示为 Firefox 浏览器下的运行效果,如图 7-18 所示为 Opera 浏览器的运行效果。

图7-17　Firefox浏览器的运行效果　　　　图7-18　Opera浏览器的运行效果

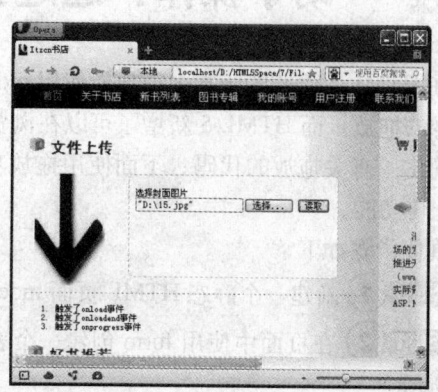

## 7.3.6 错误处理方案

虽然使用 FileReader 接口中的方法可以快速实现对文件的读取。但是，在文件读取的过程中，不可避免地会出现各种类型的错误和异常。这时便可以通过 FileError 接口获取错误与异常所产生的错误代码，再根据返回的错误代码分析具体发生错误与异常的原因。

通常在使用 FileReader 接口的方法异步操作文件的过程中，出现下列情况时，可能会出现潜在的错误与异常。

- 访问某个文件的过程中，该文件被移动或者删除，或被其他应用程序修改。
- 由于权限原因，无法读取文件的数据信息。
- 文件出于案例因素的考虑，在读取文件时返回一个无效的数据信息。
- 读取文件太大，超出 URL 网址的限制，将无法返回一个有效的数据信息。
- 在读取文件的过程中，应用程序本身触发了中止读取的事件。

上述列举了各种形成错误与异常的条件，都可能在读取文件过程中出现，从而导致无法使用 FileReader 接口中的对象与方法读取文件数据。

在异步读取文件的过程中，出现错误与异常都可以使用 FileError 接口。该接口主要用于异步提示错误，当 FileReader 对象无法返回数据时，将形成一个错误属性，而该属性则是一个 FileError 接口，通过该接口列出错误与异常的错误代码信息。

表 7-2 列出了 FileError 接口中提供的错误代码以及对应的说明。

**表7-2 FileError接口错误代码**

| 错误代码 | 说 明 |
| --- | --- |
| NOT_FOUND_ERR | 无法找到文件或者原文件已被修改 |
| SECURITY_ERR | 由于安全考虑，无法读取文件数据 |
| ABORT_ERR | 由abort事件触发的中止读取过程 |
| NOT_READABLE_ERR | 由于权限原因，不能读取文件数据 |
| ENCODING_ERR | 读取的文件太大，超出读取时地址的限制 |

# 7.4 动手操作：通过拖放实现文件上传

在 HTML 5 之前的版本中，只能使用 mousedown、mousemove 和 mouseup 事件实现在浏览器内部的拖放。而 HTML 5 新增了可以在浏览器与其他应用程序之间数据互相拖动的功能，而且也简化了有关拖放的代码。下面使用拖放功能结合本章的 FileReader 接口实现一个可拖放的文件上传功能。

具体步骤如下：

Step 1 新建一个静态 HTML 页面 index.html 作为前台文件。

Step 2 在页面中使用 form 创建一个表单，并定义用于存放用户拖放文件的区域。代码如下所示：

## HTML 5与文件 第7章

```
<form id="upload" action="upload.aspx" enctype="multipart/form-data"
method="post" target="_self" runat="server">
    <div id="dropbox">
        <span class="message">拖动图片到此处</span>
    </div>
</form>
```

**Step 3** 添加一个用于显示上传进度的容器。代码如下所示:

```
<div id="progress"></div>
```

**Step 4** 由于实例需要使用 FileReader 接口,而该接口并不是所有浏览器都支持。因此编码的第一步就是判断当前浏览器是否支持该接口。代码如下所示:

```
<script language="javascript" type="text/javascript">
    // 判断当前浏览器是否支持FileReader接口
    if (window.File && window.FileList && window.FileReader) {
        Init();
    }
</script>
```

**Step 5** 如果当前浏览器支持 FileReader 接口,将调用 Init() 函数对页面进行初始化操作。该函数的实现代码如下所示:

```
// 初始化操作
function Init() {
    var filedrag = $id("dropbox");              //获取页面中响应拖放的id
    // 创建一个XMLHttpRequest对象
    var xhr = new XMLHttpRequest();
    if (xhr.upload) {
        // 监听拖放事件
        filedrag.addEventListener("dragover", FileDragHover, false);
        filedrag.addEventListener("dragleave", FileDragHover, false);
        filedrag.addEventListener("drop", FileSelectHandler, false);
        filedrag.style.display = "block";
    }
}
```

上述代码中使用 filedrag 来表示页面上 id 为 dropbox 的元素,即接收拖放的容器。然后创建一个 XMLHttpRequest 对象实例 xhr,通过它的 upload 属性判断是否可以处理拖放。如果 upload 为 true,则对 filedrag 监听 dragover 事件、dragleave 事件和 drop 事件。

这些事件的具体含义如下:

- dragover 事件 当被拖放的元素正在本元素范围内移动时触发
- dragleave 事件 当被拖放的元素离开本元素范围内时触发
- drop 事件 当有元素被拖放到本元素内时触发

> **提示** 除了这里用到的3个拖放事件外,在HTML 5中还有其他拖放事件,有兴趣的读者可以参考相关资料。

169

**Step 6** 当把多个文件在页面 dropbox 元素内拖放和移动时将触发 dragover 事件和 dragleave 事件。这两个事件使用相同的函数 FileDragHover()，实现代码如下所示：

```
// dragover事件和dragleave事件处理函数
function FileDragHover(e) {
    e.stopPropagation();                //阻止事件冒泡
    e.preventDefault();                 //取消默认处理方式
    e.target.className = (e.type == "dragover" ? "hover" : "");
}
```

**Step 7** 在上述代码首先取消了事件冒泡和浏览器的默认处理方式，然后对当前容器更新样式，以区别于内容响应。如下所示为所需的样式代码：

```
#dropbox.hover
{
  color: #f00;
  border-color: #f00;
  border-style: solid;
  box-shadow: inset 0 3px 4px #888;
}
```

**Step 8** drop 事件是处理拖放时最核心的事件，在这里它会调用 FileSelectHandler() 函数来处理拖放列表中的所有文件。如下所示是该函数的实现代码：

```
// drop事件处理函数
function FileSelectHandler(e) {
    // 调用FileDragHover()函数
    FileDragHover(e);
    // 获取当前拖动的文件列表
    var files = e.target.files || e.dataTransfer.files;
    // 循环文件列表进行处理
    for (var i = 0, f; f = files[i]; i++) {
        ParseFile(f);                   //获取文件信息并显示
        UploadFile(f);                  //上传文件
    }
}
```

在 FileSelectHandler() 函数的 files 变量中，保存的就是当前拖放列表中需要上传的文件，所以使用 for 循环依次处理每个文件。

**Step 9** ParseFile() 函数可以获取文件的名称、路径、类型和大小。实现代码如下所示：

```
//获取文件信息并显示
function ParseFile(file) {
    var fileinfo = "类型: " + file.type + "<br/>大小: " + file.size + "字节";
    // 显示图片
    if (file.type.indexOf("image") == 0) {
        var reader = new FileReader();
        reader.onload = function (e) {
            Output("<div class='preview'> <span class='imageHolder'>"
+ file.name + "<img  src='" + e.target.result + "'/>" + fileinfo + "</span></
```

```
div>");            //显示到页面
            }
            reader.readAsDataURL(file);              //读取图片文件
        }
    }
```

**Step 10** ParseFile()函数使用了FileReader接口中的readAsDataURL()方法来读取文件信息。它又调用了Output()函数输出提示信息,实现代码如下所示:

```
// 输出提示信息
function Output(msg) {
    var m = $id("dropbox");
    m.innerHTML += msg;
}
```

**Step 11** FileSelectHandler()函数又调用了UploadFile()函数,UploadFile()是真正实现上传的函数。实现代码如下所示:

```
// 使用异步方式将文件上传到服务器
function UploadFile(file) {
    var xhr = new XMLHttpRequest();
    //判断文件类型是否为图片
    if (xhr.upload && file.type == "image/jpeg") {
        // 创建一个上传进度条
        var o = $id("progress");
        var progress = o.appendChild(document.createElement("p"));
         progress.appendChild(document.createTextNode("upload " + file.name));
        // 监听上传进度
        xhr.upload.addEventListener("progress", function (e) {
           var pc = parseInt(100 - (e.loaded / e.total * 100));
           progress.style.backgroundPosition = pc + "% 0";
        }, false);
        // 上传成功后触发
        xhr.onreadystatechange = function (e) {
            if (xhr.readyState == 4) {
                progress.className = (xhr.status == 200 ? "success" : "failure");
                if (xhr.status == 200) { alert(xhr.responseText); }
            }
        };
        // 开始上传
        xhr.open("POST", $("upload").action, true);
        xhr.setRequestHeader("X_FILENAME", file.name);
        xhr.send(file);
    }
}
```

如上述代码所示,在文件上传时使用了异步方式进行传输,并且会创建一个进度条显示上传结果。

Step 12 至此，使用拖放方式实现文件上传的前台布局和代码就制作完成了。如果不考虑后台，现在就可以运行查看效果。如图7-19所示为默认打开之后的运行效果。

图7-19 实例默认运行效果

Step 13 有关实例的CSS样式在这里没有给出，有兴趣的读者可以参考实例源代码。从本驱动器中选择一些文件拖放到实例的接收区域中，此时将发生变化，如图7-20所示。

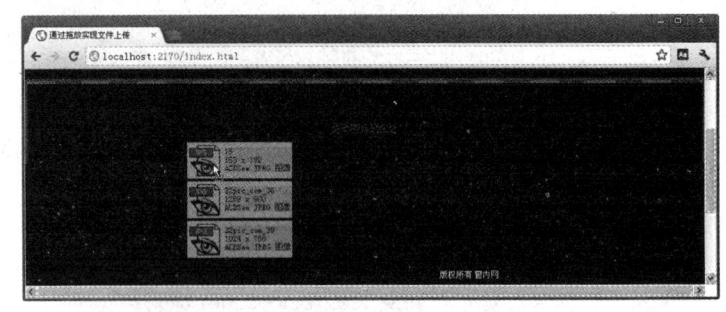

图7-20 拖动文件到区域时的运行效果

Step 14 拖放完成后释放鼠标，即可看到这些图片的缩略图和详细信息，如图7-21所示。

Step 15 现在虽然可以拖放但是文件并没有上传到服务器。实现这一功能需要与服务器后台进行结合，在本实例中使用ASP.NET来完成，实现页面是uplod.aspx。打开upload.aspx.cs文件，编写如下代码：

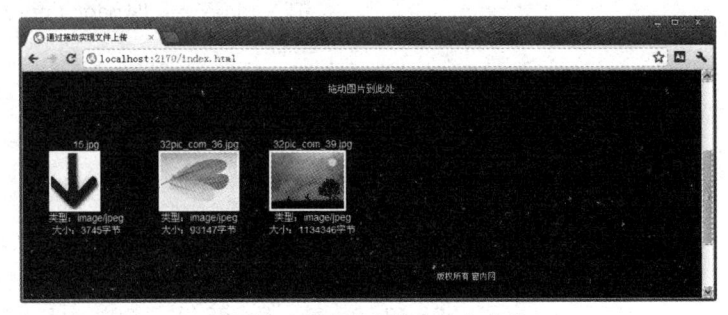

图7-21 查看图片信息运行效果

```
private string _msg = "上传成功！";//返回信息
protected void Page_Load(object sender, EventArgs e)
{
    if (Request.Headers["X_FILENAME"] != "")
    {
      //文件名称
      string fn = Request.Headers["X_FILENAME"];
      //文件流
      Stream sin = Page.Request.InputStream;
      System.Drawing.Image img = System.Drawing.Bitmap.FromStream(sin);
      Bitmap bmp = new Bitmap(img);
      MemoryStream bmpStream = new MemoryStream();
      //保存文件到程序的uploads目录下
      bmp.Save(bmpStream, System.Drawing.Imaging.ImageFormat.Jpeg);
      FileStream fs = new FileStream(System.Web.HttpContext.Current.Server.MapPath("uploads/" + fn), FileMode.Create);
```

```
            bmpStream.WriteTo(fs);
            //关闭流并释放资源
            bmpStream.Close();
            fs.Close();
            bmpStream.Dispose();
            fs.Dispose();
        }
        else
        {
            _msg = "没有数据";
        }
        Response.Write(_msg);
    }
```

上述代码的实现原理是获取异步 POST 提交的文件流,然后将它转换为图片,并保存到程序所在的 uploads 目录下,最后输出结果。

**Step 16** 现在运行实例,拖放文件后将看到上传成功后的提示对话框和上传结果,如图 7-22 所示。

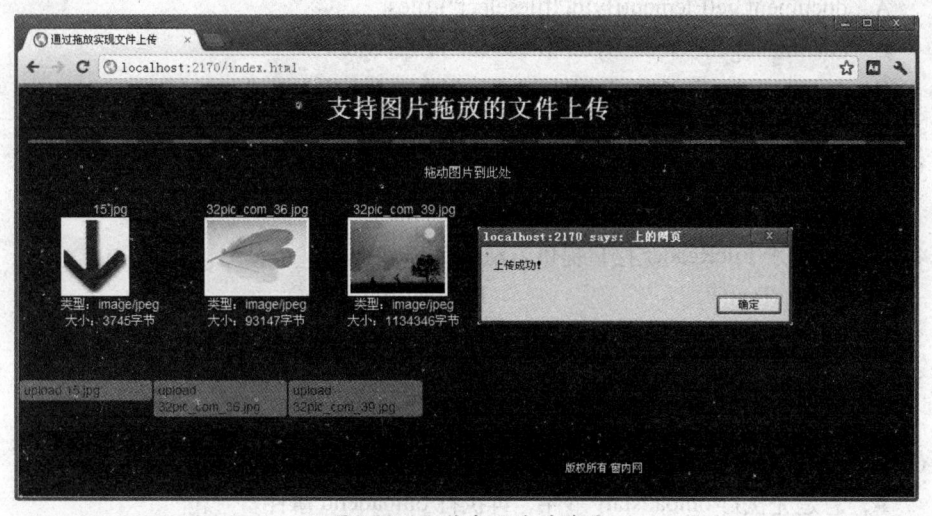

图7-22 上传成功后的效果

## 7.5 本章小结

本章首先从如何选择一个文件开始,结合实例详细介绍了如何获取选择的文件以及文件信息。然后学习如何处理多个文件的选择操作,以及对文件类型进行限制和筛选。

接下来通过 FileReader 接口详细剖析了每个读取方法的具体使用,以及如何处理在文件读取过程中出现的错误和异常。最后通过一个可拖放的文件上传实例作为结束。通过对本章的学习,读者可以掌握在 HTML 5 中操作文件所需的各种知识。

## 7.6 课后练习

### 一、填空题

(1) 使用 file 对象的 _____ 属性可以获取不带路径的文件名称。
(2) 使用 _____ 代码可以判断当前浏览器是否支持 FileReader 接口。
(3) 在 FileReader 接口中，_____ 方法负责读取文本文件。
(4) 通过对 FileReader 接口中的 _____ 事件进行处理可以获得读取的结果。
(5) FileError 接口中的错误代码 _____ 表示由 abort 事件触发的读取中止异常。

### 二、选择题

(1) 下列不属于 file 对象属性的是 _____。
    A．type    B．name    C．lastModifiedDate    D．path
(2) 假设要获取用户选择文件的数量应该使用代码 _____。

```
<input type="file" id="fileselect" multiple="true" />
```

    A．document.getElementById("fileselect").files
    B．document.getElementById("fileselect").files.count
    C．document.getElementById("fileselect").files.length
    D．document.getElementById("fileselect").length

(3) 为 file 类型添加 _____ 属性可以限制用户选择文件的类型。
    A．accept    B．ext    C．name    D．type
(4) 下列不属于 FileReader 接口提供方法的是 _____。
    A．readAsText()    B．readAsImage()
    C．readAsBinaryString()    D．readAsDataURL()
(5) 调用 abort() 方法将触发 FileReader 接口的 _____ 事件。
    A．abort    B．onabort    C．onerror    D．onend
(6) 下列关于 FileReader 接口中事件的描述，不正确的是 _____。
    A．总是先执行 onloadstart 事件，再执行 onloadend 事件
    B．如果执行了 onerror 事件，将不会执行 onloadend 事件
    C．只有在 onload 事件中能获取内容
    D．在 onload 事件和 onloadend 事件中都可以获取内容

### 三、简答题

(1) 简述从 file 类型中获取用户选择的多个文件的步骤。
(2) 简述限制用户选择文件类型的方法和实现步骤。
(3) 举例说明如何在服务器端接收文件和上传。
(4) 简述对 FileReader 接口的理解。
(5) 简述读取文件和读取图片的区别。
(6) 简述如何处理读取过程中的异常和错误。

# 第 8 章

# HTML 5 中的数据处理

## 内容摘要：

随着 Web 应用的快速发展，如何更好地在客户端存储数据是应用开发者非常关注的一个问题。在 HTML 4 之前的版本中，通常使用 Cookie 存储机制将数据保存在用户的客户端。但是 Cookie 自身也存在着问题和缺陷，例如限制了保存空间的大小、安全性不高等。这样的限制已经完全无法满足如今开发者的需求。

HTML 5 增加了全新的数据存储方式：Web 存储、离线存储和 Web SQL 数据库存储。这一章主要介绍 Web 存储和 Web SQL Database 这两种存储方式的使用方法和技巧。每种存储方式讲完之后都会有一个动手操作实例。

## 学习目标：

- 了解 Web 存储和 Cookie 存储的区别
- 了解 localStorage 对象和 sessionStorage 对象的异同点
- 掌握 Web 存储方式进行数据操作的常用方法
- 掌握 JSON 读取数据的 parse() 方法和 stringify() 方法
- 掌握 Web SQL 数据库最常用的几种方法
- 熟练使用 Web 存储对象和 Web SQL 数据库实现数据增、删、改、查的功能

## 8.1 数据存储对象简介

HTML 5 规范定义了一种在客户端存储数据的更好方式（即 Web 存储），它包含两种不同的存储对象类型：sessionStorage 和 localStorage。下面介绍 sessionStorage 对象和 localStorage 对象。

### 8.1.1 Web存储和Cookie存储

Web 存储和 Cookie 存储都是用来储存客户端数据的，介绍 Web 存储对象之前，先简单了解一下 Cookie 存储和 Web 存储。

Web 存储主要包括两种对象类型：localStorage 和 sessionStorage。它们是用来在本地存储数据的。

Cookie 也是用来存储客户端数据的一种方式。它需要指定作用域，不可以跨域使用。它的优点在于，它允许用户在登录网站时，记住输入的用户名和密码，这样在下一次登录时就不需要再次输入了，达到自动登录的效果。

Web 存储的概念和 cookie 相似，但是它们还是有区别的。

- 储存大小不同

Cookie 的大小是受限制的，并且每次用户请求一个新的页面时，Cookie 都会被发送过去，这样无形中造成了资源浪费。而 Web 存储中每个域的存储大小默认是 5M，比起 Cookie 的 4K 要大得多。

- 自身方法不同

Web 存储拥有 getItem()，setItem()，removeItem() 和 clear() 等方法，Cookie 需要前段开发者自己封装 setCookie() 方法和 getCookie() 方法。

- 存储有效时间不同

Cookie 的失效时间用户可以自动设置，它的失效时间可长可短；但是 Web 存储中 localStorage 对象只要不手动删除，它的存储时间就永远不会失效；而 sessionStorage 对象只要浏览器关闭，它的存储时间就失效。

- 作用范围不同

Cookie 的作用是与服务器交互，作为 HTTP 规范的一部分而存在，而 Web 存储仅仅是为本地存储数据而生。

任何事物都是有两面性的，就像 Web 存储和 Cookie 存储。它们自身有优点也有缺陷，Cookie 存储不能替代 Web 存储，同样，Web 存储更不能代替 Cookie 存储数据。有兴趣的读者可以上网查找更多相关资料。

> **注意** Web存储的数据取决于浏览器，并且每个浏览器都是分开独立的。如果用户使用Opera访问网站，那么所有的数据都存储在Opera的Web存储库中。如果用户要使用Chrome再次访问该站点，将不能够使用通过Opera存储的数据。

### 8.1.2 localStorage对象

localStorage 对象存储的数据没有时间限制。第二天、第二周或下一年之后，数据依然可用。

除非手动删除数据，否则它一直存在。

localStorage 对象适用于长期数据的存储，在窗口关闭后数据仍然存留，且在同域下数据存留在多个页面中，也就是说使用 localStorage 对象存储数据，支持 HTML 5 本地存储的浏览器会在用户的本地分配空间永久性地存放指定的数据，且这些数据是在同一个域名下共享的，比如域名 mobile.alipay.com 中本地存储的数据在 mobile.alipay.com/mkt 中依然可以进行访问。

localStorage 对象最常用的方法如下：

- setItem(key,value) 参数 key 表示被保存内容的键，参数 value 表示被保存内容的值。
- getItem(key) 获取指定 key 本地存储的值，如果不存在，则返回一个 null 值。
- removeItem(key) 删除指定 key 本地存储的值。
- clear() 清除 localStorage 对象中所有的数据。

> 提示：localStorage对象和sessionStorage对象存储的值都是字符串类型，处理复杂的数据时，比如json数据，需要借助JSON类。

在 Dreamweaver CS5 中新建一个页面，实现使用 localStorage 对象统计页面访问次数的基本功能。具体代码如下所示：

```
<body>
<script type="text/javascript">
if(getLocalStorage()){
   if(localStorage.pagecount)
   {
       localStorage.pagecount=Number(localStorage.pagecount) +1;
   }else{
       localStorage.pagecount=1;
   }
   document.write("localStorage对象访问页面次数： " + localStorage.pagecount + " 次。");
}
</script>
<p>刷新页面会看到计数器在增长。</p>
<p>请关闭浏览器窗口，然后再试一次，计数器会继续计数。</p>
</body>
```

上段 JavaScript 代码中，首先调用函数 getLocalStorage() 检测浏览器是否支持 localStorage 对象，如果浏览器支持该对象，则使用 localStorage.pagecount 获得用户访问页面的次数，并且每刷新一次页面都会将 localStorage.pagecount 的值加 1。函数 getLocalStorage() 的具体代码如下：

```
function getLocalStorage(){
    try {
       if(!!window.localStorage ) return window.localStorage;
    } catch(e){
       return undefined;
    }
}
```

上面的代码已经完成，运行效果如图 8-1 所示。

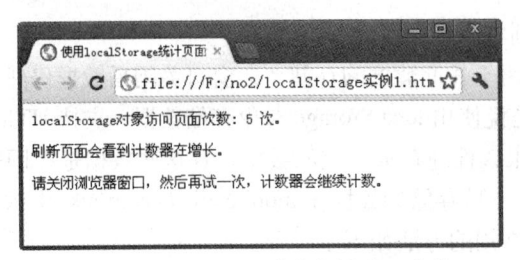

图8-1 localStorage对象访问页面次数

## 8.1.3 sessionStorage对象

localStorage 对象中的数据是页面共享的，但是有些情况，例如，需要一个浏览器中的不同页面可以单独操作数据时，需要使用 Web 存储的另外一个对象类型：sessionStorage。

sessionStorage 对象主要是针对一个 session 的数据存储。当用户关闭浏览器窗口后，数据就会被删除。它适用于存储短期的数据，在同域中无法共享，并且在用户关闭窗口后，数据将清除。

sessionStorage 对象的常用方法和 localStorage 对象一样，这里就不再多做解释，详细信息请参考 8.1.2 节。后续章节会具体讲解如何使用这些方法。

在 Dreamweaver CS5 中新建一个页面，实现使用 sessionStorage 对象统计页面访问次数的基本功能。具体代码如下所示：

```
<body>
<script type="text/javascript">
if(getSessionStorage()){
   if (sessionStorage.pagecount)
   {
      sessionStorage.pagecount=Number(sessionStorage.pagecount) +1;
   }else{
      sessionStorage.pagecount=1;
   }
   document.write("sessionStorage页面访问次数: " + sessionStorage.pagecount + "次。");
}
</script>
<p>刷新页面会看到计数器在增长。</p>
<p>请关闭浏览器窗口，然后再试一次，计数器会继续计数。</p>
</body>
```

上述 JavaScript 代码中，首先调用函数 getSessionStorage() 检测浏览器是否支持 sessionStorage 对象，如果支持该对象，则使用 sessionStorage.pagecount 获得访问页面的次数。函数 getSessionStorage() 的具体代码如下：

```
function getSessionStorage(){
    try{
       if(!!window.sessionStorage ) return window.sessionStorage;
    }catch(e){
       return undefined;
    }
}
```

上述代码的效果可以和8.1.2节中使用localStorage对象访问页面次数的效果相比较，用户就能发现它们的明显不同点，运行效果如图8-2所示。

> **注意**：这两种数据在用户浏览期间不能够像cookie一样传送到服务器，如果用户需要把数据发送至服务器，必须要使用Ajax的XMLHttpRequest对象做异步传输。

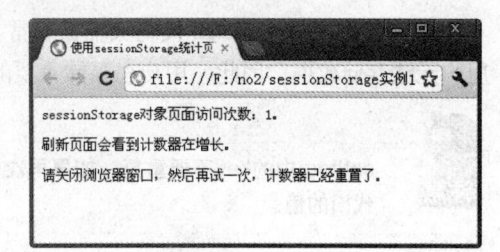

图8-2　sessionStorage对象访问页面次数

## 8.2　数据操作

下面介绍使用localStorage对象和sessionStorage对象如何写入数据、读取数据以及清空数据等。由于localStorage对象和sessionStorage对象的方法是一样的，所以本节的示例都是使用localStorage对象做范例演示。读者也可以把localStorage对象修改为sessionStorage对象。

### 8.2.1　写入数据

我们知道，HTML 5的数据存储对象都是以key-value（键值对）形式存储数据的。localStorage对象存储数据的方法非常简单，可以使用setItem()方法，这个方法带有两个参数，第一个参数是数据key，第二个参数是数据value。如果用户要存储自己的姓名，具体代码如下：

```
var localStorage = getLocalStorage();    //检测浏览器是否支持localStorage对象
if(localStorage){
    localStorage.setItem("name","张三丰");  //存储用户名
}else{
    alert("浏览器不支持localStorage对象");
}
```

上段代码中，使用localStorage对象的setItem()方法写入数据。如果不使用setItem()方法，可以使用localStorage[key]=value或者直接使用localStorage.key=value。这两种写入方法的效果和setItem()的效果一样。如下所示：

```
localStorage["name"] = "张三丰"
localStorage.name = "张三丰"
```

如果用户存储的数据已经达到浏览器指定的限额，超过浏览器的存储量。可以抛出一个代码异常，具体代码如下所示：

```
try
{
    localStorage.setItem("hobby","唱歌跳舞");
}catch(e){
    if(e == QUOTA_EXCEEDED_ERR){
        alert("无法存储数据，数据数量超限");
    }
}
```

上段代码使用 try/catch 代码块捕捉异常，如果浏览器的存储量超标，会立刻抛出异常，提示用户无法存储数据。因此，用户在存储重要的数据前，可以使用上面的代码测试是否超出分配额。

> **注意** setItem中的key不要重复，如果再次使用setItem设置已经存在的key的value时，新的值将替代旧的值。

## 8.2.2 读取数据

将指定的数据写入到 localStorage 对象后，还需要将写入的数据读取出来。读取数据也非常简单，可以直接使用 getItem() 方法，传递给它一个指定的 key 参数。具体代码如下所示：

```
var age = localStorage.getItem("age");
```

和写入数据的 getItem() 方法一样，用户也可以使用快捷方式读取数据。如果不使用 getItem() 方法，可以直接使用 localStorage[key] 或者 localStorage.key。这两种读取方法的效果和 getItem()f 方法的效果一样。如下所示：

```
var username = localStorage["name"];
var name = localStorage.name;
```

> **注意** 在对象存储中，键值对都是以字符串的形式进行存储的。如果需要将它们作为其他类型使用，比如将字符串转换为数值，则需要使用JavaScript中的parseInt方法。

在 Dreamweaver CS5 中新建一个页面，添加一个输入框和一个"读取"按钮，读取用户输入的内容。页面的具体代码如下所示：

```
<form>
  <fieldset>
    <legend>localStorage保存数据</legend>
      <input name="username" id="username" onKeyUp="GetName(this.value)" value="" />
      <input name="btnGet" id="btnGet" value="读取" onClick="ReadName()" type="button" />
      <span style="display:none" id="readname"></span>
  </fieldset>
</form>
```

上段代码中，输入文本框的内容时触发文本框的 keyup 事件，调用 localStorage 对象的 setItem() 方法写入用户输入的数据。单击"读取"按钮，调用 localStorage 对象的 getItem() 方法获得用户输入的内容。具体代码如下所示：

```
function GetName(namevalue)
{
      localStorage.setItem("username",namevalue);
document.getElementById("readname").innerHTML=namevalue;
document.getElementById("readname").style.display = "none";
```

```
}
function ReadName()
{
document.getElementById("readname").style.display = "block";
document.getElementById("readname").innerHTML="数据: "+localStorage.
getItem("username");
}
```

上段代码的运行效果如图 8-3 所示。

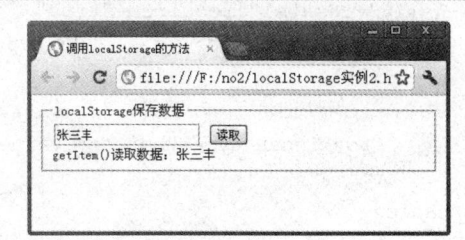

图8-3 读取输入框的内容

## 8.2.3 清空数据

如果用户不小心存错了数据，需要删除某条数据记录，可以使用 removeItem() 方法，传递给 removeItem() 方法一个指定的 key 参数。具体代码如下所示：

```
localStorage.removeItem("name");        //删除用户名
```

使用 removeItem() 方法传递一个保存数据的键名，即可删除对应的数据。如果保存的数据很多，要想删除全部数据记录，一条一条删除非常麻烦。这时可以使用 clear() 方法，该方法的功能是清空对象保存的全部数据。具体使用代码如下所示：

```
localStorage.clear();
```

## 8.2.4 使用JSON读取数据

HTML 5 中的 localStorage 对象和 sessionStorage 对象都是通过键值对来存储数据的。目前这两个对象实现的只是支持字符串到字符串的映射，如果要存储几十条或几百条数据，需要很多的键值内容，它们的问题就出现了：处理相对复杂，扩展性差，数据结构不合理等。localStorage 对象和 sessionStorage 对象只能应对少量的数据。

为了解决这一问题，HTML 5 可以通过使用 JSON 对象转换数据，实现存储更多数据的功能。JSON 对象的常用方法如下：

- JSON.parse(data)

参数 data 表示 localStorage 对象获取的数据，调用该方法返回一个装载 data 数据的 JSON 对象。

- JSON.stringify(obj)

参数 obj 表示一个任意的实体对象，调用该方法返回一个由实体对象转成 JSON 格式的文本数据集。

下面在 Dreamweaver CS5 中创建一个新页面，实现 Web 存储调用 JSON 中的方法显示数据的功能。具体代码如下所示：

```html
<h1>使用Web Storage来做简易数据示例</h1>
<table>
    <tr><td>姓名:</td><td><input type="text" id="name" required="true" /></td></tr>
    <tr><td>EMAIL:</td><td><input type="email" id="email" required="true" /></td></tr>
    <tr><td>电话号码:</td><td><input type="tel" pattern="^\d{3}-\d{8}|\d{4}-\d{7}$" id="tel" required="true" /></td></tr>
    <tr><td>备注:</td><td><input type="text" id="memo" /></td></tr>
    <tr>
        <td></td>
        <td><input type="button" value="保存" onclick="saveStorage();" /></td>
    </tr>
</table>
<hr>
<p>根据用户名检索:<input type="text" id="find">
    <input type="button" value="检索" onclick="findStorage('msg');" />
</p>
<p id="msg"></p>
```

上段代码中，在新建页面中添加了用户输入姓名、Email、联系电话、备注等输入框，添加了一个"提交"按钮，单击"提交"按钮可以保存用户输入的信息。然后再添加一个输入框和一个"检索"按钮，根据输入的内容检索用户信息。单击"保存"按钮和"检索"按钮，触发按钮的click事件,分别调用函数saveStorage()和findStorage()。JavaScript中的具体代码如下所示：

```javascript
<script>
  function saveStorage(){
    var data=new Object;
    data.name=document.getElementById("name").value;
    data.email=document.getElementById("email").value;
    data.tel=document.getElementById("tel").value;
    data.memo=document.getElementById("memo").value;
    var str=JSON.stringify(data);
    localStorage.setItem(data.name,str);
    alert("数据已保存");
  }
  function findStorage(id){
    var find=document.getElementById("find").value;
    var str=localStorage.getItem(find);
    var data=JSON.parse(str);
    var result="姓名: "+data.name+'<br>';
    result+="EMAIL: "+data.email+'<br>';
    result+="电话号码: "+data.tel+'<br>';
    result+="备注: "+data.memo+'<br>';
    var target=document.getElementById(id);
    target.innerHTML=result;
  }
</script>
```

上段 JavaScript 代码中，函数 saveStorage() 使用 JSON.stringify() 方法把对象转换成 JSON 格式的文本数据，然后调用 setItem() 方法保存 JSON 转换的文本数据。函数 findStorage() 中将检索内容作为 key 值，调用 getItem() 方法获得它的 value 值，使用 parse() 方法将 localStorage 中获取的用户数据转换成 JSON 对象，使用 "data. 对象名" 重新赋值。上面的代码运行效果如图 8-4 所示。

图8-4 使用JSON读取数据

## 8.3 动手操作：实现一个日志查看器

上一节主要讲了如何使用 localStorage 对象进行读取数据、写入数据、清空数据的操作，以及如何使用 JSON 的 parse() 方法和 stringify() 方法读取数据。下面进行一次动手操作练习，实现一个日志查看器的基本功能，能够查看、删除某条日志记录。

**Step 1** 在 Dreamweaver CS5 中新建一个页面，添加一个 table 元素，动态地显示日志列表，添加一个隐藏的 div 元素，显示日志的详细信息。具体代码如下所示：

```
<table>
  <tbody id="list"></tbody>
</table>
<div style="width:500px; display:none" id="shows">
  <center><span id="title">大家好</span></center><br/>
  <span id="content">内容</span><br/>
  <div align="right" id="data">张三 发表于：2011-12</div>
</div>
```

**Step 2** 在上述代码中，table 元素用来动态地加载数据，当页面加载完成时，触发 load 事件，调用函数 Init() 动态地加载 table 的信息，JavaScript 中的具体代码如下所示：

```
window.onload = Init;
function Init()
{
  var SetData1 = new Object;
  SetData1.DialyID = 1;
  SetData1.DialyTitle = "上班了";
  SetData1.DialyName = "今天是一天上班，请大家多多关照";
  SetData1.DialyData = "2011-12-12";
  SetData1.DialyPerson = "张汉";
  localStorage.setItem(SetData1.DialyID,JSON.stringify(SetData1));
  JiaZaiData();
}
```

```
function JiaZaiData()
{
  var strHTML = "<tbody>"
  strHTML += "<tr>";
  strHTML += "<td>日志ID</td>";
  strHTML += "<td>日志标题</td>";
  strHTML += "<td>日志内容</td>";
  strHTML += "<td>发表日期</td>";
  strHTML += "<td>发表人</td>";
  strHTML += "<td>操作</td>";
  strHTML += "</tr>";
  for(var i = 0;i<localStorage.length;i++)
  {
       var datakey = localStorage.key(i);
       var data = JSON.parse(localStorage.getItem(datakey));
       strHTML +="<tr>";
       strHTML += "<td>"+data.DialyID+"</td>";
       strHTML += "<td>"+data.DialyTitle+"</td>";
       strHTML += "<td>"+data.DialyName+"</td>";
       strHTML += "<td>"+data.DialyData+"</td>";
       strHTML += "<td>"+data.DialyPerson+"</td>";
       strHTML += "<td><a href='javascript:showDetail("+data.DialyID+")'>详情</a>   <a href='javascript:deleteDialy("+data.DialyID+")'>删除</a></td>";
       strHTML +="</tr>";
  }
  strHTML += "</tbody>";
  document.getElementById("list").innerHTML = strHTML;
}
```

上段 JavaScript 代码中，函数 Init() 使用 JSON.stringify() 方法存储 JSON 格式的文本数据集，使用 localStorage 对象的 setItem() 方法写入数据，然后调用 JiaZaiData() 函数循环读取 localStorage 对象中储存的日志记录。

函数 JiaZaiData() 使用 localStorage.length 获得对象中的所有数据记录，调用 localStrorage.key() 方法循环获得第 n 个键值对的 key 值，使用 localStorage.getItem() 方法获得 key 值对应的 value 值，然后使用 JSON.parse() 方法返回一个 JSON 对象。

从上段 JavaScript 代码还可以看到，每条数据都有操作链接，单击链接可以查看日志的不同功能。

**Step 3** 单击"详情"链接，调用函数 showDetail()，实现显示日志详细信息的功能。JavaScript 中的具体代码如下所示：

```
function showDetail(id)
{
  var showdata = JSON.parse(localStorage.getItem(id));
  document.getElementById("shows").style.display = "block";
  document.getElementById("title").innerHTML = showdata.DialyTitle;
  document.getElementById("content").innerHTML = showdata.DialyName;
```

```
          document.getElementById("data").innerHTML = showdata.
DialyPerson+"   发表时间:"+showdata.DialyData;
        }
```

**Step 4** 单击"删除"链接，调用函数 deleteDialy()，实现删除单条日志记录的功能。deleteDialy() 函数调用 localStorage 对象的 removeItem() 方法，删除某条日志记录，弹出"删除数据成功"的提示，然后调用函数 JiaZaiData() 重新加载 localStorage 对象存储的数据。JavaScript 的具体代码如下所示：

```
function deleteDialy(id)
{
   localStorage.removeItem(id);
   alert("删除数据成功！");
   JiaZaiData();
}
```

**Step 5** 到了这里，页面代码部分和 JavaScript 代码已经完成。本次动手操作，主要是将前两节学习的知识点充分结合起来，加深读者对知识的理解，实现日志查看器的基本功能。运行效果如图 8-5 所示。

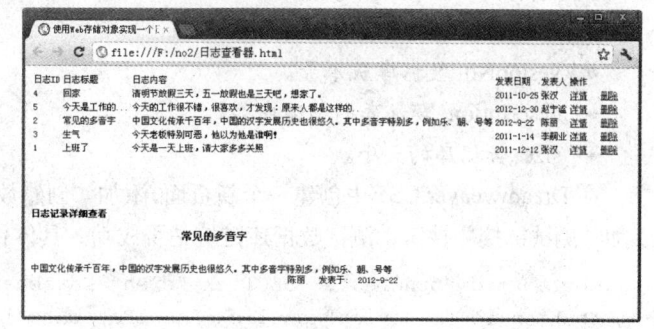

图8-5　日志查看器效果

# 8.4　使用HTML 5数据库

在 HTML 5 中，添加了很多可以将原本必须要保存在服务器上的数据转为保存在客户端本地的功能，从而提高了 Web 应用程序的性能，减轻了服务器端的负担。例如：localStorage、sessionStorage、离线存储等。

前面介绍了如何使用 localStorage 对象和 sessionStorage 对象来本地存储数据，虽然这种方法目前可以在许多主流的浏览器、平台与设备上实现。但是有时候，Web 存储的 API 提供的 5MB 存储和简单的键值对是远远不够的，键值对的存储方式也带来了诸多不便。如果用户要存储大量的数据，并且数据之间的关系非常复杂，那么用户可能需要成熟的数据库来满足自己的需求。这一节将介绍 HTML 5 中的 Web SQL 数据库。

## 8.4.1　HTML 5数据库简介

在 HTML 5 中内置了一个可以通过 SQL 语言来访问的数据库：WebSQL 数据库。WebSQL 数据库是客户端本地化的一套数据库系统，通过这套系统，可以将大量的数据保存在客户端，而无须与服务器端交互，极大地减轻了服务器端的压力，加快了其他页面的浏览速度。

现在，这种不需要存储在服务器上的，被称为"SQLite"的文件型 SQL 数据库已经得到了广泛应用，所以，HTML 5 中也采用了这种数据库来作为本地数据库，对数据库的操作可以通过调用 executeSql() 方法实现，允许使用 JavaScript 代码控制数据库的操作。JavaScript 脚本的编写步骤包括：
- 创建访问数据库的对象
- 使用事务处理

## 8.4.2 创建与打开数据库

用户在了解 Web SQL 数据库以后，首先创建或打开一个数据库对象，此时必须使用 openDatabase() 方法，该方法的使用如下所示：

```
var db = openDatabase(dbName,vesionNo,description,size);
```

openDatabase() 方法返回创建后的数据库的访问对象，如果该数据库不存在，则创建该数据库。该方法有 4 个参数，如下所示：
- dbName 传入的数据库的名称。
- vesionNo 数据库版本号。
- description 数据库的描述内容。
- size 数据库的大小。

在 Dreamweaver CS5 中创建一个新页面，添加"创建数据库"按钮，实现创建数据库的功能，添加"测试链接"按钮，测试数据库链接是否成功。具体代码如下所示：

```
<button id="btncreate" onClick="createDatabase()">创建数据库</button>
<button id="btnexist" onClick="testDatabase()">测试连接</button>
<p id="pstate" style="display:none"></p>
```

上述代码中，单击"创建数据库"按钮，触发按钮的 click 事件，调用函数 createDatabase()。单击"测试连接"按钮，触发按钮的 click 事件，调用函数 testDatabase()。JavaScript 中的具体代码如下所示：

```
var db;
function createDatabase()
{
  if(!!window.openDatabase)
  {
      db = openDatabase('StudentBase','2.0','学生管理系统数据库',10*1024*1024,
      function()
      {
          document.getElementById("pstate").style.display = "block";
          document.getElementById("pstate").innerHTML = "数据库创建成功";
      });
  }else{
      alert("浏览器不支持HTML 5中的Web SQL数据库");
  }
}
function testDatabase()
{
```

```
    document.getElementById("pstate").style.display = "block";
    if(db)
        document.getElementById("pstate").innerHTML = "数据库连接成功";
    else
        document.getElementById("pstate").innerHTML = "数据库连接失败";
}
```

上段 JavaScript 代码中，首先定义了一个全局变量 db，用来保存打开数据库的对象。在函数 createDatabase() 中，首先判断浏览器是否支持 Web SQL 数据库，如果不支持，弹出不支持 Web SQL 数据库的提示；如果浏览器支持 Web SQL 数据库，则使用 openDatabase() 方法创建或者打开一个名称为"StudentBase"，版本号为"2.0"的 10MB 的数据库对象。如果创建成功，执行回调函数，将隐藏标签显示出来并且赋值。

单击"测试连接"按钮，回调函数 testDatabase() 中直接使用全局变量"db"的状态进行判断，判断创建的数据库的连接是否成功，并且给出提示。上面代码的运行效果如图 8-6、图 8-7 所示。

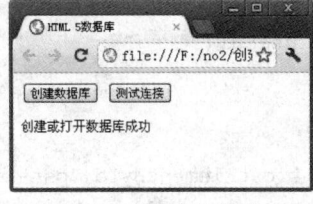

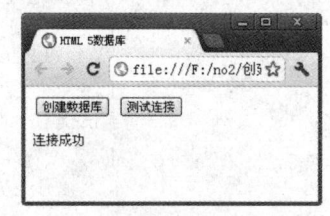

图8-6　创建数据库成功　　　图8-7　测试数据库连接成功

### 8.4.3　执行SQL语句

学习过如何在 HTML 5 中创建或打开数据库之后，用户在实际访问数据库的时候，还需要调用 transaction() 方法，该方法用来执行事务处理。使用事务处理，可以防止在对数据库进行访问及执行有关操作的时候受到外界打扰。因为在 Web 上，同时会有许多用户都在对页面进行访问。如果在访问数据库的过程中，正在操作的数据被别的用户给修改的话，会引起很多意想不到的后果。因此，可以使用事务来达到在操作完成之前，阻止其他用户访问数据库的目的。

transaction() 方法是用来打开数据库的事务，具体使用方法如下：

```
transaction(callbackFun,errorCallbackFun,successCallbackFun);
```

该方法使用一个回调函数为参数。在这个函数中，执行访问数据库的语句。该方法为打开数据库的事务操作，它传入了三个参数：

- callbackFun 回调函数。在这个函数中，执行访问数据库的 SQL 语句操作。
- errorCallbackFun 发生错误时调用的回调函数。
- successCallbackFun 执行成功时的回调函数。

例如：transaction() 方法的正确使用方法如下：

```
db.transaction(function(tx){
        tx.executeSql("create table if not exists students
(id,stuname,stuage)");
}
```

在 Dreamweaver CS5 中创建一个新页面，添加一个"执行事务"按钮，单击执行新建表的 SQL 语句，将执行后的结果显示在页面中。具体代码如下所示：

```
<button type="submit" id="btnTest" onClick="createDatabase()">执行事务</button>
<p id="pstate"></p>
```

上述代码中单击"执行事务"按钮，触发 click 事件，调用函数 createDatabase()，JavaScript 中的具体代码如下所示：

```
var db;
function createDatabase()
{
    db = openDatabase('StudentBase','2.0','学生管理系统数据库',10*1024*1024);
    if(db)
    {
        var strsql = "create table if not exists stuInfo";
        strsql += "(stuId unique,stuName text,stuSex text,stuScore int)";
        db.transaction(
            function(tx)
            {
                tx.executeSql(strsql);
            },
            function()
            {
                document.getElementById("pstate").innerHTML = "事务执行出错";
            },
            function()
            {
                document.getElementById("pstate").innerHTML = "事务执行成功";
            }
        )
    }
}
```

上段代码中，函数 createDatabase() 首先使用 openDatabase() 方法打开或者创建一个名为 "'StudentBase'" 的数据库，如果执行成功，创建一个 SQL 语句，这个 SQL 语句的功能是：如果不存在表 "stuInfo"，则新建一个名称为 "stuInfo" 的表。该表包含四个字段："stuId"、"stuName"、"stuSex"、"stuScore"。其中，字段 "stuId" 为主键，不允许重复，"stuScore" 字段为 int 类型，其他两个字段为字符型。

然后，使用 transaction() 方法执行事务，在该方法的第一个函数中调用 executeSql() 方法，执行对应的 sql 语句。最后，将结果显示在标签中。

上面代码的运行效果如图 8-8、图 8-9 所示。

图8-8　执行事务成功 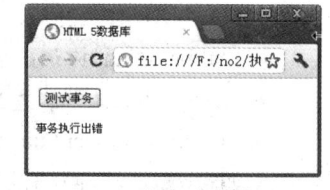　　　　图8-9　执行事务失败

上面介绍了如何使用 transaction() 方法执行事务。下面讲解执行 SQL 语句最常用的方法 executeSql()。主要使用方法如下所示：

```
executeSql(sqlString,arguments,callbackFun,errorCallbackFun)
```

此方法为 transaction 的操作，它传入了四个参数：
- sqlString　执行的 SQL 语句，如果需要参数用 "?" 代替。
- arguments　SQL 语句传入的参数，多个参数使用逗号隔开。

- callbackFun 执行成功时的回调函数。
- errorCallbackFun 执行出错时调用的回调函数。

例如：executeSql() 方法的正确使用方法：

```
executeSql("insert into stuinfo values(?,?,?,?)",["张三",18,"男","唱歌跳舞"]);
```

"?" 形参的数量必须与后面的实参数量完全对应一致，如果 SQL 语句中没有 "?" 形参，第二个参数中不允许用户有任何内容多余，否则，执行语句将会报错。

在 Dreamweaver CS5 中创建一个新页面，实现学生管理时添加学生成绩信息的功能。具体代码如下所示：

```
<form>
学生编号：<input id="stuid" type="text" readonly>
学生性别：
<select id="stusex">
  <option value="女">女</option>
  <option value="男">男</option>
</select><br/>
学生姓名：<input id="stuname" type="text" width="50" />
学生成绩：<input id="stuscore" type="text" width="50" /><br/>
<input id="btnAdd" type="button" value="提交" onClick="AddStudent()" />
</form>
<p id="pstate"></p>
```

上段代码中，用户在页面输入学生姓名、成绩等信息后，单击"提交"按钮，提交用户的信息，触发按钮的 click 事件，调用函数 AddStudent()。JavaScript 的具体代码如下所示：

```
function AddStudent()
{
  var stuid = document.getElementById("stuid").value;
  var stusex = document.getElementById("stusex").value;
  var stuname = document.getElementById("stuname").value;
  var stuscore = document.getElementById("stuscore").value;
  db = openDatabase('StudentBase','2.0','学生管理系统数据库',10*1024*1024);
  if(db)
  {
      var addsql = "insert into stuInfo values (?,?,?,?)";
      db.transaction(function(tx){
          tx.executeSql(addsql,[stuid,stuname,stusex,stuscore],
          function(){document.getElementById("pstate").innerHTML = "添加一条记录成功";},
          function(tx,ex){ document.getElementById("pstate").innerHTML = "添加数据失败";})
      });
  }
}
function RetRandNum()
{
  var randomstr = "";
  for(var i=0;i<4;i++)
```

```
        {
            randomstr += Math.floor(Math.random()*10);
        }
        return randomstr;
    }
    window.onload = function Init(){
        document.getElementById("stuid").value = RetRandNum(4);
    }
```

上段代码页面加载时触发 load 事件，调用函数 RetRandNum() 获得随机生成的四位数字，将获取到的随机数字赋值到学生编号的文本框。

单击"提交"按钮，触发按钮的 click 事件，调用函数 AddStudent()。该函数首先使用 openDatabase() 方法打开或者创建一个名称为"StudentBase"、版本号为"2.0"的 10MB 的数据库，如果创建或打开数据库成功，定义一条 SQL 语句，这条 SQL 语句的功能是：向数据库表"stuInfo"中添加一条学生成绩记录。如果不存在表"stuInfo"或者表名称书写错误，则会提示出现错误。

本示例的运行效果如图 8-10、图 8-11 所示。

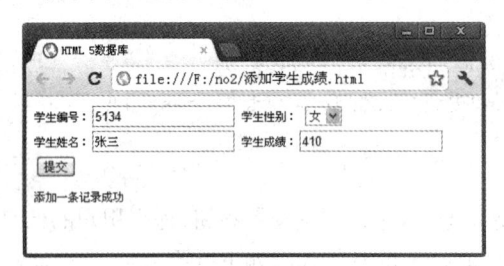

图 8-10　添加学生成绩记录成功 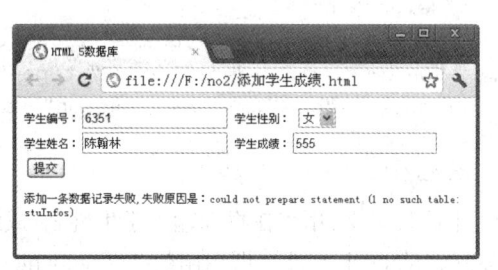　　　　　图 8-11　添加学生成绩记录失败

## 8.4.4　数据管理

上一节介绍了如何使用 executeSql() 方法执行 SQL 语句以及事务执行的方法 transaction()，实现了向 Web SQL 数据库的表"stuInfo"中插入数据的功能。其实，只要书写 SQL 语句符合规范都可以使用 executSql() 方法执行，例如：update、select、delete 等。这一节对上一节的示例进行扩展，实现学生管理的增加、删除、修改、查询的操作功能。从而真正实现数据管理。

在前面实现的添加学生成绩记录功能的基础上，增加显示学生成绩列表的功能。同时，还可以根据学生的编号查询某个学生的详细信息。最后，单击学生列表的"编辑"和"删除"链接，可以实现学生信息的更改以及学生信息的删除功能。从而实现学生数据记录信息的全面管理。

Step 1　在 Dreamweaver CS5 中新建一个页面，页面的具体代码如下所示：

```
<form onload="StudentList(0)" >
    请输入学生编号：<input type="text" id="txtstuid" />
    <input id="btnquery" onClick="StudentList('txtstuid')" value="查询" type="button" />
    <input id="btnadd" onClick="ShowAdd()" value="添加" type="button" />
    <div>
        <table border="0" style="border:1px solid gray;" >
            <tbody id="list"></tbody>
        </table>
```

```
        </div>
    </form>
</div>
<form id="showAdd" style="display:none">
学生编号：<input id="stuid" type="text" readonly>
学生性别：
<select id="stusex">
    <option value="女">女</option>
    <option value="男">男</option>
</select>
学生姓名：<input id="stuname" type="text" width="50" />
学生成绩：<input id="stuscore" type="text" width="50" />
<input id="btnAdd" type="button" value="提交" onClick="AddStudent()" />
</form>
<form id="showEdit" style="display:none">
学生编号：<input id="stuid1" type="text" value="1000" readonly>
学生性别：
<select id="stusex1">
    <option value="女">女</option>
    <option value="男">男</option>
</select>
学生姓名：<input id="stuname1" type="text" width="50" value="10001" />
学生成绩：<input id="stuscore1" type="text" width="50" value="200" /><br/>
<input id="btnAdd" type="button" value="修改" onClick="editStudent()" />
</form>
<p id="pstate"></p>
```

上段代码在上一节示例的基础上添加了两个表单：一个表单实现用户根据学生编号查找学生信息的详细功能，另一个表单实现用户编辑修改学生信息的功能。

**Step 2** 上段代码页面加载时，调用一个函数 StudentList()，根据该参数的形参 id 编写不同的查询语句。JavaScript 中的具体代码如下所示：

```
function StudentList(id)
{
    db = openDatabase('StudentBase','2.0','学生管理系统数据库',10*1024*1024);
    if(db)
    {
        var querysql = "select * from stuInfo where stuId <> ?";
        if(id!=0)
        {
            id = document.getElementById("txtstuid").value;
            if(id==null || id=="")
                querysql = "select * from stuInfo where stuId <> ?";
        }else
                querysql = "select * from stuInfo where stuId = ?";
        db.transaction(function(tx){
        tx.executeSql(querysql,[id],
        function(tx,rs){
```

```
                    var strHTML = "<tbody>";
                    strHTML += "<tr style=background:green>";
                    strHTML += "<td width=100px>学生编号</td>";
                    strHTML += "<td width=100px>学生性别</td>";
                    strHTML += "<td width=100px>学生姓名</td>";
                    strHTML += "<td width=100px>考试成绩</td>";
                    strHTML += "<td>操作详情</td>"
                    strHTML += "</tr>";
                    if(rs.rows.length>0)
                    {
                        for(var i=0;i<rs.rows.length;i++)
                        {
                            var intid = rs.rows.item(i).stuId;
                            strHTML += "<tr>"
                            strHTML += "<td>"+intid+"</td>";
                            strHTML += "<td>"+rs.rows.item(i).stuSex+"</td>";
                            strHTML += "<td>"+rs.rows.item(i).stuName+"</td>";
                            strHTML += "<td>"+rs.rows.item(i).stuScore+"</td>";
                            strHTML+="<td><a href='javascript:editStudentshow("+intid+")'>编辑</a>";
                            strHTML+="<a href='javascript:deleteStudent("+intid+")'>删除</a></td>"
                            strHTML += "</tr>";
                        }
                    }else{
                        strHTML+="<tr><td colspan=5 align=cente>暂时没有您要查找的信息</td></tr>";
                    }
                    strHTML += "</tbody>";
                    document.getElementById("list").innerHTML = strHTML;
                },
                function(tx,ex){ alert("查询出现错误，错误原因是："+ex.message);})
            });
        }
    }
```

上段代码中，函数 StudentList() 传入了一个形参 id。如果 id=0 或者学生编号输入框中没有输入任何内容，表示获取全部的学生数据记录，SQL 语句为："select * from stuInfo where stuId <> ?"；如果 id 不为 0 并且输入学生编号的文本框不为空（即单击"查询"按钮的操作），SQL 语句为："select * from stuInfo where stuId=?"。SQL 语句查询执行成功后，则访问成功回调函数中的 rs.rows.length 来获得查询记录的总条数，根据 rs.rows.item(Index 索引值) 字段名来获得某个字段的值。同时在页面中增加了"编辑"链接和"删除"链接，实现学生编辑数据和删除数据的功能。

**Step 3** 单击某条记录后面的"编辑"链接，实现修改学生数据记录的功能。JavaScript 中的具体代码如下所示：

```
function editStudentshow(editid)
```

```
{
    document.getElementById("showEdit").style.display = "block";
    db = openDatabase('StudentBase','2.0','学生管理系统数据库',10*1024*1024)
    if(db)
    {
        db.transaction(function(tx){
            tx.executeSql("select * from stuInfo where stuId='"+editid+"'",[],
            function(tx,rs){
                document.getElementById("stuid1").value = rs.rows.item(0).stuId;
                document.getElementById("stusex1").value = rs.rows.item(0).stuSex;
                document.getElementById("stuscore1").value = rs.rows.item(0).stuScore;
                document.getElementById("stuname1").value = rs.rows.item(0).stuName;
            },
            function(tx,ex){ alert("查询出现错误，错误原因是："+ex.message);})
        });
    }
}
function editStudent()
{
    var stuId = document.getElementById("stuid1").value;
    var stusex = document.getElementById("stusex1").value;
    var stuname = document.getElementById("stuname1").value;
    var stuscore = document.getElementById("stuscore1").value;
    db = openDatabase('StudentBase','2.0','学生管理系统数据库',10*1024*1024);
    if(db)
    {
        db.transaction(function(tx){
        tx.executeSql("update stuInfo set stuName='"+stuname+"',stuSex='"+stusex+"',stuScore=? where stuId='"+stuId+"'",[stuscore],
            function(){
                document.getElementById("pstate").innerHTML = "更新成功";
                StudentList(0);
            },
            function(tx,ex){ document.getElementById("pstate").innerHTML = "错误："+ex.message;})
        });
    }
}
```

上段代码中，函数 editStudentshow() 首先根据学生编号获得学生的详细数据，然后将查询的学生信息显示在页面，查询执行的 SQL 语句为："select * from stuInfo where stuId = ?"。执行成功后可以访问成功函数的代码，使用 rs.rows.item(0).字段名获得某个学生字段的值。

函数 editStudent() 首先获得用户修改后各个输入框的值，然后执行更改表"stuInfo"的

SQL 语句，执行成功后，可以访问成功函数的代码，调用函数 StudentList() 重新加载显示学生信息。

**Step 4** 单击某条记录后面的"删除"链接，实现删除学生数据信息的功能。JavaScript 中的具体代码如下所示：

```javascript
function deleteStudent(stuId)
{
    db = openDatabase('StudentBase','2.0','学生管理系统数据库',10*1024*1024);
    if(db)
    {
        db.transaction(function(tx){
            tx.executeSql("delete from stuInfo where stuId='"+stuId+"'",[],
                function(){
                    StudentList(0);
                },
                function(tx,ex){alert("查询出现错误，错误原因是："+ex.message);}
            )
        });
    }
}
```

上段代码中，函数 deleteStudent() 根据 stuId 形参传入的值删除单条学生的数据记录，执行的 SQL 语句为："delete from stuInfo where stuId= 传入的 stuId"。执行成功后访问成功函数的代码，调用函数 StudengList() 重新加载学生数据记录。如果要删除或清空全部的学生数据记录，执行的 SQL 语句应该为："delete from stuInfo"。

**Step 5** 查询、编辑、删除的功能已经完成，添加功能在 8.4.3 节中已经实现，这里就不再详细介绍。学生信息数据管理的最终效果如图 8-12、图 8-13 所示。

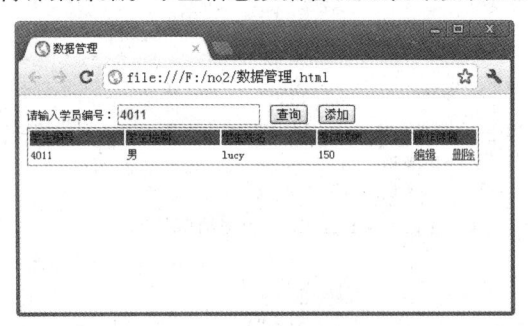

图8-12 根据学生编号查找学生记录 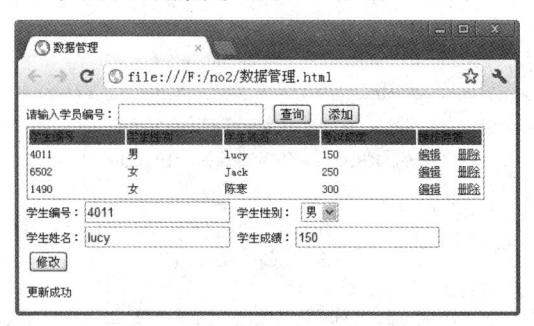　　　　图8-13 编辑单条学生的数据记录

## 8.5 动手操作：实现基于数据库的日志管理

本次动手操作介绍另外一种方式，即实现基于数据库的日志管理。

**Step 1** 在 Dreamweaver CS5 中新建一个页面，添加两个按钮，用来实现添加日志和删除全部日志的功能，添加 table 元素动态的显示日志列表信息，添加 id="dialyNO1" 的 div 元素显示添加日志列表信息，添加id="dialyNO2"的div元素显示修改单条日志的记录信息。页面的具体代码如下所示：

```html
<form onload="showDialyList()">
<div id="showbtn">
<input type="button" id="btnadd" onClick="showDialy(0)" value="添加日志" />
<input type="button" id="btnclear" onClick="deleteDialy(0)" value="清空日志" />
</div>
    <table><tbody id="list"></tbody> </table>
    <div id="dialyNO1" style="width:500;display:none">
      <form>
       <table>
          <tr><td>日志ID</td><td><input id="newid" value="" />（不能重复）</td></tr>
            <tr><td>日志标题</td><td><input id="newtitle" value="" /></td></tr>
            <tr><td>日志内容</td><td><textarea id="newcontent" value="" /></textarea></td></tr>
            <tr><td>发表人</td><td><input id="newperson" value="" /></td></tr>
            <tr>
              <td><input type="button" id="btnClose" onClick="showDialy(1)" value="关闭" /></td>
              <td><input type="button" id="btnNew" onclick="btnAddDialy()" value="提交"  /></td>
            </tr>
       </table>
      </form>
    </div>
    <div id="dialyNO2" style="width:500;display:none">
      <form>
       <table>
         <tr>
           <td>日志ID</td>
            <td><input id="editid" name="newid" value="" readonly />（只读，不能更改）</td>
         </tr>
            <tr><td>日志标题</td><td><input id="edittitle" name="newtitle" value="" /></td></tr>
            <tr><td>日志内容</td><td><textarea id="editcontent" value="" /></textarea></td></tr>
            <tr><td>发表人</td><td><input id="editperson" readonly value="" />（不能更改）</td></tr>
            <tr>
              <td colspan=2>
                    <input type="button" id="btnNew" onclick="editDialy('editid')" value="更改" />
              </td>
            </tr>
       </table>
      </form>
```

```
        </div>
        <p id="pstate"></p>
```

**Step 2** 上段代码中，页面加载时调用函数 showDialyList()，实现加载全部日志列表的功能。JavaScript 中的具体代码如下所示：

```
function $$getValue(ids)
{
  return document.getElementById(ids);
}
function showDialyList()
{
    db = openDatabase('DialyManage','2.0','日志管理系统',10*1024*1024);
    if(db)
    {
        db.transaction(function(tx){
            tx.executeSql('select * from dialyInfo',[],
            function(tx,rs){
                var strHTML = "<tbody>";
                strHTML += "<tr style=background:green>";
                strHTML += "<td width=100px>日志编号</td>";
                strHTML += "<td width=100px>日志标题</td>";
                strHTML += "<td width=300px>日志内容</td>";
                strHTML += "<td width=100px>发表日期</td>";
                strHTML += "<td width=100px>发表人</td>";
                strHTML += "<td>操作</td>";
                strHTML += "</tr>";
                for(var i=0;i<rs.rows.length;i++)
                {
                    var intid = rs.rows.item(i).id;
                    strHTML += "<tr>"
                    strHTML += "<td>"+intid+"</td>";
                    strHTML += "<td>"+rs.rows.item(i).title+"</td>";
                    strHTML += "<td>"+rs.rows.item(i).content+"</td>";
                    strHTML += "<td>"+rs.rows.item(i).times+"</td>";
                    strHTML += "<td>"+rs.rows.item(i).person+"</td>";
                    strHTML+="<td><a href='showeditDialy("+intid+")'>编辑</a>";
                    strHTML+="<a href='deleteDialy("+intid+")'>删除</a></td>";
                    strHTML += "</tr>";
                }
                strHTML += "</tbody>";
                $$getValue("list").innerHTML = strHTML;
            },
            function(tx,ex){ $$getValue("pstate").innerHTML = "失败："+ex.message;}
            )
        });
```

```
    }
}
```

上段代码中，自定义的函数 $$getValue() 返回一个对象，根据指定的 id 属性值得到对象。而不是具体的值，它有 value 和 length 等属性，加上 .value 得到的才是具体的值。

在函数 showDialyList() 中，首先调用 openDatabase() 方法创建或者打开一个名称是 "DialyManage"，版本为 "2.0" 的 10MB 的数据库。然后使用 transaction() 方法执行事务，调用 executeSql() 方法执行查询，执行的 SQL 语句为："select * from stuInfo where stuId=?"。执行成功后，可以访问成功回调函数中的 rs.rows.length 来获得查询记录的总条数，根据 rs.rows.item(Index 索引值). 字段名获得某个字段的值。同时，在页面增加了"编辑"链接和"删除"链接可以实现编辑数据和删除数据的功能。

**Step 3** 单击"添加日志"按钮，触发按钮的 click 事件，调用函数实现添加日志的功能。JavaScript 中的具体代码如下所示：

```
function showDialy(sc)
{
  $$getValue('dialyNO2').style.display = "none";
  $$getValue('dialyNO1').style.display = sc==0?"block":"none";
  $$getValue('pstate').style.display="none";
}
function btnAddDialy()
{
  var addid = $$getValue('newid').value;
  var addtitle = $$getValue('newtitle').value;
  var addcontent = $$getValue('newcontent').value;
  var addperson = $$getValue('newperson').value;
  var adddate = new Date();
  adddate = adddate.getFullYear()+"-"+(adddate.getMonth()+1)+"-"+adddate.getDate();
  db = openDatabase('DialyManage','2.0','日志管理系统',10*1024*1024);
  if(db)
  {
      var addsql = "insert into dialyInfo values";
      addsql += "(?,?,?,?,?)";
      db.transaction(function(tx){
      tx.executeSql('create table if not exists dialyInfo(id unique,title text,content text,person text,times text)');
      tx.executeSql(addsql,[addid,addtitle,addcontent,addperson,adddate],
          function(){ $$getValue("pstate").innerHTML = "添加记录成功";showDialyList();},
          function(tx,ex){ $$getValue("pstate").innerHTML = "失败原因是："+ex.message;}
      )
      });
  }
}
```

上段代码中，函数 showDialy() 根据传入的 "sc" 形参判断添加日志信息是否显示在页面。

单击"添加日志"按钮，显示添加的日志页面，单击页面的"关闭"按钮，则在页面隐藏添加的日志信息。

在函数 btnAddDialy() 中有两条 SQL 语句，第一条 SQL 语句的功能是：如果名为"dialyInfo"的表不存在，则创建数据库表"dialyInfo"。该表包含五个字段："id"、"title"、"content"、"person"、"times"。其中，字段"id"为主键，不允许重复，其他四个字段为字符型，它们分别表示日志标题、日志内容、发表人、发表日期。第二条 SQL 语句的功能是：实现向"stuInfo"表中添加日志记录的功能。执行成功后，可以访问成功的回调函数，重新调用 showDialyList() 函数加载日志数据记录。

**Step 4** 单击某条记录的"编辑"链接，实现更改日志数据记录的功能。JavaScript 中的具体代码如下所示：

```javascript
function showeditDialy(id)
{
    $$getValue('dialyNO2').style.display = "block";
    db = openDatabase('DialyManage','2.0','日志管理系统',10*1024*1024);
    if(db)
    {
        db.transaction(function(tx){
            tx.executeSql("select * from dialyInfo where id='"+id+"'",[],
            function(tx,rs){
                $$getValue('editid').value = rs.rows.item(0).id;
                //省略日志输入框赋值
            },
            function(tx,ex){ $$getValue("pstate").innerHTML = "获取数据失败："+ex.message;}
            )
        });
    }
}
function editDialy(editid)
{
    db = openDatabase('DialyManage','2.0','日志管理系统',10*1024*1024);
    // 重新获得文本框中的值
    editdate = editdate.getFullYear()+"-"+(editdate.getMonth()+1)+"-"+editdate.getDate();
    var editsql = "update dialyInfo set title=?,content=?,times=? where id=?";
    if(db)
    {
        db.transaction(function(tx){
        tx.executeSql(editsql,[edittitle,editcontent,editdate,editid],
            function(){showDialyList();},
            function(tx,ex){ $$getValue("pstate").innerHTML = "失败："+ex.message;}
            )
        });
    }
}
```

# HTML 5中的数据处理　第8章

上段代码的函数 showeditDialy() 首先根据日志的 id 获得日志的详细信息，执行的 SQL 语句为："select * from dialyInfo where id = 传入的 id"，这条 SQL 代码中没有使用"?"参数，而是直接将参数加到 SQL 语句后面。页面日志信息修改完成后，单击"更改"按钮，提交用户修改的日志记录，执行的 SQL 语句为"update dialyInfo set title=?,content=?,time=? where id=?"。执行成功后，可以访问成功的回调函数，调用函数 showDialyList() 重新加载日志数据记录。

**Step 5** 日志查看、添加和编辑功能实现以后，还需要实现删除日志的功能。单击"清空日志"按钮，实现删除全部日志的功能。单击某条记录的"删除"链接，删除某条日志的功能。JavaScript 中的具体代码如下所示：

```javascript
function deleteDialy(delid)
{
    db = openDatabase('DialyManage','2.0','日志管理系统',10*1024*1024);
    var delsql = "delete from dialyInfo";
    if(delid!=0)
    {
        delsql = "delete from dialyInfo where id='"+delid+"'";
    }
    if(db)
    {
        db.transaction(function(tx){
        tx.executeSql(delsql,[],
            function(){
                showDialyList();
            },
            function(tx,ex){ $$getValue("pstate").innerHTML = "失败："+ex.message;}
        )
        });
    }
}
```

上段代码中，根据传入的形参 delid 判断是全部清空日志还是删除某条日志的记录。执行 SQL 语句删除成功后，可以访问成功回调函数中的代码，重新调用函数 showDialyList() 加载日志记录。

**Step 6** 目前为止，基于 Web SQL 数据库实现日志管理的增、删、改、查功能已经完成。上面代码的运行效果如图 8-14 所示。

图 8-14　Web SQL 数据库实现日志管理

## 8.6 本章小结

HTML 5 中的本地数据存储是这本书十分重要的内容。本章首先介绍了 Web 存储和 Cookie 存储的部分知识，然后又介绍了 Web 存储的两个对象类型：localStorage 和 sessionStorage，包括如何使用这两个对象的常用方法进行数据操作，以及如何使用 JSON 读取数据。最后理论和实践相结合，介绍了 HTML 5 中 Web SQL 数据库如何进行增、删、改、查的数据操作。

## 8.7 课后练习

### 一、填空题

（1）使用 sessionStorage 对象读取数据需要使用 _____ 方法。
（2）当用户关闭浏览器窗口后，数据不会被保存指的是 _____ 对象。
（3）如果用户想删除 localStorage 对象的全部数据，可以使用 _____ 方法。
（4）_____ 方法返回一个由实体对象转成 JSON 格式的文本数据集。
（5）Web SQL 数据库执行 SQL 语句主要使用 _____ 方法。

### 二、选择题

（1）Web 存储和 Cookie 存储的区别，下列选项中 _____ 是正确的。
　　A．Web 存储和 Cookie 存储的大小都不受限制，可以任意使用。
　　B．Web 存储中每个域的存储大小默认是 5M，比起 Cookie 的 4K 要大的多。
　　C．Cookie 安全性非常高，Web 存储的安全性很低。
　　D．Web 存储和 Cookie 存储没有多大的区别，它们之间可以相互代替。
（2）如果用户想要使用 sessionStorage 对象写入键名 name 的值是"陈汉虎"，下面 _____ 的写法是正确的。
　　A．sessionStorage.setItem（"name"，"陈汉虎"）
　　B．localStorage.setItem（"name"，"陈汉虎"）
　　C．sessionStorage.getItem（"陈汉虎"）
　　D．sessionStorage.setItem（"陈汉虎"，"name"）
（3）JSON 中最常用的方法是 _____。
　　A．pause() 方法和 stringify() 方法
　　B．pause() 方法和 parse () 方法
　　C．parse() 方法和 getItem() 方法
　　D．parse() 方法和 stringify() 方法
（4）下列选项中，关于 localStorage 对象和 sessionStorage 对象 _____ 的说法不正确。
　　A．如果用户要删除某条记录信息，可以使用 localStorage.removeItem() 方法。
　　B．localStorage 适合长期数据的存储，sessionStorage 适合存储短期的数据，并且在同域中无法共享。

C．如果用户要删除某条记录信息，可以使用 localStorage.clear() 方法。

D．如果用户要清空全部数据，可以使用 sessionStorage.clear() 方法。

(5) 关于 Web SQL 数据库，下列选项 _____ 的说法是错误的。

A．executeSql() 方法的第一个参数指执行的 SQL 语句，第二个参数指 SQL 语句中传入的参数，多个参数之间使用逗号分隔开。

B．openDatabase() 方法创建或者打开一个数据库，如果数据库不存在，则创建数据库；如果数据库存在，那么会删除原来的数据库重新创建。

C．transaction() 方法是用来打开数据库的事务，它传入了三个参数。

D．执行 SQL 语句时，如果需要参数，参数要用 "?" 来代替。

(6) JSON 中最常用的方法是 _____。

A．pause() 方法和 stringify() 方法

B．pause() 方法和 parse() 方法

C．parse() 方法和 getItem() 方法

D．parse() 方法和 stringify() 方法

### 三、简答题

(1) 简述 Web 存储和 Cookie 存储的异同点。

(2) 分别简述 Web 存储和 Web SQL 数据库的优缺点。

(3) 列举 sessionStorage 对象常用的方法以及它们的作用。

(4) 说出 Web SQL 数据库中常使用的方法。

(5) 简述如何使用 Web SQL 数据库实现增删改查的功能。

# 第 9 章
# HTML 5 高级功能

**内容摘要：**

应用程序的运行效率、跨域访问、线程处理以及离线应用在 Web 程序中都占有非常重要的作用，在 HTML 4 中实现某些功能都有着局限性。在 HTML 5 中这些局限性得到了很大程度的改善，本章将详细介绍离线应用功能、通信应用、多线程处理等高级功能。

**学习目标：**

- 熟练掌握 HTML 5 离线应用
- 熟练掌握 HTML 5 多线程的处理
- 熟悉 sockets 通信应用
- 理解跨文档通信流程
- 熟练掌握元素的拖放处理
- 熟悉获取地理位置信息的方法

## 9.1 Web离线应用

随着 Web 应用的普及，Web 离线应用显得尤为重要，因为 Web 应用程序要时刻与服务器保持交互才能正常工作。一旦中断 Web，相关应用也随之停止。在 HTML 5 中新添加了离线应用功能，可以实现本地缓存和离线应用开发。

### 9.1.1 manifest文件简介

Cache Manifest 是 HTML 5 的一种缓存机制，可以通过一个 .manifest 文件来配置需要缓存的或者一定要保持联网缓存的文件。mainfest 是为了解决在本地与服务器发生中断时需要配置的文件。mainfest 保存的是离线时需要调用的缓存文件的 URL 地址，便于与服务器建立连接，浏览器会将相应的资源文件缓存到本地。

下面介绍 manifest 文件的作用以及使用方法。创建 manifest 文件，cache manifest 标识是一定要有的。而 cache 和 network 以及 fackback 都是可选的。如果没有写标识，则默认缓存。

以下为缓存标识的详细介绍：
- NETWORK 不想缓存的页面，比如登录页等。
- FALLBACK 当没有响应时的替代方案，比如用户想请求某个页面，但这个页面的服务器发生故障，可以显示另外一个指定的页面。
- Cache 标识表示本地与服务器中断时需要缓存到本地的资源列表。

如下代码的作用表示当离线时，本地会载入 abc.html 页面、images/sofish.png 图片和 js/main.js 文件以及 css/layout.css 样式表。

```
CACHE:
    abc.html
    images/sofish.png
    js/main.js
    .css/layout.css
```

network 标识表示本地机器与服务器保持连接时需要访问的资源。如果 network 设置为 *，表示除 cache 标识的文件需要缓存之外，其他的资源列表都不进行缓存。如下代码表示与服务器保持连接时需要调用 my.jsp 和 online.html。示例代码如下所示：

```
NETWORK:
    my.jsp
    online.html
```

fallback 标识表示成对列出不可访问文件的替补文件。如下代码表示 ajaxone.html 为不可访问文件时，本地浏览器会访问 ajaxtwo.html 文件。示例代码如下所示：

```
FALLBACK:
    ajaxone.html ajaxtwo.html
```

示例代码如下所示：

```
cache manifest
    # VERSION 0.3
```

```
    # 直接缓存的文件
CACHE:
    abc.html
    images/sofish.png
    js/main.js
    css/layout.css
# 需要在线的文件
NETWORK:
    my.jsp
    online.html
# 替代方案
FALLBACK:
    ajaxone.html ajaxtwo.html
```

上述示例完成了创建 manifest 文件，如果需要更新配置信息，只需更改 manifest 即可。将页面与 manifest 文件进行绑定，可以通过 html 元素的 manifest 属性绑定 mainfest 文件，示例代码如下所示：

```
<html manifest="app.manifest">
</html>
```

## 9.1.2 applicationCache对象简介

对于 Web 应用程序来说，离线应用功能有着非常重要的作用，浏览器本身带有缓存机制，但是这种缓存机制并不能满足应用的需求，在 HTML 5 中可以通过 applicationCache 对象处理离线缓存应用。

使用这个对象的应用拥有 3 方面的优势：
- 离线浏览　用户在不能联网的时候依然能浏览整个站点。
- 高速　缓存资源是存储在本地的，因此能更快地加载。
- 更小的服务器负载　浏览器只需要从服务器端下载有改变的资源即可，相同资源不需要重复下载。

applicationCach 对象可以让开发者指定浏览器需要保存哪个文件。当用户处于离线情况下时，即使他们按了刷新按钮，也能正确加载和执行应用程序。

### 1. CACHE MANIFEST 文件

cache manifest 文件是一个简单的文本文件，其中列出了浏览器需要缓存的资源。详细内容请参考 9.1.1 节。

### 2. 更新缓存

如果一个应用是在离线情况下，那么它会保持它的缓存状态，除非有以下事件发生：
- 用户清除了浏览器中存储的站点数据。
- manifest file 被修改了，修改了在 manifest 文件中列出的某个文件并不会让浏览器重新缓存资源。必须是 manifest 文件本身改变了，才会重新进行缓存。
- app cache 通过编程更新。

更新缓存文件时需调用如下方法：

- update() 可以直接使用 applicationCache 对象调用 update() 方法。
- swapCache() 必须触发 onUpdateReady 事件之后，才能调用 swapCache() 方法。

### 3. 缓存状态

在程序中，可以使用 window.applicationCache 对象调用 status 属性来获取 cache 的当前状态。详细内容请参考 9.1.3 节。

### 4. applicationCache 事件

很多事件可以反映出 applicationCache 的状态，例如下载、更新、出现错误时浏览器就会触发相应的事件。

下面是监听器事件的列表：
- cached 发现缓存文件以后触发该事件。
- checking 检查缓存文件是否更新时触发该事件。
- downloading 正在下载文件时触发该事件。
- error 发生错误时触发该事件。
- noupdate 资源文件没有被更新时触发该事件。
- obsolete 没有找到资源文件或者文件被删除时触发该事件。
- progress 下载完成，资源被缓存之后触发该事件。
- updateready 资源文件已经被更新时触发该事件。

## 9.1.3 检测本地缓存状态

applicationCache 对象和浏览器缓存是一对一的关系，window 对象的 applicationCache 属性会返回关联 window 对象的活动文档的 applicationCache 对象。在获取 status 属性时，它返回当前 applicationCache 的状态，它的值有以下几种状态：
- uncache 其数值为 0，该值表示本地浏览器缓存与应用程序缓存没有关联。
- idle 其数值为 1，该值表示应用程序的缓存是最新缓存。
- checking 其数值为 2，检查 manifest 文件是否存在。
- downloading 其数值为 3，如果 manifest 文件已经被更新，开始下载。
- updateready 其数值为 4，确定 manifest 文件是否被更新。
- obsolete 其数值为 5，表示找到文件时的状态。

下面通过示例详细介绍本地缓存状态，在页面加载时调用 JavaScript 中的 test() 函数检测本地缓存的状态，示例代码如下：

```
<script type="text/javascript">
function test(){
    var app = window.applicationCache;
    switch (app.status) {
        case app.uncached:            //uncached ==0
         alert("uncached");
         break;
        case app.IDLE:                //IDLE ==1
         alert('IDLE');
```

```
            break;
        case app.CHECKING:              //CHECKING ==2
            alert('CHECKING');
            break;
        case app.DOWNLOADING:           //DOWNLOADING == 3
            alert('DOWNLOADING');
            break;
        case app.UPDATEREADY:           //UPDATEREADY == 5
            alert('UPDATEREADY');
            break;
        case app.OBSOLETE:              //OBSOLETE == 5
            alert('OBSOLETE');
            break;
        default:
            alert('UKNOWN CACHE STATUS');
            break;
    }
}
</script>
```

## 9.1.4 检测离线与在线状态

使用 applicationCache 对象中的方法和事件可以处理离线应用程序。如果本地浏览器与服务器发生中断时想要实现服务器数据交互，就要保证浏览器与服务器之间保持联系，只有本地与应用程序在线时，才能在离线之后实现浏览器缓存。

检测离线与在线状态将用到 onLine 和 offLine 属性，本节将介绍检测在线与离线状态的方法。

在下述示例中，当页面加载时调用 JavaScript 函数，用于判断是否在线。

```
    <div>
        <textarea id="area" name="area"></textarea>
        <input type="button" onclick="test()" value="提交"/>
    </div>
        <div id="mess" style=" width:200px; height:200px; background-color:Gray;">
        正在读取数据..........
    </div>
```

触发按钮事件时调用 test() 函数，该函数的作用是调用本地存储数据，把数据显示到页面上，当在线时数据会同时提交到服务器，确保数据的一致性。addServerData() 函数表示在线时将数据提交到服务器。如果是离线状态，则数据暂时保存在客户端，当浏览器与服务器连接时会将数据提交到服务器。

JavaScript 代码检测浏览器是否在线，JavaScript 代码如下所示：

```
window.onload = function () {
    if (navigator.onLine) {
        alert("目前在线");
    }
    if (navigator.offLine) {
```

```
            alert("目前离线");
        }
    }
    function test() {
        var str = document.getElementById("area").value;
        var skey=6
        if (navigator.onLine) {                    //处于在线状态
            addServerData(skey, str);
        }
        if (navigator.offLine) {                   //处于离线状态
            alert('目前是离线状态。数据暂时保存在客户端,当在线时数据将同步到服务器。');
        }
        localStorage.setItem(skey, str);
        pageloade();
    }
    function pageloade() {
        for (var i = 0; i < localStorage.length; i++) {
            var skey = localStorage.key(i);
            var str1 = localStorage.getItem(skey);
            if (navigator.onLine) {
                addServerData(skey, str1);
            }
            if (navigator.offLine) {
                alert('目前是离线状态。数据暂时保存在客户端,当在线时数据将同步到服务器。');
            }
        }
        document.getElementById("mess").innerHTML = str1;
    }
    function addServerData(id, val) {
        //向服务器添加数据
    }
```

## 9.1.5 本地缓存更新

可以通过调用 applicationCache 对象的 onUpdateReady 事件来确定是否完成了本地缓存更新。更新缓存可以调用 update() 方法或者 swapCache() 方法。

update() 方法是手动更新缓存,在 HTML 5 中,其调用格式如下:

```
window.applicationCache.update()
```

如果有需要更新的缓存,则可以通过 update() 方法更新,通过 status 属性获取是否存在更新,如果该属性的值为 4,表示存在可更新的缓存。示例代码如下所示:

```
if (window.applicationCache.status == 4) {
    alert("找到新的更新");
}
```

以下为一个手动更新缓存的示例,示例代码如下:

```
<form id="form1" runat="server">
<div>
<input type="button" value="确定" onclick="test()" />
</div>
</form>
```

以下为实现手动更新缓存的 JavaScript 代码，示例代码如下：

```
window.onload = function () {
    if (window.applicationCache.status == 4) {  //status为4表示存在可更新的缓存
        alert("找到新的更新");
    }
}
function test() {
    window.applicationCache.update();            //使用update()方法更新缓存
    alert("更新完成");
}
```

swapCache() 方法为自动更新本地缓存，但是，当需更新的缓存列表较多时，不建议使用 swapCache() 方法更新。swapCache() 方法的示例代码如下：

```
window.onload = function () {
    application.onupdateready = function () {
        //第二次载入，如果manifest被更新
        //在下载结束时候触发
        window.applicationCache.addEventListener("updateready", function () {
                                    //监听缓存更新是否完成
            alert("本地缓存正在更新中。。。");
            if (confirm("是否重新载入已更新文件")) {
                applicationCache.swapCache();
                location.reload();
            }
        },false);
    }
}
```

> **注意**：swapCache()方法更新的缓存在时间方面早于update()，swapCache()方法是立即更新本地缓存。swapCache()方法只有在updateready事件中才能调用，而udpate()方法是根据用户的安排调用。

## 9.2 通信应用

socket 是一个双向通信技术，socket 在通信过程中起到一个通信句柄的作用，当一个服务器绑定 socket 时，通过 socket 句柄可以实现不同端口应用不同的服务。目前大部分浏览器都支持 HTML 5 中的 socket 中间语言的运行。本节将介绍不同区域之间的数据交互。

### 9.2.1 跨文档之间消息的通信

在 HTML 4 中，跨域信息交互是有严格限制的，因为 JavaScript 代码为了安全性考虑，禁

止跨文档之间的信息交互。但是在开发中时常会用到跨文档的信息技术，由于 JavaScript 代码的限制，对页面之间的交互带来了很大的局限性。在 HTML 5 中这种问题得到解决，可以通过 postMessage() 方法进行页面之间的交互。

下面介绍使用该方法实现跨域的页面信息交互。postMessage() 方法的调用格式如下所示：

```
Window.frames.contentWindow.postMessage(message, strOrigin);
```

其中，message 是页面交互的数据值，而 strOrigin 为发送数据的 URL 地址，如果 strOrigin 为 *，则表示不限制发送来源的地址，不建议使用 * 作为地址。

下面通过一个示例详细介绍 postMessage() 方法实现跨域传输的过程，示例代码如下所示：

```
<form id="form1" runat="server">
<div>
<input type="text" id="textvalue" />
<input type="button" onclick="test()" value="测试跨文档传输"/>
</div>
<iframe id="frame11" src="WebForm6.aspx" style=" width:0px; height:0px;"></iframe>
<div id="divvalue" style=" background-color:Gray; width:200px; height:200px;"></div>
</form>
```

在上述代码中创建了一个 iframe 框架，并且指向一个 aspx 页面，接下来就是通过 JavaScript 代码实现将值传递给子页面，子页面返回处理后的信息传给本页面，本页面的 JavaScript 代码如下所示：

```
<script type="text/javascript">
  var strOrigin = "http://localhost:2065";
  window.onload = function () {
  window.addEventListener("message", function (event) {
      if (event.origin == strOrigin) {
          document.getElementById("divvalue").innerHTML = event.data;
      }
      else {
          return;
      }
  }
  , false);
  }
  function test() {
      var str = document.getElementById("textvalue").value;
      document.getElementById("frame11").contentWindow.postMessage(str, strOrigin);
  }
</script>
```

上述 JavaScript 代码完成了获取值并将值传递给子页面的任务，在子页面中将处理接收的值，并且返回处理后的信息，子页面的 JavaScript 代码示例如下所示：

```
<script type="text/javascript">
```

```
    var strOrigin = "http://localhost:2065";
    window.onload = function () {
        window.addEventListener("message", function (event) {
        if (event.origin == strOrigin) {
        var strhtml = "";
        if (event.data > 90 && event.data <= 100) {
            strhtml = "你的成绩是优等";
        }
        else if (event.data > 60) {
            strhtml = "你的成绩是中等";
        }
        else if (event.data > 0) {
            strhtml = "你的成绩较落后";
        }
        else {
            strhtml = "请输入正确格式成绩";
        }
        event.source.postMessage(strhtml, strOrigin);
        }
    }
        , false);
        }
    </script>
```

上述代码的运行效果如图9-1所示。

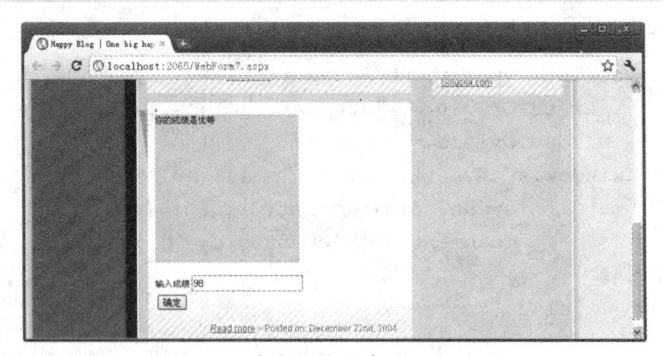

图9-1 跨域传输信息的运行效果

## 9.2.2 使用sockets进行网络间通信

在 HTML 5 中，sockets 作为客户端与服务器端的桥梁，实现客户端与服务器间的数据交互。在客户端必须有一个 sockets 绑定的地址和端口才能与服务器进行关联，一旦与服务器建立连接就可以接收和发送数据。

使用 WebSocket 首先需要创建一个对象，该对象指向服务器，其中实例化 WebSocket 对象的 url 的格式依次是 ws、主机名称、端口号以及 WebSocket Server，示例代码如下所示：

```
var objws=new WebSocket("ws://192.168.12.222:2009/socketServer");
```

实例化对象并且与服务器建立连接之后，就是将客户端的数据发送到服务器端。发送数据的示例代码如下所示：

```
objws.send(info);
```

与服务器建立连接并且进行了数据交互之后,接下来就是接收服务器端发来的数据,服务器端发送数据时会触发 JavaScript 的 onmessage 事件,接收数据的示例代码如下所示:

```
objws.onmessage=function(event){alert(event.data)}
```

在客户端与服务器端建立连接的过程中,WebSocket 对象 readyState 会记录连接的状态,该属性有 4 种状态,状态值如下所示:
- 0 未与服务器端建立连接。
- 1 WebSocket 的连接已经建立,可以进行与服务器端的通信。
- 2 连接正在关闭。
- 3 连接已经关闭或者不可用。

在与服务器端建立连接的时候,WebSocket 对象会触发不同的事件。onopen 事件是连接打开时触发的事件,示例代码如下:

```
objws.onopen=function(){
   alert("连接已经打开");
}
```

onmessage 事件是接收服务器端发送的数据的事件,示例代码如下:

```
objws.onopen=function(e){
alert(e.data);
}
```

onclose 事件表示连接关闭时触发的事件,示例代码如下:

```
objws.onclose=function(){
alert("连接已关闭");
}
```

onerror 事件表示发生错误触发的事件。

```
objws.onerror=function(){
alert("发生错误");
}
```

## 9.3 Worker对象处理线程

在 HTML 5 中,多线程是 Web 应用程序中一个非常重要的功能,线程可以通过调用 Woker 对象将前台的 JavaScript 代码分割成若干个代码块,分别交给不同的后台线程处理,使用多线程可以避免单线程执行缓慢的问题。后台线程不仅可以被前台调用,还可以在后台线程中调用子线程,嵌套线程。

本节将详细介绍如何使用多线程实现前后台数据的交互过程。

### 1. 多线程

多线程处理程序可以提高程序的运行效率,缩短运行时间。因为前台进程和后台进程是分离的关系,节约了执行程序的时间。虽然 JavaScript 代码和后台进程是分离的关系,但是可以进行数据交换。处理多进程就需要使用 Worker 对象和 postMessage() 方法。Worker 对象管理后台进程，postMessage() 方法可实现与后台进程的数据交互。

第一行代码实例化一个 Worker 对象，创建了一个后台进程，第二行通过 worker 对象调用 postMessage() 方法，向后台进程发送参数。

```
var work = new Worker('JScript5.js');
work.postMessage(str);
```

添加一个 onmessage 事件，该事件的作用是接收后台进程返回的值。

示例代码如下所示：

```
<div id="div1" style=" background-color:#dddfff; width:200px; height:200px;"></div>
<input type="text" id="txt" />
<input type="button" onclick="test()" value="确定"/>
```

在页面加载时调用 JavaScript 代码，其中自定义了两个函数，分别是调用后台进程和处理程序。JavaScript 代码如下所示：

```
<script type="text/javascript">
    var work = new Worker('JScript5.js');
    work.onmessage = function (event) {
    document.getElementById("div1").innerHTML += event.data+"<br/>";
    }
    function test() {
        var str = document.getElementById("txt").value;
        work.postMessage(str);
    }
</script>
```

上述 JavaScript 代码完成了调用后台进程，后台进程处理相应逻辑之后，将值返回调用处，后台进程的代码如下所示：

```
self.onmessage = function (event) {
    var num = parseInt(event.data) * parseInt(event.data);
    var result = event.data + "的平方是：";
    result += num;
    self.postMessage(result);
}
```

上述代码的运行效果如图 9-2 所示。

### 2．嵌套线程

前面讲述了使用后台线程处理 JavaScript 代码，使用多线程可以提高程序运行效率，而且便于维护。在后台线程中还可以使用嵌套线程，将主线程的程序分割成多个线程。这种分割方法就是将一个整

图9-2 调用后台进程的运行效果

体功能分成若干个独立功能。接下来通过一个实例详细介绍线程嵌套线程的使用过程。

将一组数字进行累加,并且判断是奇数还是偶数,示例代码如下:

```
<div id="div1" style=" background-color:#dddfff; width:200px; height:200px;"></div>
<input type="text" id="txt"/>
<input type="button" onclick="test()" value="确定"/>
```

Worker 是线程的对象,调用该对象可以调用不同的线程,下述代码中使用 Worker 对象调用一个 JScript5.js 文件,示例代码如下所示:

```
var work = new Worker('JScript5.js');
work.onmessage = function (event) {
    document.getElementById("div1").innerHTML += event.data + "<br/>";
}
function test() {
    var str = document.getElementById("txt").value;
    work.postMessage(str);
}
```

上述代码中使用 Worker 对象调用 js 文件,在 JScript5.js 文件中实现将传递来的参数进行累加,同时在该文件中调用 Jscript2.js 文件,示例代码如下所示:

```
self.onmessage = function (event) {
    var num =getnum(event.data);
    var work = new Worker('JScript2.js');
    work.postMessage(num);
    work.onmessage = function (event) {
        var str = "数字是:" + num;
        str += event.data;
        self.postMessage(str);
    }
}
function getnum(n) {
    var str =0;
    for (var i =1; i <=n; i++) {
        str += i;
    }
    return str;
}
```

上述代码是第一个使用 Worker 对象调用的线程,在上述线程中,调用了 Jscript2.js 文件,在该文件中判断参数是奇数还是偶数,Jscript2.js 文件的代码如下:

```
self.onmessage = function (event) {
    var result = "";
    if (parseInt(event.data) % 2 == 0) {
        result = "偶数";
    }
    else {
        result = "奇数";
```

```
        }
    self.postMessage(result);
}
```

上述代码的运行效果如图 9-3 所示。

> 只有 Firefox 5.0 及以上版本支持嵌套线程。

图9-3　嵌套线程的运行效果

## 9.4　获取地理位置信息

在 HTML 5 中，可以通过 geolocation API 获取当前地理位置信息。HTML 5 新添加了 geolocation 属性，该属性可以有效地获取当前位置，geolocation 属性有三个重要的方法，分别是 watchPosition()、clearWatch() 以及 getCurrentPosition()。

getCurrentPosition() 方法的语法格式如下所示：

getCurrentPosition(onscucess,onerror,option)

onscucess 是成功地获取当前用户的地理位置时要执行的函数，position 作为该函数的一个参数。onerror 用于获取地理位置失败时需要调用的函数，error 作为该函数的参数。option 是可选项，用于时间的设置。

onscucess 函数中的 position 对象包含 timestamp 属性和 coords 属性，其中的 coords 属性有多个属性值，如下所示：

- latitude　当前地理位置的纬度。
- longitude　当前地理位置的经度。
- altitude　当前海拔高度不能获取时为 null。
- accuracy　获取的纬度或经度的精度（以米为单位）。
- altitudeAccurancy　获取海拔高度的精度（以米为单位）。
- heading　设备的前进方向。用面朝正北方的顺时针旋转角度来表示（不能获取时为 null）。
- speed　设备的前进速度（单位：米/秒）。
- timestamp　获取地理时间。

onerror 函数中的 error 参数有如下属性值：

- 0　未知错误信息。
- 1　用户拒绝定位信息服务。
- 2　没有获取正确的地理位置信息。
- 3　获取位置信息超时。

示例代码如下所示：

```
        <form id="form1" runat="server">
        <div id="objpos" style=" background-color:#dddfff; width:200px;
height:200px;">
        </div>
        </form>
```

获取地理位置信息是由 JavaScript 代码完成的，JavaScrtipt 代码示例如下所示：

```
    <script type="text/javascript">
        window.onload = function () {
            /* 一个完整的获取地理位置信息的代码段 */
            navigator.geolocation.getCurrentPosition(
            /*成功获取片断*/
    function (position) {
      var latitude = position.coords.latitude;      //获取当前位置的纬度
      var longitude = position.coords.longitude;    //获取当前位置的经度
      var zhi = position.coords.longitude;          //获取精度值
      var add = position.address.country;           //获取国家名称
      var s = position.address.region;              //获取省份名称
      var c = position.address.city;                //获取城市名称
      document.getElementById("objpos").innerHTML = "你所在的位置:<br/>" + "纬
度值:" + latitude + "<br/>精准值:" + longitude + "<br/>精度值:" + zhi+"<br/>国家
:"+add+"<br/>省份:"+s+"<br/>城市:"+c;
    },
            /*获取地质位置错误片断*/
    function (error) {
        var errorType = { 1: '位置服务器拒绝', 2: '获取不到位置', 3: '获取信息超时' };
        alert(errorType[error.code] + ":获取地理位置错误,请检查您的网络是否通畅!");
    },
            /* 超时处理*/
    {
    /*设置缓存有效时间是2分钟，单位是毫秒*/
    maximumAge: 60 * 1000 * 2,
    /*5秒内没有回获取信息视为超时*/
    timeout: 10000
    }
    );
        }
    </script>
```

上述示例代码的效果如图 9-4 所示。

图9-4 获取地理位置的运行效果

## 9.5 HTML 5中处理拖放元素

拖放操作在程序中是非常常见的操作。在应用程序中利用拖放元素可以改善用户体验。在HTML 4中想要实现拖放功能需要借助JavaScript类库或者自定义方法。HTML 5本身支持拖放功能。使用拖放功能，可以拖动某个HTML元素，将它拖放到另一个HTML元素中。在此过程中，还可以将数据从源元素传送到目标元素。如果把拖放操作与服务器端处理集成起来，就可以提供丰富的用户体验。

在HTML 5中，如果一个元素设置draggable属性值为true，则该元素就可以实现拖放效果，在拖放元素时中会触发很多事件。通过触发的这些事件中可以设置元素的各种状态和数据值。

一般情况下拖动某个元素，然后把它拖放到另外某个元素上也需要在源元素与目标元素之间传送一些数据。为了完成这项数据传送任务，HTML 5提供了DataTransfer对象。

下面列出了DataTransfer对象的一些重要属性和方法。

- effectAllowed 表明允许操作的类型。可能的值是：none、copy、copyLink、copyMove、link、linkMove、move、all和uninitialized。
- dropEffect 表明目前选择的操作的类型。如果操作类型得不到effectAllowed属性的支持，那么操作就失效。可能的值是：none、copy、link和move。
- items 返回DataTransferItemList对象，即是拖动数据。
- types 返回dragstart事件中设置的数据格式，如果拖动的是文件，将返回Files型字符串。
- files 返回拖动文件的清单。

DataTransfer对象作为源文件与目标文件之间的桥梁，该对象可以调用如下方法：

- setDragImage() 设置拖动操作期间显示的特定元素。
- setData() 设置所传送的特定数据。
- getData() 检索之前设置的数据，以便进一步处理。
- clearData() 清除之前存储的数据。
- setDaragImage() 设置拖放过程中的图标。

setData()方法能够传递数据，就会有一种方法接收传递过来的值，getData()方法接收以"text/html"格式传递过来的值。并且将传递来的值在目标文件中显示，示例代码如下所示：

```
var obj = e.dataTransfer;
obj.setData("text/html", DragHTML(this.id));
var str = obj.getData("text/html");
```

dataTransfer对象的作用就是在源文件与目标文件中间传递数据。setData()方法设置传递数据的格式是"text/html"，传递的数据是DragHTML()方法的返回值。

DataTransfer对象的方法中都使用形参，该参数表示数据格式，该参数的格式有如下几种：

- text/plain 文本文字格式。
- text/html HTML页面代码格式。
- text/xml XML字符格式。
- text/url-list URL列表格式。

## 1. DataTransfer 对象事件

在拖放源文件时触发 dragstart 事件，触发事件之后调用 draging() 函数。在拖放元素时还可能触发以下事件：

- dragstart 要被拖拽的元素开始拖拽时触发，这个事件对象是被拖拽的元素。
- dragenter 拖拽元素进入目标元素时触发，这个事件对象是目标元素。
- dragover 拖拽某元素在目标元素上移动时触发，这个事件对象是目标元素。
- dragleave 拖拽某元素离开目标元素时触发，这个事件对象是目标元素。
- dragend 在 drop 之后触发，就是拖拽完毕时触发，这个事件对象是被拖拽元素。
- drop 将被拖拽元素放在目标元素内时触发，这个事件对象是目标元素。

开始拖放元素时将触发 drag 事件，示例代码如下所示：

```
document.getElementById("drag").addEventListener("dragstart", draging, false);
```

将拖放的源文件放到目标文件上时触发 drop 事件，触发该事件之后调用 drop() 函数，示例代码如下所示：

```
document.getElementById("area").addEventListener("drop", drop, false);
```

拖放的源文件离开目标文件时触发 dragleave 事件，触发该事件之后调用 dragleave() 函数，示例代码如下所示：

```
document.getElementById("area").addEventListener("dragleave", dragleave, false);
```

添加页面的 ondragover 事件，示例代码如下：

```
document.ondragover = function (e) { e.preventDefault(); }
```

添加页面的 drop 事件。创建拖拽事件监听的时候把默认的行为事件去掉，浏览器默认有拖拽行为的，HTML 5 中的 dragover 事件一定要使用 e.preventDefault() 去掉阻止的方法，不然 drop 事件可能不会被触发。示例代码如下所示：

```
document.ondrop = function (e) { e.preventDefault(); }
```

实例代码如下所示：

```
        <div id="divframe" style="background-color:white; height:400px; width:400px;">
        <div id="div2">
            <div id="drag" draggable="true"><img src="img/G7024623.jpg" style="height:130px; width:100px;" id="book" /></div>
        </div><br/>
            <div id="area" style="background-color:#dddfff; height:200px; width:200px;"></div>
    </div>
```

拖放元素必然会触发一些事件，触发的事件可以控制元素的设置，这些设置需 JavaScript 代码完成，JavaScript 代码如下所示：

```
    <script type="text/javascript">
    var stated;
    var initx, inity, offsetx, offsety;
```

```
        window.onload = function () {
            document.getElementById("drag").addEventListener("dragstart", draging, false);
            document.getElementById("area").addEventListener("drop", drop, false);
            document.getElementById("area").addEventListener("dragleave", dragleave, false);
        }
    document.ondragover = function (e) { e.preventDefault(); }
    document.ondrop = function (e) { e.preventDefault(); }
    function DragHTML(id1) {
        //var str = "<div id=" + id1 + " style=\"background-color:red; height:80px; width:80px;\" ></div>";
        var str = "<img src=\"img/N207022820.jpg\" style=\"height:130px; width:100px;\" >";
        return str;
    }
    function draging(e) {
        var obj = e.dataTransfer;
        obj.setData("text/html", DragHTML(this.id));
    }
    function drop(e) {
        var obj = e.dataTransfer;
        var str = obj.getData("text/html");
        document.getElementById("area").innerHTML = str;
        e.preventDefault();
        e.stopPropagation();
    }
    function dragleave(e) {
    }
    </script>
```

上述代码的运行效果如图 9-5 和图 9-6 所示。

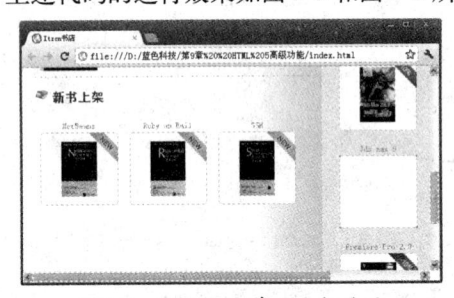

图9-5 拖放文件前的运行效果　　　　图9-6 拖放文件后的运行效果

## 9.6 动手操作：显示所在地的地图

前面介绍了使用 getCurrentPosition() 方法获取当前地理位置，并将地理位置信息以文字的信息显示出来。那么能不能将地理位置信息以地图的形式显示出来呢？答案是能。

下面通过使用地图中的 API 将获取的地理位置信息标记在图中，实现锁定位置的功能。示例代码如下所示：

```html
<input type="button" id="watchPosition" value="监听" onclick="watchPosition()"/>
<input type="button" id="clearWatch" value="停止监视" onclick="clearWatch"/>
<div id="map" style="width:500px; height:460px"></div>
```

上述代码创建了地图区域，在页面加载时调用 JavaScript 函数，当单击监听按钮时会触发 watchPosition() 函数，该函数的作用是实时监听当前的位置，当单击停止监听按钮时触发 clearWatch() 函数取消监听。JavaScript 代码完成一系列动作，JavaScript 代码如下所示：

```javascript
<script type="text/javascript">
    var streetNumber, street, city, province, country;
    var watchId;
window.onload =function() {
        if (navigator.geolocation == null)
            alert("您的浏览器不支持Geolocation API");
        else
            navigator.geolocation.getCurrentPosition(showMap, onError, { timeout: 60000, enableHighAccuracy: true });//成功返回当前位置时执行showMap()函数，失败时执行onError()函数，timeout是关于时间的设置
    }
//实时监听位置信息变化
    function watchPosition() {
        watchId = navigator.geolocation.watchPosition(showMap);
    }
//取消监听
    function clearWatch() {
        navigator.geolocation.clearWatch(watchId);
    }
    function showMap(position) {
        var coords = position.coords;
        var latlng = new google.maps.LatLng(coords.latitude, coords.longitude);                    //根据获取的经度与纬度创建一个地图中心坐标
        var myOptions = {            //将中心点设置为页面打开时地图的中心点
            zoom: 18,
            center: latlng,
            mapTypeId: google.maps.MapTypeId.ROADMAP
        };
        //创建地图并且与id号为map的div元素绑定
        var map1 = new google.maps.Map(document.getElementById("map"), myOptions);
        //创建地图标记
        var marker = new google.maps.Marker({
            position: latlng,
            map: map1
        });
```

```
//创建地图窗口并且设置注释内容
        var infowindow = new google.maps.InfoWindow({
            content: "当前位置!"
        });
//在地图中打开标记的窗口
        infowindow.open(map1, marker);
    }
    function onError(error) {
        var message = "";
    switch (error.code) {
    case error.PERMISSION_DENIED:
        message = "位置服务被拒绝";
        break;
    case error.POSITION_UNAVAILABLE:
        message = "未能获取到位置信息";
        break;
    case error.PERMISSION_DENIED_TIMEOUT:
        message = "在规定时间内未能获取到位置信息";
        break;
    }
        if (message == "") {
            var strErrorCode = error.code.toString();
            message = "由于不明原因,未能获取到位置信息(错误号:" + strErrorCode + ").";
        }
        alert(message);
        document.getElementById("watchPosition").disabled = "disabled";
        document.getElementById("clearWatch").disabled = "disabled";
    }
</script>
//保证能够使用地图以及Map API需要引用该文件
<script type="text/javascript" src=http://maps.google.com/maps/api/js?sensor=false></script>
```

上述代码的运行效果如图 9-7 所示。

图9-7 以地图形式显示地理的运行效果

## 9.7 动手操作：数据库的增删改查

多线程可以使用后台线程分割前台 JavaScript 代码，这样可以提高应用程序的运行效率，便于代码重写。通过前台 JavaScript 代码调用后台线程，在后台线程实现对数据库的增删改查，这种处理方式很大程度上提高了代码的运行效率。接下来通过一个实例详细介绍通过后台线程实现数据库的操作。

该实例功能是将客户端文本框中的值添加到数据库中，并且实现修改、删除、查询数据库。

在页面中设置文本框，显示数据的列表，其中，在单击按钮时会调用 JavaScript 代码，在列表中显示返回值，代码如下所示：

```html
    <form id="form1" runat="server">
    <ul>
        <li>
            <ul>
                <li id="title_1"><span>*</span><label for="tbxCode">昵称：</label></li>
                <li id="content_1"><input type="text" id="nc" name="tbxCode" maxlength="8" autofocus required/></li>
                <li id="title_2"><span>*</span><label for="tbxDate">姓名</label></li>
                <li id="content_2"><input type="text" id="mc" name="tbxDate" maxlength="10" required/></li>
                <li id="title_3"><span>*</span><label for="tbxGoodsCode">邮箱</label></li>
                <li id="content_3"><input type="text" id="yx" name="tbxGoodsCode" maxlength="30" required/></li>
                <li id="Li2"><span>*</span><label for="tbxGoodsCode">地址</label></li>
                <li id="Li1"><input type="text" id="dz" name="tbxGoodsCode" maxlength="12" required/></li>
            </ul>
        </li>
    </ul>
    <input type="button" onclick="test()" value="确定" /><input type="button" onclick="test1()" value="更新" />
    <div id="infoTable">
    <table id="datatable">
    <thead>
    <tr>
        <th>昵称</th>
        <th>姓名</th>
        <th>邮箱</th>
        <th>地址</th>
        <th>编辑</th>
        <th>删除</th>
    </tr>
```

```
        </thead>
        <tbody id="tbody">
        </tbody>
        </table>
        </div>
            </form>
```

JavaScript 代码实现了调用后台线程，接收返回并且显示返回值的功能。在页面加载时调用 JavaScript 代码将返回的值绑定在列表中。单击"确定"按钮时触发 test() 函数，将文本框中的值传递给后台线程。单击列表中的更新标记时，会将该行的数据显示到文本框中（昵称在此作为标示），昵称为只读，单击"更新"按钮时触发 test1() 函数，将需要修改的数据传递给后台线程。单击列表中的删除标记时触发 del() 函数，将参数传递给后台线程。接下来将整个功能逐步解析。

### 1. 后台线程实现对数据库的查询功能

在页面加载时调用 function() 函数，在该函数内使用 Worker() 方法实例化一个对象，使用 postMessage() 函数调用指定的文件，onmessage 事件回调函数时会触发该事件，在 onmessage 事件内将返回值绑定在页面上，JavaScript 代码如下所示：

```
        <script type="text/javascript">
            window.onload = function () {
                var worker = new Worker("JScript2.js");   //实例化Worker对象，指定
JScript2.js文件即是需要调用的后台线程文件
                OperateType = "sel";
                var str = OperateType + "|";
                worker.postMessage(str);                  //调用JScript2.js文件同
时将str以参数的形式传递过去
                worker.onmessage = function (event) {
                    document.getElementById("tbody").innerHTML = event.data;
                    alert("数据绑定成功!");
                }
            }
```

上述代码调用了 JScript2.js 文件，在 JScript2.js 文件中需要使用 ajax 技术调用服务器端代码，并且接收返回值。JScript2.js 代码如下所示：

```
    if (OperateType == "sel") {
       var xhr = new XMLHttpRequest();                  //实例化XMLHttpRequest对象
           //open()函数以post方式请求WebForm3.aspx文件
       xhr.open("POST", "WebForm3.aspx?operateType=" + OperateType + "&&text="
+ event.data);
        xhr.onreadystatechange =
            function () {
                var result = xhr.responseText;
                if (xhr.readyState == 4) {   //成功地接收返回值
                    postMessage(result);     //回调JavaScript函数并且将值传递过去
                }
            }
        xhr.send(event.data);  //调用WebForm3.aspx文件并且将event.data作为参数传递过去
    }
```

通过上述的 JScript2.js 文件调用如下服务器代码，在服务器端实现对数据库的查询操作，同时将结果返回。

```
if (Request.QueryString["operateType"].ToString().Equals("sel"))
{
    string sql = "select nicheng,xm,yx,dz from userinfo";
    SqlCommand cmd = new SqlCommand();
    cmd.Connection = con;
    cmd.CommandText = sql;
    SqlDataAdapter apater = new SqlDataAdapter(cmd);
    DataSet ds = new DataSet();
    apater.Fill(ds);
    Response.Write(getdata(ds));
    Response.End();
}
```

上述代码的运行效果如图 9-8 所示。

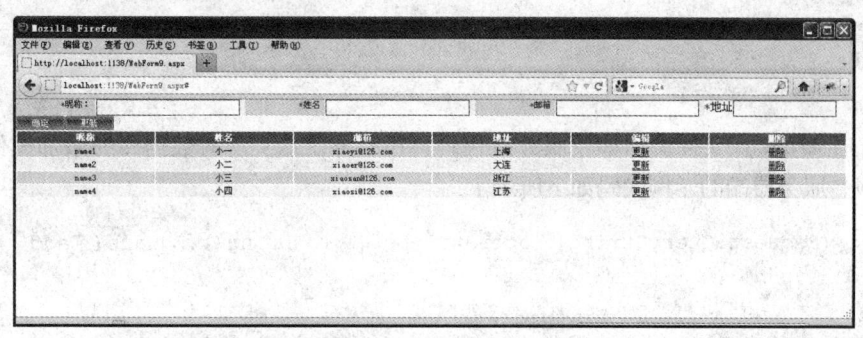

图9-8　查询数据时的运行效果

## 2. 后台线程实现对数据库的添加功能

单击确定按钮时触发 test() 函数，在 test() 函数中调用 JScript2.js 文件的函数，test() 函数示例代码如下所示：

```
function test() {
    var worker = new Worker("JScript2.js");
    OperateType = "add";
    nc = document.getElementById("nc").value;
    xm = document.getElementById("mc").value;
    yx = document.getElementById("yx").value;
    dz = document.getElementById("dz").value;
    if (OperateType == "add") {
        var str = OperateType + "|" + nc + "|" + xm + "|" + yx + "|" + dz;
        //worker.postMessage(JSON.stringify(data1));
        worker.postMessage(str);
        worker.onmessage = function (event) {
            document.getElementById("tbody").innerHTML += event.data;
            alert("成功添加数据!");
        }
    }
```

```
        }
    }
```

上述代码使用 Worker 对象调用后台线程，后台线程添加数据库数据，后台线程示例代码如下所示：

```
        OperateType = (event.data).split("|")[0];
        if (OperateType == "add") {
        var xhr = new XMLHttpRequest();
        xhr.open("POST", "WebForm3.aspx?operateType=" + OperateType + "&&text="
+ event.data);
        xhr.onreadystatechange =
         function () {
           var result = xhr.responseText;
           if (xhr.readyState == 4) {
              postMessage(result);
           }
         }
        xhr.send(event.data);
        }
```

上述的 JScript2.js 文件调用如下服务器代码，在服务器端实现对数据库的添加操作，同时将结果返回。服务器端的示例代码如下所示：

```
        if (Request.QueryString["operateType"].ToString().Equals("add"))
        {
            string id = Request.QueryString["text"].Split('|')[1];
            string name = Request.QueryString["text"].Split('|')[2];
            string yx = Request.QueryString["text"].Split('|')[3];
            string dz = Request.QueryString["text"].Split('|')[4];
            string sql = "insert into userinfo values(@id,@name,@yx,@dz)";
            SqlParameter[] para ={
                new SqlParameter("@id",id),
                new SqlParameter("@name",name),
                  new SqlParameter("@yx",yx),
              };
        SqlCommand cmd = new SqlCommand();
        cmd.Connection = con;
        cmd.CommandText = sql;
        cmd.Parameters.AddRange(para);
        con.Open();
        int a = cmd.ExecuteNonQuery();
        con.Close();
        if (a > 0)
        {
            Response.Write(getinfo(Request.QueryString["text"]));
            Response.End();
        }
        else
```

```
        {
            Response.Write("数据添加失败");
            Response.End();
        }
            new SqlParameter("@dz",dz)
        }
```

上述代码的运行效果如图 9-9 所示。

图9-9  添加数据时的运行效果

### 3. 后台线程实现对数据库的删除功能

单击列表中的删除标记时触发 del() 函数,在 del() 函数中调用后台线程,del() 函数的代码如下所示:

```
function del(obj) {
  if (confirm("确定删除吗")) {
    var worker = new Worker("JScript2.js");
    OperateType = "del";
    var str = OperateType + "|" + obj;
    worker.postMessage(str);
    worker.onmessage = function (event) {
        document.getElementById("tbody").innerHTML = event.data;
        alert("删除成功!");
    }
  }
}
```

上述代码使用 Worker 对象调用后台线程,后台线程删除数据库数据,后台线程的示例代码如下所示:

```
    if (OperateType == "del") {
     var xhr = new XMLHttpRequest();
        xhr.open("POST", "WebForm3.aspx?operateType=" + OperateType + "&&text=" + event.data);
        xhr.onreadystatechange =
        function () {
            var result = xhr.responseText;
            if (xhr.readyState == 4) {
                postMessage(result);
            }
```

```
        }
        xhr.send(event.data);
    }
```

上述的 JScript2.js 文件调用如下服务器代码，在服务器端实现对数据库的删除操作，同时将结果返回。服务器端的示例代码如下所示：

```
        if (Request.QueryString["operateType"].ToString().Equals("del"))
        {
            string id = Request.QueryString["text"].ToString().Split('|')[1];
            string sql = "delete from userinfo where nicheng='" + id + "'";   //昵称
            SqlCommand cmd = new SqlCommand();
            cmd.Connection = con;
    cmd.CommandText = sql;
    con.Open();
    int a = cmd.ExecuteNonQuery();
    con.Close();
    if (a > 0)
    {
     string sql1 = "select nicheng,xm,yx,dz from userinfo";
     SqlCommand cmd1 = new SqlCommand();
     cmd1.Connection = con;
     cmd1.CommandText = sql1;
     SqlDataAdapter apater = new SqlDataAdapter(cmd1);
     DataSet ds = new DataSet();
     apater.Fill(ds);
     Response.Write(getdata(ds));
     Response.End();
    }
    else
        {
     Response.Write("数据删除失败");
     Response.End();
    }
        }
```

上述代码的运行效果如图 9-10 所示。

图9-10 删除数据时的运行效果

### 4. 后台线程实现对数据库的修改功能

单击列表中的更新时会触发 upd() 函数，该函数的作用是将值显示到文本框中，昵称文本框为只读（此处是将昵称作为唯一标示），单击更新按钮时触发 test1() 函数，在 test1() 函数中调用后台线程，JavaScript 代码如下所示：

```javascript
function upd(obj1,obj2,obj3,obj4) {
    document.getElementById("nc").value = obj1;
    document.getElementById("mc").value = obj2;
  document.getElementById("yx").value = obj3;
  document.getElementById("dz").value = obj4;
    document.getElementById("nc").setAttribute("readonly",true);
}
function test1() {
 nc = document.getElementById("nc").value;
 xm = document.getElementById("mc").value;
 yx = document.getElementById("yx").value;
 dz = document.getElementById("dz").value;
 OperateType = "upd";
 var worker = new Worker("JScript2.js");
 var str = OperateType + "|" + nc + "|" + xm + "|" + yx + "|" + dz;
 worker.postMessage(str);
 worker.onmessage = function (event) {
     document.getElementById("tbody").innerHTML = event.data;
         alert("修改成功!");
     }
 }
   </script>
```

上述代码使用 Worker 对象调用后台线程，后台线程更新数据库数据，并且将结果返回，后台线程的示例代码如下所示：

```javascript
    if (OperateType == "upd") {
    var xhr = new XMLHttpRequest();
     xhr.open("POST", "WebForm3.aspx?operateType=" + OperateType + "&&text=" + event.data);
    xhr.onreadystatechange =
    function () {
        var result = xhr.responseText;
        if (xhr.readyState == 4) {
            postMessage(result);
        }
    }
    xhr.send(event.data);
     }
```

上述 JScript2.js 文件调用如下服务器代码，在服务器端实现对数据库的更新操作，同时将结果返回。服务器端的示例代码如下所示：

```csharp
        if (Request.QueryString["operateType"].ToString().Equals("upd"))
```

```
    {
   string id = Request.QueryString["text"].Split('|')[1];
   string name = Request.QueryString["text"].Split('|')[2];
   string yx = Request.QueryString["text"].Split('|')[3];
   string dz = Request.QueryString["text"].Split('|')[4];

     string sql = "update userinfo set xm=@name,yx=@yx,dz=@dz where nicheng=@id";
      SqlParameter[] para ={
   new SqlParameter("@name",name),
   new SqlParameter("@yx",yx),
   new SqlParameter("@dz",dz),
   new SqlParameter("@id",id)
   };
SqlCommand cmd = new SqlCommand();
        cmd.Connection = con;
        cmd.CommandText = sql;
cmd.Parameters.AddRange(para);
con.Open();
int a = cmd.ExecuteNonQuery();
con.Close();
if (a > 0)
{
  string sql1 = "select nicheng,xm,yx,dz from userinfo";
  SqlCommand cmd1 = new SqlCommand();
  cmd1.Connection = con;
  cmd1.CommandText = sql1;
  SqlDataAdapter apater = new SqlDataAdapter(cmd1);
  DataSet ds = new DataSet();
  apater.Fill(ds);
  Response.Write(getdata(ds));
  Response.End();
}
   }
   }
```

上述代码的运行效果如图9-11所示。

图9-11 修改数据时的运行效果

在服务器端实现对数据库的增删改查之后，需要将结果绑定并且返回到调用处，服务器端绑定结果的示例代码如下所示：

```
    if (Request.QueryString["operateType"] != null)
      public string getdata(DataSet ds)
        {
  string html = "";
  foreach (DataRow temp in ds.Tables[0].Rows)
    {
  html += "<tr>";
  html += "<td>" + temp["nicheng"] + "</td>";
  html += "<td>" + temp["xm"] + "</td>";
  html += "<td>" + temp["yx"] + "</td>";
  html += "<td>" + temp["dz"] + "</td>";
  html += "<td><a href=\"#\" onclick=\"upd('" + temp["nicheng"] + "','"+temp["xm"]+"','"+temp["yx"]+"','"+temp["dz"]+"')\">更新</a></td>";
                            html += "<td><a href=\"#\" onclick=\"del('" + temp["nicheng"] + "')\">删除</a></td>";
                  html += "</tr>";
    }

      return html;
    }
      public string getinfo(string str)
        {
  string id = str.Split('|')[1];
  string name = str.Split('|')[2];
  string yx =str.Split('|')[3];
  string dz =str.Split('|')[4];
  string html = ""; ;
  html = "<tr>";
  html += "<td>"+id+"</td>";
  html += "<td>" + name + "</td>";
  html += "<td>" + yx + "</td>";
  html += "<td>" + dz + "</td>";
  html += "<td><a href=\"#\" onclick=\"upd('" +id+ "','"+name+"','"+yx+"','"+dz+"')\">更新</a></td>";
      html += "<td><a href=\"#\" onclick=\"del('" +id+ "')\">删除</a></td>";
      html += "</tr>";
      return html;
    }
```

数据库表字段如下所示：

```
create table userinfo
(
nicheng varchar(10),
xm varchar(20),
yx varchar(100),
```

```
dz varchar(20)
)
```

> 提示：制作此实例时，只有最新版的Firefox浏览器支持。

## 9.8 本章小结

本章详细介绍了离线状态下如何实现与服务器进行数据交互，以及在线时如何检测客户端状态；使用 sockets 实现不同区域之间的数据共享；利用 Worker 对象实现处理多线程和嵌套线程；然后以理论结合实例方式，实现了获取地理位置和拖放元素。最后将本章重要知识点通过应用到实际案例中，进一步巩固本章所学内容。

## 9.9 课后练习

### 一、填空题

（1）HTML 5 Web 离线应用的文件是 _____。
（2）HTML 5 中检测缓存状态是否存在缓存文件的 status 属性值 _____。
（3）HTML 5 跨文档通信进行页面交互的函数是 _____。
（4）HTML 5 中 socket 网络间通信客户端与服务器端连接的状态有 _____ 种。
（5）HTML 5 中获取地理位置的 getCurrentPosition() 函数有 _____ 个参数。

### 二、选择题

（1）在 HTML 5 中，CACHE MANIFEST 文件默认的部分是 _____。
　　A．FALLBACK　　B．CACHE　　C．NETWORK　　D．CACHE 和 FALLBACK
（2）拖放元素将源文件拖放到目标文件上时触发的事件是 _____。
　　A．dragend　　B．dragover　　C．dragenter　　D．drop
（3）HTML 5 中检测缓存文件是否被更新的属性值是 _____。
　　A．obsolete　　B．idle　　C．downloading　　D．updateready
（4）HTML 5 中接收服务器端发送来的数据时触发的事件是 _____。
　　A．onopne　　B．onerror 事件　　C．onmessage 事件　　D．mark 元素

### 三、简答题

（1）简述 manifest 文件的组成部分以及每个部分的作用。
（2）列出使用 sockets 网络间通信时客户端与服务器端连接状态的值以及含义。
（3）描述嵌套线程的实现过程以及使用多线程的优点。
（4）列出拖放元素时从拖放元素开始到拖放元素结束所触发的事件。

# 第 10 章
# CSS 3 样式入门

**内容摘要：**

自从 CSS 诞生以来，它凭着简单的语法、绚丽的效果和无与伦比的灵活性，为 Web 的发展做出了不可磨灭的贡献。

目前使用的 CSS 基本上都是从 CSS 2 规范扩展而来的，它不仅庞大而且比较复杂。而 CSS 3 作为 CSS 技术的升级版本，朝着模块化方向发展，将 CSS 分解为很多细小的模块，使整个结构更加灵活和容易扩展。

本章将会从 CSS 的背景知识开始介绍，然后对 CSS 3 与浏览器的兼容以及 CSS 3 新增模块进行简单介绍。接下来详细讲解 CSS 3 颜色模块和文本模块的使用方法。

**学习目标：**

- 了解产生 CSS 的背景
- 了解 CSS 的特点及其优势
- 熟悉各个浏览器对 CSS 3 的兼容程度
- 掌握 RGBA、HSL、HSLA 和 opacity 的使用
- 掌握使用 text-shadow 设置文本阴影的方法
- 熟悉控制文本换行的方法
- 掌握 @font-face 属性的使用

## 10.1 CSS背景知识

CSS 全称为 Cascading Style Sheets（层叠样式表），是一组用于定义 Web 页面外观格式的规则。在网页制作时使用 CSS 技术，可以有效地对页面的布局、字体、颜色、背景和其他效果实现更加精确的控制。只要对相应的代码做一些简单的修改，就可以改变同一页面的不同部分，或者不同网页的外观和格式。

### 10.1.1 CSS简介

CSS 其实是一种描述性的文本，用于增强或者控制网页的样式，并允许将样式信息与网页内容相分离。用于存放 CSS 样式的文件扩展名为 .css。

最初，HTML 标签被设计为定义文档结构的功能，通过使用像 <h1>、<p>、<table>、<img> 之类的标签，分别在浏览器中展示一个标题、一个段落、一个表格或一个图片等内容。

而页面中内容的布局，由浏览器根据标签表示的内容以从上到下、从左到右的"流"式布局依次排列，如果想要对内容进行定位，则需要使用表格进行分栏控制。

HTML 只是标识页面结构的标记语言。而 Web 发展初期的两大浏览器厂商 Netscape 和 Internet Explorer 为了表示更加丰富的页面效果，争夺 Web 浏览器市场，不断地添加新的标记和属性到 HTML 规范中（比如设置文本样式的 font 元素），这使得原本结构比较清晰的 HTML 文档变得非常混乱。

而且随着 Web 页面效果的要求越来越多样化，依赖 HTML 的页面表现已经不能满足网页开发者的需求。

CSS 的出现，改变了传统 HTML 页面的样式效果。CSS 规范代表了 Web 发展史上的一个独特的阶段。

### 10.1.2 CSS历史

从上世纪 90 年代初 HTML 被发明开始，样式就以各种形式存在。不同的浏览器结合它们各自的样式语言为用户提供页面效果的控制。此时的 HTML 只含有很少的显示属性。

随着 HTML 的成长，为了满足页面设计者的要求，HTML 添加了很多显示功能。但是随着这些功能的增加，HTML 变得越来越杂乱，而且 HTML 页面也越来越臃肿。于是 CSS 便随之诞生了。

1994 年哈坤·利提出了 CSS 的最初建议。而正巧当时伯特·波斯（Bert Bos）正在设计一个名为 Argo 的浏览器，于是他们决定一起设计 CSS。

其实，当时互联网界已经有过一些统一样式表语言的建议了，但 CSS 是第一个含有"层叠"主意的样式表语言。

在 CSS 中，一个文件的样式可以从其他的样式表中继承下来。读者在有些地方可以使用他自己更喜欢的样式，在其他地方则继承，或"层叠"作者的样式。这种层叠的方式使作者和读者都可以灵活地加入自己的设计，混合各人的爱好。

哈坤于 1994 年在芝加哥的一次会议上第一次提出了 CSS 的建议，1995 年他与波斯一起再次提出这个建议。那时候刚刚建立的 W3C 组织对 CSS 的发展很感兴趣，他们为此专门组织了一次讨论会。哈坤、波斯和其他一些人是这个项目的主要技术负责人。1996 年底 CSS 初稿已经完成，同年 12 月 CSS 规范的第一个版本出版。

1997 年初，W3C 组织负责 CSS 的工作组开始讨论第一版中没有涉及到的问题。其讨论结果组成了 1998 年 5 月出版的 CSS 规范第二版。

CSS 3 标准最早于 1999 年开始制订，并于 2001 年初提上 W3C 研究议程。在 2011 年 6 月 7 日 W3C 发布了第一个 CSS 3 建议版本。CSS 3 的重要变化是采用模块来增加扩展功能，像列表模块、文字特效模块、多栏布局模块、背景和边框模块等。目前 CSS 3 还在不断完善中，会有更多的新模块和功能被加入。

### 10.1.3 CSS特点

CSS 为 HTML 标记语言提供了一种样式描述，定义了其中元素的显示方式。CSS 在 Web 设计领域是一个突破。用它可以实现修改一个小的样式，更新与之相关的所有页面元素。

总体来说，CSS 具有以下特点：

- 丰富的样式定义

CSS 提供了丰富的文档样式外观，以及设置文本和背景属性的能力；允许为任何元素创建边框，设置元素边框与其他元素间的距离，元素边框与元素内容间的距离；允许随意改变文本的大小写方式、修饰方式以及其他页面效果。

- 易于使用和修改

CSS 可以将样式定义在 HTML 元素的 style 属性中，也可以将其定义在 HTML 文档的 header 部分，还可以将样式声明在一个专门的 CSS 文件中，供 HTML 页面引用。总之，CSS 样式表可以将所有的样式声明统一存放，进行统一管理。

另外，相同样式的元素可以归类，使用同一个样式进行定义，也可以将某个样式应用到所有同名的 HTML 标签中，或将一个 CSS 样式指定到某个页面元素中。

如果要修改样式，只需要在样式列表中找到相应的样式声明进行修改即可。

- 多页面应用

CSS 样式表可以单独存放在一个 CSS 文件中，这样就可以在多个页面中使用同一个 CSS 样式表了。CSS 样式表理论上不隶属于任何页面文件，在任何页面文件中都可以将其引用。这样就可以实现多个页面风格的统一。

- 层叠

简单地说，层叠就是对一个元素多次设置同一个样式，这将使用最后一次设置的属性值。比如对一个站点中的多个页面使用了同一套 CSS 样式表，而某些页面中的某些元素使用其他样式，此时就可以针对这些样式单独定义一个样式表应用到页面中。这些后来定义的样式将对前面的样式设置进行重写，在浏览器中看到的将是最后设置的样式效果。

- 页面压缩

在使用 HTML 定义页面效果的网站中，往往需要大量或重复的表格和 font 元素形成各种规格的文字样式，这样做的后果就是会产生大量的 HTML 标签，从而使页面文件的大小增加。

而将样式的声明单独放到 CSS 样式表中，可以大大减小页面的体积，这样在加载页面时使用的时间也会大大减少。

另外，CSS 样式表的复用，更大程度地缩减了页面的体积，减少了下载的时间。

### 10.1.4 使用CSS的优势

一个新技术的发展壮大需要其有许多不可替代、不可超越的优点，才能从诸多种技术中脱颖而出。CSS 做到了这一点，因为其有以下优点：

- Web 页面样式与结构分离

HTML 并不用来控制网页的格式及外观，而是用来替代页面的结构。所以 CSS 样式表单独存放使 Web 页面保持样式和结构相互分离。

- 页面下载时间更快

CSS 可以重用样式，所以对样式进行设置的代码将会大大减少。另外，因为 CSS 样式表可以单独存放到一个文件中，而像 IE 之类的浏览器的缓存功能会自动判断下载过的资源文件，进行重复使用，从而缩短下载时间。

- 节省开发和维护的成本

只需改动很少的几个 CSS 文档，就能够轻松控制具有上千页容量网站的外观，网页开发者可以更快更容易地维护及更新大量的网页。

- 令人满意的版面式样控制

CSS 控制排版样式的功能要比 <table>、<font> 标签强得多，因此网页设计者不再需要使用 <font> 标签或单独的图片创建导引线、更改字体颜色、字体大小及种类等。

- 轻松创建及编辑

创建和编辑 CSS 如同 HTML 一样容易，利用简单的记事本就可以完成。当然也可以使用像 Dreamweaver 一样的 IDE 来辅助开发。

- 兼顾打印和 Web 页面设计

CSS 样式表创建的外观样式能够同时适应浏览器、打印等环境使用。

- 较好地控制元素在 Web 页面中的位置

CSS 的定位属性允许用户精确地定义元素出现的相对位置，相对于其他元素或浏览器窗体本身。

- 有利于搜索引擎的搜索

使用 CSS 样式表的 HTML 仅仅被用来创建结构，简洁的页面对搜索引擎的友好程度大大增加，可以更加有效地被搜索引擎收录，所以网页被搜索到的机率就会提高。

## 10.2 CSS 3 简介

之前的 CSS 规范是一个完整的模块，它实在是太庞大了，而且比较复杂。所以新的 CSS 3 规范将其分为了多个模块。CSS 3 遵循模块化的开发，这将有助于理清模块化规范之间的不同关系，减少了完整文件的大小。

CSS 3 采用模块化的特点是各个浏览器可以选择对哪个模块进行支持，对哪个模块不进行支持，而且在支持的时候也可以集中把模块完整实现再支持另一个模块，以减少不完全的可能性。例如，台式计算机、笔记本和手机上的浏览器就可以针对不同的设备进而支持不同的模块。采用模块化的另一个特点是可以避免 CSS 的总体结构过于庞大，造成支持不完整的情况。

与 CSS 2 相比，CSS 3 的优势主要体现在两个方面：

- 提供的视觉呈现效果更好，尤其是视觉的渲染，例如边框圆角、阴影（包括文字阴影）、渐变等。
- 执行性能更好，CSS3 的加载速度更快，而且对服务器的请求次数也大幅减少。

2001 年 5 月 23 日，W3C 完成了 CSS 3 的工作草案，在该草案中制订了 CSS 3 的发展路线图，详细列出了所有模块，并计划在未来逐步进行规范。细节信息请参阅 http://www.w3.org/TR/css3-roadmap/。下面将简单介绍各个模块的用途、发布时间以及参考地址。

2002 年 05 月 15 日发布了 CSS 3 line 模块（http://www.w3.org/TR/css3-linebox/），该模块规范了文本行模型。

2002 年 11 月 07 日发布了 CSS 3 Lists 模块（http://www.w3.org/TR/css3-lists/），该模块规范了列表样式。

2002 年 11 月 07 日发布了 CSS 3 Border 模块（http://www.w3.org/TR/2002/WD-css3-border-20021107/），新添加了背景边框功能，该模块后来被合并到背景模块中（http://www.w3.org/TR/css3-background/）。

2003 年 05 月 14 日发布了 CSS 3 Generated and Replaced Content 模块（http://www.w3.org/TR/css3-content/），该模块定义了 CSS 3 的生成及更换内容功能。

2003 年 08 月 13 日发布了 CSS 3 Presentation Levels 模块（http://www.w3.org/TR/css3-preslev/），该模块定义了演示效果功能。

2003 年 08 月 13 日发布 CSS 3 Syntax 模块（http://www.w3.org/TR/css3-syntax/），该模块重新定义了 CSS 语法规则。

2004 年 02 月 24 日发布了 CSS 3 Hyperlink Presentation 模块（http://www.w3.org/TR/css3-hyperlinks/），该模块重新定义了超链接表示规则。

2004 年 12 月 16 日发布了 CSS 3 Speech 模块（http://www.w3.org/TR/css3-speech/），该模块重新定义了语音"样式"规则。

2005 年 12 月 15 日发布了 CSS 3 Cascading and inheritance 模块（http://www.w3.org/TR/css3-cascade/），该模块重新定义了 CSS 层叠和继承规则。

2007 年 08 月 09 日发布了 CSS 3 basic box 模块（http://www.w3.org/TR/css3-box/），该模块重新定义了 CSS 的基本盒模型规则。

2007 年 09 月 05 日发布了 CSS 3 Grid Positioning 模块（http://www.w3.org/TR/css3-grid/），该模块定义了 CSS 的网格定位规则。

2009 年 03 月 20 日发布了 CSS 3 Animations 模块（http://www.w3.org/TR/css3-animations/），该模块定义了 CSS 的动画模型。

2009 年 03 月 20 日发布了 CSS 3 3D Transforms 模块（http://www.w3.org/TR/css3-3d-transforms/），该模块定义了 CSS 3D 转换模型。

2009 年 06 月 18 日发布了 CSS 3 Fonts 模块（http://www.w3.org/TR/css3-fonts/），该模块定义了 CSS 字体模型。

2009 年 07 月 23 日发布了 CSS 3 Image Values 模块（http://www.w3.org/TR/css3-images/），该模块定义了图像内容显示模型。

2009 年 07 月 23 日发布了 CSS 3 Flexible Box Layout 模块（http://www.w3.org/TR/css3-flexbox/），该模块定义了灵活的框布局模型。

2009 年 08 月 04 日发布了 CSS 3 Flexible Box Layout 模块（http://www.w3.org/TR/cssom-view/），该模块定义了 CSS 的视图模型。

2009 年 12 月 01 日发布了 CSS 3 Transitions 模块（http://www.w3.org/TR/css3-transitions/），该模块定义了动画过渡效果模型。

2009 年 12 月 01 日发布了 CSS 3 2D Transforms 模块（http://www.w3.org/TR/css3-2dtransforms/），该模块定义了 2D 转换模型。

2010 年 04 月 29 日发布了 CSS 3 Template Layout 模块（http://www.w3.org/TR/css3-layout/），该模块定义了模板布局模型。

2010 年 04 月 29 日发布了 CSS 3 Generated Content for Paged Media 模块（http://www.w3.org/TR/css3-gcpm/），该模块定义了分页媒体内容模型。

2010 年 10 月 05 日发布了 CSS 3 Text 模块（http://www.w3.org/TR/css3-text/），该模块定义了文本模型。

2010 年 10 月 05 日发布了 CSS 3 Backgrounds and Borders 模块（http://www.w3.org/TR/css3-background/），该模块重新修订了边框和背景模型。

## 10.3  CSS 3兼容情况

CSS 3 给开发人员带来了很多有趣的新功能，同时也为用户提供了更好的用户体验。但是，这一切并不是所有浏览器都完全支持。目前的主流浏览器都采用了私有属性的形式来支持 CSS 3 属性，以便让用户体验 CSS 3 的新特性。

下面介绍这些私有属性：

- Webkit 引擎浏览器使用"-webkit-"作为私有属性，像 Safari 和 Chrome。
- Gecko 引擎浏览器使用"-moz-"作为私有属性，像 Firefox。
- Konqueror 引擎浏览器使用"-khtml-"作为私有属性。
- Opera 浏览器使用"-o-"作为私有属性。
- Internet Explorer 浏览器使用"-ms-"作为私有属性，只有 Internet Explorer 8 以上支持。

表 10-1 列出了主流浏览器对 CSS 3 中各个模块的支持情况。

表10-1  CSS 3模块的浏览器支持情况

| 模块 | Chrome 4 | Firefox 4 | IE 8 | Opera 10 | Safari 4 |
| --- | --- | --- | --- | --- | --- |
| RGBA | √ | √ | √ | √ | √ |
| HSLA | √ | √ | √ | √ | √ |
| Multiple Backgrounds | √ | √ | √ | √ | √ |
| Border Image | √ | √ | × | √ | √ |
| Border Radius | √ | √ | √ | √ | √ |
| Box Shadow | √ | √ | √ | √ | √ |
| Opacity | √ | √ | √ | √ | √ |
| CSS Animations | √ | × | × | × | √ |
| CSS Columns | √ | √ | × | × | √ |
| CSS Reflections | √ | √ | × | × | √ |
| CSS Gradients | √ | × | × | × | √ |
| CSS Transforms | √ | √ | × | √ | √ |
| CSS Transforms 3D | √ | × | × | × | √ |
| CSS Transitions | √ | √ | × | √ | √ |
| CSS FontFace | √ | √ | √ | √ | √ |

这些专用私有属性虽然可以避免不同浏览器在解析相同属性时出现冲突，但是却给开发人员带来了诸多不便。因为，不仅需要使用更多的 CSS 样式代码，而且还非常容易导致同一个页面在不同的浏览器之间表现不一致。当然，随着 CSS 3 的普及，这种情况一定会得到改善。

> **注意** 从表10-1中可以看出，Chrome浏览器对CSS 3的支持比较好，本书中采用的是Chrome 17。

## 10.4 CSS 3新增功能

很多以前需要图片结合脚本才能实现的效果，使用 CSS 3 仅需几行代码就能实现。这不仅简化了开发人员的工作，还提高了页面加载速度。

尽管 CSS 3 的很多新增功能目前还不能被所有浏览器支持，或者说支持得还不够好，但它仍然让我们看到网页样式的发展方向。本节将简述 CSS 3 的主要新增功能。

### 1. 属性选择器

与 CSS 2 相比，CSS 3 可以使开发人员更加精确地定位页面中的特定值。CSS 3 新添加了 3 个属性选择器，它们可以避免在页面中添加大量的 class、id 和 JavaScript 脚本。

例如，如下示例代码表示匹配有 title 属性并以 "IBM" 结尾的超链接。

```
a[title$="IBM"] {
    //定义详细样式
}
```

CSS 3 还新增了一个连字符 "~"，用于选择同级（兄弟）元素。它将应用到某一元素父级节点下的所有同级元素。

> **提示** 在第11章中将会详细介绍CSS 3中各个新增选择器的具体用法。

### 2. 透明度

CSS 3 允许开发人员为颜色添加 Alpha 通道，即指订单个元素上颜色的透明度。

例如，如下示例代码设置使用蓝色作为背景，并且透明度为 50%。

```
background:rgba(0,0,255,0.5);
```

目前基于 Webkit 和 Gecko 引擎的浏览器都支持该属性。如图 10-1 所示为在带背景图片的页面上设置不同透明度的运行效果。

### 3. 多栏布局

使用这个特性可以将元素的内容划分为多栏布局，而不必使用多个 div 元素，这也是 CSS3 中使用最多的特性之一。

例如，下面的示例代码定义了一个 3 栏布局，各栏间隔为 20 像素。

```
-moz-column-count : 3;
-moz-column-gap : 20px;
```

如图 10-2 所示为网站中使用该功能显示 3 栏的运行效果。

图10-1　透明度运行效果　　　　图10-2　多栏布局的运行效果

**4. 多个背景图片**

CSS 3 允许使用多个属性设置背景，像 background-image、background-repeat、background-size、background-position、background-originand 和 background-clip 等，这样就可以在一个元素上添加多层背景图片。

在一个元素上添加多个背景的最简单方法是使用缩写形式。示例代码如下：

```
background: url(example.jpg) top left no-repeat,
 url(example2.jpg) bottom left no-repeat,
 url(example3.jpg) center center repeat-y;
```

如图 10-3 所示为网站中使用该功能显示两个背景图片的运行效果。

**5. 文本和块阴影**

使用 CSS 实现文本阴影和块阴影虽然不是 CSS 3 的新增功能，但是在 CSS 3 之前并没有实现。CSS 3 对它们重新进行了定义，提供了一种新的跨浏览器的解决方案，使文本和边框更加醒目。

图10-3　多背景图片运行效果

例如，下面的示例代码演示了文本阴影和块阴影的使用。

```
<style type="text/css">
div{
    width:400px;
    box-shadow:10px 10px 25px #DE04FF;
    text-shadow:4px 4px 10px #FF0000;
    height: 100px;
    padding: 20px;
    background-color: #9C0;
    }
</style>
<div>这是一个块，用CSS 3定义了块阴影和文本阴影。</div>
```

运行后将看到如图 10-4 所示的效果。

### 6. 圆角

在众多 CSS 3 的新特性中，实现圆角是最受欢迎的功能之一。在 CSS 3 之前，想要显示圆角，需要使用多个 HTML 标签和结合 JavaScript 脚本。现在使用 CSS 3 的圆角属性 Border-radius 即可轻松解决。

如图 10-5 所示为网站中使用圆角的示例运行效果。

图10-4　阴影运行效果 　　　　　　　　　图10-5　圆角运行效果

### 7. 边框图片

CSS 3 之前只能使用 solid、dotted 和其他几个有限的值来设置边框的样式。CSS 3 增加了 border-image 属性允许使用图片作为边框，而且还可以控制缩放或者平铺显示。

如下是 border-image 属性的使用示例代码：

```
border:5px solid #cccccc;
border-image:url(/images/border-image.png) 5 repeat
```

如图 10-6 所示为网站中使用边框图片的示例的运行效果。

### 8. 变形

在 CSS 3 之前的 Web 页面中，如果要实现局部旋转、伸缩或者倾斜效果，必须借助于 Flash 或者 JavaScript 的帮助。而在 CSS 3 中，新增了一个变形模块，实现这些效果将变得非常简单。

如图 10-7 所示为一些变形示例的运行效果。

图10-6　边框图片的运行效果　　　　　　　图10-7　变形运行效果

### 9. 媒体查询

媒体查询可以为不同的显示设备定义与其性能相匹配的样式。例如，在可视区域的宽度小于 360 像素的情况下，将网页的侧边栏显示到主要内容的下方，而不是浮动显示在左侧。

使用媒体查询不再需要为单独的不同设备编写样式表，也无须编写 JavaScript 脚本判断浏览器，就能轻松实现更加通用、智能的流体布局，以满足用户浏览器多样的要求。

### 10. 嵌入字体类型

允许将字体嵌入页面中，这是 CSS 3 最早通过实现的模块，也是最被期待的特性之一。它虽然在 CSS 2 中就已经被引入，但是由于版权问题没有得到广泛应用。

CSS 3 解决了这个问题，允许用户浏览当前系统中没有的字体效果。如图 10-8 所示为一个在网站中使用嵌入字体的效果，并不影响用户的阅读体验。

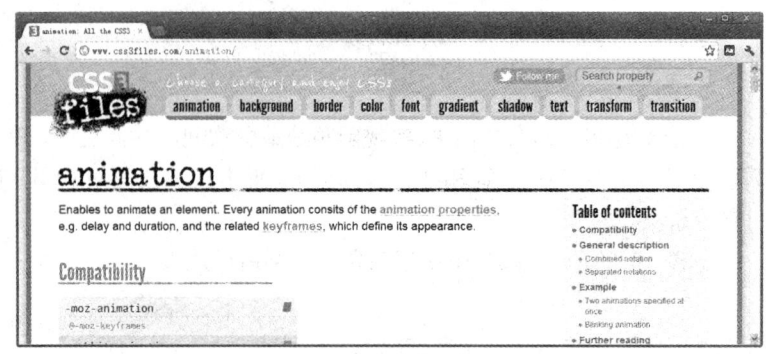

图10-8　嵌入字体的运行效果

## 10.5　CSS 3新增颜色

颜色模块是 CSS 3 的最大亮点之一，它不仅允许开发人员对颜色进行设置，还可以控制色调、饱和度、亮度和透明度。

在上节简单介绍了 CSS 3 的主要新增功能，本节将对 CSS 3 中与颜色相关的样式进行详细介绍。包括使用 RGBA 和 HSLA 模式设置透明度，HSL 模式设置颜色以及 opacity 设置不透明度。

### 10.5.1　RGBA

RGBA 是对 CSS 2 中使用 RGB 表示颜色的增强。使用 RGB 方式表示颜色有 4 种方式：

- #rrggbb  三个两位的 16 进制无符号整数，取值范围为 00~ff，如 #e7cc5b。
- #rgb  三个一位的 16 进制无符号整数，取值范围为 0~f，如 #ce8，等同于第一种形式的 #ccee88。
- rgb(r,g,b)  括号中的 r、g、b 都是一个 0~255 的十进制整数。
- rgb(r%,g%,b%)  括号中的 r、g、b 都是一个 0~100 的十进制数字。

例如，要表示蓝色，可以使用下面 4 种方式中的任意一种：

```
rgb(0%,0%,100%)
rgb(0,0,255)
#00f
#0000ff
```

RGBA 方式是 RGB 色彩模式的扩展，在红、绿、蓝三个基色的基础上，增加了表示不透明度的参数 Alpha。其语法格式如下：

```
rgba(r,g,b,alpha);
```

其中，前三个参数与 RGB 中含义相同，alpha 参数是一个介于 0.0（完全透明）和 1.0（完全不透明）之间的数字。

例如，下面的示例代码使用 RGBA 模式为 p 元素指定了透明度为 0.5，颜色为红色的样式。

```
p{
background-color:rgba(255,0,0,0.5);
}
```

目前支持 RGBA 颜色的浏览器有 WebKit 核心系列浏览器、Firefox 3+ 和 Opera 9.5+，IE 9。下面使用 RGBA 颜色模式制作一个案例。案例用到的布局代码如下所示：

```
<div class="log">
  <h3>打虎歌</h3>
  <div>一二三四五</div><div>上山打老虎</div> <div>老虎不在家</div><div>打到小松鼠</div>   <div>松鼠有几只</div><div>让我数一数   </div><div>一二三四五</div><div>上山打老虎</div><div>老虎不在家</div><div>打到小松鼠</div>
</div>
```

可以看到，在 class 为 log 的 div 中包含了很多子 div 元素，这里利用 RGBA 来改变它们的透明度，使透明度从 1.0 依次降低到 0.1。案例用到的 CSS 样式代码如下所示：

```
<style type="text/css">
.log div {height: 20px;}
.log div:nth-child(10) {background-color:rgba(255,0,0,0.1);}
.log div:nth-child(9) {    background-color:rgba(255,0,0,0.2);}
.log div:nth-child(8) {    background-color:rgba(255,0,0,0.3);}
.log div:nth-child(7) {    background-color:rgba(255,0,0,0.4);}
.log div:nth-child(6) {    background-color:rgba(255,0,0,0.5);}
.log div:nth-child(5) {    background-color:rgba(255,0,0,0.6);}
.log div:nth-child(4) {    background-color:rgba(255,0,0,0.7);}
.log div:nth-child(3) {    background-color:rgba(255,0,0,0.8);}
.log div:nth-child(2) {    background-color:rgba(255,0,0,0.9);}
.log div:nth-child(1) {background-color:rgba(255,0,0,1);}
</style>
```

如上述代码所示，为了精确设置每个 div 元素，这里使用了 nth-child 选择器（在本书第 11 章将详细介绍它）。最终运行效果如图 10-9 所示。

图10-9　RGBA更改透明度的运行效果

## 10.5.2　HSL和HSLA

在 CSS 3 中，除了使用 RGB 颜色外，还可以使用 HSL 颜色。HSL 色彩模式是工业界的一种颜色标准，是通过对色调、饱和度和亮度三个颜色通道的变化以及它们相互之间的叠加来得到各式各样的颜色。HSL 即是代表色调（Hue）、饱和度（Saturation）和亮度（Lightness）三个通道的颜色，这个标准几乎包括了人类视力所能感知的所有颜色，是目前运用最广的颜色系统之一。

CSS 3 的 HSL 颜色表示语法如下：

```
hsl(hue, saturation ,lightness)
```

其中各个参数的含义如下：

- hue 表示色调的任意数字，其中，0 和 360 表示红色，120 表示绿色，240 表示蓝色。

当值大于 360 时，实际值等于该值除以 360 之后的余数。假设，色调值为 600，则实际值为 600/360 的余数，也就是 240。
- saturation 表示饱和度的百分比，取值范围为 0%~100%。用于指定该颜色被使用了多少，即颜色的深浅和鲜艳程度，其中，0% 表示没有颜色（使用灰度），100% 表示饱和度最高（颜色最鲜艳）。
- lightness 表示亮度的百分比，取值范围为 0%~100%。其中，0% 表示最暗（显示为黑色），100% 表示最亮（显示为白色）。

例如，如下示例代码使用 HSL 模式为 p 元素指定颜色为绿色，饱和度为 65%，亮度为 75%。

```
p{
background-color:hsl(120,65%,75%);
}
```

HSLA 模式是对 HSL 模式的扩展，在色调、饱和度和亮度三个元素的基础上增加了表示不透明度的参数 Alpha。HSLA 模式表示颜色的语法格式如下：

```
hsla(hue, saturation ,lightness, alpha)
```

其中，前三个参数的含义与 HSL 相同，alpha 参数含义与 RGBA 相同。下面是一个使用 HSLA 定义颜色的示例代码：

```
p{
background-color:hsla(120,65%,75%,0.3);
}
```

下面通过一个登录表单讲解 HSLA 模式如何设置颜色的透明度。如下所示为表单的代码：

```
<form>
  <p class="name">
    <label for="name">用户名：</label>
    <input type="text" name="name" id="name"/>
  </p>
  <p class="email">
    <label for="password">密  码：</label>
    <input type="password" name="password" id="password"/>
  </p>
  <p class="submit">
    <input type="submit" value="登录"/>
  </p>
</form>
```

在这里主要用到了 3 个样式，第一个用于定义表单中输入框的默认样式，代码如下所示：

```
input {
    padding:5px;
    border:solid 1px #DEDEDE;
    background:hsla(160, 30%, 75%, 0.1);
    width:200px;
}
```

第二个是鼠标经过和单击输入框时的样式，代码如下所示：

```
input:hover, input:focus {
    border-color:#F00;
    background:hsla(349, 50%, 50%, 0.8);
}
```

第三个是定义表单提交按钮的样式,代码如下所示:

```
.submit input {
    padding:5px;
    background:hsla(120, 100%, 100%, 0.3);
    font-size:14px;
    color:#000;
}
```

运行实例将会看到如图10-10所示的表单的默认运行效果。当在表单中输入用户名或者密码时,输入框的样式会发生变化,如图10-11所示。

图10-10 默认运行效果　　　　图10-11 输入内容时的运行效果

### 10.5.3 opacity属性

在 CSS 3 中,除了使用 RGBA 和 HSLA 模式来指定颜色的透明度外,还专门定义了透明属性 opacity。使用该属性能够使以任何元素呈现出透明效果,其语法格式如下:

```
opacity:opacityValue
```

参数 opacityValue 是一个介于 0.0(完全透明)和 1.0(完全不透明)之间的数字,默认值为 1,即完全不透明。

例如,下面的示例代码设置 p 元素为半透明效果。实例

```
p{
opacity:0.5;
}
```

在使用时要注意一点,RGBA 和 HSLA 可以针对元素的背景色和文本颜色单独设置透明度,而 opacity 属性只能设置元素的背景透明度。例如,下面的代码向页面中插入了 6 张图片。

```
<div id="wrap">
<img src="imgs/tls.gif" width="25%" height="25%" id="pic1"/>
<img src="imgs/tls.gif" width="25%" height="25%" id="pic2"/>
```

```
<img src="imgs/tls.gif" width="25%" height="25%"  id="pic3" />
<img src="imgs/tls.gif" width="25%" height="25%"  id="pic4" />
<img src="imgs/tls.gif" width="25%" height="25%"  id="pic5" />
<img src="imgs/tls.gif" width="25%" height="25%"  id="pic6" />
</div>
```

接下来使用 CSS 为图片添加边框，并依次设置它们的透明度。代码如下所示：

```
<style type="text/css">
    #wrap img{border:solid 1px #999; }
    #pic1{ opacity:0.8}
    #pic2{ opacity:0.7}
    #pic3{ opacity:0.5}
    #pic4{ opacity:0.3}
    #pic5{ opacity:0.2}
    #pic6{ opacity:0.1}
</style>
```

上述代码使用 opacity 属性为 6 个图片设置了透明度，其中，值越小表示透明度越高，运行效果如图 10-12 所示。

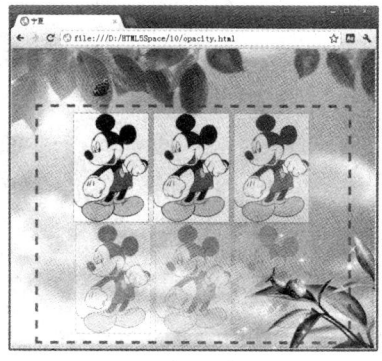

图10-12　设置透明度的运行效果

## 10.6　动手操作：设计网页色调

在网页设计中，搭配颜色是一个难点，需要有一定的审美观和对颜色的把握。这一点对于初学者来说总是很难掌握。其实只要把握住配色的基本规律和原则，也不会很难。首先就是确定网站的主色调，然后在同一色系中进行选色和配色，这样既能保证网页色彩丰富，又不显得花哨。

那么具体如何选色和配色呢？这就需要在配色中确定占大面积的颜色，并根据这一颜色来选择不同的配色方案，从而得到不同的整体色调。

在 CSS 3 中使用 HSL 可以控制色调、饱和度和亮度。下面就以 HSL 的使用为例演示如何设计网页的色调，并给出模拟效果。

具体步骤如下：

**Step 1** 新建一个 HTML 页面，添加显示的标题，再使用 table 制作一个表格。具体代码如下所示：

```
<h2>色调：H=0</h2>
<h3>饱和度(&rarr;)</h3>
<table width="90%" border="0"  align="center">
```

```
    <tr>
        <th>亮度(&darr;)</th>
        <th >100%</th>
        <th >80%</th>
        <th >60%</th>
        <th >40%</th>
        <th >25%</th>
        <th >10%</th>
        <th >0%</th>
    </tr>
    <tbody id="main">
    </tbody>
</table>
```

上述代码使用 h2 和 h3 定义了两个标题，使用 th 定义亮度的标签，具体的颜色块会显示到 id 是 main 的 tbody 中。

**Step 2** 为上一步添加的 HTML 布局定义 CSS 样式，代码如下所示：

```
<style type="text/css" >
table {padding:5px;}
th { color:red;  font-size:14px;  font-weight:normal;}
td { width:80px;  height:30px;}
h2 {margin:0 auto;   width:400px;   background:hsla(0, 0%, 40%, 0.5); text-align:center;}
h3 {margin:0 auto;   width:400px;   background:hsla(0, 30%, 60%, 0.8);text-align:center;}
</style>
```

如上述代码所示，这里使用 hsla 对 h2 和 h3 的透明度进行了设置。

**Step 3** HSL 有三个参数，分别表示色调、饱和度和亮度。在确定色调之后，只要不断改变饱和度和亮度就可以得到不同的色块。根据这个思路，我们使用 JavaScript 脚本来实现，具体代码如下所示：

```
<script language="javascript" type="text/javascript" >
window.onload=function(){
    //定义页面的主色调，这里为0表示红色
    var h=0;
    //定义饱和度数组
    var arr1=new Array("100%","80%","60%","40%","25%","10%","0%");
    //定义亮度数组
    var arr2=new Array("100%","88%","75%","63%","38%","25%","13%","0%");
    for(var i=0;i<arr2.length;i++)
    {
        var tds=""
        for(var j=0;j<arr1.length;j++){
            //创建颜色块
            tds+="<td style='background:hsl("+h+","+arr1[j]+","+arr2[i]+")'></td>";
        }
```

```
            //显示亮度和颜色块
            $("main").innerHTML+="<tr><th>"+arr2[i]+"</th>"+tds+"</tr>";
        }
    }
        //快速获取页面上的元素
        function $(id){return document.getElementById(id);}
</script>
```

实现代码非常简单、易懂，而且里面包含了注释。当需要添加其他饱和度和亮度时，只需要向数组中添加新值即可，非常方便。

**Step 4** 运行 HTML 页面，将看到以红色为色调的页面颜色搭配方案，如图 10-13 所示。如果将色调值修改为 120，将看到如图 10-14 所示的运行效果。

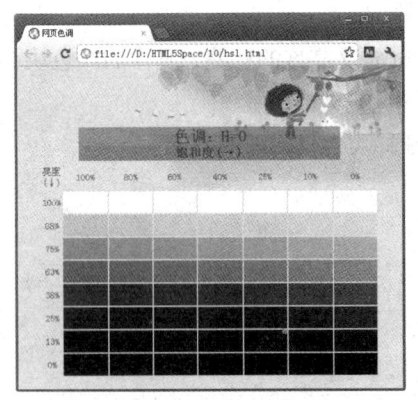

图10-13　色调为0运行效果 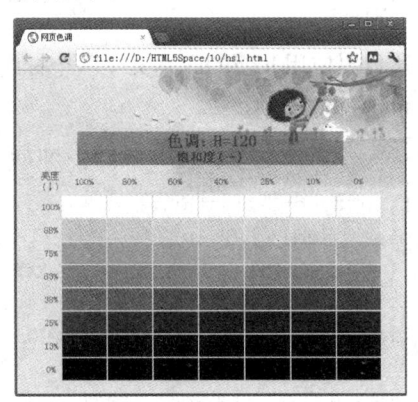　　　　图10-14　色调为120运行效果

## 10.7　CSS 3文本与字体样式

CSS 的最初作用就是修饰页面上显示的文本和字体样式。在早期的版本中也定义了丰富的属性来设置字体的大小、颜色、对齐方式、行高、换行方式和缩进等。

CSS 3 在这方面进行了重大革新，添加了很多属性，使 CSS 的功能更加强大。本节将详细介绍新增的文本和字体样式属性。

### 10.7.1　text-shadow属性

CSS 3 新增的 text-shadow 属性用于为页面上的文本添加阴影效果。该属性目前 Safari、Firefox、Chrome 和 Opera 浏览器都支持，Internet Explorer 9 以上支持。

text-shadow 属性的语法格式如下：

```
text-shadow: h-shadow v-shadow blur color;
```

其中各个参数的含义如下：

- h-shadow　指定水平方向上阴影的位置，可以为负值。
- v-shadow　指定垂直方向上阴影的位置，可以为负值。
- blur　指定阴影的模糊半径，值越大模糊范围越大，省略时表示不向外模糊。

- color 指定阴影的颜色。

如图 10-15 所示为上述语法中的 h-shadow、v-shadow 和 blur 参数如何影响阴影的产生效果。

> **注意** 参数顺序不可以颠倒。当使用三个参数作为该属性的值时，第1个参数表示h-shadow和v-shadow的值，后面不变。此时将第1个参数设置为0，表示只有模糊效果，不产生阴影。

例如，下面的代码为 h1 元素定义了一个阴影。

```
<h1>美丽风景</h1>
<style>
h1 {text-shadow:14px 14px 4px #FF0000;}
</style>
```

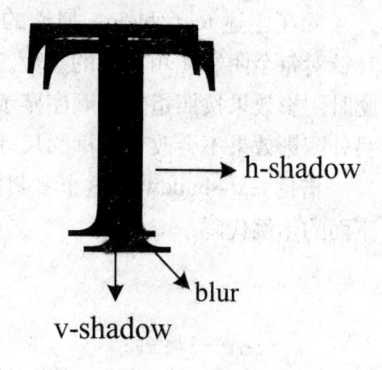

图10-15 阴影产生示意图

在这里定义阴影的水平和垂直位置均为 14 像素，模糊半径为 4 像素，阴影颜色为 #FF000。如图 10-16 所示为最终的运行效果，从左至右依次是 Chrome 浏览器、Firefox 浏览器、Opera 浏览器。

图10-16 阴影显示效果

在使用 text-shadow 属性时，如果前两个参数的值为负值，那么阴影将沿着反方向显示。例如，对上面 h1 元素使用下面的样式代码：

```
h1 {text-shadow:-15px -15px 5px #FFFFFF;}
```

在这里 text-shadow 属性的第 1 个和第 2 个参数使用了负数值，运行后将看到如图 10-17 所示的效果。

图10-17 阴影显示效果

除了上述 text-shadow 属性的简单应用之外，该属性还可以实现显示多个阴影的效果，并且针对每个阴影使用不同的参数。具体方法是使用一个以逗号分隔的阴影列表作为该属性的值。此时阴影效果按照指定的顺序显示，因此有可能出现互相覆盖，但是它们永远不会覆盖文本本身，另外阴影效果不会改变边框的尺寸，但可能延伸到边界之外。

借助 text-shadow 的这个多阴影机制，可以利用阴影制作出一些非常漂亮的文本效果。例如，下面的示例代码：

```
<style>
h1{
    color:#FFF;
    font-size:40px;
    padding-bottom:20px;
    text-shadow:20px 10px #999, 30px 30px #778, 50px 40px #666;
}
<style>
<h1>春    晓</h1>
```

如上述代码所示，在这里使用 text-shadow 属性为 h1 元素定义了 3 个阴影，而且在定义时省略了模糊半径参数。运行之后将在页面上看到 4 个"春晓"文字，如图 10-18 所示。

下面再来看一个多阴影的示例，代码如下所示：

```
<style>
h1{
    color:#7BBE21;
    font-weight:bold;
    font-size:82px;
    padding:20px;
    text-shadow:0 0 4px #FFF,
        0 -5px 4px #FF3,
        2px -10px 6px  #FD3,
        -2px -15px 11px #F80,
        2px 15px 18px #F20;
}
<style>
<h1>美丽风景</h1>
```

这里为 h1 元素定义了 5 个阴影，运行效果如图 10-19 所示。

图10-18  多阴影运行效果1            图10-19  多阴影运行效果2

## 10.7.2 text-overflow属性

在设计 Web 页面时，设计师通常会给栏目设置固定宽度。这样一来，当实际内容超过宽度时，为了避免不影响整体的布局必须对内容进行截取。这个工作之前多是使用 JavaScript 脚本来完成。而在 CSS 3 中新增了 text-overflow 属性可以快速解决这个问题。

text-overflow 属性的作用非常明确，就是决定当内容超过宽度时的显示方式。例如，当一个列表的宽度为 100 像素，而内容有 120 像素时，使用该属性可以在 100 像素处显示一个省略号，而不是截取。其语法格式如下：

```
text-overflow:clip | ellipsis
```

从语法可以看出，该属性有两个值，含义如下：
- clip 当内容超出宽度时对其进行截取。
- ellipsis 当内容超出宽度时在最后显示省略号标记。

下面通过一个简单的实例来实现让超出的内容显示省略号。代码如下所示：

```
<div style=" width:420px;overflow:hidden;text-overflow:clip;white-space:nowrap"> 一二三四五，上山打老虎，老虎不在家，打到小松鼠，松鼠有几只，让我数一数，一二三四五。</div>
```

在上述代码中，首先为 div 元素指定了固定宽度，设置超出的内容隐藏并显示一个省略号，"white-space:nowrap" 的作用是使内容不换行显示。最终运行效果如图 10-20 所示。如果将 text-overflow 属性的值更改为 clip，将对超出的内容进行截取，运行效果如图 10-21 所示。

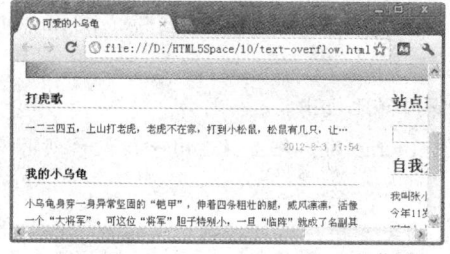

图10-20　显示省略号标记的运行效果

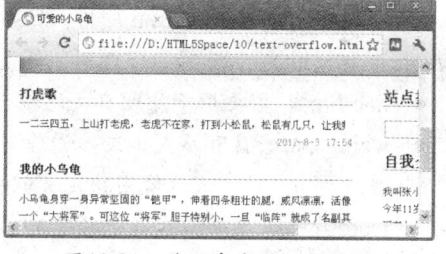

图10-21　截取内容的运行效果

> **提示**　text-overflow在显示省略号时，实际内容是标题，仅是受宽度的限制没有显示出来而已。这样的好处是有益于搜索引擎收录。

## 10.7.3 word-wrap属性

在 CSS 3 之前 word-wrap 是 Internet Explorer 浏览器的私有属性，不被其他浏览器支持。而 CSS 3 将它标准化，在 Firefox、Safari、Chrome 和 Opera 浏览器中均可用。

word-wrap 属性用于确定当内容达到容器边界时的显示方式，可以是换行或者断开。具体语法如下所示：

```
word-wrap:normal | break-word
```

从语法可以看出，该属性有两个值，含义如下：
- normal 普通换行方式，即采用浏览器的默认换行方式。

- break-word 当内容遇到边界时断开换行显示。

该属性的两个值都是用来控制内容的换行显示方式。下面通过一个简单的实例比较两个值的差别，详细代码如下所示：

```
<div id="wrap" style="word-wrap:break-word; width: 300px;">
我有一个小毛驴,我从来也不骑。有一天我心血来潮骑着去赶集。(Happy,Happy,Happy,Happy,Happy,Happy,VeryHappy)<br/>我手里拿着小皮鞭,我心里正得意。不知怎么哗啦啦啦啦我摔了一身泥。
</div>
```

在上述代码中，break-word 作为换行方式，因此在内容碰到边界时会换行显示，而不管单词（连续的字母）是否显示完整，运行效果如图 10-22 所示。如果将值设置为 normal，此时只有单词显示完整后才会换行，运行效果如图 10-23 所示。

图10-22　break-word运行效果　　　　图10-23　normal运行效果

CSS 3 中新增了 word-wrap 属性。CSS 中提供了很多用于处理换行的属性，像 line-break、word-break 和 white-space 等。下面对它们的处理方式分别进行介绍：

- line-break 主要用于处理日文的换行方式，使用得比较少。
- white-space 具有格式化文本的作用，当值为 nowrap 时，会强制在同一行显示所有文本；当值为 pre 时，表示使用预定义的格式显示文本。
- word-break 主要针对亚洲语言和非亚洲语言的文本换行进行控制。当值为 break-all 时，可以在非亚洲语言文本行的任意字符内断开换行；当值为 keep-all 时，表示在中文、韩文和日文中不允许字符内断开换行。
- word-wrap 控制换行，当属性取值为 break-work 时会强制换行，对中文文本和英文语句都有作用，但是对长字符串不起作用。也就是该属性用于控制是否断词，而不是断字符。

### 10.7.4　@font-face属性

@font-face 属性可以说是 CSS 3 中最具创新的一项功能，它属于 CSS 3 规范中的字体模块。在传统的页面设计中，设计师总是非常小心地使用字体，因为需要考虑每位浏览者的系统中是否安装了所用的字体。虽然可以指定当字体不能正常显示时的替代字体，但是这将严重影响页面的美观程度。

而在 CSS 3 中，提供了 @font-face 属性，它允许在网页中使用服务器端已经安装的字体，而不影响浏览者的显示效果。也就是说，@font-face 属性可以加载服务器端的字体文件，并让客户端的浏览器显示正常。

> **提示**：目前，所有主流浏览器都支持@font-face，但是要注意，Internet Explorer仅支持.eot（Embedded Open Type）类型字体，而Firefox、Chrome、Safari和Opera浏览器支持.ttf（True Type Font）和.otf（Open Type Font）类型字体。

严格来说，CSS 3 中的 @font-face 其实是一个选择器，具体语法格式如下：

```
@font-face{属性:值}
```

CSS 3 为 @font-face 提供了独有的属性，当需要多个属性时使用分号作为分隔。如表 10-2 中列出了这些可用的属性及其说明。

表10-2 @font-face属性

| 属性名称 | 说明 |
| --- | --- |
| font-family | 定义字体的名称，必需 |
| src | 定义该字体的URL地址，必需 |
| font-stretch | 定义该字体的拉长方式。可选值有normal（默认值）、condensed、ultra-condensed、extra-condensed、semi-condensed、expanded、semi-expanded、extra-expanded和ultra-expanded |
| font-style | 定义该字体的显示方式。可选值有normal（默认值）、italic和oblique |
| font-weight | 定义字体的粗细。可选值有normal（默认值）、bold、100~900 |

例如，下面的示例演示了 @font-face 的使用方法。

```
@font-face{
    font-family:UserCustomFont;
    src:url('font/font_Scmon.otf') format("opentype");
    font-weight:normal;
    font-stretch:normal;
}
```

在上述代码中，使用名称 UserCustomFont 作为服务器端字体"font/font_Scmon.otf"的引用。src 中的 format 是可选的，在这里指定字体类型为 opentye，它还有另一个值 truetype。font-weight 属性和 font-stretch 属性指定了字体的其他样式。

当使用 @font-face 属性定义了服务器端字体之后，如果需要在样式中使用它，还必须通过 font-family 属性进行引用。例如，对 h1 元素应用上面的 UserCustomFont 字体，示例代码如下：

```
h1{ font-family: UserCustomFont ;}
```

运行之后，在 h1 元素中的所有内容将会应用 UserCustomFont 关联的 font_Scmon.otf 字体。

下面使用 @font-face 属性创建一个具体的实例。首先是在 HTML 页面中添加需要显示的内容，代码如下所示：

```
<h3>you and me</h3>
<div>you and me from one world</div>
<div>we are family</div>
<div>travel dream</div>
<div>a thousand miles</div>
<div>meeting in beijing</div>
<div>come together</div>
<div>put your hand in mine</div>
```

然后通过 CSS 3 的 @font-face 属性定义两个外部字体，代码如下所示：

```
<style>
@font-face {
font-family: myFirstFont1;
src: url('fonts/veteran_typewriter-webfont.ttf');
}
@font-face {
font-family: myFirstFont2;
font-style: normal;
font-weight: normal;
src: url('fonts/league_gothic-webfont.ttf');
}
</style>
```

上述代码创建了两个字体，分别是 myFirstFont1 和 myFirstFont2，它们引用的字体文件都位于 fonts 目录下。接下来，将定义好的字体分别应用到页面中的 h3 元素和 div 元素。代码如下所示：

```
h3 {
    font-family:myFirstFont1;
    font-size:48px;
}
div {
    font-family:myFirstFont2;
    font-size:24px;
}
```

上述代码将字体 myFirstFont1 应用到 h3 元素，字体 myFirstFont2 应用到 div 元素，最终的运行效果如图 10-24 所示。如果将 font-family 去掉，将看到如图 10-25 所示的使用默认字体的效果。

图 10-24　使用自定义字体的运行效果　　　图 10-25　使用默认字体的运行效果

> **注意**　@font-face 虽然提供了可以浏览没有安装字体的显示效果，但是它的代价是需要预先将字体下载到本地。所以，如果字体文件太大则不适合使用这种方式。

# 10.8　动手操作：制作个性的图书列表

在网页中文本占着非常大的比例，可以说主要表现的内容是通过文本来定义的。CSS 3 也

注意到了这一点,为此增加了很多与文本相关的样式。下面制作一个显示个性化的图书列表。具体步骤如下:

**Step 1** 新建 HTML 页面,为页面定义一个标题,代码如下所示:

```
<div id="logo">
    <a href="#">打造一流IT学习乐园    推进无纸化教学进程</a>
</div>
```

**Step 2** 为了使标题在页面中能够突出显示,使用 CSS 定义它的显示样式。具体如下:

```
<style type="text/css">
#logo a {
    color:#000;
    text-decoration:none;
    text-transform:uppercase;
    text-shadow:8px -4px 8px #f08, -3px 1px 9px #F00,
        -1px 1px 5px #FFF, 2px 1px 6px #FFF,
        1px 1px 5px #FFF, 1px -1px 7px #FFF;
}
</style>
```

如上述代码所示,这里使用了 text-shadow 属性为标题定义多个阴影效果。

**Step 3** 有了页面标题之后,还需要为列表定义一个标题。假设这里要显示的是关于图书的数据,使用的标题如下:

```
<h1>畅销图书排行榜</h1>
```

**Step 4** 与页面标题类似,接下来使用 CSS 定义 h1 标题的显示样式。具体代码如下所示:

```
@font-face {
    font-family: WebFont2;
    font-style:normal;
    font-weight: normal;
    src: url('fonts/zhangcao.ttf') format("truetype");
}
h1 {
    margin:20px 0 10px 0;
    text-transform:uppercase;
    font-family:WebFont2;
    font-size:32px;
    font-weight:normal;
}
```

在上述代码中,首先使用 @font-face 属性创建了一个来自外部的字体,字体名称为 WebFont2。然后将该名称应用到 h1 元素,并设置大小和其他样式。

**Step 5** 现在创建用于显示图书数据的列表,包含图书名称、价格、出版社和 ISBN。代码如下所示:

```
<table width="90%">
  <tr>
    <th width="39%">名称</th>
```

```
            <th width="10%">价格</th>
            <th width="28%">出版社</th>
            <th width="23%">ISBN</th>
        </tr>
        <tr>
            <td class="name" >SQL Server 2008完全学习手册</td>
            <td>58</td>
            <td>清华大学出版社</td>
            <td class="number">978-7-121-06353-4 </td>
        </tr>
            <!-- 省略其他行 -->
    </table>
```

**Step 6** 编写 CSS，定义 table 和 th 的显示外观。

```
table {     font-size:14px;}
th {
    background-color: #000;
    color: #FFF;
    font-size: 18px;
    line-height: 24px;
    opacity:0.6;
}
```

上述代码在定义 th 时设置了字体颜色和背景色，同时又使用 opacity 属性设置了透明度为 0.6。

**Step 7** 为了避免图书名称过长时将单元格撑开，影响其他列的布局效果。使用 text-overflow 属性显示一个省略号，代码如下所示：

```
.name {
    display:block;
    width:190px;
    overflow:hidden;
    text-overflow:ellipsis;
    white-space:nowrap
}
.name:hover {    overflow:visible;}    /*鼠标经过图书名称时显示完整内容*/
```

**Step 8** 最后再创建一个样式来定义图书 ISBN 的显示效果。代码如下所示：

```
@font-face {
    font-family: WebFont1;
    font-style:normal;
    font-weight: normal;
    src: url( 'fonts/league_gothic-webfont.ttf') format("truetype");
}
.number {
    font-family: WebFont1;
    font-size:18px;
}
```

**Step 9** 在上述代码中使用了自定义的字体。现在运行实例页面，将看到如图 10-26 所示的效果。

**Step 10** 为了演示本案例 CSS 样式的重要性。可以将样式全部去除，然后再运行，将看到如图 10-27 所示的效果。

图10-26　实例运行效果

图10-27　去除样式后的运行效果

## 10.9　本章小结

HTML 5 和 CSS 3 自出现以来就一直是互联网技术中最受关注的两个话题。在本章之前，本书对 HTML 5 新出现的各种技术进行了详细讨论。本章的目的是带领读者快速了解 CSS 3，并掌握最基本的颜色和文本模块的使用。

为此，本章在最开始首先介绍了有关 CSS 的背景知识，然后对 CSS 3、浏览器兼容性以及重要新增功能进行介绍。接下来则是本章的重点，通过理论结合实践的形式使读者加深 CSS 3 新增特性的应用的理解。

## 10.10　课后练习

### 一、填空题

（1）Internet Explorer 浏览器支持 CSS 3 的私有属性是 _____。

（2）样式 hsl(500,50%,20%) 中色调的实际值是 _____。

（3）在使用 opacity 属性设置透明度时，值为 _____ 时表示完全透明。

（4）创建一个水平和垂直都是 5px、模糊半径为 2px、使用 #123456 作为颜色的阴影，应该使用代码 _____。

（5）text-overflow 属性的值为 _____ 表示显示省略号标记。

### 二、选择题

（1）在下面关于 CSS 样式的说明中，_____ 不是 CSS 的优势。

　　A．Web 页面样式与结构分离

　　B．页面下载时间更快

　　C．轻松创建及编辑

　　D．使用 CSS 能够增加维护成本

（2）使用 CSS 样式表对页面进行设置，设置背景色为 rgb(0, 255, 0)，那么在浏览器中页面的背景色将为_____色。

    A．红        B．蓝        C．绿        D．黄

（3）为了使 CSS 3 的新特性可以运行在 Chrome 浏览器上，可以使用私有属性_____。

    A．-webkit-    B．-khtml-    C．-moz-    D．-chr-

（4）下列特性中不属于 CSS 3 新增的是_____。

    A．使用 RBGA 更改透明度

    B．可以设置多个背景图片

    C．可以在边框中使用图片

    D．可以使用选择器

（5）下列关于 RGBA 的用法，错误的是_____。

    A．rgba(20%,20%,20%,1)

    B．rgba(20,20,20,0)

    C．rgba(20,20,20,-1)

    D．rgba(20,20,20,1)

（6）假设要使页面中的 p 元素为半透明，下面代码中错误的是_____。

    A．p{background-color:hsla(120,65%,50%,0.5);}

    B．p{background-color:rgba(20,20,20,0.5);}

    C．p{background-color:rgb(20,20,20); opacity:0.5;}

    D．p{background-color:hsl(120,65%,75%);}

（7）下列关于 text-shadow 的用法，错误的是_____。

    A．text-shadow:0 1px #FF0000;

    B．text-shadow:-20px 0 1px #FF0000;

    C．text-shadow: 1px #FF0000 10px 10px;

    D．text-shadow:0 1px #FF0000, 50px 40px #666;

（8）下列不属于 @font-face 属性的是_____。

    A．font-family    B．font-name    C．font-style    D．font-weight

### 三、简答题

（1）简述 CSS 的发展史及其优势。

（2）请举例说明 CSS 3 的主要新增功能。

（3）简述使用 CSS 3 需要注意的兼容性问题。

（4）在 CSS 3 中使用透明有几种方法，分别是什么。

（5）简述 text-shadow 的语法以及各个参数对效果的影响。

（6）列举在 CSS 3 中控制文本换行的几种方式。

（7）简述 @font-face 的使用方法及优缺点。

# 第 11 章
# 使用CSS 3选择器

**内容摘要：**

通过上一章的学习，相信读者一定对 CSS 3 有所了解和认识。这一章将介绍 CSS 3 中的选择器，像属性选择器、伪类选择器、伪元素选择器等，以及如何使用这些选择器实现插入文字、插入图像文件、添加连续编号的功能。最后通过一个综合的动手操作结束本章内容。

**学习目标：**

- 掌握 CSS 3 中新增加的属性选择器
- 掌握常用的结构化伪类选择器
- 掌握 4 种常用的伪元素选择器
- 熟练常用的 UI 元素状态伪类选择器
- 熟悉通用兄弟元素选择器的用法
- 了解 content 属性常用的取值方法
- 熟悉选择器插入文字、图像文件和项目编号的方法

## 11.1 CSS 3新增加的选择器

选择器是 W3C（World Wide Web Consortium）在 CSS 3 工作草案中独立引进的一个概念，它是 CSS 3 的重要组成部分。实际上，在 CSS 1 和 CSS 2 中已经定义了很多常用的选择器，本节主要介绍 CSS 3 中新增加的常用选择器。

### 11.1.1 属性选择器

CSS 3 新增加了 3 种属性选择器，使属性选择器引进了通配符的概念。这三种常用的属性选择器如下所示：

- [att*=val] 匹配具有 att 属性、且值包含 val 的元素
- [att^=val] 匹配具有 att 属性、且值以 val 开头的元素
- [att$=val] 匹配具有 att 属性、且值以 val 结尾的元素

#### 1. [att*=val] 属性选择器

[att*=val] 选择器的含义是：选择匹配的元素，该元素中定义了 att 属性，且属性值是包含 val 的字符串。例如，p[title*="show"] 表示匹配包含 title 属性，且 title 的属性值是包含"show"字符串的 p 元素。

在 Dreamweaver CS5 中新建一个页面，匹配 id 的属性值是包含"news"字符串的所有 p 元素。主要代码如下所示：

```
<style type="text/css">
p[id*="news"]{
    font-weight:bold;
    color:blue;
    font-family:Arial, Helvetica, sans-serif;
}
</style>
<body>
<div>
<p id="news1">番外三 听说那时你哭了</p>
<p style="font-size:14px">我也是偶然听说，那时候你哭了。对不起，当初我不应该不告而别的。可是，我不后悔，现在的你很幸福很幸福，我也感觉很幸福。</p>
<span id="news2">番外二 琴瑟在御 莫不静好</span>
<p style="font-size:14px">琴瑟在御 莫不静好。</p>
<p id="old1">第二十四章 阮阮，只有你的青春永不腐朽</p>
<p style="font-size:14px">青春是什么，是一首诗，一幅画，一句永远都忘不掉的关怀……阮阮，很高兴，在我生命中最美丽的时刻遇到你。那时青春，那时快乐，也是在那时，你的青春永不腐朽。</p>
<p id="old2">第二十三章 那就一辈子吧，何需伤感</p>
<div>
</body>
```

在上段代码中，id 相当于选择器 [att*=val] 中的属性 att，"news"相当于属性值 val，匹配出所有的 p 元素，将字体加粗并且设置字体为"Arial"，颜色为蓝色。运行效果如图 11-1 所示。

## 2. [att^=val] 属性选择器

[att^=val] 选择器的含义是：选择匹配的元素，该元素中定义了 att 属性，且属性值是以 val 开头的字符串。例如，p[title^="show"] 表示匹配包含 title 属性，且 title 的属性值是以 "show" 字符串开头的 p 元素。

在 Dreamweaver CS5 中新建一个页面，匹配 id 的属性值是以 "news" 开头的所有 p 元素。主要代码如下所示：

```
<style type="text/css">
p[id^="news"]{
    color:orange;
    font-size:16px;
}
</style>
<body>
<div>
<p>赠汪伦</p>
<p id="news num1">李白乘舟将欲行，</p>
<p id="ingnews">忽闻岸上踏歌声。</span>
<p id="news">桃花潭水深千尺，</p>
<p id="endnews">不及汪伦送我情。</p>
<div>
</body>
```

在上段代码中，主要使用 [att^=val] 选择器，查找出所有符合条件的 p 元素，并且更改 p 元素的样式。运行效果如图 11-2 所示。

图 11-1　[att*=val]属性选择器效果图　　　　图 11-2　[att^=val]属性选择器效果图

## 3. [att$=val] 属性选择器

[att$=val] 选择器的含义是：选择匹配的元素，该元素中定义了 att 属性，且属性值是以 val 结尾的字符串。例如，p[title$="show"] 表示匹配包含 title 属性，且 title 的属性值是以 "show" 字符串结尾的 p 元素。

在 Dreamweaver CS5 中新建一个页面，更改上面的示例，匹配 id 的属性值以"news"结尾的所有 p 元素。主要代码如下所示：

```
<style type="text/css">
p[id$="news"]{
    font-weight:bold;
    color:blue;
    font-size:16px;
}
</style>
<body>
<p>赠汪伦</p>
<p id="news num1">李白乘舟将欲行，</p>
<span id="ingnews">忽闻岸上踏歌声。</span>
<p id="news">桃花潭水深千尺，</p>
<p id="endnews">不及汪伦送我情。</p>
</body>
```

上段代码中使用 [att$=val] 属性选择器，查找出所有匹配的 p 元素，并且更改 p 元素的样式。运行效果如图 11-3 所示。

> **提示**　CSS 3选择器引进了通配符的概念，选用了^、$、*这3个通用匹配运算符，其中，^表示匹配起始符，$表示匹配终止符，*表示匹配任意字符。

图11-3　[att$=val]属性选择器效果图

## 11.1.2 结构化伪类选择器

在学习结构性伪类选择器之前，首先来了解一个伪类选择器的概念。伪类选择器是已经定义好的选择器，不能随便取名。常用的伪类选择器有：a:hover、a:link、a:visited 等。

结构性伪类是 CSS 3 中新增加的类型选择器。常用的结构性伪类选择器如下所示：

- root 选择器　将样式绑定到页面的根元素中。
- first-child 选择器　对父元素中的第一个子元素指定样式。
- last-child 选择器　对父元素中的最后一个子元素指定样式。
- nth-child(n) 选择器　对指定序号的子元素设置样式（正数）。参数可以是数字（1、2、3）、关键字（odd、even）、公式（2n、2n+3），参数的索引起始值是 1，而不是 0。
- nth-last-child(n) 选择器　对指定序号的子元素设置样式（倒数），语法和用法可参考 nth-

child(n) 选择器。
- not 选择器 若想对某个结构元素使用样式，但想排除这个结构元素下的子结构元素，就用 not 选择器。
- empty 选择器 指定当元素内容为空白时使用的样式。
- target 选择器 对页面中某个 target 元素指定样式，该样式只在用户单击了页面中的链接，并且跳转到 target 元素后生效。
- nth-of-type(n) 选择器 匹配指定序号的同一种类型的子元素（正数）。参数可以是数字（1、2、3）、关键字（odd、even）、公式（2n、2n+3），参数的索引起始值是 1，而不是 0。
- nth-last-of-type(n) 选择器 匹配指定序号的同一种类型的子元素（倒数），语法和用法参考 nth-of-type(n) 选择器。
- only-child 选择器 当某个父元素中只有一个子元素时使用的样式。

### 1. root 选择器

root 选择器就是将样式绑定到页面的根元素中。在整个 HTML 页面中，指的就是整个 "html" 部分。

在 Dreamweaver CS5 中新建一个页面，实现使用 root 选择器改变整个 HTML 页面背景颜色的功能。主要代码如下所示：

```
<style type="text/css">
:root{
    background-color:lightblue;
}
body{
    background-color:orange;
}
</style>
<body>
<h3>第一回  甄士隐梦幻识通灵  贾雨村风尘怀闺秀</h3>
<p>原来女娲氏炼石补天之时，于大荒山无稽崖练成高经十二丈，方经二十四丈顽石三万六千五百零一块．娲皇氏只用了三万六千五百块，只单单剩了一块未用，便弃在此山青埂峰下．谁知此石自经煅炼之后，灵性已通，因见众石俱得补天，独自己无材不堪入选，遂自怨自叹，日夜悲号惭愧</p>
</body>
```

上段代码使用不同样式指定 root 元素和 body 元素的背景颜色，根据不同的颜色取值，背景色就会发生相应的变化。如果不指定 root 元素的背景色，而仅仅指定 body 元素的背景色，那么整个页面都会变成橘红色。运行效果如图 11-4、图 11-5 所示。

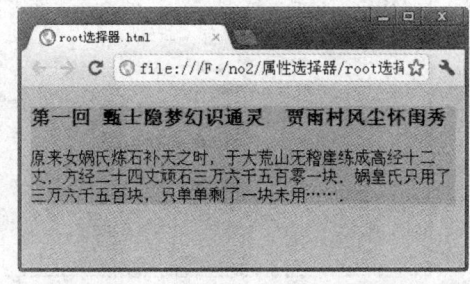

图11-4  root选择器显示的背景色 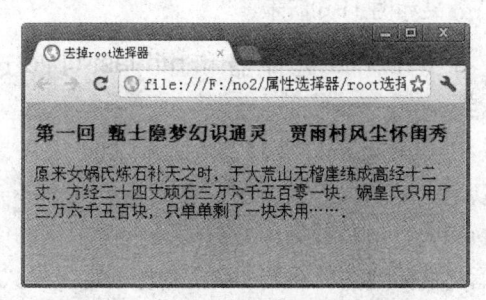　　　　图11-5  去掉root选择器显示的背景色

### 2. first-child 选择器和 last-child 选择器

如果用户想为文章列表的第一篇标题和最后一篇标题设置不同的背景颜色,目前为止,采取的做法就是:给这两篇文章的标题添加不同的 class 属性,然后给每个属性的样式定义不同的背景颜色。但是,在 CSS 3 中新增加了 first-child 选择器和 last-child 选择器以后,同样可以解决设置背景颜色的问题,多余的 class 属性就可以不要了。

first-child 选择器和 last-child 选择器分别用于为父元素中的第一个或者最后一个子元素设置样式。

在 Dreamweaver CS5 中新建一个页面,使用选择器实现设置文章标题背景颜色的功能。主要代码如下所示:

```
<style type="text/css">
p:first-child{
    background-color:skyblue;
}
p:first-child a:hover{
    color:white;
    background-color:orange;
}
p:last-child{
    color:darkblue;
    background:lightblue;
}
</style>
<body>
<div>
<p><a>第一篇 让浪漫永恒</a></p>
<p>第二篇 记忆中的故乡小村庄</p>
<p>第三篇 第一次飞出国门——巴厘岛旅游</p>
<p>第四篇 母亲的微笑</p>
<p>第五篇 剔透无暇的空间是光环还是魔咒</p>
<p>第六篇 关于生命绿色的一点无聊遭遇</p>
</div>
</body>
```

上段代码中使用 first-child 选择器设置第一篇文章的标题背景颜色为天蓝色,最后一篇文章的标题背景颜色为浅蓝色,字体为深蓝色。运行效果如图 11-6 所示。

### 3. nth-child 选择器和 nth-last-child 选择器

使用 first-child 选择器与 last-child 选择器可以定义某个父元素中第一个或最后一个子元素的样式,但是如果用户想要为上面示例的第三篇文章标题或倒数第二篇文章标题定义样式,使用这两个选择器就不行了。为了解决这个问

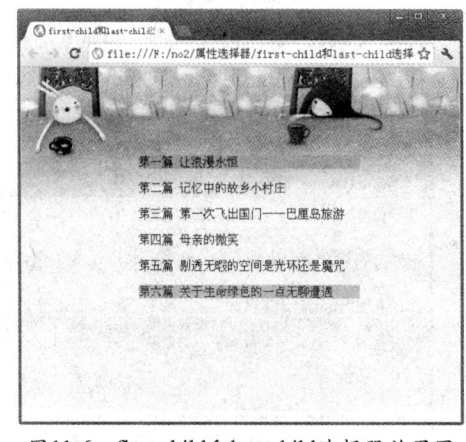

图11-6 first-child和last-child选择器效果图

题，下面介绍另外两种选择器：nth-child 选择器和 nth-last-child 选择器。它们是 first-child 和 last-child 的扩展选择器。

在 Dreamweaver CS5 中新建一个页面，添加一个六行五列的表格，使用 nth-child 选择器和 nth-last-child 选择器实现隔行分色的功能。主要代码如下所示：

```
<style type="text/css">
table{
    width:100%;
    font-size:12px;
    table-layout:fixed;
    empty-cells:show;
    border-collapse:collapse;
    margin:0 auto;
    border:1px solid #cad9ea;
    color:#666;
}
tr:nth-child(even){
    background-color:#f5fafe;
}
tr:nth-last-child(odd){
    background-color:#D3CAF4;
}
</style>
<body>
<div>
<h1>设计优雅的数据表格</h1>
<table summary="设计优雅的数据表格">
<tr><th>姓名</th><th>性别</th><th>外语成绩</th><th>语文成绩</th><th>数学成绩</th></tr>
<tr><td>李思洋</td><td>男</td><td>119</td><td>102</td><td>148</td></tr>
<!-- 省略其他tr -->
</table>
</div>
</body>
```

上段代码 table 元素的样式中，使用 table-layout:fixed 改善表格的呈现性能，empty-cells:show 隐藏不必要的干扰因素，border-collapse:collapse 能让表格看起来更佳精致。最关键的地方在于：使用选择器 nth-child(even) 定义所有偶数行表格的背景色，使用选择器 nth-last-child(odd) 定义所有奇数行表格的背景色。运行效果如图 11-7 所示。

> **试一试** 更改上一节的文章标题列表示例，使用nth-child或nth-last-child选择器设置倒数第二篇文章的标题背景色或者循环定义父元素中文章的标题背景色。

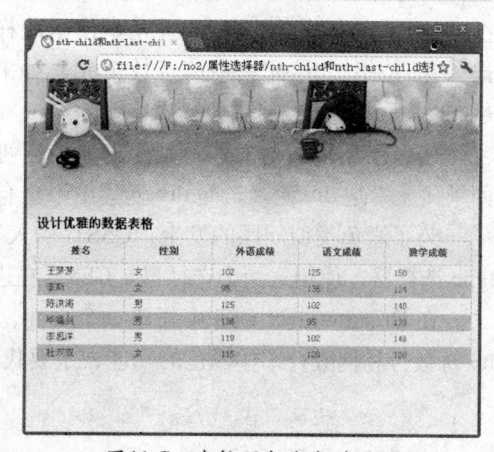

图11-7　表格隔行分色效果图

### 4. nth-of-type(n) 选择器和 nth-last-of-type(n) 选择器

上一节介绍了 nth-child 选择器和 nth-last-child 选择器，实现了表格隔行分色的功能。但是，任何事物的存在都是各有利弊的。那么这两个选择器有没有弊端呢？答案是肯定的。

在 Dreamweaver CS5 中新建一个页面，主要代码如下所示：

```
<style type="text/css">
h3:nth-child(odd){
    color:red;
}
h3:nth-child(even){
    color:yellow;
}
</style>
<body>
<div>
<h3>第一篇 关于生命绿色的一点无聊遭遇</h3>
<p>春天到了，是绿色来临的时候，只是今年有些不对劲儿，世界显得有些令人匪夷所思。许多地方遇上了前所未有的寒冷，甚至于有些地方大雪厚度超过两米。</p>
<!-- 省略其他代码 -->
</div>
</body>
```

上段代码主要针对 h3 标题定义样式，nth-child 选择器分别根据参数 odd 和 even 设置奇数行的字体颜色为红色，偶数行的字体颜色为黄色。运行效果如图 11-8 所示。

从图 11-8 中可以看到：所有文章标题的字体颜色都变成了红色，而不是预期的那样。这个时候问题就产生了，nth-child 选择器在计算子元素是第奇数个还是第偶数个的时候，是连同父元素中的所有子元素一起计算的。从另一方面讲，"h3：nth-child(odd)" 并不是指 "div 元素中第奇数个 h3 子元素使用此样式"，而是指 "div 元素中第奇数个元素如果是 h3 子元素的时候使用此样式"。

图11-8 nth-child选择器定义奇数行、偶数行的样式

所以，如果父元素是列表元素，并且列表中只有一种子元素的时候，不会发现任何问题；如果父元素是 div 元素，而 div 元素中不止有一种子元素的时候，问题就出现了。

为了避免类似问题的发生，CSS 3 引入了另外两种选择器：nth-of-type 选择器和 nth-last-of-type 选择器。使用这两个选择器，CSS 3 在进行计算的时候就已经针对相同类型的子元素了。

在 Dreamweaver CS5 中新建一个页面，更改上面的示例，实现在 div 父元素中改变子元素 h3 奇数行和偶数行字体颜色的功能。主要代码如下所示：

```
<style type="text/css">
h3:nth-of-type(odd){
```

```
        color:red;
    }
    h3:nth-of-type(even){
        color:yellow;
    }
    </style>
    <body>
    <div>
    <h3>第一篇 关于生命绿色的一点无聊遭遇</h3>
    <p>春天到了，是绿色来临的时候，只是今年有些不对劲儿，世界显得有些令人匪夷所思。许多地方遇上了前所未有的寒冷，甚至于有些地方大雪厚度超过两米。</p>
    </div>
    </body>
```

上段代码使用 nth-of-type 选择器定义文章标题的颜色，使所有奇数行文章标题的字体为红色，所有偶数行文章标题的字体为黄色。运行效果如图 11-9 所示。

> **试一试** 如果需要定义奇数行或偶数行的效果为从下往上的话，可以使用nth-last-of-type选择器替代nth-of-type选择器，进行倒数计算。感兴趣的读者可以亲自动手试一试。

图11-9　nth-of-type选择器效果图

### 5. only-child 选择器

only-child 选择器用于匹配父元素下仅有的一个子元素，它的效果和 E:first-child:last-child 或者 E:nth-child(1):nth-last-child(1) 的效果一样。

在 Dreamweaver CS5 中新建一个页面，页面包括 3 个 ul 列表，每个列表包含不同的项目。主要代码如下所示：

```
    <style type="text/css">
    body{
        background-image:url(../images/http_imgload13.jpg); background-repeat:no-repeat;
    }
    li:only-child{color:red;}
    </style>
    <body>
    <div>
    张韶涵歌曲：
    <ul><li>隐形的翅膀</li><li>不想懂得</li><li>亲爱的那不是爱情</li></ul>
    王菲歌曲：
    <ul><li>因为爱情</li></ul>
    陈奕迅歌曲：
    <ul><li>富士山下</li><li>爱情转移</li><li>十年</li></ul>
    </div>
```

```
</body>
```

在上段代码中，当 ul 父元素下的子元素 li 的列表仅有一个项目时，使用 only-child 选择器设置 li 元素中字体的颜色为红色。运行效果如图 11-10 所示。

### 6. empty 选择器

empty 选择器非常好理解，当元素没有任何内容时，就可以使用 empty 选择器定义样式。

在 Dreamweaver CS5 中新建一个页面，使用 empty 选择器定义单元格没有内容时的样式。主要代码如下所示：

图11-10  only-child选择器效果图

```
<style type="text/css">
td{
    border:1px solid #cad9ea;
    padding:0 1em 0;
}
:empty{background-color:#E9BFFB}
</style>
<body>
<div>
 <table>
  <tr>
    <td width="30%">书名</td><td width="20%">作者</td><td width="50%">其他作品</td>
  </tr>
  <tr><td>《烈火如歌》</td><td>可爱淘</td><td>《狼的诱惑》、《那小子真帅》</td></tr>
  <tr><td>《基督山伯爵》</td><td>大仲马</td><td></td></tr>
 </table>
</div>
</body>
```

上段代码的运行效果如图 11-11 所示。

### 7. target 选择器

使用 target 选择器为页面中的某个 target 元素（该元素的 id 被当做页面中的超链接来使用）指定样式，该样式只在用户单击了页面中的超链接，并且跳转至 target 元素后起作用。

在 Dreamweaver CS5 中新建一个页面，使用 target 选择器为页面内的个人简介内容定义样式。主要代码如下所示：

图11-11  empty选择器效果图

```
<style type="text/css">
body{
    background-image:url(../images/http_imgload12.jpg); background-repeat:no-repeat;
}
:target{color:red; font-size:14px; background-color:#DBDBDB}
</style>
<body>
<div>
<a href="#p1">海子个人简介</a>|
<a href="#p2">达芬奇个人简介</a>|
<a href="#p3">贝多芬个人简介</a>
<p id="p1">    海子简介：海子原名查海生，生于1964年3月24日，在农村长大。1979年15岁时考入北京大学法律系，大学期间开始诗歌他曾长期不被世人理解，但他是中国70年代新文学史中一位全力冲击文学与生命极限的诗人。创作。</p>
</div>
</body>
```

上段代码的作用是单击不同的人物简介链接时跳转至页面的相应内容，实现了页内导航和定位的功能。运行效果如图 11-12 所示。

### 8. not 选择器

如果用户想对某个结构元素使用样式，但想排除这个结构元素下的子结构元素，就可以使用 not 选择器。

在 Dreamweaver CS5 中新建一个页面，主要代码如下所示：

图 11-12　target 选择器效果图

```
<style type="text/css">
body{
    background-image:url(../images/http_imgload12.jpg); background-repeat:no-repeat;
}
div *:not(h3){color:#32CD64; font-size:14px; font-family:"宋体", Geneva, sans-serif;}
</style>
<body>
<div>
<h3>从头再来</h3>
<p>昨天 所有的荣誉已变成遥远的回忆</p>
<p>勤勤苦苦已度过半生</p>
<p>今夜重又走入风雨</p>
<p>我不能随波浮沉</p>
<p>为了我致爱的亲人</p>
<p>再苦再难也要坚强</p>
```

```
<p>只为那些期待眼神</p>
<p>心若在 梦就在 天地之间还有真爱</p>
<p>看成败 人生豪迈 只不过是从头再来</p>
</div>
</body>
```

在上段代码中,"div *"指定 div 元素中所有的字体颜色为"#32CD64",字体大小为 14 像素,且设置字体为"宋体",":not(h3)"表示使用 not 选择器排除 h3 元素。换句话说,除了 h3 元素外,div 元素中的其他子元素全部使用上述样式。运行效果如图 11-13 所示。

## 11.1.3 伪元素选择器

伪元素选择器:并不是针对真正的元素使用的选择器,而是针对已经定义好的伪元素使用的选择器。常用的 4 种伪元素选择器如下所示:

- first-line 选择器 为某个元素的第一行文字指定样式。
- first-letter 选择器 为某个元素中文字的首字母或第一个字设置样式。
- before 选择器 在某个元素之前插入内容。
- after 选择器 在某个元素之后插入内容。

在 Dreamweaver CS5 中新建一个页面,使用上面的 4 种选择器显示一首古诗,主要代码如下所示:

```
<style type="text/css">
p:first-child:first-line{
    font-size:18px;
    color:red;
}
p:first-child:first-letter{
    font-size:24px;
    color:orange;
}
div:before{
    content:"静 夜 思";
    color:white;
}
div:after{
    content:"作 者:(李 白)";
    margin-left:40px;
}
</style>
<body>
<div>
<p>窗 前 明 月 光,</p>
<p>疑 是 地 上 霜。</p>
<p>举 头 望 明 月,</p>
<p>低 头 思 故 乡。</p>
</div>
</body>
```

在上段代码中，使用 first-line 选择器定义第一句古诗的字体为红色；使用 first-letter 选择器设置古诗的第一个字的样式；然后分别使用 before 选择器和 after 选择器在古诗的前面插入古诗标题，古诗后面插入古诗的作者。运行效果如图 11-14 所示。

图 11-13　not 选择器的效果图　　　　　　图 11-14　古诗展示效果图

## 11.1.4　UI 元素状态伪类选择器

上一节已经介绍了伪元素选择器，有些 HTML 元素有 enable 或 disable 状态（例如：输入框）和 checked 或 unchecked 状态（例如：单选按钮、复选框）。这些状态就可以使用 enabled 选择器、disabled 选择器、checked 选择器等伪类元素来分别定位。它们的共同特征是：指定的样式只有当元素处于某种状态下才起作用，在默认的状态下不起作用。

UI 元素的状态一般包括：可用、不可用、选中、未选中、获取焦点、失去焦点、锁定、待机等。在 CSS 3 中，一共有 11 种 UI 元素状态伪类选择器，它们分别是：

- hover 选择器　鼠标指针移动到某个文本框控件上使用的样式。
- active 选择器　元素被激活（鼠标在元素上按下还没有松开）时使用的样式。
- focus 选择器　获得光标焦点时使用的样式，主要是在文本框控件获得焦点并输入文字时使用。
- read-only 选择器　指定当元素处于只读状态时的样式。
- read-write 选择器　指定当元素处于只写状态时的样式。
- default 选择器　指定当页面打开时处于默认状态的单选按钮或者复选框的样式。
- indeterminate 选择器　指定当页面打开时，若一组单选按钮中任何一个单选按钮都没有设定为选中，那么该选择器定义的样式对整组的单选按钮有效。若是用户选中这组中的任何一个单选按钮，那么整组的单选按钮的样式被作废。
- selection 选择器　指定当元素处于选中状态时的样式。
- checked 选择器　指定当表单中的单选按钮或复选框处于选中状态时的样式。
- enabled 选择器　指定当前元素处于可用状态时的样式。
- disabled 选择器　指定当前元素处于不可用状态时的样式。

CSS 3 兼容了 CSS 2 和 CSS 1 版本的内容，相信读者对上面的部分选择器并不陌生。下面以示例来详细了解下它们的使用方法。

在 Dreamweaver CS5 中新建一个页面，使用上面的选择器定义不同的样式，实现用户身份注册的功能。页面主要代码如下所示：

```
<form style="width:65%;margin-left:100px;margin-top:100px;">
<fieldset>
<legend><h3>身份注册</h3></legend>
用户ID:<input readonly="readonly" id="uid" type="text" value="FK201204111000" /><br/>
用户名:<input name="uname" id="uname" /><span>用户名必须合法</span><br/>
密   码:<input name="upass" type="password" id="upass" /><br/>
爱   好:
<input type="checkbox" />上网<input type="checkbox" />看书
<input type="checkbox" />旅游<input type="checkbox" checked="checked" />阅读<br/>
是否学生:
<input checked value="shi" type="radio" name="ustu" onChange="change()" id="isdent" />是
<input value="no" name="ustu" type="radio" onChange="change()" id="nodent" />否<br/>
<div>
身份证号:<input id="ucard" type="text" name="ucard" maxlength="18" placeholder="请输入证件号码" /><br/>
学校名称:<input id="uschool" type="text" name="uschool" placeholder="学校名称" /><br/>
专业名称:<input id="uzhuanye" type="text" name="uzhuanye" placeholder="专业名称" /><br/>
<input type="button" style="margin-left:110px;" value="提交" />
</fieldset>
</form>
```

页面代码已经完成，样式的主要代码如下所示：

```
<style type="text/css">
#uid:read-only{
    background:#808080;
}
#uname:focus{
    border:2px solid #D8B0FF;
    background-color:#C5C5C5;
}
span::selection{
    background:red;
}
input[type="text"]:enabled{
    border:1px solid skyblue;
    background-color:#FFFFC1;
}
input[type="text"]:disabled{
    border:1px solid orange;
    background-color:#FFD9D9;
}
```

```
input[type="checkbox"]:checked{
    outline:2px solid blue;
}
input[type="checkbox"]:default{
    outline:2px solid red;
}
</style>
```

在上面的代码中，使用 read-only 选择器定义用户 ID 只读文本框的背景颜色；focus 选择器定义了鼠标焦点在用户名输入框时的样式；用户名的合法提示使用 span 元素，选中 span 元素的内容样式由 selection 选择器设置；用户的爱好默认选中"阅读"，当页面打开时，默认处于选中状态的复选框控件的样式使用 default 选择器来定义。

然后分别使用 enabled 选择器和 disabled 选择器定义文本输入框可用和不可用状态时的样式。选择"是"或"否"单选按钮会触发单选按钮的 change 事件，调用函数 change() 更改学生信息的文本框是否可用。JavaScript 中的主要代码如下所示：

```
<script language="javascript" type="text/javascript" >
function change()
{
    var radios = document.getElementById("isdent");
    if(radios.checked)
    {
        document.getElementById("ucard").value = "";
        document.getElementById("ucard").placeholder = "请输入证件号码";
        document.getElementById("ucard").disabled = "";
        //<!-- 其他JavaScript代码 -->
    }else
    {
        document.getElementById("ucard").value = "暂时不可用";
        document.getElementById("ucard").disabled = "disabled";
        //<!-- 其他JavaScript代码 -->
    }
}
</script>
```

运行上述示例，如图 11-15 所示为使用 read-only、enabled、default、focus 选择器的效果图，如图 11-16 所示为使用 selection、checked、disabled 选择器的效果图。

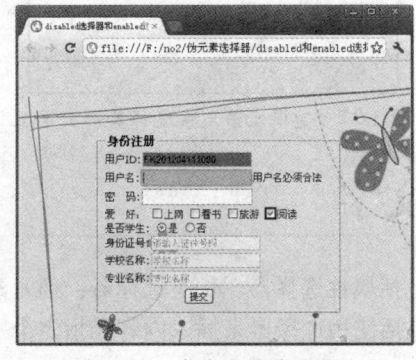

图 11-15　身份注册效果图 1 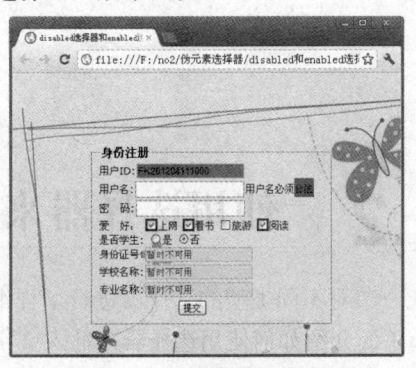　　　　　图 11-16　身份注册效果图 2

> 提示：在上面的示例中，使用比较常用的选择器向读者展示了用户身份注册页面的效果图，感兴趣的读者也可以亲自动手试试，观察每个选择器的显示效果。

### 11.1.5 通用兄弟元素选择器

除了上面的选择器外，下面介绍最后一种选择器：通用兄弟元素选择器。它是用来指定位于同一个父元素之中的某个元素之后的兄弟元素所使用的样式。

在 Dreamweaver CS5 中新建一个页面，实现使用通用选择器定义样式的功能。主要代码如下所示：

```
<style type="text/css">
div~p{
    color:red;font-size:14px;
}
div~p:last-child{
    background-color:orange;
}
</style>
<body>
<div>
<h4>今天天气不错啊</h4>
<p>今天天气确实不错，很暖和，太阳照到身上全身舒舒服服的。</p>
<p>早上跑步的时候碰到了隔壁家的赵大叔，他说今天菜市场的菜又涨价了，这年头啊！什么都涨，就是工资不涨。</p>
</div><br>
<p>我愿意：思念是一种很玄的东西，如影相随，无声又无息……</p>
<p>不想懂得：当世界不知不觉的变了，有时候，我怀念以前的我，做得梦虽然远远的，想象是，一种快乐……</p>
</body>
```

上段代码使用通用兄弟元素选择器"div~p"匹配 div 元素之后和它同级的 p 元素，并且设置字体颜色为红色，字体大小为 14 像素，使用 last-child 选择器定义最后一个同级的 p 元素背景颜色为橘红色。运行效果如图 11-17 所示。

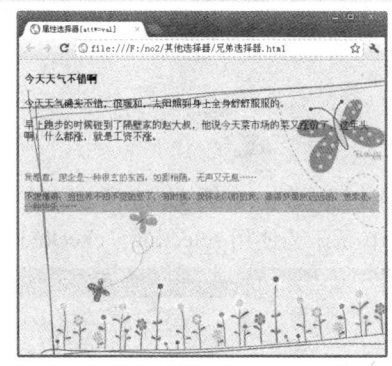

图 11-17　通用兄弟元素选择器的效果图

## 11.2 使用选择器来插入文字

上一节对不同类型的选择器进行了详细介绍，包括属性选择器、伪类选择器、伪元素选择器等。下面介绍如何使用选择器来插入文字，主要包括使用选择器来插入内容和指定个别元素不进行插入两个部分。

## 11.2.1 使用选择器来插入内容

在 11.1.3 节已经提到,伪元素选择器主要有 4 种。但是,如果想要用选择器插入内容,主要使用的是 before 选择器和 after 选择器。

before 选择器在元素前面插入内容,而 after 选择器在元素后面插入内容,使用选择器的 content 属性定义要插入的内容。

### 1. 使用 before 选择器插入内容

在 Dreamweaver CS5 中新建一个页面,实现使用 before 选择器在元素前面插入内容的功能。主要代码如下所示:

```
<style type="text/css">
body{
    background-image:url(images/http_imgload17.jpg); background-repeat:no-repeat;
}
p:before{
    content:"个人简介";
    color: white;
    background-color: orange;
    font-family: 'Comic Sans MS', Helvetica, sans-serif;
    padding: 1px 5px;
    margin-right: 10px;
}
</style>
<body>
<p>
朱自清(1898—1948),原名自华,号秋实,改名自清,字佩弦;原籍浙江绍兴,生于江苏东海;现代著名散文家、诗人、学者、民主战士;其散文朴素缜密,清隽沉郁、语言洗炼,文笔清丽,极富有真情实感,朱自清以独特的美文艺术风格,为中国现代散文增添了瑰丽的色彩,为建立中国现代散文全新的审美特征创造了具有中国民族特色的散文体制和风格;主要作品有《雪朝》、《踪迹》、《背影》、《春》、《欧游杂记》、《你我》、《精读指导举隅》、《略读指导举隅》、《国文教学》、《诗言志辨》、《新诗杂话》、《标准与尺度》、《论雅俗共赏》。
</p>
</body>
```

上段代码主要针对 p 元素使用 before 选择器,并且使用 content 属性来定义 p 元素前面插入的内容"个人简介"。为了使插入的效果更佳美观,在 before 选择器中,指定文字的颜色为白色,背景色为橘红色,并且使用 font-family 设置字体样式,使用 padding 属性和 margin-right 属性对文字周围的内容进行设定。运行效果如图 11-18 所示。

图 11-18 使用 before 选择器插入内容

### 2. 使用 after 选择器插入内容

在 Dreamweaver CS5 中新建一个页面，更改上述示例的样式代码，实现使用 after 选择器在元素后面插入内容的功能。主要代码如下所示：

```
<style type="text/css">
p:after{
    content:"Thanks,OVER";
    font-size:14px;
    color:orange;
    background-color:lightblue;
    padding:1px 5px;
    margin-left:10px;
}
</style>
```

上段代码主要针对 p 元素使用 after 选择器，并且使用 content 属性来定义 p 元素后面插入的内容 "Thanks，OVER"。同样，为了使插入的效果更佳美观，可以在 after 选择器中指定 p 元素后面插入的文字颜色为橘红色，背景色为浅蓝色，并且使用 font-size 设置插入字体的大小，使用 padding 属性和 margin-left 属性对文字周围的内容进行设定。运行效果如图 11-19 所示。

> **注意**　当使用 content 属性指定插入的内容是文字的时候，必须要在插入文字的两旁指定单引号或者双引号。

图 11-19　使用 after 选择器插入内容

## 11.2.2　指定个别元素不进行插入

在上节中介绍了如何使用 before 选择器向 p 元素前面插入内容。这样一来，所有的 p 元素前面都会插入"个人简介"的字样。但是，如果读者只想实现在一个 p 元素或者某几个 p 元素前面插入"个人简介"的字样，应该怎么办？

大家都知道，content 属性用于插入生成的内容，它常常与 before 选择器和 after 选择器配合使用。content 属性常用的属性值如下所示：

- normal　默认值。
- string　插入文本内容，使用引号括起的字符串。
- attr()　插入元素的属性值。
- url()　插入一个外部资源（图像、音频、视频或浏览器支持的其他任何资源）。
- counter(name)　使用已命名的计数器。
- counter(name,list-style-type)　使用已命名的计数器并遵从指定的 list-style-type 属性。
- counter(name,string)　使用所有已命名的计数器。
- counter(name,string,list-style-type)　使用所有已命名的计数器，并遵从指定的 list-style-type 属性。

- open-quote  插入 quotes 属性的前元素。
- cloas-quote  插入 quotes 属性的后元素。
- no-open-quote  不插入 quotes 属性的前元素。但增加其嵌套级。
- no-close-quote  不插入 quotes 属性的后元素。但减少其嵌套级。

在 Dreamweaver CS5 中新建一个页面，实现指定部分元素插入内容的功能。主要代码如下所示：

```
<style type="text/css">
p:first-child{margin-top:260px;}
p:before{
    content:"关于《晚秋》: ";
    color: white;
    background-color: orange;
    font-family: '宋体', Helvetica, sans-serif;
    padding: 1px 5px;
    margin-right: 10px;
}
p.details:before{
    content:normal;
}
</style>
<body>
<p>《晚秋》根据李满熙导演1966年的同名经典文艺爱情片改编而成，影片以美国西雅图为背景，讲述两名男女在异国他乡的爱情故事。</p>
<p>安娜（汤唯Wei Tang 饰）杀死丈夫被判入狱，七年后因为母亲过世获得狱方几天的外出许可，于是Anna乘上前往家乡西雅图的长途汽车，同上一辆车的勋（玄彬饰）因没带够车钱，前来向同是亚裔的Anna借补车钱，并将自己的手表作为抵押交给对方，并单方约定西雅图再相见。</p>
<p class="details">就这样，一段各自不同背景的两个陌生人由此展开了一段简单却……</p>
</body>
```

上段代码主要给 p 元素增加了一个新增加的类名，在指定这个新增加的样式中，将 content 属性定义为默认值"normal"，然后在不需要插入内容的元素中将 class 属性的属性值指定给这个类名即可。运行效果如图 11-20 所示。

在 CSS 2 中，content 属性有另外一个属性值 none，它的作用和使用方法与属性值 normal 一样，读者也可以将 none 属性更改为 normal 属性。

虽然 normal 属性和 none 属性的作用和使用方法一样，但是它们也是有区别的。none 属性值只能应用在这两个选择器中，而 normal 属性值还可以应用在其他插入内容的选择器中。在 CSS 2 中，只有当使用 before 选择器和 after 选择器的时候，normal 属性值的作用和 none 属性值的作用完全相同。在 CSS 3 中，已经追加了其他一些可以用来插入内容的选择器，针对这一类选择器，就只能使用 normal 属性值了。

图11-20  使用normal属性实现的效果图

> **试一试**  将本节示例中的content属性的属性值normal改为none，重新运行上面的示例，观察运行效果。

## 11.3 插入图像文件

上一节讲解了如何使用 before 选择器和 after 选择器插入一段文字内容，那么用户能不能使用这两个选择器插入图像文件呢？答案是肯定的。下面介绍如何使用这两个选择器插入图像文件。

### 11.3.1 在标题前插入图像文件

使用 before 选择器和 after 选择器插入图像文件的时候，需要将 url 的属性值指定为插入的图像路径。

在 Dreamweaver CS5 中新建一个页面，实现在图书章节前面插入图像文件的功能。主要代码如下所示：

```
<style type="text/css">
p:first-child{margin-top:150px;}
p:before{
    content:url(images/new.gif)
}
</style>
<body>
<p>第九回  林教头风雪山神庙  陆虞候火烧草料场</p>
<p>第八回  柴进门招天下客  林冲棒打洪教头</p>
<p>第七回  林教头刺配沧州道  鲁智深大闹野猪林</p>
<p>第六回  花和尚倒拔垂杨柳  豹子头误入白虎堂</p>
</body>
```

上段代码主要针对 p 元素使用 before 选择器，将 content 属性的属性值设置为图像路径，从而达到在每个图书章节前面显示图像的效果。运行效果如图 11-21 所示。

图11-21  显示图像文件效果图

### 11.3.2 插入图像文件的好处

用户可以使用 img 元素或 canvas 元素来插入一个图像文件，同样的，用户也可以使用选择器插入图像，这样可以明显地减少页面编写代码的时间，提高页面代码的运行效率。

在 Dreamweaver CS5 中新建一个页面，扩展上节的示例，重新实现插入图像文件的功能。主要代码如下所示：

## 使用CSS 3选择器  第11章

```
<style type="text/css">
p.news1:before{
    content:url(images/new.gif)
}
p.news2{
    background-image:url(images/new.gif);
    background-repeat:no-repeat;
    padding-left:20px;
}
</style>
<body>
<p class="news1">第十一回  梁山泊林冲落草  汴京城杨志卖刀</p>
<p class="news2">第十回  朱贵水亭施号箭  林冲雪夜上梁山</p>
<p>第九回  林教头风雪山神庙  陆虞候火烧草料场</p>
<p>第八回  柴进门招天下客  林冲棒打洪教头</p>
</body>
```

上段代码模仿图书连载，为新添加的章节添加图像文件。主要使用两种方式添加图像文件：一种是利用类名为"news1"的标题在后面追加图片文件。另外一种就是在样式表中把它作为元素的背景图像文件进行添加。运行效果如图11-22所示。

从上图11-22中可以看到，这两种方法的显示效果是一样的。但是，在打印的时候，如果设置不打印背景的话，使用before选择器添加的图像文件能够正常打印，但是使用追加背景图像的方法追加的图像文件就不能够正常打印了。

图11-22  采用两种方法添加图像文件

> **试一试**　读者可以亲自动手试一试，观察一下上述两种方法的相同点和不同点，加深对插入图像文件的这两种方式的理解和认识。

### 11.3.3  将alt属性的值作为图像的标题来显示

在 img 元素中，使用 alt 属性的作用是指定当图像不能正常显示时所显示的替代文字内容。

在 Dreamweaver CS5 中新建一个页面，实现将 alt 属性的值作为图像的标题来显示的功能。具体代码如下所示：

```
<style type="text/css">
img:after{
    content:attr(alt);
    display:block;
    text-align:center;
    margin-top:5px;
}
</style>
```

277

```
<body>
<img src="images/haha.jpg" alt="人民公园" width="250" height="200" />
</body>
```

上段代码中主要针对 img 元素使用 after 选择器，实现在图像文件后面添加标题，在 content 属性中将 img 元素的 alt 属性作为属性值，通过"attr(属性名称)"这种形式来指定内容。这样图像文件的标题文字就是 alt 属性中指定的文字了。运行效果如图 11-23 所示。

> **注意**：目前只有浏览器 Opera 10 对这个 attr 属性值提供支持。其他浏览器暂不支持此属性值。图 11-23 为浏览器 Opera 10 的显示效果。

图11-23　alt属性值作为图像标题

## 11.4　使用content属性插入项目编号

前面两节分别介绍了使用 before 选择器和 after 选择器与 content 属性配合，在元素的前面和后面插入文字以及图像文件的方法。这一节介绍如何使用 content 属性来在项目前插入项目编号。

到目前为止，Firefox、Opera、Safari 浏览器都支持项目编号的功能，Internet Explorer 从 IE8 开始支持这个功能。

### 11.4.1　在多个标题前加上连续编号

从 11.2.2 节中可以知道，content 属性的取值 counter() 是计数器，用于插入排序标识。使用 content 属性的属性值 counter() 可以实现在多个标题前加上连续编号的功能。

在 Dreamweaver CS5 中新建一个页面，主要代码如下所示：

```
<style type="text/css">
body{
    background-image:url(images/http_imgload21.jpg); background-repeat:no-repeat;
}
h1:before{
    content:counter(mycounter);
}
h1{
    counter-increment:mycounter;
}
</style>
<body>
<h1>灵根育孕源流出　心性修持大道生</h1>
<p>诗曰：混沌未分天地乱，茫茫渺渺无人见。自从盘古破鸿蒙，开辟从兹清浊辨。</p>
```

```
<h1>悟彻菩提真妙理 断魔归本合元神</h1>
<p>话表美猴王得了姓名，怡然踊跃，对菩提前作礼启谢。</p>
<h1>四海千山皆拱伏 九幽十类尽除名</h1>
<p>却说美猴王荣归故里，自剿了混世魔王，夺了一口大刀，逐日操演武艺，教小猴砍竹为标，削木为刀，治旗幡，打哨子，一进一退，安营下寨，顽耍多时。</p>
</body>
```

上段代码使用 before 选择器指定 content 属性的属性值"counter(计算器名)"，为了使用连续的自动编号，需要指定 counter-increment 属性，并且将它的属性值设置为 counter 属性值中指定的计算器名"mycounter"。运行效果如图 11-24 所示。

图 11-24　多个标题前加上连续编号的效果

## 11.4.2　在项目编号中追加文字

使用 content 属性可以实现在多个标题前追加连续编号的功能外，还可以在项目编号中追加文字。

在 Dreamweaver CS5 中新建一个页面，扩展上节中的示例，实现在项目编号中追加文字的功能。主要代码如下所示：

```
<style type="text/css">
h1:before{
    content:"第"counter(mycounter)"回 ";
}
h1{
    counter-increment:mycounter;
}
</style>
```

上段代码中使用 before 选择器的代码代替 11.4.1 节中 before 选择器的代码，文字之间不必使用"+"号连接。运行效果如图 11-25 所示。

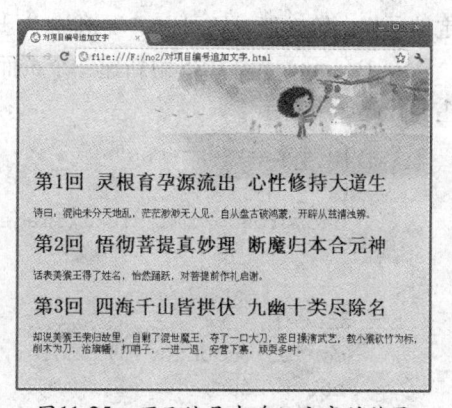

图 11-25　项目编号中追加文字的效果

### 11.4.3 指定编号的样式

在上节的示例中，如果用户想要实现将项目编号的字体设置为蓝色，并且定义字体样式为"宋体"的功能，可以直接指定编号的样式。

在 Dreamweaver CS5 中新建一个页面，扩展上节中的示例，实现为编号指定特定样式的功能。部分代码如下所示：

```
<style type="text/css">
h1:before{
    content:"第"counter(mycounter)"回 ";
    color:blue;
    font-size:30px;
    font-family:"宋体", Helvetica, sans-serif
}
h1{
    counter-increment:mycounter;
}
</style>
```

上段代码中使用 color 属性指定字体的颜色为蓝色，字体大小为 30 像素，并且指定字体样式为"宋体"。运行效果如图 11-26 所示。

图11-26 指定编号的样式效果图

### 11.4.4 指定编号的种类

使用 content 属性的属性值 counter() 不仅可以实现追加数字编号、在编号中追加文字、指定编号样式等功能，还可以实现追加字母编号、罗马数字编号等种类编号的功能。

在 Dreamweaver CS5 中新建一个页面，在页面中指定编号的种类，实现追加字母编号的功能。主要代码如下所示：

```
<style type="text/css">
body{
    background-image:url(images/http_imgload26.jpg); background-repeat:no-repeat;
}
h1:before{
    content:counter(mycounter,upper-alpha);
    color:blue;
    font-family:Arial, Helvetica, sans-serif
```

```
}
h1{
    counter-increment:mycounter;
}
</style>
<body>
<h1>请介绍个人资料</h1><p>个人资料详情</p>
<h1>请说明个人成就</h1><p>个人成就详情</p>
<h1>请写出工作经验</h1><p>工作经验详情</p>
</body>
```

上段代码使用 list-style-type 属性的值"upper-alpha"设置编号的种类,将编号种类指定为大写字母编号。运行效果如图 11-27 所示。

> **试一试** 使用属性值"upper-roman"可以将编号种类指定为罗马数字编号。有兴趣的读者可以亲自动手试一试。

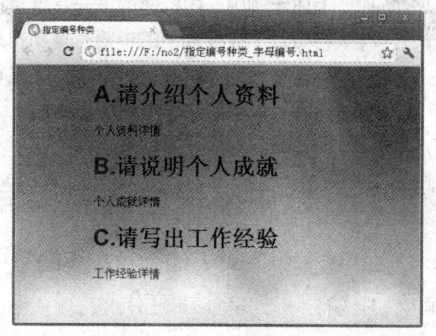

图11-27 大写字母编号效果图

## 11.4.5 编号嵌套

使用编号嵌套,可以在大编号中嵌套中编号,也可以在中编号中嵌套小编号,还可以在中编号嵌入大编号。

在 Dreamweaver CS5 中新建一个页面,实现大编号嵌套中编号的功能。主要代码如下所示:

```
<style type="text/css">
h1:before{
    content:counter(mycounter,upper-roman)".";
}
h1{
    counter-increment:mycounter;
}
h3:before{
    content:counter(subcounter)"、";
}
h3{
    counter-increment:subcounter;
    margin-left:40px;
}
</style>
<body>
<h1>远古社会和传说时代</h1>
<h3>夏、商、西周的更替和制度</h3><h3>夏、商、西周的社会经济</h3>
<h1>清朝的统治</h1>
<h3>两汉的统治</h3><h3>两汉政治经济制度</h3>
</body>
```

上段代码实现了编号的嵌套功能，在页面中有两个大标题，每个大标题中都对应不同的中标题，使用 content 属性的属性值 conteter() 分别对大标题和中标题进行设置，指定大标题的种类为罗马数字编号，中标题的种类为数字编号。然后指定 counter-increment 属性，将它的属性值设置为 counter 属性值中指定的计算器名。运行效果如图 11-28 所示。

> **试一试** 上述示例中，中标题的编号是连续的，如果需要将第二个大标题下的中编号重新排序，可以在大标题中使用"content-reset"属性将标题重置。读者可以亲自动手试一试，观察一下效果。

图 11-28　大标题嵌套中标题的效果图

## 11.4.6　中编号中嵌入大编号

在中编号中嵌入大编号或在小编号中嵌入中编号，显示结果可以是"大编号 - 中编号"或"大编号 - 中编号 - 小编号"的形式。

在 Dreamweaver CS5 中新建一个页面，实现将大编号嵌入到中编号，中编号嵌入到小编号的功能。主要代码如下所示：

```css
<style type="text/css">
h1:before{
    content:counter(mycounter)".";
}
h1{
    counter-increment:mycounter;
    counter-reset:subcounter;
}
h3:before{
    content:counter(mycounter)"-"counter(subcounter)" ";
}
h3{
    counter-increment:subcounter;
    counter-reset:subsubcounter;
    margin-left:40px;
}
h5:before{
    content:counter(mycounter)"-"counter(subcounter)"-"counter(subsubcounter)" ";
}
h5{
    counter-increment:subsubcounter;
    margin-left:60px;
}
</style>
```

```
<body>
<h1>远古社会和历史传说</h1>
<h3>夏、商、西周的更替和制度</h3><h3>夏、商、西周的经济和文化</h3>
<h5>夏、商、西周的经济</h4><h5>夏、商、西周的文化</h5>
<h1>秦朝的统治</h1>
<h3>两汉的统治</h3><h3>两汉政治经济制度</h3>
<h5>两汉政治的优势</h5><h5>两汉的制度</h5>
</body>
```

上段代码中有两个大标题，每个大标题下面都有两个中标题，部分中标题下面有小标题。使用 "-" 或者其他标记将大编号、中编号和小编号之间连接起来。然后使用 before 选择器分别指定 counter 属性的属性值，设置 counter-increment 属性的属性值为 counter 属性的计算器名，使用 counter-reset 属性重新定义编号。运行效果如图 11-29 所示。

图11-29　编号多层嵌入效果图

## 11.4.7 在字符串两边添加嵌套文字符号

从前几节的介绍中已经看到 content 属性功能的强大，除此之外，content 属性和 before 选择器或者 after 选择器配合使用，还可以实现在字符串两边添加嵌套文字符号的功能。

在 Dreamweaver CS5 中新建一个页面，主要代码如下所示：

```
<style type="text/css">
span:before{
    content:open-quote;
}
span:after{
    content:close-quote;
}
span{
    quotes:"《""》";
}
</style>
<body>
<p>每一次都在徘徊孤单中坚强<br/>
每一次就算很孤单也不闪泪光<br/>
我知道 我一直有双隐形的翅膀<br/>
带我飞 飞过绝望<br/>
来自歌名-----<strong><span>隐形的翅膀</span></strong></p>
</body>
```

上段代码中使用 content 属性的属性值 open-quote 和 close-quote 以及属性 quotes 在字符串 "隐

形的翅膀"的两边添加嵌套符号"《"和"》"。属性值 open-quote 用于添加开始的嵌套文字符号，属性值 close-quote 用于添加结尾的嵌套文字符号。然后，在元素的样式中使用 quotes 属性来指定使用什么嵌套文字符号。运行效果如图 11-30 所示。

> **提示**：使用content属性的属性值open-quote与close-quote还可以在字符串两边添加诸如括号、单引号、双引号之类的嵌套文字符号。如果要添加双引号，则需要"\"转义字符。

图11-30 字符串两端嵌套符号的效果图

## 11.5 动手操作：设计窗内网网站首页

到目前为止，本章与选择器有关的基本知识和示例已经介绍完毕，这一节将前面几节介绍过的选择器结合起来，动手操作实现显示窗内网网站首页的功能。

具体步骤如下：

**Step 1** 首先将网站首页划分页面区域。我们采用目前比较主流的框架，分为上、中、下三个大的区域，其中，中间区域可以划分为左侧和右侧两个部分，框架如图 11-31 所示。

图11-31 整体页面布局

根据图 11-31 的布局设计，可以在页面中添加如下的 HTML 代码。

```
<body>
<div class="mainbg"></div>
<div class="main" >
    <div class="left" ></div>
    <div class="right" ></div>
</div>
<div class="foot" ></div>
</body>
```

**Step 2** 框架部分完成以后，首先完成页面顶部的内容。在页面的合适部分添加 div 元素和表单，用于存放导航部分搜索部分的信息，主要代码如下所示：

```
<P id=header>
    <a class=logo title="窗内网" href="#"><span>窗内网</span></a><span class=login>您好,<a href="#">注册</a> | <a href="#">登录</a> | <a href="#" target=_blank>帮助中心</a> | <a href="#">设为首页</a> | <a href="#">加入收藏</a></span>
```

```
</P>
<div id="menu">
    <ul>
        <li><a href="#" >学院首页</a></li>
        <li class=" noselected"><a href="#">讲师风采</a></li>
        <li class="noselected"><a href="#">图书推荐</a></li>
        <li class="noselected"><a href="#">个人中心</a></li>
        <li class="noselected"><a href="#">窗内论坛</a></li>
        <li class="noselected"><a href="#">窗内博客</a></li>
        <li class="noselected"><a href="#">我的空间</a></li>
        <li><span></span></li>
    </ul>
</div>
<ul><li><span></span></li></ul>
<div class="search">
  <form name="searchform_header" method="post" action="#">
     <input name="keywords" type="text" class="search_text" id="keywords" placeholder="找好友聊聊" />
     <input name="button" type="button" class="sub" id="button" />
  </form>
</div>
```

**Step 3** 顶部页面代码已经完成，顶部代码需要的主要样式如下所示：

```
#menu li:first-child a:hover {
    background: url(../images/navsub.gif) no-repeat 10px 3px;
    padding-right: 20px;
    display: block;
    padding-left: 20px;
    font-weight: bold;
    font-size: 14px;
    float: left;
    padding-bottom: 0px;
    color:#fff;
    line-height:28px;
    padding-top:2px;
    text-align: center;
    text-decoration:none;
}
#menu li[class$=" noselected"] a:hover {
    background: url(../images/spacer.gif) no-repeat 10px 3px;
    <!-- 其他样式可以参考上面 -->
}
```

上段代码分别定义了导航部分的链接选中和未选中时的两种样式，其中，使用 first-child 选择器定义导航部分第一个链接的样式，使用 [class$="noselected"] 选择器定义导航未被选中时的样式。

**Step 4** 页面底部主要包含网站的版权信息，页面主要代码如下所示：

```
<div id=foot>
<P >
<a href="#">关于我们</a> | <a href="#">免责声明</a> |
<a href="#">广告合作</a> | <a href="#">知识产权</a> |
<a href="#">支付方式</a> | <a href="#">联系方式</a> |
<a href="#">加入我们</a>
</P>
<P><EM>Copyrights Reserved 2005-2010</EM> 窗内网(<EM>www.itzcn.com</EM>)
<br>豫 <EM>ICP08104500</EM>号   在线客服QQ群: <EM>33925615</EM><br/></P>
</div>
```

**Step 5** 底部样式主要代码如下所示:

```
#foot p:first-child {
    color: #143c80;
    text-align: center
}
#foot p:first-child a:link {
    color: #143c80;
    text-decoration:none;
}
#foot p:first-child a:active {
    color: #143c80;
    text-decoration:none;
}
#foot p:first-child a:visited {
    color: #143c80;
    text-decoration:none;
}
#foot p:first-child a:hover {
    color: #FF6D00;
    text-decoration:none;
}
```

上段样式代码主要使用 first-child 选择器设置第一个 p 元素的样式，分别使用 hover 选择器、visited 选择器、active 选择器等定义鼠标滑动到某处和访问后或者激活时的样式。

**Step 6** 顶部部分和底部部分的代码全部完成以后，运行效果如图 11-32 所示。

**Step 7** 中间部分是整个网站最核心的部分，它包括左侧的图书列表和右侧的会员登录、新手上路、会员排行等信息。左侧页面的主要代码如下所示:

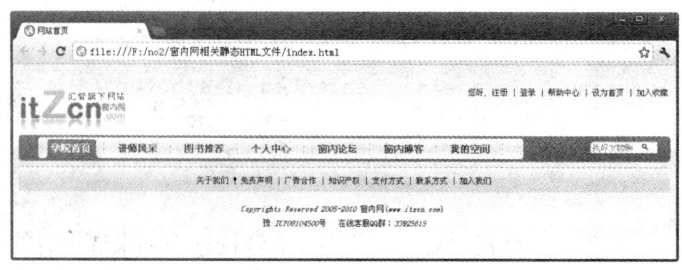

图11-32 页面顶部和底部的效果图

```
<div class="news_tits" >
<h1>精品就业班</h1>
```

```html
    <li class="boxin" id="diginav1"><a href="#">软件开发</a></li>
    <li class="boxout" id="diginav2"><a href="#">Java阵营</a></li>
    </div>
    <div id="digi1" class="maincon" >
    <ul>
    <li>
    <div style="float:left; padding-top:0px; text-align:center; margin-top:10px;"><img src="../images/a.jpg" width="100" height="100" border="0" onerror="this.src='./images/nopic.gif'" /></div>
    <div style="text-align:left;">
    <div><a href="#" class="index_special_name">C#2008从入门到精通</a> </div>
    <div> 窗内网C#2008视频教程系统讲解了C#基础知识,并通过大量... 视频教程</div>
    <div><a href="#"><img src="images/index_dingyue_bt.gif" border="0" /></a></div>
    </div>
    </div>
    </li>
    </ul>
    </div>
    <div class="index_left_bbs">
    <div> <span>论坛精华</span> </div>
    <div>
    <ul>
    <li>
    <dt><a href="#">INSERT语句常见语法错误</a></dt>
    <dt><a target="_blank" href="#">dongjielanyu</a></dt>
    </li>
    </ul>
    </div>
    </div>
    <div class="index_left_blog">
    <div> <span>博客精华</span> </div>
    <div><!-- 博客精华列表 --></div>
    <div>
```

**Step 8** 页面左侧的主要样式如下所示:

```css
.mainleft {
    border:1px #CCC solid;
    position: relative;
    margin-top:8px;
    height:auto !important;
    min-height:290px;
}
.mainleft div:first-child li:after{
    content:"视频教程";
}
.index_special_name a:after{
    content:"视频教程";
}
```

```css
.index_special_name a:active {
    font-size:14px;
    font-weight:bold;
    color:#000000;
    text-decoration:none;
}
```

上段代码使用 first-child 选择器、after 选择器、after 选择器等定义页面左侧图书列表的样式。

**Step 9** 右侧页面主要包括登录、新手上路、会员排行信息。页面的主要代码如下所示：

```html
<div class="member_login">
 <form action="#" method="post">
  <ul>
   <p class="tit">会员登录</p>
   <li style="padding-top:10px;">用户名: <input type="text" name="username" />
   <p><input type="checkbox" name="cookietime" value="315360000"/>记住我</p>
   <li>密码: <input type="password" name="userpass" id="userpass" /><br />
     <p style="top:80px"><input type="image" id="submit" src="images/login.gif" /></p>
   </li>
   <div class="member"><a href="#">忘记密码了？</a>
   <a href="#">新用户注册</a></div>
  </ul>
 </form>
</div>
<div class="right_xs">
 <ul>
  <p class="tit_xs">新手上路</p>
   <li style="line-height:20px;padding-top:8px;"> 1.  <a href="#">如何注册窗内网会员</a></li>
   <li style="line-height:20px;">2.  <a href="#">登录窗内网</a></li>
 </ul>
</div>
<div class="right_hyph_title">
 <ul>会员排行</ul>
</div>
<div style="margin-right:3px;"> 学分 </div>
<div>
   <ul><li><a href="#">xiongjc</a><p style=\"width:70px;float:right;\">51289396分</p></li></ul>
</div>
```

**Step 10** 右侧代码的主要样式如下所示：

```css
form [type="text"]:focus{
    background-color:#FEC0DC;
}
[type="checkbox"]:checked {
```

```css
    outline:1px solid red;
    border: medium none;
}
.right_xs ul p~li a:hover {
    color:#FF0000;
    text-decoration:none;
}
.right_hyph_content ul:first-line{
    font-size:16px;
}
.right_hyph_content ul:first-letter{
    font-size:24px;
    color:red;
}
.right_hyph_content li:nth-of-type(odd){
    background-color:#FFE8E8;
}
.right_hyph_content li:nth-of-type(even){
    background-color:#FEFED3;
}
.right_hyph_content div:nth-child(2) li {
    line-height:25px;
    height:25px;
}
```

上段样式代码主要使用 focus 选择器和 checked 选择器定义会员登录部分输入框和复选框的样式；使用兄弟元素选择器定义与 p 元素同级的 li 元素的样式；使用 first-line 和 first-letter 选择器定义会员排行榜单第一名的样式，使用 nth-of-type 选择器的 odd 和 even 属性实现隔行分色的效果。

**Step 11** 到了这里，本案例的所有代码已经完成，再次运行该案例，整个页面的运行效果如图 11-33 所示。

图11-33　窗内网首页效果图

## 11.6 本章小结

本章采用理论和实践相结合的方式，先从 CSS 3 新增的选择器开始介绍，依次介绍了属性选择器、结构化伪类选择器、伪元素选择器等。接着又通过如何使用选择器插入文字、插入图像文件、插入项目编号等示例，详细介绍了这些选择器的使用方法。最后以一个综合的动手操作案例结束本章。

选择器是 CSS 3 中很重要的组成部分，它实现了页面内对样式的各种需求，本章仅仅演示了这些选择器比较常用的功能和使用方法，其他的高级功能读者可自己去实践。

## 11.7 课后练习

**一、填空题**

（1）_____ 选择器为某个元素的第一行文字指定样式。

（2）使用 before 选择器插入图像文件的时候，需要使用属性值 _____ 指定插入的图像路径。

（3）content 属性的属性值 _____ 表示插入 quotes 属性的后元素。

（4）如果用户想要指定编号种类为罗马编号，那么可以将属性 list-style-type 的属性值设置为 _____ 。

**二、选择题**

（1）如果用户只想在一个 span 元素或者某几个 span 元素前面插入文字，可以使用 _____ 。

    A．after 选择器    B．not 选择器    C．before 选择器    D．first-line 选择器

（2）下列选项中 _____ 不是常用的伪元素选择器。

    A．first-line 选择器    B．after 选择器    C．[att$=val] 选择器    D．first-letter 选择器

（3）如果用户想要匹配 div 元素之后和它同级的 p 元素，并且设置字体为蓝色，大小为 14 像素，下列选项 _____ 是正确的。

    A．div~p{color:blue;font-size:14px;}

    B．p[id="div"]{color:blue;}

    C．div:last-child{color:blue;}

    D．p:first-child{color:blue; font-size:14px;}

（4）下面选项中，_____ 不是 content 属性常用的属性值。

    A．values    B．counter(name)    C．attr()    D．string

**三、简答题**

（1）列举出 CSS 3 中新增加的属性选择器以及它们的适用场合。

（2）列举 content 属性常用的属性值。

（3）简述如何在字符串的两边嵌套符号。

（4）举例说明什么情况下可以使用通用兄弟元素选择器。

# 第 12 章
# CSS 3 边框和背景样式

**内容摘要：**

CSS 3 的出现不仅让页面代码更加简洁、结构更加合理，而且使性能和效果都得到了更好的体现。上一章已经学习了功能强大的选择器，本章主要介绍与 CSS 3 相关的边框和背景样式以及渐变功能。其中包括与边框和背景相关的一些属性，以及如何让中央图像自动拉伸，如何绘制四角不同半径的圆角边框，如何在一个元素中实现显示多个背景图像的功能等。

**学习目标：**

- 掌握 CSS 3 中新增的与边框相关属性的使用方法
- 掌握 CSS 3 中新增的与背景相关属性的使用方法
- 掌握 CSS 3 中最常用的渐变属性的使用方法
- 了解 CSS 3 中与边框、背景和渐变相关属性在各种浏览器的兼容情况
- 解如何让中央图像自动拉伸
- 熟练使用 border-radius 属性绘制圆角边框
- 熟悉如何在一个元素中显示多张背景图像
- 熟悉如何实现简单的线性渐变和径向渐变

## 12.1 边框样式

以前用户使用 border 属性只能简单地设置一些纯色或者几种简单的线条（如 solid、double、dashed 等），而 CSS 3 中添加了新的边框样式，用户可以使用图片设置边框样式和颜色，还可以添加阴影框，甚至可以实现创建圆角边框的功能。

本节将介绍 CSS 3 中新增加的边框属性：border-image 属性、border-radius 属性、box-shadow 属性以及 border-color 属性。

### 12.1.1 border-image 属性

border-image 属性是 CSS 3 中新增加的属性，它的功能非常强大，不仅解决了传统的使用背景图片设置边框样式的问题，提高了页面的运行速率。还可以模拟实现 background-image 属性的功能。

用户在使用 border-image 属性的时候，如果使用的是 Firefox 浏览器，需要在样式代码中写成 "-moz-border-image" 的形式；如果使用的是 Safari 浏览器或者 Chrome 浏览器，需要写成 "-webkit-border-image" 的形式；如果使用的是 Opera 浏览器，需要写成 "border-image" 或 "-o-border-image" 的形式。

border-image 属性的语法如下：

```
border-image:none | <image> [ <number> | <percentage>]{1,4} [ /<border-width>{1,4} ] / [stretch | repeat | round]{0,2}
```

其中常用参数含义如下所示：
- none 默认值，无背景图。
- image 使用绝对或相对路径定义背景图像。
- number 用于设置边框的宽度，就像 border-width 一样取值，可以设置 1-4 个值，表示上、右、下、左四个方向。其默认单位是 px。
- percentage 用于设置边框的宽度，主要是针对背景图像来说的。使用百分比表示。
- stretch、repeat 和 round 可选属性，用于设置边框背景图片的铺放方式。stretch 是默认值，表示拉伸，repeat 是重复，round 是平铺。

> **提示**：border-image 属性适用于所有的元素，但是当 table 元素的 border-collapse 属性设置的属性值为 collapse 时，border-image 属性就无效了。

border-image 属性可以模拟 background-image 属性的功能，它们对图片的引用和排列方式的原理是一样的。为了更好地理解 border-image 属性，可以把其语法的属性表达形式分解为 4 个方面：
- border-image-source 引入图片，通过 url 设置背景图片的路径，也可以使用 none。
- border-image-slice 切割引入的图片，取值主要包括上面的 number 和 percentage。
- border-image-width 边框的宽度，可以使用 border-width 属性代替它。
- border-image-repeat 排列方式，有 stretch、repeat 和 round 三种效果。

浏览器对于边框分割图像时，图像被自动分割为 9 个部分，和"九宫格"模型相似，其中每个部分都代表不同的边界（如图 12-1 所示），从而派生了很多的子属性。具体属性如下所示：

- border-top-left-image 定义左上角边框的背景图像。
- border-top-image 定义顶部边框的背景图像。
- border-top-right-image 定义右上角边框的背景图像。
- border-left-image 定义左侧边框的背景图像。
- border-right-image 定义右侧边框的背景图像。
- border-bottom-left-image 定义左下角边框的背景图像。
- border-bottom-image 定义底部边框的背景图像。
- border-bottom-right-image 定义右下角边框的背景图像。

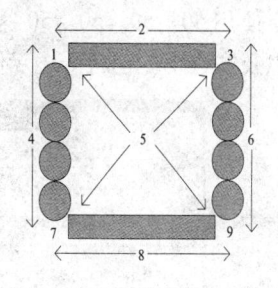

图12-1 图像被分割的9部分

在图 12-1 中，border-top-left-image、border-top-right-image、border-bottom-right-image 和 border-bottom-left-image（即 1、3、9、7）四个边角的部分在 border-image 是没有任何展示效果的，常被称作盲区；而 border-top-image、border-right-image、border-bottom-image 和 border-left-image（即 2、6、8、4）四个部分在 border-image 中是展示效果的区域。

下面演示一个简单的示例，实现使用 border-image 属性设置边框图像的功能。主要代码如下所示：

```
<style type="text/css">
p{
    font-size:16px; margin-left:20px;
}
div{
    -webkit-border-image: url(../images/border1.jpg) 50 50 50 50;
    -moz-border-image: url(../images/border1.jpg) 50 50 50 50;
    -o-border-image: url(../images/border1.jpg) 50 50 50 50;
    height:365px;
    width:433px;
}
</style>
<body>
<div>
<h3><center>各种花的花语  你知道吗</center></h3>
<p>桔梗花的花语--真诚不变的爱</p>
<p>杜鹃花--为了我保重你自己，温暖的，脆的，强烈的感情 </p>
<p>纯洁蒲公英的花语--珍惜眼前的幸福</p>
<p>密蒙花--请幸福到来</p>
<p>风信子--永远的怀念 </p>
<p>丁香--回忆</p>
<p>白色菊花--真实坦诚 </p>
<p>香水百合--纯洁,高贵 </p>
<p>百慕达奶油花--坚韧.顽强</p>
</div>
</body>
```

上述示例中，主要使用 border-image 属性设置边框的图像,属性值 url 指定了图像的链接路径，然后使用 50、50、50、50 这四个参数指定边框所使用到的图像分割时的上边距、右边距、下边距以及左边距。运行上述示例，效果如图 12-2、图 12-3 所示。

图 12-2　Chrome浏览器的显示效果

图 12-3　Opera浏览器的显示效果

使用 border-width 属性或 border 属性可以定义边框的宽度，除此之外，还可以使用 border-image 属性自定义边框的宽度。

下面对上面的示例进行扩展，重新实现使用 border-image 定义边框图像的功能。主要代码如下所示：

```
<style type="text/css">
div{
    -webkit-border-image: url(../images/border1.jpg) 50 50 50 50/30px;
    -moz-border-image: url(../images/border1.jpg) 50 50 50 50/30px;
    -o-border-image: url(../images/border1.jpg) 50 50 50 50/30px;
    border-image: url(../images/border1.jpg) 50 50 50 50/30px;
}
p{font-size:16px; margin-left:20px;}
</style>
```

上段代码主要添加了使用 border-width 属性的属性值"30px"设置边框宽度的代码。可以看到，只添加了一个宽度为 30px 的参数。这是因为，在 CSS 3 中，如果图像分割时指定的四个方向的边框宽度相同，可以只写一个参数，其他三个参数省略。重新运行上面的示例，效果如图 12-4、图 12-5 所示。

图 12-4　Chrome浏览器实现的效果

图 12-5　Firefox浏览器实现的效果

> 提示：如果用户想要为边框的每个角都指定一张背景图像，就可以使用上面的border-image属性了。感兴趣的读者可以动手试一试。

## 12.1.2 border-radius属性

border-radius 属性也是 CSS 3 中新增加的重要属性之一，它抛弃了传统的必须使用多张背景图片生成圆角的方案，使用户只使用这个属性就可以实现圆角生成的功能。而且它还有如下的优点：

- 减少维护的工作量。
- 提高网页的性能。
- 增加视觉的可靠性和美观度。

border-radius 属性的语法如下：

```
border-radius:none | <length>{1,4} [/ <length>{1,4} ]
```

参数 length 表示由浮点数字和单位标识符组成的长度值，不能为负值。可以设置1~4个值。

border-radius 是一种缩写的方法，如果"/"前后的值都存在，那么"/"前面的值设置其水平半径，"/"后面的值设置其垂直半径；如果没有"/"，表示水平半径和垂直半径相等。另外，设置的 4 个值是按照 top-left、top-right、bottom-right 和 bottom-left 的顺序来设置的。常见的形式如下所示：

- border-radius : [<length>{1,4}] 只有一个值，表示 4 个方向的值相等。
- border-radius : [<length>{1,4}] [<length>{1,4}] 只有两个值，表示 top-left 和 bottom-right 的值相等，top-right 和 bottom-left 的值相等。
- border-radius : [<length>{1,4}] [<length>{1,4}] [<length>{1,4}] 设置三个值，第一个值设置 top-left，第二个值设置 top-right 和 bottom-left，并且它们的值相等，第三个值设置 bottom-right。
- border-radius : [<length>{1,4}] [<length>{1,4}] [<length>{1,4}] [<length>{1,4}] 表示 4 个不同方向的值。

不同方向的半径值如图 12-6 所示。

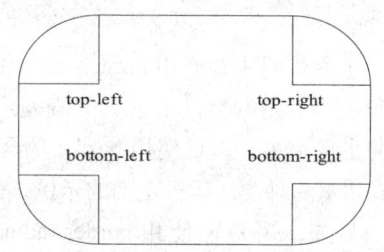

图12-6　border-radius属性不同方向的值

> 提示：和border-image元素一样，border-radius属性适用于所有元素，但是当table元素的border-collapse属性设置的属性值为collapse时，此属性无效。

上一节已经介绍过，使用 border-image 属性将边框背景切割为 9 部分的时候，会派生出很多的新属性分别设置不同方向的背景图像。那么 border-radius 属性有没有派生出新的属性呢？答案是有的。border-radius 属性派生出了新的属性，可以分别设置不同圆角的半径。具体属性如下所示：

- border-top-left-radius　定义左上角的圆角。

- border-top-right-radius 定义右上角的圆角。
- border-bottom-right-radius 定义右下角的圆角。
- border-bottom-left-radius 定义左下角的圆角。

下面演示一个示例，使用 border-radius 属性设置背景图片的圆角效果。主要代码如下所示：

```
<style type="text/css">
#div1{
    background-image:url(../images/http_imgload5.jpg);
    width:600px;
    height:450px;
    border:1px dashed green;
    -moz-border-radius:20px;
    -webkit-border-radius:10px;
    border-radius:50px 100px;
}
</style>
<body>
<div id="div1"></div>
<div id="div2" style="position:absolute; left: 375px; top: 94px; width: 225px; height: 345px; font-size:16px;">
    康乃馨作为花卉名称，是英文Carnation一词的音译词，它是一种大量种植的石竹科、石竹属多年生植物，是玫瑰的一种。通常开重瓣花，花色多样且鲜艳，气味芳香。康乃馨是最受欢迎的切花之一，代表了健康和美好。可供作插花、胸花等。
    1907年，美国费城的贾维斯(Jarvis)曾以粉红色康乃馨作为母亲节的象征。而在欧洲，康乃馨曾被用来治疗发烧，在伊利莎白时代亦曾被用为葡萄酒与麦酒的香料添加剂，以代替价钱较贵的丁香。另有多个国家以康乃馨为国花：摩洛哥、摩纳哥、捷克、洪都拉斯、土耳其、西班牙。
</div>
</body>
```

上段代码主要使用 border-radius 属性设置圆角的半径值，它的值有两个，第一个值表示左上角和右下角的半径；第二个值表示右上角和左下角的半径。另外，可使用 border 的属性值 "dashed" 设置边框的种类。运行上面的示例，如图 12-7 所示。

另外，用户在使用 border-radius 属性的时候，也需要根据不同的浏览器设置其使用的样式。如果使用的是 Firefox 浏览器，需要在样式代码中写成 "-moz-border-radius" 的形式；若使用的是 Safari 浏览器，需要写成 "-webkit-border-image" 的形式；若使用的是 Opera 浏览器，需要写成 "border-radius" 的形式；使用 Chrome 浏览器的时候，可以写成 "border-radius" 或 "-webkit-border-radius" 的形式。

图12-7　border-radius属性设置圆角的效果图

> **试一试**　更改上面的示例，使用border-radius属性设置多个圆角值，或分别设置水平方向和垂直方向的值，观察它们实现的圆角效果。

## 12.1.3 box-shadow属性

box-shadow 属性用来定义元素的阴影，它也是 CSS 3 中新增加的重要属性之一。box-shadow 有点类似于 text-shadow 属性，只不过 text-shadow 属性是为对象的文本设置阴影，而 box-shadow 属性是为对象实现图层阴影效果。

box-shadow 属性常用的语法如下所示：

```
box-shadow: inset x-offset y-offset blur-radius spread-radius color
```

常用的参数如下所示：

- 阴影类型 可选参数，如果不设置值，默认的投影方式是外阴影；如果取唯一值"inset"，表示投影方式是内阴影。
- x-offset 阴影水平偏移量，可以是正值和负值。如果是正值，则阴影在对象的右边；如果为负值，阴影在对象的左边。
- y-offset 阴影垂直偏移量，可以是正值和负值。如果是正值，则阴影在对象的底部；如果为负值，阴影在对象的顶部。
- blur-radius 阴影模糊半径，可选参数，只能是正值。如果值为 0，表示阴影不具有模糊效果，它的值越大阴影的边缘就越模糊。
- spread-radius 阴影扩展半径，可选参数，可以是正值和负值。如果为正值，则整个阴影都延展扩大；如果为负值，则整个阴影都缩小。
- color 阴影颜色，可选参数。如果不设置任何颜色，浏览器会取默认颜色。在 webkit 引擎的浏览器下，默认颜色为黑色，所以用户最好设置颜色。

> **提示** box-shadow属性和text-shadow属性一样，可以设置一个或多个投影，设置多个投影时必须使用逗号分隔。

在 Dreamweaver CS5 中新建一个页面，在页面中添加一个 img 元素，通过设置多个颜色值实现图片的阴影效果。主要代码如下所示：

```
<style type="text/css">
img{
    height:300px;
    -moz-box-shadow:0 0 10px red,2px 2px 10px 10px yellow,4px 4px 12px 12px green;
    -webkit-box-shadow:0 0 10px red,2px 2px 10px 10px yellow,4px 4px 12px 12px green;
    box-shadow:0 0 10px red,2px 2px 10px 10px yellow,4px 4px 12px 12px green;
}
</style>
<body>
<img src="../images/border4.bmp" />
</body>
```

上段代码分别定义 X 轴和 Y 轴的值、阴影的大小以及阴影的颜色，通过多个颜色值显示阴影的效果。运行效果如图 12-8 所示。

当给同一个元素设计多个颜色阴影时，需要注意它们的显示顺序，越靠前的阴影将显示在最内层。例如上面的示例，由内到外依次显示的颜色是：绿色、黄色和红色。但是，如果内层的阴影太大，那么它后面的两个阴影都会被覆盖。将上面示例的最后一个颜色移动到最前面，运行效果如图12-9所示。

图12-8　阴影渐变效果图　　　　　　图12-9　内层阴影覆盖外层阴影效果图

毫无例外，用户在使用 box-shadow 属性的时候，也需要根据不同的浏览器设置其使用的样式。如果使用的是 Firefox 浏览器，需要在样式代码中写成"border-radius"或"-moz-border-shadow"的形式；若使用的是 Safari 浏览器，需要写成"-webkit-border-shadow"的形式；若使用的是 Opera 浏览器，需要写成"border-shadow"的形式；使用 Chrome 浏览器或 Firefox 的时候，可以写成"border-radius"或"-webkit-border-radius"的形式。

> **注意**　使用inset属性可以设置阴影效果为外阴影，但是，如果在img元素上直接使用此属性，则没有任何效果。可以在img元素外面添加一个div元素，直接针对div元素使用box-shadow属性设置阴影。

## 12.1.4　border-color属性

对于 border-color 属性用户一定不会陌生，因为在 CSS 1 和 CSS 2 中已经出现过很多次，它可以设置边框的颜色。不过，在 CSS 3 中，border-color 的功能更加强大，除了可以和 CSS 1 以及 CSS 2 中的 border-color 属性混合使用外，还可以为边框设置更多的颜色，比如给边框添加一个渐变颜色，或者显示边框的彩色效果。

为了避免和原来 border-color 属性定义边框的功能发生冲突，CSS 3 中又增加了 4 种新的颜色属性：

- border-top-colors　定义元素顶部边框的颜色。
- border-right-colors　定义元素右侧边框的颜色。
- border-bottom-colors　定义元素底部边框的颜色。
- border-left-colors　定义元素左侧边框的颜色。

下面演示一个示例，使用上面的属性分别设置边框的颜色，主要代码如下所示：

```
<style type="text/css">
```

```
div{
    width:350px;
    height:250px;
    border:20px solid;
    border-radius:10px 15px 20px 35px;
    -moz-border-top-colors:#FF8C00 #FF83FA #EED2EE #ADFF2F #9370DB #00EE00 #0000EE #8B2323 #8B7B8B #9BCD9B #CD5C5C;
    -moz-border-right-colors:#FF8C00 #FF83FA #EED2EE #ADFF2F #9370DB #00EE00 #0000EE #8B2323 #8B7B8B #9BCD9B #DDA0DD;
    -moz-border-bottom-colors:#FF8C00 #FF83FA #EED2EE #ADFF2F #9370DB #00EE00 #0000EE #8B2323 #8B7B8B #9BCD9B #CD5C5C;
    -moz-border-left-colors:#FF8C00 #FF83FA #EED2EE #ADFF2F #9370DB #00EE00 #0000EE #8B2323 #8B7B8B #9BCD9B #DDA0DD;
}
</style>
<body>
<div>
<h3><center>颜色英语大全</center></h3>
<p>red 红色    pink 粉红色    orange 橘红色</p>
<p>green 绿色    white 白色    black 黑色</p>
<p>blue 蓝色    snow 雪白色色    mauve 紫红</p>
<p>yellow 黄色    rubine 宝石红    gray 灰色</p>
<p>purple 紫色    amber 琥珀色    beige 米色 </p>
</div>
</body>
```

上段代码中，使用12.1.2节介绍过的border-radius属性设置边框不同程度的圆角，并且使用"-moz-border-top-colors"和"-moz-border-right-colors"等属性分别设置不同方向的边框颜色。运行上面的示例，效果如图12-10所示。

使用CSS 3的border-color属性时，如果用户的border宽度设置了Xpx，那么可以在这个边框上使用X种颜色，此时每一种颜色就是一个px。如果用户的border宽度设置了10px，而只运用了三、四种颜色，那么最后一种颜色将会填充到后面的宽度上。

图12-10 border-color属性的效果图

> **注意** 到目前为止，只有Firefox 3.0以上版本的浏览器支持新增加的border-color属性，所以这个属性几乎很少用到。有兴趣的读者可以上网查找更多的资料。

## 12.2 动手操作：中央图像的自动拉伸

在 12.1.1 节中介绍过边框背景图片的三种平铺方式：stretch 拉伸，repeat 重复平铺，round 平铺。浏览器将边框所用的图像自动分割为 9 个部分后，位于中间部分的图像分配给了元素边框所包围的中间区域，在样式代码中，更改 div 元素的高度或宽度，或者随着 div 元素内容变化的同时，中间部分的图像会自动进行伸缩。

在 Dreamweaver CS5 中新建一个页面,页面中添加一个 div 元素,为 div 元素添加相应的内容。主要代码如下所示：

```
<style type="text/css">
div{
    border:solid;
    border-image: url(images/borderimage.png) 18/5px stretch repeat;
    -webkit-border-image: url(images/borderimage.png) 18/5px stretch repeat;
    -moz-border-image: url(images/borderimage.png) 18/5px stretch repeat;
    width:300px;
    margin-left:50px;
    margin-top:30px;
}
</style>
<body>
<div>
张韶涵（AngelaChang），著名歌手、演员，亚洲百变天后，台湾乐坛"四大教主"之一。12岁时全家移民加拿大，曾参加"'中广'流行之星"歌唱比赛，并获得加拿大赛区第一名。2001年，参演《MVP情人》，自此进入演艺圈。
</div>
</body>
```

运行上面的案例，效果如图 12-11 所示。在页面中重新添加 div 元素的内容，中央图像会自动进行拉伸，重新运行上面的案例，效果如图 12-12 所示。

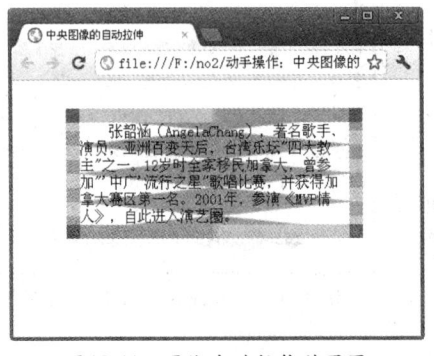

图12-11　图像自动拉伸效果图 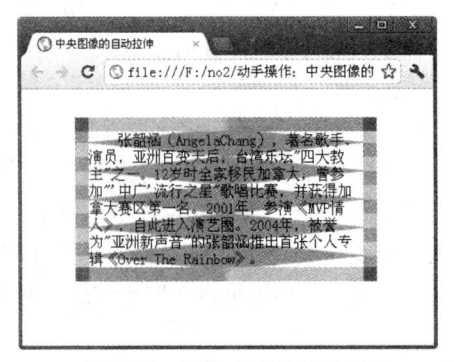　　　　图12-12　添加内容拉伸效果图

实现了中央图像的自动拉伸功能后，再看上面的示例，示例指定图像以"stretch+repeat"的方式显示，将上下两条边的图像指定为拉伸显示，左右两条边中的图像指定为平铺显示，中

央图像在水平方向上平铺显示，在垂直方向上拉伸显示。

当用户将边框图像的方式指定为 repeat 和 round 时都是平铺显示。他们到底有什么不同呢？可以更改上面样式的代码，将 repeat 属性值更改为 round，重新运行上面的案例，运行效果如图 12-13、图 12-14 所示。

图12-13　repeat属性值的显示效果图　　　　图12-14　round属性值的显示效果图

通过上面两个图的比较，可以看到：repeat 属性值是从中间开始，不断重复平铺到四周，在平铺的过程中保持背景图像切片的大小比例，这样在边缘区域可能会被部分隐藏显示。而 round 属性值会压缩（或伸展）背景图像切片的大小，使其正好在区域内显示。

> **注意**　在Safari浏览器或Chrome浏览器（webkit引擎的浏览器）中，round和repeat属性没有明显的区分，但在不同引擎下的浏览器会看到不同的显示效果。

## 12.3　动手操作：绘制不同半径四个角的圆角边框

本节的动手操作将使用子属性实现绘制不同半径的圆角边框的功能。

在 Dreamweaver CS5 中新建一个页面，实现使用 border-radius 属性的派生属性制作相框的功能。主要代码如下所示：

```
<style type="text/css">
#div1{
    background-image:url(images/bordercolor2.jpg);
    width:434px;
    height:350px;
    border:20px solid;
    -moz-border-top-colors:#F90 #B0FFB0 #FFA6FF #D69BEC #F33 #C09 #93C #FF0 #D3F0FE;
    -moz-border-bottom-colors:#F90 #B0FFB0 #FFA6FF #D69BEC #F33 #C09 #93C #FF0 #D3F0FE;
    -moz-border-left-colors:#F90 #B0FFB0 #FFA6FF #D69BEC #F33 #C09 #93C #FF0 #D3F0FE;
    -moz-border-right-colors:#F90 #B0FFB0 #FFA6FF #D69BEC #F33 #C09 #93C #FF0 #D3F0FE;
```

```
            border-top-left-radius:120px;
            border-top-right-radius:125px;
            border-bottom-right-radius:115px;
            border-bottom-left-radius:130px;
            <!-- 其他浏览器的border-radius属性的样式 -->
        }
    </style>
    <body>
    <div></div>
    </body>
```

上段代码中，使用 background-image 属性在 div 元素中添加一张背景图像，使用 border-top-colors、border-bottom-colors、border-left-colors 和 border-right-colors 属性分别设置不同方向边框的颜色，然后使用 border-top-left-radius、border-top-right-radius、border-bottom-right-radius、border-bottom-left-radius 属性分别设置边框各个角的圆角半径。运行上面的示例，效果如图 12-15 所示。

对于 border-radius 属性来说，它还有一个内半径和外半径的区别，当边框值较大时，效果就很明显。上面的示例中，设置边框的值为"20px"，当将 border-radius 半径值设置为小于或等于 border 的厚度时，边框内部就不具有圆角效果。重新修改上面的示例，主要代码如下所示：

```
    <style type="text/css">
    div{
            border-top-left-radius:20px;
            border-top-right-radius:15px;
            border-bottom-right-radius:35px;
            border-bottom-left-radius:30px;
            <!-- 其他浏览器的border-radius属性的样式 -->
        }
    </style>
```

设置圆角的半径分别大于、小于和等于边框的值，重新运行示例，效果如图 12-16 所示。

图12-15　不同半径的圆角显示效果　　　　　图12-16　设置圆角半径大于、小于以及等于边框值的效果图

从图 12-16 中可以看到 border-radius 属性的效果，当圆角半径的值大于边框值时，内部才会有圆角效果。这是因为 border-radius 的内径值等于外径值和边框厚度值的差，当它们为负值时，内径默认为 0。这也说明了 border-radius 属性的内外曲线的圆心不一定是一致的。只有当边框厚

度为 0 时，内外曲线的圆心才会在同一位置。

> **试一试** 更改上面动手操作的案例，重新设置边框的厚度值和颜色，观察它们的效果。

## 12.4 背景样式

背景（background）属性大家并不陌生，它可以说是 CSS 3 中使用频率最高的属性。在 CSS 3 中，background 属性除了保持以前的写法外，还可以在该属性中添加多个背景图像组，多个图像之间使用逗号隔开，极大地提高了用户体验。

在 CSS 3 中，新增加了一些和背景有关的属性，如表 12-1 所示。

表12-1 background新增加的属性

| 属性名称 | 描述 |
| --- | --- |
| background-clip | 指定背景图像的显示范围或裁剪区域 |
| background-origin | 指定绘制背景图像时的起点 |
| background-size | 定义背景图像的尺寸 |
| background-break | 指定内联元素的背景图像进行平铺时的循环方式 |

### 12.4.1 background-clip属性

background-clip 属性用来指定背景的显示范围或者背景的裁剪区域。它的语法如下：

```
background-clip: border-box | padding-box | content-box
```

其中主要的参数如下所示：
- border-box 默认值，背景从 border 区域向外裁剪，也就是超出部分将被裁剪掉。
- padding-box 背景从 padding 区域向外裁剪，超过 padding 区域的背景将被裁剪掉。
- content-box 背景从 content 区域向外裁剪，超过 content 区域的背景将被裁剪掉。

各种浏览器对 background-clip 属性的兼容不同，如果用户使用的是 Firefox 浏览器，需要将代码写成 "-moz-background-clip" 或 "background-clip" 的形式；如果用户使用的是 Webkit 引擎支持的浏览器，需要将代码写成 "-webkit-background-clip" 的形式，如果使用 Opera 浏览器，可以直接将代码写成 "background-clip" 的形式。

在 Dreamweaver CS5 中新建一个页面，在页面中添加三个 div 元素，使用 background-clip 属性的不同属性值来实现裁剪背景的功能。主要代码如下所示：

```
<style type="text/css">
div{
    background-image:url(../images/car1.jpg);
    border:15px dashed green;
```

```
        width:440px;
        height:190px;
    }
    div.div1{
        background-clip:border-box;
        -moz-background-clip:border-box;
        -webkit-background-clip:border-box;
        -o-background-clip:border-box;
    }
    div.div2{
        background-clip:padding-box;
        -moz-background-clip:padding-box;
        -webkit-background-clip:padding-box;
        -o-background-clip:padding-box;
    }
    div.div3{
        background-clip:content-box;
        -moz-background-clip:content-box;
        -webkit-background-clip:content-box;
        -o-background-clip:content-box;
    }
    </style>
    <body>
    <div class="div1" ></div><br/><br/>
    <div class="div2" ></div><br/><br/>
    <div class="div3" ></div>
    </body>
```

上段代码中，设置 background-clip 属性的属性值分别为：border-box、content-box 和 padding-box。运行上面的示例，运行效果如图 12-17、图 12-18 和图 12-19 所示。

图12-17 属性值border-box的效果图　　　　图12-18 属性值padding-box的效果图

通过上面的三个图可以看到，使用 background-clip 属性的属性值 padding-box，把超过 padding 边缘的背景全部裁剪掉了；使用 background-clip 属性的属性值 content-box，超过内容边缘的背景直接被裁剪掉了。因为 background-clip 属性的默认属性值是 border-box，所以图 12-17 没有变化，可以把它作为参考图，与图 12-18 和图 12-19 比较。

CSS 3边框和背景样式　第12章

图12-19　属性值content-box的效果图

> 提示：background-clip属性非常实用，但是，通常情况下，它不单独使用，常常和background-origin属性一块使用。

## 12.4.2　background-origin属性

到目前为止，如果要给图像定位，可以使用background-position属性，但是这个属性总是以元素的左上角为坐标原点进行图像定位。background-origin属性是用来指定绘制背景图像时的起点，使用此属性可以任意定位图像的起始位置。它的语法如下所示：

```
background-origin: border-box | padding-box | content-box
```

其中主要的参数如下所示：

- border-box　默认值，从border区域开始显示背景。
- padding-box　从padding区域开始显示背景。
- content-box　从content区域开始显示背景。

background-origin属性和background-clip属性一样，也有border-box、padding-box和content-box三个参数。那么它们的不同点到底是什么呢？

对于任何元素来说，它都会包含四个区域和边沿，即边界区域、边框区域、补白区域和内容区域，以及边界边缘、边框边缘、补白边缘和内容边缘，如图12-20所示。

对于background-clip来说：它主要用于判断background是否包含border区域。如果是border值，则背景裁剪的是整个border区域；如果是padding值，则背景会忽略padding边缘，而且border是透明的；如果背景图片有多个，对应的background-clip值之间使用逗号隔开。

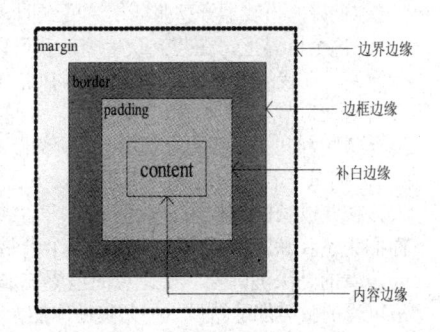

图12-20　四个边沿（缘）区域

对于background-origin来说：它主要用于决定background-position计算的参考位置。如果是border值，则在border边缘显示；如果是padding值，则背景图像的位置在padding边缘显示；如果是content值，背景图像会以内容边缘作为起点。多个背景图像对应的background-origin值使用逗号隔开。

> 提示：使用background-origin属性的时候，需要考虑浏览器的兼容情况，前缀名可以参考background-clip属性，这里就不多做介绍了。

305

在 Dreamweaver CS5 中新建一个页面，将 background-clip 属性和 background-origin 属性相结合，实现显示背景图像的功能。主要代码如下所示。

```
<style type="text/css">
div{
    background-image:url(../images/origin1.bmp);
    background-repeat:no-repeat;
    border:5px dashed lightblue;
    padding:10px;
    width:680px;
    height:600px;
    color:black;
    font-size:16px;
}
div.div3{
    -moz-background-clip:padding-box;
    -webkit-background-clip:padding-box;
    background-clip: padding -box;
    background-origin:content-box;
    -moz-background-origin:content-box;
    -webkit-background-origin:content-box;
}
</style>
<body>
<div class="div3">
<p style="width:550px; margin-left:60px; margin-top:90px;">
亲爱的爸爸妈妈：<br/><br/>
你们好，当我展开这张叫情感的纸时，满脑子只有两个字：感恩。<br/><br/>
在这个世界上，在芸芸众生中，我可以没有朋友、没有同学、甚至没有兄弟姐妹。但是，我不可以没有你们。在我的血脉里流动着你们的血，世界再也没有比这更伟大的了。<br/><br/>
你们都借给了我"还不清的债"，可这些"债"却是不经意的"杰作"。可我还是非常的感谢你们，如果没有这些"债"也就没有今天的我。然而，"债"是以不同的方式降临的。<br/><br/>
你们赋予我血肉之躯，养育我长大，教会我认识自己、认识世界。让我成为对世界，对人类有用的人。在我成长的过程中，我记下了生活中感觉幸福的一点一滴，感觉得到你们那无尽的关爱，感觉得到你们为了我默默的奉献……原来那个老是冲着自己发火的爸爸，其实是很爱自己的；在他重重的伪装下隐藏着的是深沉的爱。爱让我的世界充满了温暖，没有爱的生活就像冬天落光树叶；生活没有爱，即使最可爱的微笑都是勉强……尤其是你们无私的爱让我的生活充满阳光，微笑，迷人的醉意！<br/><br/>
你们的爱——太阳般温暖<br/><br/>
你们的爱——春风般和煦<br/><br/>
你们的爱——百花般美丽。
</p>
</div>
</body>
```

上面代码中，为了避免图像重复平铺到边框区域，将"background-repeat"属性的属性值设置为"no-repeat"，然后使用样式代码"background-clip:padding-box"将补白边缘的背景裁剪掉，最后将 background-origin 属性的属性值设置为"content-box"，背景图像的坐标点从 content 区域开始。运行上面的示例，效果如图 12-21 所示。

CSS 3边框和背景样式　第12章

图12-21　背景图像显示的效果图

## 12.4.3　background-size属性

在 CSS 2 以及之前的版本中，无法控制背景图像的样式，如果要完整地显示背景图像，就需要设计好背景图片的大小。为了解决这个问题，CSS 3 中新增加了一个属性：background-size属性。它可以让用户随心所欲地控制背景图像的大小。

background-size 属性的语法如下所示：

```
background-size: auto | [ <length> | <percentage> ] | cover | contain
```

其中比较常用的参数如下所示：
- auto　默认值，保持背景图像原有的宽带和高度。
- length　由浮点数字和单位标识符组成的长度值。其单位为 px，不可为负值。
- percentage　百分值，可以是 0%~100% 之间的任何值，不可为负值。
- cover　保持图像本身的宽度和高度，当图像小于容器，又无法使用 background-repeat 来实现时，就可以使用 cover 将图像放大以铺满整个容器。这种方法会使背景图像失真。
- contain　保持图像本身的宽度和高度，当图像大于容器而又需要将背景图片全部显示出来时，就可以使用 contain 将图像缩小到适合容器的大小。这种方法也会使背景图像失真。

> 提示　使用length或percentage设置图像的大小时，可以设置1个或2个值。如果只有一个值，第二个值会默认为auto，但是auto并不是指背景图像的原始高度，而是和第一个值相等。

和 background-origin 属性一样，使用 background-size 属性的时候，需要考虑浏览器的兼容性，前缀名也可以参考 background-clip 属性，这里就不多做介绍了。

在 Dreamweaver CS5 中新建一个页面，使用 background-size 属性设置背景图像的尺寸。主要代码如下所示：

```
<style type="text/css">
```

```
div{
    width:200px;
    padding:100px 100px 100px;
    background:url(../images/dog1.jpg) no-repeat;
}
div.no1{
    -webkit-background-size: 300px 100%;
    -o-background-size: 300px 100%;
    -moz-background-size:300px 100%;
    background-size:300px 100%;
}
</style>
<body>
<div class="no1"></div>
</body>
```

运行上面的示例，效果如图 12-22 所示。

试一试：更改上面的示例，设置 background-size 属性的值分别为 contain、cover 或百分比等，观察示例的运行效果。

图 12-22 background-size 属性设置图像的宽高

## 12.4.4　background-break 属性

在 CSS 3 中，元素可以被分为多个盒子，background-break 属性指定了背景图像如何在这些盒子中显示。它常用的取值如下所示：

- continuous　默认值，下一行中的图像紧接着上一行中的图像继续平铺。
- bounding-box　背景图像在整个内联元素中进行平铺（把盒子之间的距离计算进内）。
- each-box　背景图像在每一行中进行平铺（为每个盒子单独绘制背景）。

目前为止，仅有 Firefox 浏览器支持此属性，使用 Firefox 浏览器的时候，需要在样式代码中将其书写为 "-moz-background-inline-policy" 的形式。

在 Dreamweaver CS5 中新建一个页面，在页面中添加了 3 个 div 元素，每个 div 元素中增加一个 span 元素。主要代码如下所示：

```
<style type="text/css">
span{
    background-image: url(../images/a.bmp);
    padding: 0.2em;
```

```
        line-height: 1.5;
        color:black;
        font-size:16px;
    }
    div.div1 span{
        -moz-background-inline-policy: bounding-box;
    }
    div.div2 span{
        -moz-background-inline-policy: each-box;
    }
    div.div3 span{
        -moz-background-inline-policy: continuous;
    }
    </style>
    <body>
    <div class="div1"><span>    Java是一种可以撰写跨平台应用
软件的面向对象的程序设计语言,是由Sun Microsystems公司于1995年5月推出的Java程序设计语言
和Java平台(即JavaSE, JavaEE, JavaME)的总称。Java 技术具有卓越的通用性、高效性、平台
移植性和安全性,广泛应用于个人PC、数据中心、游戏控制台、科学超级计算机、移动电话和互联网,
同时拥有全球最大的开发者专业社群。在全球云计算和移动互联网的产业环境下,Java更具备了显著优
势和广阔前景。</span></div><br/>
    <div class="div2"><span>    ASP 是一项微软公司的技术,是一
种使嵌入网页中的脚本可由因特网服务器执行的服务器端脚本技术。 指 Active Server Pages(动
态服务器页面) ,运行于 IIS 之中的程序 。ASP.NET的前身ASP,它的简单以及高度可定制化的能
力,也是它能迅速崛起的原因之一。</span></div><br/>
    <div class="div3"><span>    C#(C Sharp)是微软
(Microsoft)为。NET Framework量身订做的程序语言,C#拥有C/C++的强大功能以及Visual
Basic简易使用的特性,是第一个组件导向(Component-oriented)的程序语言,和C++与Java一样亦
为对象导向(object-oriented)程序语言。)
    </span></div>
    </body>
```

上段代码中,使用background-break属性将它的属性值分别设置为"bounding-box"、"each-box"和"continuous",实现背景图像不同平铺效果的功能。运行上面的示例,效果如图12-23所示。

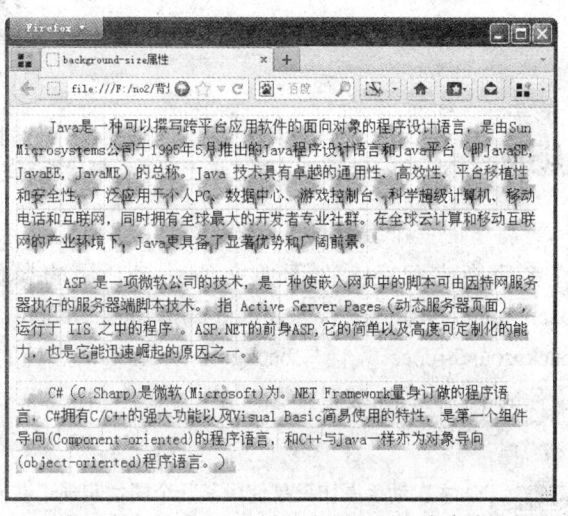

图12-23 background-break属性显示的效果图

## 12.5 动手操作：在一个元素中显示多个背景图像

在 CSS 3 中可以在一个元素里显示多个背景图像，还可以将多个背景图像进行重叠显示。本次动手操作实现在 div 元素中显示多个背景图像的功能。

在 Dreamweaver CS5 中新建一个页面，在页面中添加一个 div 元素。主要代码如下所示：

```
<style type="text/css">
div{
    background-image:url(images/first44.jpg),url(images/first2.jpg),url(images/first1.jpg);
    background-repeat: no-repeat, no-repeat,no-repeat;
    background-position:5% 100%,95% 0%,top;
    padding: 300px 0px;
}
</style>
<body>
<div></div>
</body>
```

上段代码中，主要使用 background-image 属性、background-repeat 属性和 background-position 属性配合使用实现了多个背景图像显示的功能。这些属性是在 CSS 1 中就已经存在的属性，但是在 CSS 3 中，通过逗号分隔，同时指定多个属性的方法，可以指定多个背景图像，从而实现在 div 元素中显示多个背景图像的功能。运行上面的案例，效果如图 12-24 所示。

图12-24　在一个元素中显示多个图像的效果图

> **提示**：background-image属性指定图像文件时，是按在浏览器中显示图像叠放的顺序从上到下指定的，第一个图像是放在最上面的，最后指定的图像文件放在最下面。

将上面三个属性配合使用，可以实现某个元素的背景中显示多个图像文件的功能。允许多重指定配合多个图像文件一起利用的属性有：background-image、background-repeat、background-position、background-clip、background-origin 和 background-size。另外，通过多个 background-repeat 属性与 background-position 属性的指定，可以单独指定背景图像中的某个图像文件的平铺方式与放置位置。

> **试一试**：本次动手操作只是使用某几个属性实现了在元素中显示多个背景图像的功能。感兴趣的读者还可以将上面的其他属性配合使用，实现背景图像显示的效果。

## 12.6 渐变

渐变是从一种颜色到另一种颜色的平稳过渡。目前渐变主要包括线性渐变和径向渐变以及重复渐变。

详细介绍渐变之前，先了解一下目前主流的浏览器内核。它们主要有：Mozilla（例如 Firefox 等浏览器）、Webkit（例如 Safari、Chrome 等浏览器）、Opera（Opera 浏览器）、Trident（IE 浏览器）。

### 12.6.1 线性渐变

Webkit、Opera 和 Mozilla 引擎对于 CSS 3 属性，一般都采取同样的语法，但是对于渐变，某些部分它们无法达成一致，所以本节主要包括两个部分：第一部分介绍线性渐变在 Mozilla、Opera 和 Webkit 引擎下的基本语法应用；第二部分介绍线性渐变在 Webkit 引擎下的第二种应用。

**1. 在 Mozilla、Opera 和 Webkit 引擎下的应用**

线性渐变的语法如下：

```
-moz-linear-gradient( [<point> || <angle>,], <start stop>,<end stop> [, <color stop> ]* )   //Mozilla引擎
-o-linear-gradient( [<point> || <angle>,], < start stop>,< end stop> [, < color stop > ]* )   //Opera引擎
-webkit-linear-gradient( [<point> || <angle>,], < start stop>,< end stop> [, < color stop > ]* )   //Webkit引擎
```

语法中主要有 4 个参数：第一个参数定义线性渐变的方向，可以使用参数 point 和 angle 表示。参数 point 表示起始方向，默认属性值为 top，top 表示从上到下、left 表示从左到右，如果定义为 "left top" 表示从左上角到右下角；参数 angle 定义渐变的角度，主要包括 deg（度，一圈等于 360deg）、grad（梯度，90 度等于 100grad）、rad（弧度，一圈等于 2*PI rad）。中间两个参数分别表示起始颜色和终点颜色，最后一个参数用来定义颜色步长，可以省略。如图 12-25 所示。

图12-25　线性渐变语法图

在 Dreamweaver CS5 中新建一个页面，在各种浏览器下实现颜色渐变的效果，主要代码如下所示：

```
<style type="text/css">
div{
    margin-left:30px;
    margin-top:10px;
    width:300px;
```

```
        height:150px;
        background:-moz-linear-gradient(righ,red,yellow,blue,orange,green,rgba
(255,0,0,0));    //Mozilla引擎
        background:-o-linear-gradient(righ,red,yellow,blue,orange,green,rgba(2
55,0,0,0));    //Opera引擎
        background:-webkit-linear-gradient(righ,red,yellow,blue,orange,green,r
gba(255,0,0,0));    Webkit引擎
    }
</style>
<body>
<div></div>
</body>
```

上段代码中，主要使用"right"定义从右到左的水平渐变，颜色依次为红色、黄色、蓝色、橘红色和绿色，绿色逐渐变弱，并最终显示为透明。运行效果如图12-26所示。

> **提示**：当指定角度时，用户一定要记住，渐变是沿水平线按逆时针方向旋转定位的。因此，设置0度，表示从左到右的线性渐变；设置90度，表示从下到上的渐变。

重新更改上面的示例，改变线性渐变的方向，为线性渐变的 linear-gradient 属性设置角度，主要代码如下所示：

```
<style type="text/css">
div{
        background:-moz-linear-gradient(43grad,black,yellow,blue,red,green,ora
nge);    //Mozilla引擎
        background:-o-linear-gradient(43grad,black,yellow,blue,red,green,orang
e);    //Opera引擎
        background:-webkit-linear-gradient(43grad,black,yellow,blue,red,green,
orange);    //Webkit引擎
    }
</style>
```

重新运行上面的代码，运行效果如图12-27所示。

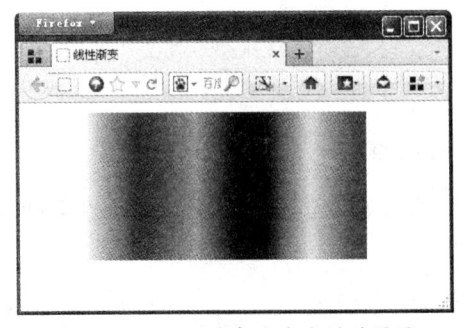

图12-26　从右到左颜色渐变的效果图　　　　图12-27　设置角度后颜色渐变的效果图

### 2. 在 Webkit 引擎下的特殊应用

在 Webkit 引擎下实现颜色渐变的功能，其语法主要有两种，第一种语法前面已经介绍过，

只需要将代码书写为"-webkit-linear-gradient"的形式。这里就不再多做介绍,下面介绍线性渐变在 Webkit 引擎下的第二种语法,如下所示:

```
-webkit-gradient(type,x1 y1,x2 y2,form(color value),to(color value),[color-stop()*])
```

在 Webkit 引擎下的浏览器中,参数的主要说明如下:
- type 表示渐变的类型,包括线性渐变(linear)和径向渐变(radial)。
- x1 y1 和 x2 y2 表示颜色渐变的两个点的坐标。x1、y1、x2 和 y2 的取值范围为 0%~100%,当它们取极值的时候,x1 和 x2 可以取值 left(0%)或 right(100%),y1 和 y2 可以取值 top(0%)或 bottom(100%)。
- form(color value) 函数,表示渐变开始的颜色值。
- to(color value) 函数,表示渐变结束的颜色值。
- color-stop() 定义颜色步长。color-stop() 函数包含两个参数值,第一个参数值指定色标位置,可以是数值或百分比,取值范围为 0~10(或者 0%~100%),第二个参数值指定任意的颜色值。一个渐变可以包含多个色标。

另外,关于参数 x1 y1 和 x2 y2,有 4 种情况可以考虑:
- 当 x1 等于 x2,y1 不等于 y2,实现径向渐变,调整 y1 和 y2 的值可以调整渐变的半径大小。
- 当 y1 等于 y2,x1 不等于 x2,实现线性渐变,调整 x1 和 x2 的值可以调整渐变的半径大小。
- 当 y1 不等于 y2,x1 不等于 x2,实现角度渐变(可以是线性渐变或径向渐变),当 x1、x2、y1 和 y2 取值为极值的时候接近径向渐变或水平渐变。
- 当 x1 等于 x2,y1 等于 y2,没有渐变,取函数 form() 的颜色值。

在 Dreamweaver CS5 中新建一个页面,在 Chrome 浏览器下实现线性渐变的效果,主要代码如下所示:

```
<style type="text/css">
div{
    margin-left:65px;
    margin-top:10px;
    width:300px;
    height:150px;
    background: -webkit-gradient(linear,left top,left bottom,from(red),to(orange),color-stop(0.5,yellow),color-stop(0.5,blue));
}
</style>
<body>
<div></div>
</body>
```

上段代码中,通过定义步长值设计二重渐变,从顶部到底部,先是从红色到黄色,再从橘红色到黑色渐变显示。运行上面的示例,效果如图 12-28 所示。

一个渐变可以包含多个色标,通过更改颜色步长的色标位置,还可以实现多重渐变的效果。更改上面的示例代码,主要代码如下所示:

```
<style type="text/css">
div{
```

```
        background: -webkit-gradient(linear,left top,left bottom,from(red),
to(orange),color-stop(0.3,yellow),color-stop(0.6,blue));
    }
</style>
```

重新运行上面的示例，效果如图 12-29 所示。

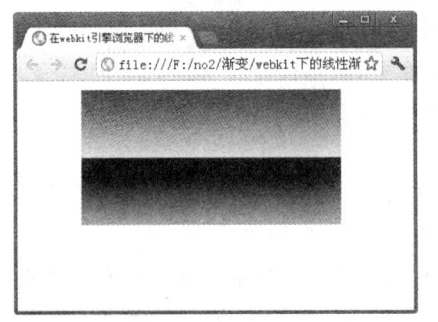

图12-28　二重渐变的效果图 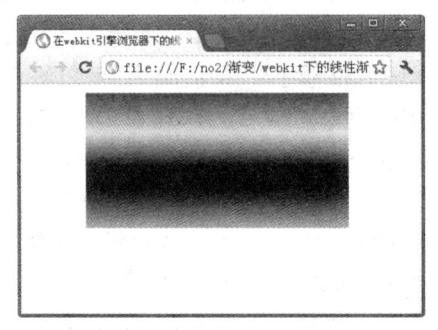　　　　　　　图12-29　多重渐变的效果图

> **注意**　IE并不支持CSS 3的渐变，但它提供了渐变滤镜，可以用来实现一些简单的渐变效果。但是标准设计中不提倡使用IE滤镜设计页面效果，有兴趣的读者可以上网查找更多的资料。

## 12.6.2　径向渐变

从 12.6.1 节已经知道了线性渐变的基本语法，径向渐变和线性渐变类似，这一节主要分为两个部分：第一部分介绍径向渐变的通用方法（此语法已经在 Opera、Chrome 和 Firefox 等主流浏览器测试通过），第二部分介绍在 Webkit 引擎浏览器中（例如 Chrome、和 Safari 浏览器等）的另外一种方法。

### 1. Mozilla 引擎、Opera 引擎和 Webkit 引擎下的应用

径向渐变语法如下所示：

```
   -moz-radial-gradient( [<point> || <angle>, ]? [<shape> || <size>,] ? <start stop>,<end stop>[,<stop>]* )    //Mozilla引擎
   -o-radial-gradient( [<position> || <angle>, ]? [<shape> || <size>,] ? <start stop>,<end stop>[,<stop>]* )    //Opera引擎
   -webkit-radial-gradient( [<point> || <angle>, ]? [<shape> || <size>,] ? <start stop>,<end stop>[,<stop>]* )    //Webkit引擎
```

其中比较常用的参数如下所示：
- point　表示渐变的起点和终点，可以使用坐标表示，也可以使用关键字，例如（0,0）或者（left top）等。
- angle　定义渐变的角度，主要包括 deg（度，一圈等于 360deg）、grad（梯度，90 度等于 100grad）、rad（弧度，一圈等于 2*PI rad）。默认为 0deg。
- shape　定义径向渐变的形状，包括 circle（圆）和 ellipse（椭圆），默认为 ellipse。
- size　定义圆或椭圆大小的点。其值主要包括 closest-side、closest-corner、farthest-side、farthest-corner、contain 和 cover 等。

- start stop 定义颜色起始值。
- end stop 定义颜色结束值。
- stop 定义步长,可以省略。其用法和上一节介绍的在Webkit引擎的color-stop()函数相似,但是该参数不需要调用函数,直接传递参数即可。第一个参数设置颜色,可以为任何合法的颜色值,第二个参数设置颜色的位置,取值为百分比或数值。

在Dreamweaver CS5中新建一个页面,在页面中添加一个div元素。主要代码如下所示:

```
<style type="text/css">
div{
    margin-left:60px;
    margin-top:10px;
    width:300px;
    height:200px;
    background:-moz-radial-gradient(center,circle closest-corner,red,yellow,blue);
    background:-o-radial-gradient(center,circle closest-corner,red,yellow,blue);
    background:-webkit-radial-gradient(center,circle closest-corner,red,yellow,blue);
}
</style>
<body>
<div></div>
</body>
</html>
```

上段代码定义了一个径向渐变,形状为圆形。从中间向外由红色、黄色到蓝色渐变显示,并且设置渐变的尺寸为closest-corner。运行效果如图12-30所示。

### 2. Webkit引擎浏览器下的特殊应用

上节介绍线性渐变的时候,学习过Webkit引擎浏览器下线性渐变的两种语法应用,直接使用第二种语法可以定义渐变的类型为线性渐变(linear)和径向渐变(radial)。但是相对于线性渐变来说,径向渐变稍微复杂。另外,使用"-webkit-gradient"属性不仅可以定义渐变背景,还可以定义渐变边框、填充内容、漂亮的按钮以及设计图标等。

图12-30 径向渐变效果图

在Dreamweaver CS5中新建一个页面,在页面中添加一个div元素,在div元素的样式中使用"-webkit-gradient"属性定义径向渐变的起点和终点并且设置起始点的长度。主要代码如下所示:

```
<style type="text/css">
div{
    margin-left:65px;
    margin-top:20px;
    border:2px solid #FCF;
    padding:4px;
```

```
        width:350px;
        height:200px;
        background: -webkit-gradient(radial,170 100,10,170 
100,100,from(red),to(green));
        -webkit-background-origin:padding-box;
        -webkit-background-clip:content-box;
    }
    </style>
    <body>
    <div></div>
    </body>
```

上段代码中，定义了一个坐标为（170,100）、半径为 10 的内圆，坐标为（170,100）、半径为 100 的外圆，它们是同心圆。从内圆红色到外圆绿色实现径向渐变，超出外圆半径部分显示为绿色，内圆半径显示为红色。运行上面的示例，效果如图 12-31 所示。

在同心圆中，当内圆半径小于外圆半径时，效果如上图所示；当内圆半径大于外圆半径时，实现内圆红色到外圆绿色的渐变，超出内圆半径为红色，外圆显示为绿色；当内圆和外圆半径相等时，则渐变无效。

既然有同心圆的效果，那非同心圆呢？可以不可以实现呢？当然可以。在上面的示例中，分别更改内圆和外圆的坐标，使它们坐标不一致，此时它们就是非同心圆。主要代码如下所示：

```
    <style type="text/css">
    div{
        background: -webkit-gradient(radial,120 150,40,170 
100,100,from(red),to(green));
        -webkit-background-origin:padding-box;
        -webkit-background-clip:content-box;
    }
    </style>
    <body>
    <div></div>
    </body>
```

上段代码中，内圆圆心和外圆圆心距离大于两圆半径的差，会呈现锥形的径向渐变效果，其部分区域会被红色区域填充。重新运行上面的示例，效果如图 12-32 所示。

图 12-31　径向渐变同心圆效果图　　　　图 12-32　非同心圆圆心距离大于半径差的效果图

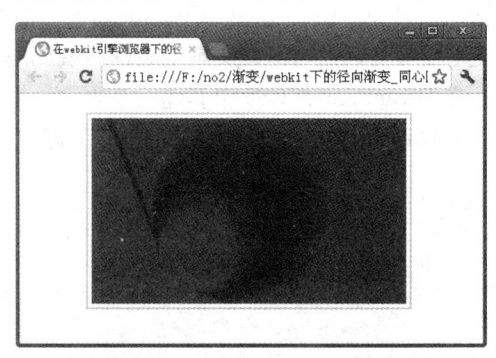

当内圆圆心和外圆圆心距离小于两圆半径的差时，呈现锥形径向渐变效果；当内圆圆心和外圆圆心距离等于两圆半径的差时，不呈现渐变效果。

> **试一试** 在同心圆和非同心圆中，在内圆和外圆中间90%的位置都可以添加一个或多个色标，实现多层径向渐变的效果。还可以使用函数rgba()设置颜色值的透明度，实现发散的圆形效果。

## 12.6.3 重复渐变

重复渐变是线性渐变和径向渐变的扩展，它主要包括线性重复渐变和径向重复渐变两种。它们的语法可以参考 12.6.1 节和 12.6.2 节，这里就不详细介绍了。

在 Dreamweaver CS5 中新建一个页面，在页面中新增加两个 div 元素，分别用来显示线性重复渐变和径向重复渐变的效果。主要代码如下所示：

```css
<style type="text/css">
div{
    margin-left:65px;
    margin-top:10px;
    width:300px;
    height:150px;
}
#div1{
    background:-webkit-repeating-linear-gradient(45deg, #ace, #ace 10%, #f96 5px, #f96 10px);
    background:-moz-repeating-linear-gradient(45deg, #ace, #ace 5px, #f96 5px, #f96 10px);
    background:-o-repeating-linear-gradient(45deg, #ace, #ace 5px, #f96 5px, #f96 10px);
}
#div2
{
    background:-webkit-repeating-radial-gradient(center,circle, #ace, #ace 5px, #f96 5px, #f96 10px);
    background:-moz-repeating-radial-gradient(center,circle, #ace, #ace 5px, #f96 5px, #f96 10px);
    background:-o-repeating-radial-gradient(center, circle,#ace, #ace 5px, #f96 5px, #f96 10px);
}
</style>
<body>
<div id="div1"></div>A.线性重复渐变
<div id="div2"></div>B.径向重复渐变
</body>
```

运行上面的示例，效果如图 12-33 所示。

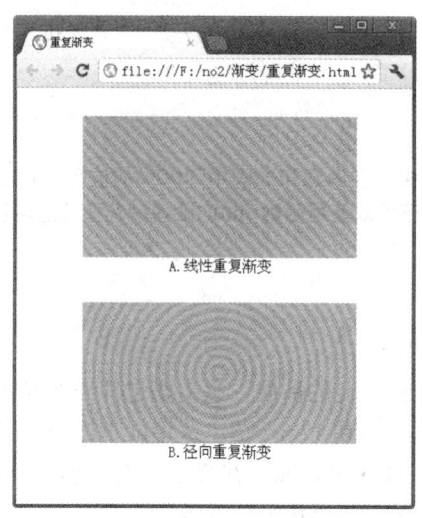

图12-33 线性渐变和径向渐变的效果图

## 12.7 动手操作：为元素或模块设计背景图像

下面利用前面所学的部分属性实现为 div 元素设计背景图像的功能。

在 Dreamweaver CS5 中新建一个页面，在页面中添加一个 div 元素，为 div 元素添加适当的内容。主要代码如下所示：

```css
<style type="text/css">
body{
    background-color:#454545;
    margin:1em;
}
#div1{
    border:1px solid black;
    padding:10px;
    max-width:500px;
    margin:auto;
    text-shadow:black 1px 2px 2px;
    color:white;
    -webkit-border-radius:10px;
    -webkit-box-shadow:0 0 12px 1px rgbs(205,205,205,1);
    background:-webkit-linear-gradient(bottom,black,rgba(0,47,94,0.2),white),url(http://demos.hacks.mozilla.org/openweb/resources/images/patterns/flowers-pattern.jpg);
}
#div1:hover{
    -webkit-box-shadow:0 0 12px 5px rgba(205,205,205,1);
    box-shadow:0 0 12px 5px rgba(205,205,205,1);
    <!-- 其他浏览器的显示效果的代码 -->
}
```

```
</style>
<body>
<div id="div1">
<h2>计算机的由来</h2>
<p>一般人认为世界上第一台电子计算机,是美国1946年研制出的"电子数值积分计算机"
(ENIAC)但英国争辩说:第一台电子计算机的桂冠应属于英国1940年研制出来的"巨人"计算机。第二
次世界大战前,德国发明了一种机械式密码编码机" ENIC-MA谜广,它能够编制出无数种同一系列的密
码。这种密码十分复杂,德国人对它的保密性能十分自信,认为它所编制的密码几乎是不可破译的,因
此在军队的高级保密通信中广泛使用由它所编制的密码。</p>
</div>
</body>
```

上段代码中,主要使用 border-radius 属性设计边框的圆角效果,使用 box-shadow 属性设计 div 元素的阴影效果,使用 linear-gradient 属性设计 div 元素背景的线性渐变效果,从底部到顶部由黑色渐变到白色,且使用函数 rgba() 设置背景的透明度。运行上面的案例,效果如图 12-34、图 12-35 所示。

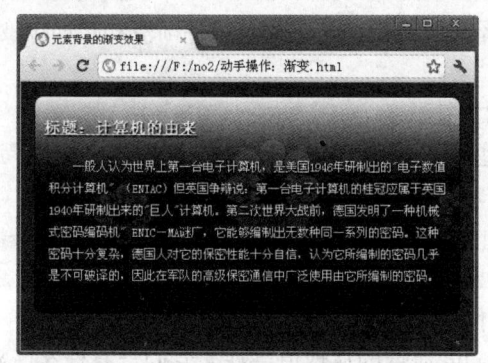

图12-34  div元素背景的渐变效果图 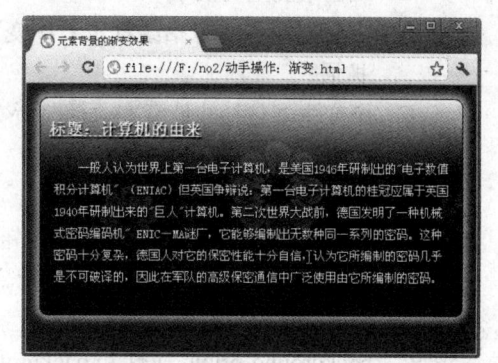　　　图12-35  鼠标悬浮时元素背景的渐变效果

## 12.8　本章小结

本章从 CSS 3 中新增加的边框属性开始学习,介绍边框新增加的 4 个属性的概念、使用方法和浏览器兼容情况。然后介绍背景和渐变的相关知识,包括新增加的背景属性、渐变常用属性,以及这些属性的使用方法和兼容情况等。

边框样式、背景样式以及渐变都是 CSS 3 中非常重要的内容。本章的每个小节后面都有动手操作,帮助读者深入了解边框、背景和渐变相关属性的使用方法。虽然本章实现的仅仅是部分功能,但是也足以说明这些属性在 CSS 3 中功能的强大。

## 12.9　课后练习

一、填空题

(1)_____ 属性可以设置边框的颜色。

(2) 当 table 元素的 border-collapse 属性设置的属性值为_____时，border-image 属性就会无效。

(3) _____属性用来指定背景的显示范围或者背景的裁剪区域。

(4) 如果用户想要实现图像的阴影效果，并且设置阴影效果为内阴影，可以将 box-shadow 属性的属性值设置为_____。

二、选择题

(1) 下面的选项中，_____不属于边框背景图片的平铺方式。

　　A．stretch
　　B．repeat
　　C．background
　　D．round

(2) 下面关于渐变说法的选项中，_____的说法是错误的。

　　A．线性渐变主要使用"-radial-gradient"属性，径向渐变主要使用"-linear-gradient"属性。
　　B．重复渐变主要包括线性重复渐变和径向重复渐变，它们是线性渐变和径向渐变的扩展。
　　C．渐变主要包括线性渐变、径向渐变和重复渐变。
　　D．如果用户使用 Firefox 浏览器并且想要实现线性渐变的功能，需要将代码写成"-moz-linear-gradient"的形式。

(3) 下列选项中，_____的说法是错误的。

　　A．background-clip 属性用来指定背景的显示范围或者背景的裁剪区域。
　　B．background-size 属性用来设置背景图像的尺寸。
　　C．background-origin 属性和 background-clip 属性的属性值一样，它们没有什么区别，可以交换使用。
　　D．将 background-break 属性的属性值设置为 continuous，表示背景图像会在每一行中进行平铺。

(4) 如果用户想要实现圆角的功能，可以使用_____属性；如果用户想要实现阴影效果，可以使用_____属性。

　　A．box-shadow、border-image
　　B．border-radius、border-color
　　C．box-shadow、border-radius
　　D．border-radius、box-shadow

三、简答题

(1) 列举出 CSS 3 中新增加的与边框相关的属性以及它们的使用方法。
(2) 列举出 CSS 3 中新增加的与背景相关的属性以及它们的使用方法。
(3) 简述如何制作圆角边框。
(4) 简述如何在元素中实现显示多个背景图像的功能。
(5) 简述 Webkit 引擎的浏览器如何实现线性渐变和径向渐变。

# 第 13 章

# CSS 3 新增变形和过渡特效

### 内容摘要：

在传统的 Web 设计时，我们已经习惯了使用 HTML 定义页面结构和 CSS 定义页面静态样式。当需要在页面显示动画或者图形特效时，则会选择 JavaScript 脚本或者 Flash 来实现。

在 CSS 3 中增加了很多革命性的创新功能，像文本阴影、圆角边框和多列布局等。除了这些静态样式之外，还提供了对动画的支持，可以实现显示旋转、缩放、移动和过渡效果等。这一切都说明 CSS 将变得越来越强大，越来越无所不能。

本章将对 CSS 3 在变形、过渡和动画 3 个方面的功能进行详细介绍，并结合案例讲解具体的实现过程。

### 学习目标：

- 掌握平移、缩放、旋转和倾斜操作的使用方法
- 熟悉使用 transform 属性同时指定多个过渡效果的方法
- 掌握如何对元素更改变形原点
- 掌握实现过渡效果的各个属性的用法
- 掌握 transition 属性应用过渡效果的方法
- 熟悉设置动画关键帧的语法
- 掌握 animation 属性应用动画效果的方法

## 13.1 变形效果

在 CSS 3 中通过 transform 属性来实现变形效果。使用 transform 属性可实现 4 种变形效果，分别是：平移、缩放、旋转和倾斜。

使用 transform 属性实现变形效果的一个优势是可以确保网页中的文本是可选的，这是使用图片不可比拟的。目前支持该属性的浏览器有 Firefox 3.6+、Safari 5+、Opera 11+、Chrome 10+ 和 Internet Explorer 9。

### 13.1.1 平移

使用 transform 属性的平移功能可以使页面元素向上、下、左或者右移动多个像素，该功能类似于将 position 属性设置为 relative 时的效果。

使用平移的语法格式如下：

```
transform:translate(h-value, v-value);
```

其中，h-value 参数和 v-value 参数都表示以元素当前的位置为基准要移动的距离。不同的是 h-value 指定的是水平方向上移动的距离，而 v-value 指定的是垂直方向上移动的距离。如果省略 v-value 参数，则使用 0 作为默认值。在图 13-1 中给出了 translate 平移的示意图。

例如，为了使页面的顶部导航菜单更富动感，可以为菜单添加鼠标经过时的移动效果。如下所示为导航菜单列表的代码：

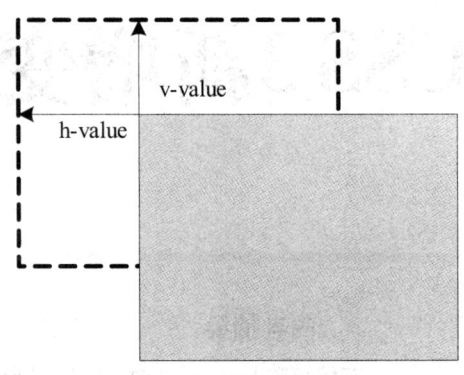

图13-1　平移示意图

```
<div id="nav" >
  <ul >
    <li><a href="#web" >Websites</a></li>
    <li><a href="#portals" >Portals &amp; Apps</a></li>
    <li><a href="#print" >Print Design</a></li>
    <li><a href="#logo" >Logos</a></li>
    <li><a href="#photo" >Photography</a></li>
    <li><a href="#ill" >Illustration</a></li>
  </ul>
</div>
```

接下来编写 CSS 样式代码，使鼠标经过超链接时显示移动效果。代码如下所示：

```
<style type="text/css" >
#nav ul li a:hover{
    -webkit-transform: translate(14px,10px);     /* Safari和Chrome */
    -moz-transform: translate(14px,10px);        /* Firefox */
    -o-transform: translate(14px,10px);          /* Opera */
```

```
            -ms-transform: translate(14px,10px);      /* Internet Explorer 9+ */
            transform: translate(14px,10px);          /* 标准写法 */
        }
    </style>
```

如上述代码所示,除了使用标准的平移方法之外,还使用浏览器的私有前缀对各个兼容的浏览器进行了定义。运行效果如图 13-2 所示。

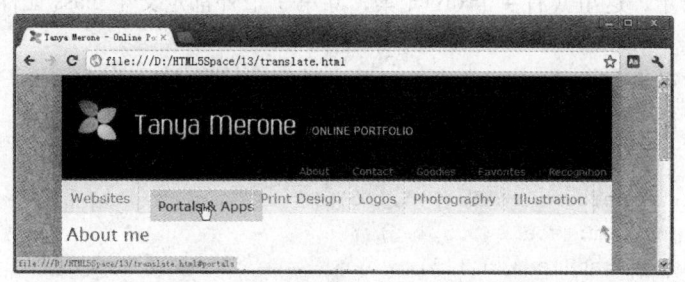

图13-2 鼠标经过链接时的移动效果

如果将控制移动距离的两个参数都设置为负值,将会产生上反方向移动的效果。例如,将上例设置为"transform: translate(-14px,-10px);"将看到如图 13-3 所示的效果。

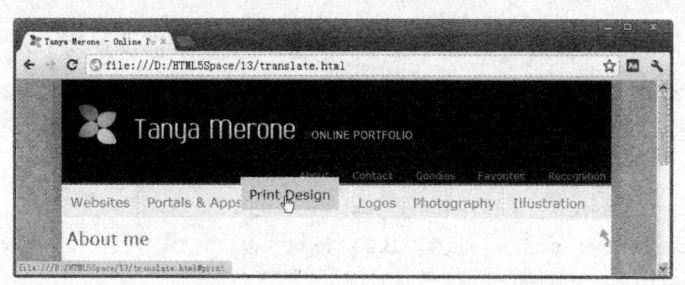

图13-3 反方向移动效果

> **提示**:如果仅希望向水平或者垂直方向移动元素,可以使用translateX(h-value)或者translateY(v-value)。

## 13.1.2 缩放

使用 transform 属性的缩放功能可以重新定义页面元素的宽和高的比例,从而实现放大或者缩小的效果。

使用缩放的语法格式如下:

```
transform:scale(x-axis, y-axis);
```

语法中的 x-axis 和 y-axis 可以是正数、负数和小数。如果为正数则表示在宽度和高度上放大元素,为负数表示先翻转元素再缩放元素,为小数则表示缩小元素。如果省略第二个参数,它将使用第 1 个参数的值。在图 13-4 中给出了 scale 缩放的示意图。

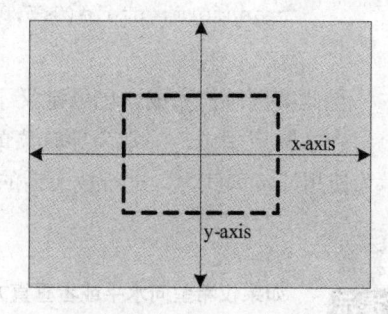

图13-4 缩放示意图

下面创建一个实例来演示当 scale 的参数为不同值时如何产生缩放效果。实例的布局代码如下：

```
<div>宁静的夏天</div>
<div class="c1">宁静的夏天</div>
<div class="c2">宁静的夏天</div>
<div class="c3">宁静的夏天</div>
```

如上述代码所示，这里共有 4 个 div 元素，除第 1 个外都定义了 class 属性，此时的运行效果如图 13-5 所示。

接下来编写 CSS 样式，定义 c1 的元素为原来的 1.5 倍，代码如下所示：

```
<style type="text/css">
.c1{
    -webkit-transform: scale(1.5,1.5) ;
    -moz-transform: scale(1.5,1.5) ;
    -o-transform:scale(1.5,1.5) ;
    -ms-transform: scale(1.5,1.5) ;
    transform: scale(1.5,1.5) ;
}
</style>
```

为了实现 1.5 倍的放大效果，上述代码将 scale 的两个参数都设置为 1.5，其实也可以使用 "scale(1.5)" 省略形式。

定义 c2 的样式，使 h1 元素为原来的 1.2 倍，并翻转显示。代码如下所示：

```
.c2{
    -webkit-transform: scale(-1.2,-1.2) ;
    -moz-transform: scale(-1.2,-1.2) ;
    -o-transform: scale(-1.2,-1.2) ;
    -ms-transform: scale(-1.2,-1.2) ;
    transform: scale(-1.2,-1.2) ;
}
```

定义 c3 的样式，使 h1 元素为原来的 0.5 倍。代码如下所示：

```
.c3{
    -webkit-transform: scale(0.5,0.5) ;
    -moz-transform: scale(0.5,0.5) ;
    -o-transform: scale(0.5,0.5) ;
    -ms-transform:scale(0.5,0.5) ;
    transform: scale(0.5,0.5) ;
}
```

至此实例制作完成，已经定义了 3 个缩放效果。再次运行将看到如图 13-6 所示的效果。

在实际应用中，经常为导航菜单使用缩放效果，以突出显示当前选择的菜单。如图 13-7 所示为使用 "scale(1.5)" 进行放大后的运行效果。

> 提示：如果仅希望向水平或者垂直方向缩放元素，可以使用 scaleX(x-axis)或者 scaleY(y-axis)。

图13-5　缩放前效果　　　　　图13-6　缩放后效果

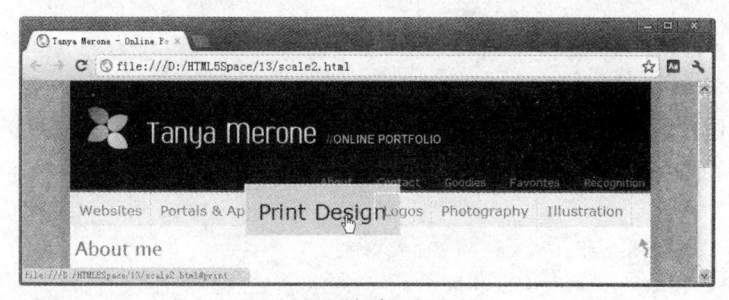

图13-7　菜单放大效果

## 13.1.3 旋转

使用 transform 属性的旋转功能可以以元素的中心为原点，以顺时针或者逆时针的方向旋转指定的角度。

使用旋转的语法格式如下：

```
transform: rotate (angel);
```

如上述语法所示，唯一的参数 angel 是一个数字，表示要旋转的角度，并且以 deg 为结束。如果 angel 为正数值，则顺时针旋转，否则进行逆时针旋转，示意图如图 13-8 所示。

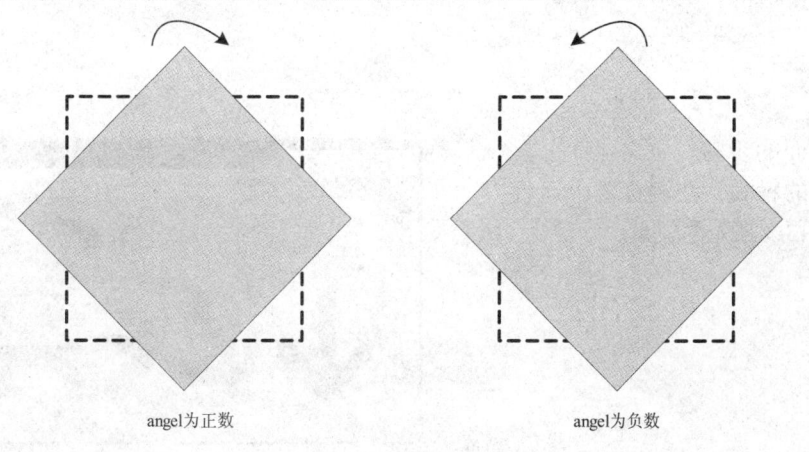

angel为正数　　　　　　　　angel为负数

图13-8　旋转示意图

下面创建一个实例来演示 angel 的参数为不同值时如何产生旋转效果。实例的布局代码如下：

```
<img src="imgs/down.jpg" />
<img src="imgs/down.jpg" class="pic1" />
<img src="imgs/down.jpg" class="pic2" />
<img src="imgs/down.jpg" class="pic3" />
```

上述代码使用 4 个 img 元素显示了 4 张图片。接下来为 class 是 pic1 的 img 元素定义旋转效果，代码如下所示：

```
.pic1 {
    -webkit-transform: rotate(30deg);
    -moz-transform: rotate(30deg);
    -o-transform:rotate(30deg);
    -ms-transform: rotate(30deg);
    transform: rotate(30deg);
    opacity:0.5;
}
```

上述代码使图片顺时针旋转 30 度，并使用 opacity 属性使图片具有半透明效果。使用同样的方法创建一个顺时针旋转 90 度的样式，代码如下所示：

```
.pic2 {
    -webkit-transform: rotate(90deg);
    -moz-transform: rotate(90deg);
    -o-transform:rotate(90deg);
    -ms-transform: rotate(90deg);
    transform: rotate(90deg);
    opacity:0.5;
}
```

在使用 rotate 时可以使用一个负数作为角度，此时将进行逆时针旋转。例如，下面的示例代码：

```
.pic3 {
    -webkit-transform: rotate(-90deg);
    -moz-transform: rotate(-90deg);
    -o-transform:rotate(-90deg);
    -ms-transform: rotate(-90deg);
    transform: rotate(-90deg);
    opacity:0.5;
}
```

经过上面的步骤，定义了 3 个具有旋转效果的样式。在浏览器中运行将看到如图 13-9 所示的效果。

图13-9　旋转运行效果

## 13.1.4 倾斜

使用 transform 属性的倾斜功能可以对文本或者图像沿水平和垂直方向进行倾斜处理。使用倾斜的语法格式如下：

```
transform:skew (x-angel, y-angel);
```

其中 x-angel 和 y-angel 都是一个数字，用于表示水平和垂直方向上倾斜的角度。如果省略 y-angel 参数，将使用默认值 0。如图 13-10 所示为倾斜示意图，其中的实心圆形表示元素的中心点。

例如，以 13.1.2 节的实例为基础对图片进行倾斜处理。使用的 CSS 样式如下所示：

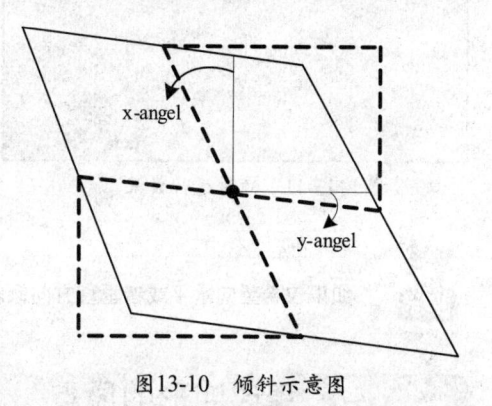

图 13-10　倾斜示意图

```
.c1 {
    -webkit-transform:skew(15deg, 15deg);    /* Safari和Chrome */
    -moz-transform: skew(15deg, 15deg);      /* Firefox */
    -o-transform:skew(15deg, 15deg);         /* Opera */
    -ms-transform:skew(15deg, 15deg);        /* Internet Explorer 9+ */
    transform:skew(15deg, 15deg);
}
.c2 {
    -webkit-transform:skew(-20deg, 15deg);
    -moz-transform:skew(-20deg, 15deg);
    -o-transform:skew(-20deg, 15deg);
    -ms-transform:skew(-20deg, 15deg);
    transform:skew(-20deg, 15deg);
}
.c3 {
    -webkit-transform:skew(30deg);
    -moz-transform:skew(30deg);
    -o-transform:skew(30deg);
    -ms-transform:skew(30deg);
    transform:skew(30deg);
}
```

上述代码演示了在 skew 中使用两个参数、负数值和一个参数的用法，运行后将看到如图 13-11 所示的效果。

skew 与 rotate 不同，rotate 仅是对元素进行旋转，不会改变元素的形状，而 skew 在倾斜时会改变元素的形状。

如图 13-12 所示为导航菜单使用 "skew(-5deg, -15deg) scale(1.5);" 进行变形处理之后的运行效果。

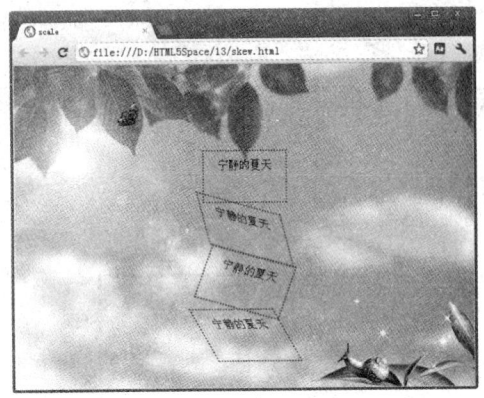

图13-11　倾斜运行效果　　　　　　　　　图13-12　鼠标经过菜单时变形的效果

> **提示**：如果仅希望向水平或者垂直方向倾斜元素，可以使用skewX(x-angel)或者skewY(y-angel)。

## 13.1.5　更改变形的原点

在使用本节前面介绍的方法对元素进行变形操作时，都是以元素的中心为基准点进行的。使用 CSS 3 的 transform-origin 属性可以更改元素变形时的原点。

在对对称图形进行变形操作时，这个属性将变得非常有用。例如，要对一个圆进行旋转，由于是以圆心为原点，所以无论旋转多少度，看起来还是没有发生变化。这时就可以使用 transform-origin 属性更改旋转的原点。

transform-origin 属性的语法格式如下：

```
transform-origin:top left;
```

其中的 top 和 left 表示更改之后原点距左边和顶部的距离。这个距离可以使用百分比、em 和 px 等单位的具体值，也可以是 left、center、right、top、middle 或者 bottom 之类的关键字。使用 transform-origin 更改原点的示意图如图 13-13 所示。

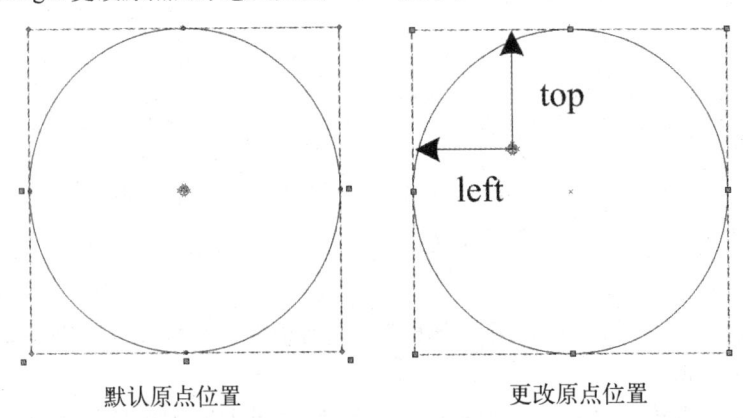

默认原点位置　　　　　　　　　　更改原点位置

图13-13　更改原点示意图

下面以 13.1.3 节的旋转实例为基础，使用 transform-origin 属性更改图片旋转时的原点。如下所示为增加的样式代码：

```css
.pic1 {
    -webkit-transform-origin:0px 0px;          /* 更改原点时使用两个参数 */
    -moz-transform-origin:0px 0px;
    -o-transform-origin:0px 0px;
    -ms-transform-origin:0px 0px;
    transform-origin:0px 0px;
}
.pic2 {
    -webkit-transform-origin:30% 50%;          /* 更改原点时使用百分比 */
    -moz-transform-origin:30% 50%;
    -o-transform-origin:30% 50%;
    -ms-transform-origin:30% 50%;
    transform-origin:30% 50%;
}
.pic3 {
    -webkit-transform-origin:left;             /* 更改原点时使用关键字 */
    -moz-transform-origin:left;
    -o-transform-origin:left;
    -ms-transform-origin:left;
    transform-origin:left;
}
```

上述代码中演示了transform-origin属性的各种用法。再次运行将看到如图13-14所示的效果。

图13-14　更改原点后旋转的运行效果

## 13.2　动手操作：打造立体场景的网页

虽然目前浏览器都不支持CSS 3D的特性，但是利用上节介绍的变形效果也能实现3D效果。本次动手操作将不借助任何JavaScript、图像或SVG技术，仅仅利用transform属性将普通的网页打造成带立体效果的场景。

实现思路：在实现时主要是利用CSS 3提供的各种变形属性对页面中的元素进行倾斜，然后对其进行旋转并定义边框的长和宽，再把不同的立体面旋转结合到一起，形成一个带三维效果的对象。

具体步骤如下：

**Step 1** 首先新建一个 HTML 页面，然后使用如下的代码来定义立体效果的背景。

```html
<div id="backdrop">******* ******* ******* ******* <!-- 省略其他内容 --> </div>
```

这里省略了大量重复的星号，读者在使用时可以根据页面的大小进行添加和删除。

**Step 2** 添加有关显示立体内容的布局代码，其中包括外围容器、顶面内容、左边内容、右边内容以及阴影。代码如下所示：

```html
    <div class="cube">
<!-- 定义立体外围容器 -->
      <div class="face top">
<!-- 定义顶面内容 -->
        <div class="nav">
          <ul>
            <li><a href="#">学院首页</a></li>
            <li><a href="#">讲师风采</a></li>
            <li><a href="#">图书推荐</a></li>
            <li><a href="#">精品视频</a></li>
            <li><a href="#">热门班级</a></li>
            <li><a href="#">疑难解答</a></li>
            <li><a href="#">设为首页</a></li>
          </ul>
        </div>
      </div>
      <div class="face left">
<!-- 定义左侧面内容 -->
                    <img src="Snap6.png" width="200" height="200"/> </div>
      <div class="face right">
<!-- 定义右侧面内容 -->
        <div class="nav1">
          <ul>
            <li><a href="#">在线帮助</a></li>
            <li><a href="#">关于我们</a></li>
            <li><a href="#">免责声明</a></li>
            <li><a href="#">新手上路</a></li>
            <li><a href="#">站点地图</a></li>
            <li><a href="#">广告合作</a></li>
          </ul>
        </div>
      </div>
      <div class="face shadow"></div>
<!-- 定义阴影 -->
    </div>
```

**Step 3** 保存页面并运行，将看到未添加任何样式时的原始效果，如图 13-15 所示。

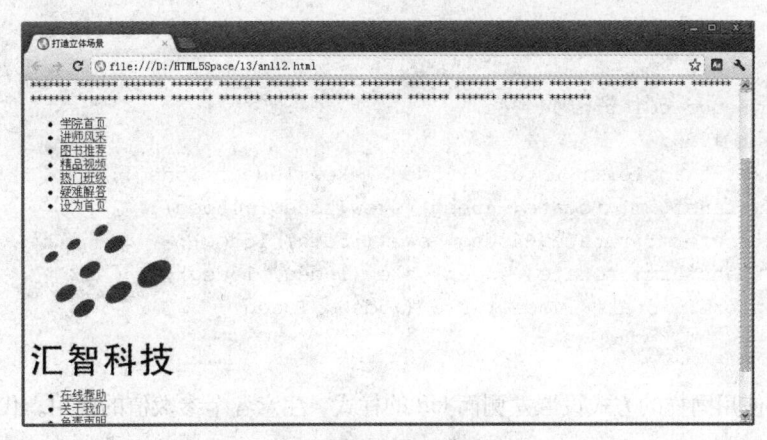

图13-15　原始效果

**Step 4** 下面对页面的布局添加 CSS 样式。第一个要添加的是使背景产生立体效果的样式代码，如下所示：

```
#backdrop {
    width: 650px;
    color: #666;
    font-size: 24px;
    margin: -3px auto;
    -webkit-transform: rotate(-45deg) skew(15deg, 15deg);
    -moz-transform: rotate(-45deg) skew(15deg, 15deg);
    -o-transform: rotate(-45deg) skew(15deg, 15deg);
    -ms-transform: rotate(-45deg) skew(15deg, 15deg);
    transform: rotate(-45deg) skew(15deg, 15deg);
}
```

**Step 5** 对产生立体的外围容器以及构成立体效果的每个面定义样式。代码如下所示：

```
.cube {
    position: absolute;
    top: 90px;
    left: 230px;
}
.face {
    position: absolute;
    width: 200px;
    height: 200px;
    overflow: hidden;
    font-size: 24px;
}
```

**Step 6** 现在已经具备了使用3维效果的基础场景。剩下的工作就是对立体的每个面进行单独的定义，其中包括显示位置、背景色、旋转角度以及倾斜的参数等。如下是顶面 top 的样式代码：

```
.top {
```

331

```
    top: 0;
    left: 89px;
    background-color: #44434c;
    color: #999;
    -webkit-transform: rotate(-45deg) skew(15deg, 15deg);
    -moz-transform: rotate(-45deg) skew(15deg, 15deg);
    -o-transform: rotate(-45deg) skew(15deg, 15deg);
    -ms-transform: rotate(-45deg) skew(15deg, 15deg);
    transform: rotate(-45deg) skew(15deg, 15deg);
}
```

**Step 7** 使用同样的方式设置左侧面 left 的样式，注意各个参数值的使用。代码如下所示：

```
.left {
    top: 155px;
    left: 0;
    background: #999;
    color: #333;
    -webkit-transform: rotate(15deg) skew(15deg, 15deg);
    -moz-transform: rotate(15deg) skew(15deg, 15deg);
    -o-transform: rotate(15deg) skew(15deg, 15deg);
    -ms-transform: rotate(15deg) skew(15deg, 15deg);
    transform: rotate(15deg) skew(15deg, 15deg);
}
```

**Step 8** 再对立体的右侧面进行定义，使用的样式代码如下所示：

```
.right {
    top: 155px;
    left: 178px;
    background: #ccc;
    color: #666;
    -webkit-transform: rotate(-15deg) skew(-15deg, -15deg);
    -moz-transform: rotate(-15deg) skew(-15deg, -15deg);
    -o-transform: rotate(-15deg) skew(-15deg, -15deg);
    -ms-transform: rotate(-15deg) skew(-15deg, -15deg);
    transform: rotate(-15deg) skew(-15deg, -15deg);
}
```

**Step 9** 为了使最终的立体效果比较突出，在页面布局中还定义了一个阴影元素。它对应的样式代码如下所示：

```
.shadow {
    top: 310px;
    left: -89px;
    background: black;
    opacity: 0.5;
    -webkit-transform: rotate(-45deg) skew(15deg, 15deg);
    -moz-transform: rotate(-45deg) skew(15deg, 15deg);
    -o-transform: rotate(-45deg) skew(15deg, 15deg);
```

```
            -ms-transform: rotate(-45deg) skew(15deg, 15deg);
            transform: rotate(-45deg) skew(15deg, 15deg);
}
```

**Step 10** 经过前面几个步骤，实例的立体效果就已经完成了。但是还需要其他的修饰，例如为页面设置一个背景图片，对每个面上显示的内容进行单独修饰。这些代码在这里就不再给出。

**Step 11** 保存并运行代码，将看到整个页面显示到一个立体的场景中，其中包含了一个立方体，还有阴影效果，如图13-16所示。

图13-16 立体场景实例的运行效果

## 13.3 过渡效果

通过上节对 CSS 3 中变形效果的学习，相信读者一定对 CSS 3 动画效果的实现非常感兴趣。本节主要介绍 CSS 3 中过渡效果的实现。

使用过渡可以动态地改变一个颜色的值，以动画的形式过渡到另一个颜色。例如，当鼠标经过链接时，可以让它缓慢地从一种颜色淡出到另一种颜色，而不是立即显示。

在 CSS 3 中通过 transition 属性来实现过渡效果。目前支持该属性的浏览器有 Firefox 4+、Safari 5+、Chrome 10+ 和 Opera 11+。

transition 属性是一个复合属性，包括了 transition-property 属性、transition-duration 属性、transition-timing-function 属性和 transition-delay 属性。

### 13.3.1 transition-property属性

在 CSS 3 的过渡动画中，使用 transition-property 属性来指定要参与过渡的 CSS 属性名称，例如 background-color 属性。

transform-property 属性的语法格式如下：

```
transition-property:none | all | property;
```

其中各参数的含义如下：
- none 表示没有元素。
- all 表示针对所有元素。
- property 表示 CSS 属性名称，多个名称之间用逗号分隔。

例如，下面的示例代码指定当鼠标移到 p 元素上时对背景色使用过渡效果，即从当前背景色过渡到红色背景。

```
p:hover{
    background-color:#FF0000;                       /* 指定过渡完成后的背景色 */
    -webkit-transition-property: background-color;
    -moz- transition-property: background-color;
    -o- transition-property: background-color;
    transition-property: background-color;          /* 指定背景色的CSS属性 */
}
```

### 13.3.2 transition-duration属性

transition-duration 属性用于指定整个过渡动画的时间长度，即从旧属性转换到新属性花费的时间，单位为秒。

transition-duration 属性的语法格式如下：

```
transition-duration:time;
```

这里的 time 表示完成过渡动画所需的秒数，默认值为 0，即没有过渡效果。

例如，下面的示例代码指定当鼠标移到 p 元素上时，使用 5 秒的时间从当前背景色过渡到红色。

```
p:hover{
    background-color:#FF0000;                       /* 指定过渡完成后的背景色 */
    -webkit-transition-property: background-color;
    -moz- transition-property: background-color;
    -o-transition-property: background-color;
    transition-property: background-color;          /* 指定背景色的CSS属性 */
    -webkit-transition-duration:5s;
    -moz-transition-duration:5s;
    -o-transition-duration:5s;
    transition-duration:5s;                         /* 指定过渡效果的时长 */
}
```

> **注意**：transition-duration属性指定的时间也将作用于"逆向"过渡，即从最终效果返回到原始效果所需的时间。

### 13.3.3 transition-timing-function属性

transition-timing-function 属性是整个过渡动画的核心，它用于指定使用什么样的方式进行过渡。

transition-timing-function 属性的语法格式如下：

```
transition-timing-function:effectname;
```

这里的 effectname 表示过渡效果的名称，默认值是 ease，即以溶解方式显示过渡。effectname 还有很多值，如下所示：

- ease 溶解效果，默认值。
- linear 渐变效果。
- ease-in 淡入效果。
- ease-out 淡出效果。
- ease-in-out 淡入淡出效果。
- cubic-bezier 自定义特殊的立方贝赛尔曲线效果，它有 4 个数字作为参数。

例如，为了让过渡动画变得更加富有立体感，可以在上节示例的基础上指定使用渐变效果。代码如下所示：

```
p:hover{
    background-color:#FF0000;                      /* 指定过渡完成后的背景色 */
    -webkit-transition-property: background-color;
    -moz- transition-property: background-color;
    -o-transition-property: background-color;
    transition-property: background-color;         /* 指定背景色的CSS属性 */
    -webkit-transition-duration:5s;
    -moz-transition-duration:5s;
    -o-transition-duration:5s;
    transition-duration:5s;                        /* 指定过渡效果的时长 */
    -webkit-transition-timing-function:linear;
    -moz-transition-timing-function:linear;
    -o-transition-timing-function:linear;
    transition-timing-function:linear;             /* 指定过渡效果的名称 */
}
```

## 13.3.4　transition-delay属性

过渡动画效果的最后一个属性 transition-delay 用于定义动画开始之前的延迟时间。

transition-delay 属性的语法格式如下：

```
transition-delay:time;
```

这里 time 与 transition-duration 属性中的 time 具有相同的值，可以设置为 s（秒）或者 ms（毫秒）。time 的默认值为 0，即表示没有延迟。

> **注意**　如果time为负数，过渡效果将会被截断。例如，一个过渡为5秒的动画，当time为-1秒的时候，过渡效果将直接从1/5处开始，持续4秒。

例如，下面的示例代码设置鼠标经过 p 元素时的过渡动画。该动画不会立即执行，而是等待 1 秒之后再缓慢地用 5 秒从当前景色逐渐过渡到红色。

```
p:hover{
```

```
    background-color:#FF0000;                          /* 指定过渡完成后的背景色 */
    -webkit-transition-property: background-color;
    -moz- transition-property: background-color;
    -o-transition-property: background-color;
    transition-property: background-color;              /* 指定背景色的CSS属性 */
    -webkit-transition-duration:5s;
    -moz-transition-duration:5s;
    -o-transition-duration:5s;
    transition-duration:5s;                             /* 指定过渡效果的时长 */
    -webkit-transition-delay:1s;
    -moz-transition-delay:1s;
    -o-transition-delay:1s;
    transition-delay:1s;                                /* 指定过渡效果延迟的时长 */
}
```

### 13.3.5 transition属性

前面介绍的 transition-property 属性、transition-duration 属性、transition-timing-function 属性和 transition-delay 属性每个都定义了过渡效果的一个部分。因此，要编写一个完整的过渡效果需要每个属性都写一遍，而且还要针对浏览器的私有前缀进行设置，最终形成的代码非常臃肿和冗长，而且不方便修改。

为此，CSS 3 提供了使用过渡效果的简写属性 transition，它的语法格式如下：

```
transition: transition-property transition-duration transition-timing-
function transition-delay;
```

从语法可以看出，在这里可以同时定义 transition-property 属性、transition-duration 属性、transition-timing-function 属性和 transition-delay 属性，各个属性之间用空格分隔。

例如，下面的示例代码使用多个属性定义了一个过渡效果。

```
p:hover{
    background-color:#FF0000;                          /* 指定过渡完成后的背景色 */
    transition-property: background-color;              /* 指定背景色的CSS属性 */
    transition-duration:5s;                             /* 指定过渡效果的时长 */
    transition-timing-function:linear;                  /* 指定过渡效果的名称 */
    transition-delay:1s;                                /* 指定过渡效果延迟的时长 */
}
```

再来看看使用 transition 属性之后的代码：

```
p:hover{
    background-color:#FF0000;                          /* 指定过渡完成后的背景色 */
    transition: background-color 5s linear 1s;          /* 使用简写指定过渡效果*/
}
```

> **注意** 使用transition属性时各个参数的顺序不可以颠倒，必须按顺序定义。

接下来创建一个使用过渡效果的完整实例,以此来演示本节前面介绍的各种属性的具体用法。实例页面非常简单,仅仅定义了 4 个 div 元素,代码如下所示:

```
<div>宁静的夏天</div>
<div>夏天的风</div>
<div>被风吹过的夏天</div>
<div>夏天的味道</div>
```

为上面的 div 元素编写简单的 CSS 样式定义边框、背景色、宽度和间距等。最终代码如下所示:

```
<style type="text/css">
div {
    width: 120px;
    border: 2px solid #000;
    float:left;
    margin:5px;
    line-height:50px;
    background-color: #6C3;
}
</style>
```

经过上面两步,应用过渡效果的页面就制作完成了。在浏览器中打开将看到如图 13-17 所示的效果。

接下来定义鼠标经过 div 元素时的过渡效果,主要包括如下几项:

- 更改背景色为红色(#FF0000)。
- 使用淡入淡出效果。
- 在 3 秒内完成,并延迟 -500 毫秒。

为了使效果比较突出,在过渡时还对 div 元素顺时针旋转 30 度,并放大 -1.2 倍。如下所示为最终形成的样式代码:

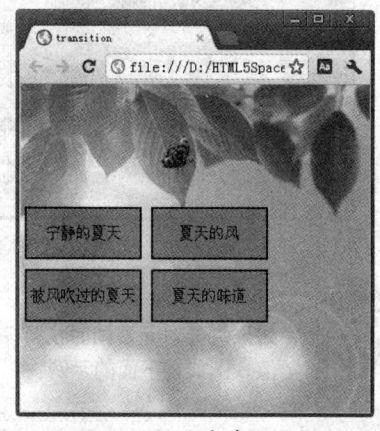

图13-17 过渡前的效果

```
div:hover{
    background-color:#FF0000;                    /* 指定过渡完成后的背景色 */
    -webkit-transition:background-color 3s ease-in-out -500ms;
    -webkit-transform: rotate(30deg) scale(-1.2);
    -moz-transition:background-color 3s ease-in-out -500ms;
    -moz-transform: rotate(30deg) scale(-1.2);
    -o-transition:background-color 3s ease-in-out -500ms;
    -o-transform: rotate(30deg) scale(-1.2);
    transition:background-color 3s ease-in-out -500ms;
    transform: rotate(30deg) scale(-1.2);
}
```

将它添加到实例页面中并再次运行。当鼠标经过 div 元素时,将看到随着旋转动画,背景色慢慢地发生变化，如图 13-18 所示。当过渡完成后将看到如图 13-19 所示的效果。

图13-18　过渡中的效果 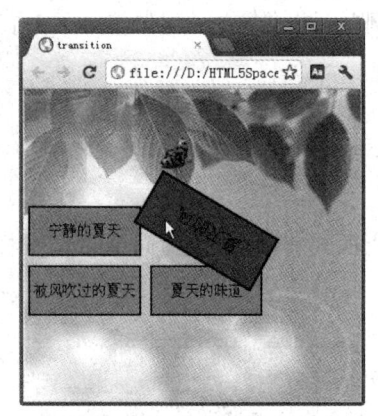　　　　　　　图13-19　过渡后的效果

为了测试实例的兼容性，还需要对其他浏览器进行测试。如图 13-20 所示为 Opera 浏览器的运行效果，图 13-21 所示为 Firefox 浏览器的运行效果。

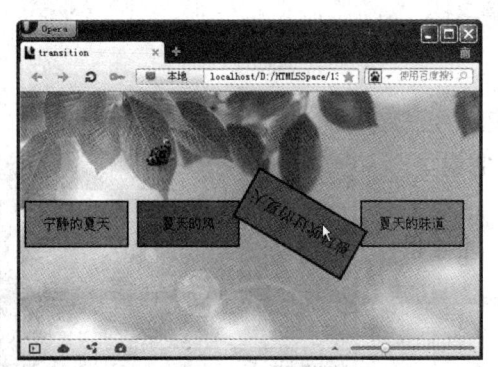

图13-20　Opera运行效果 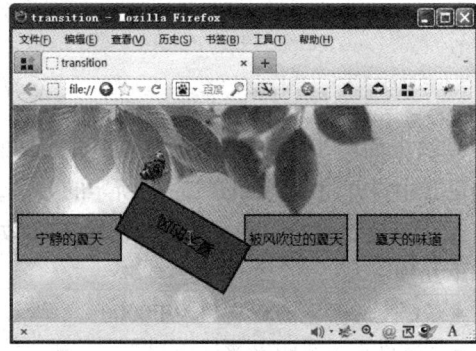　　　　　　　图13-21　Firefox运行效果

> **技巧**
>
> 如果需要对元素同时执行多个过渡效果，可以将这些属性以逗号为分隔作为transition属性的值。例如，下面的示例：
>
> ```
> transition:background-color 3s ease-in-out -500ms,color 1s ease-in 500ms;
> ```

## 13.4　动画效果

CSS 3 除了支持过渡的动画效果外，还可以使用 animation 属性实现更为复杂的动画效果。本节将详细介绍 animation 属性的使用，目前支持该属性的浏览器有 Firefox 5+、Safari 5+ 和 Chrome 10+。

CSS 中的动画效果与过渡效果类似，都是通过不断改变元素的属性值来实现动画效果的。他们的区别在于，使用过渡效果时只能通过属性指定开始状态和结束状态，然后在两个状态之间过渡，而不能对过滤中间的状态进行控制。而使用 animation 属性可以通过多个关键帧来定义动画中的各个状态，从而实现更为复杂的动画效果。

## 13.4.1 关键帧

使用动画效果之前必须先定义关键帧，一个关键帧表示动画过程中的一个状态。CSS 3 提供了 @keyframes 属性来创建关键帧的集合。@keyframes 属性的语法格式如下：

```
@keyframes animationname {
    keyframes-selector {css-styles;}
}
```

语法中各参数的含义如下：

- animationname 表示当前动画的名称，它将作为引用时的唯一标识，因此不能为空。
- keyframes-selector 关键帧选择器，即指定当前关键帧要应用到整个动画过程中的位置，值可以是一个百分比、from 或者 to。其中，from 和 0% 效果相同表示动画的开始，to 和 100% 效果相同表示动画的结束。
- css-styles 定义执行到当前关键帧时对应的动画状态，由 CSS 样式属性进行定义，多个属性之间用分号分隔，不能为空。

例如，下面的示例代码使用 @keyframes 属性定义了一个淡入动画。

```
@keyframes 'appear'
{
    0%{opacity:0;}              /* 动画开始时的状态，完全透明 */
    100%{opacity:1;}            /* 动画结束时的状态，完全不透明 */
}
```

上述代码创建了一个名为 appear 的动画，该动画在开始时 opacity 为 0（透明），动画结束时 opacity 为 1（不透明）。这个动画效果还可以使用如下的等效代码来实现：

```
@keyframes 'appear'
{
    from {opacity:0;}           /* 动画开始时的状态，完全透明 */
    to {opacity:1;}             /* 动画结束时的状态，完全不透明 */
}
```

下面创建一个淡入淡出的动画效果，示例代码如下：

```
@keyframes 'appearDisappear'
{
    from,to{opacity:0;}         /* 动画开始和结束时的状态，完全透明 */
    20%,80%{opacity:1;}         /* 动画的中间状态，完全不透明 */
}
```

为了实现淡入淡出效果，上述代码定义动画开始和结束时元素不可见，然后渐渐淡入，在动画的 20% 处变得可见，然后保持到 80% 处，再慢慢淡出。

> **提示** 示例中使用的是CSS 3的标准语法，对于Firefox浏览器应该使用@-moz-keyframes属性，Safari和Chrome浏览器应该使用@-webkit-keyframes属性。

## 13.4.2 动画属性

使用 @keyframes 属性创建好动画的关键帧之后,它还没有应用到任何页面元素上,因此还不能执行。这就需要使用 CSS 3 中的 animation 属性,animation 属性的语法格式如下:

```
animation: animation-name animation-duration animation-timing-function animation-delay animation-iteration-count animation-direction animation-fill-mode;
```

可以看到,它其实是一个复合属性,包含的子属性有 animation-name、animation-duration、animation-timing-function、animation-delay、animation-iteration-count、animation-direction 和 animation-fill-mode。

### 1. animation-name 属性

animation-name 属性用于定义要应用的动画名称。animation-name 属性的语法格式如下:

```
animation-name:animationName;
```

这里的 animationName 参数应该是使用 @keyframes 属性指定的名称。如果值为 none 则表示不应用任何动画效果,通常用于覆盖或者取消动画。

例如,下面的示例代码为 p 元素应用上节创建的淡入淡出动画效果。

```
p{
    animation-name: appearDisappear;/* 指定动画效果名称为appearDisappear */
}
```

### 2. animation-duration 属性

animation-duration 属性用于定义整个动画效果完成所需要的时间。animation-duration 属性的语法格式如下:

```
animation-duration:times;
```

times 参数是以秒(s)或者毫秒(ms)为单位的时间,默认值为 0 表示没有动画。

例如,下面的示例代码指定在 5 秒内完成 p 元素的淡入淡出动画。

```
p{
    animation-name: appearDisappear;/* 指定动画效果名称为appearDisappear */
    animation-duration:5s;          /* 指定动画时长为5秒 */
}
```

### 3. animation-timing-function 属性

animation-timing-function 属性用于定义使用哪种方式执行动画效果。animation-timing-function 属性的语法格式如下:

```
animation-timing-function: effectname;
```

effectname 参数的含义与 transition-timing-function 属性相同,可以为 ease(默认值)、linear、ease-in、ease-out、ease-in-out 和 cubic-bezier。

例如,下面的示例代码将使用渐变形式来执行动画效果。

```
p{
    animation-name: appearDisappear;    /* 指定动画效果名称为appearDisappear */
    animation-duration:5s;              /* 指定动画时长为5秒 */
    animation-timing-function: linear;  /* 指定使用渐变方式 */
}
```

### 4. animation-delay 属性

animation-delay 属性用于定义在执行动画效果之前延迟的时间。animation-delay 属性的语法格式如下：

```
animation-delay:times;
```

这里 times 与 animation-duration 属性中的 times 具有相同的值，可以设置为 s（秒）或者 ms（毫秒）。times 的默认值为 0，表示没有延迟。

### 5. animation-iteration-count 属性

animation-iteration-count 属性用于定义当前动画效果重复播放的次数。animation-iteration-count 属性的语法格式如下：

```
animation-iteration-count:number;
```

number 参数是一个整数，默认值为 1，表示动画从开始到结束播放一次。如果该参数为 infinite，表示动画无限地重复播放。

例如，下面的示例代码将 3 秒的淡入淡出动画重复播放 5 次。

```
p{
    animation-name: appearDisappear;/* 指定动画效果名称为appearDisappear */
    animation-duration:3s;              /* 指定动画时长为3秒 */
    animation-iteration-count: 5;       /* 指定重复5次 */
}
```

### 6. animation-direction 属性

animation-direction 属性用于定义当前动画效果播放的方向。animation-direction 属性的语法格式如下：

```
animation-direction:direction;
```
direction 参数有两个值：normal 和 alternate。默认值为 normal，表示每次动画都从头开始执行到最后；如果值为 alternate，表示动画播放到最后时将反向播放，即从最后状态逆向播放到开始状态。

例如，下面的示例代码指定使用反向播放动画效果。

```
p{
    animation-name: appearDisappear;/* 指定动画效果名称为appearDisappear */
    animation-direction: alternate; /* 使用反向播放方式 */
}
```

### 7. animation-fill-mode 属性

animation-fill-mode 属性用于定义动画开始之前或者播放之后进行的操作。animation-fill-mode 属性的语法格式如下：

```
animation-fill-mode:mode;
```

mode 参数可以有如下值：
- none 默认值，表示动画将按照定义的顺序执行，在完成后返回到初始关键帧。
- forwards 表示动画在完成后继续使用最后关键帧的值。
- backwards 表示动画在完成后使用开始关键帧的值。
- both 同时应用 forwards 和 backwards 的效果。

至此与动画效果有关的所有子属性就介绍完了。综合使用它们可以完整定义动画效果的方方面面，示例代码如下：

```
/* 使用子属性定义动画效果 */
p{
    animation-name: 'appearDisappear';
    animation-duration:10s;
    animation-timing-function: ease-in-out;
    animation-delay:500ms;
    animation-iteration-count: infinite;
    animation-direction:alternate;
    animation-fill-mode:forwards;
}
```

也可以使用 animation 复合属性来集中定义动画效果。上面代码的简写形式如下：

```
/* 使用复合属性定义动画效果 */
p{
    animation:'appearDisappear' 10s ease-in-out 5ms infinite alternate forwards;
}
```

使用 animation 属性还可以同时定义多个动画效果，每个之间使用逗号分隔。示例代码如下：

```
/* 同时定义多个动画效果 */
p{
    animation:'appear' 10s ease-in-out 5ms infinite alternate forwards,
              'disappear' 3s ease-in-out 4ms infinite;
}
```

## 13.5 动手操作：实现图片墙3D翻转效果

在 CSS 3 之前如果希望在页面上显示动画或者特殊效果，必须通过 Flash 或者 JavaScript 来实现。而 CSS 3 在动画方面进行了革命性的创新，使用 CSS 3 无须任何 Flash 和 JavaScript 即可制作出漂亮的动画效果和有视觉冲击力的特效。

下面将利用 CSS 3 的这些特性，制作一个带 3D 翻转效果的图片墙。具体步骤如下：

**Step 1** 首先分析一下实例的布局。本实例使用一个大的容器作为背景墙，里面嵌入了 3 个子容器，每个子容器为图片墙的一行。最终整体布局如图 13-22 所示。

```
        背景墙
    ┌─────────────┐
    │    第一行    │
    ├─────────────┤
    │    第二行    │
    ├─────────────┤
    │    第三行    │
    └─────────────┘
```

图13-22  布局结构示意图

**Step 2** 新建一个HTML 5页面,根据图13-22所示的结构添加具体的布局代码。如下所示:

```
<div id="animate_3d" class="out_box">
  <div id="animate_line_1" class="line_3d">
    <img class="img_3d" src="img/tn_01.jpg" /> <img class="img_3d" src="img/tn_02.jpg" /> <img class="img_3d" src="img/tn_03.jpg" /> <img class="img_3d" src="img/tn_goal.jpg" /> <img class="img_3d" src="img/tn_05.jpg" />
  </div>
  <div id="animate_line_2" class="line_3d">
  <!-- 此处省略插入5张图片的代码 -->
  </div>
  <div id="animate_line_3" class="line_3d">
  <!--此处省略插入5张图片的代码 -->
  </div>
</div>
```

上述代码中 animate_3d 表示背景墙容器,animate_line_1、animate_line_2 和 animate_line_3 分别表示其中的一行。

**Step 3** 接下来为最大层的背景墙容器定义宽度、高度和其他样式。代码如下所示:

```
.out_box {
    width:700px;
    height:300px;
    margin:100px auto 0;
    overflow:hidden;
}
```

这里使用"overflow:hidden"语句使超出背景墙的内容不显示。

**Step 4** 为背景墙上的图片添加样式,定义一个边框和浮动方向。代码如下所示:

```
.out_box img {
    float:left;
    border:solid 1px #CCC;
}
```

**Step 5** 在应用动画效果之前,必须先创建动画并定义关键帧。这就需要使用13.3.1节中介绍的@keyframes属性,代码如下所示:

```
@-webkit-keyframes x-spin {                    /* 创建第一个动画效果 */
    0% {-webkit-transform:rotateX(0deg);}
    50% {-webkit-transform:rotateX(180deg);}
    100% {-webkit-transform:rotateX(360deg);}
}
@-webkit-keyframes y-spin {                    /* 创建第二个动画效果 */
    0% {-webkit-transform:rotateY(0deg);}
    50% {-webkit-transform:rotateY(180deg);}
    100% {-webkit-transform:rotateY(360deg);}
}
@-webkit-keyframes back-y-spin {               /* 创建第三个动画效果 */
    0% {-webkit-transform:rotateY(360deg);}
    50% {-webkit-transform:rotateY(180deg);}
    100% {-webkit-transform:rotateY(0deg);}
}
```

这里共创建了三个动画效果，名称分别是 x-spin、y-spin 和 back-y-spin。在每个动画效果内都使用 transform 属性定义了不同角度的旋转。

**Step 6** 使用布局中定义好的 ID 值为每一行应用动画效果，并指定动画的持续时间。代码如下所示：

```
#animate_line_1 {
    -webkit-animation-name:y-spin;              /* 应用第二个动画效果 */
    -webkit-animation-duration:5s;
}
#animate_line_2 {
    -webkit-animation-name:back-y-spin;         /* 应用第三个动画效果 */
    -webkit-animation-duration:4s;
}
#animate_line_3 {
    -webkit-animation-name:y-spin;              /* 应用第二个动画效果 */
    -webkit-animation-duration:3s;
}
```

**Step 7** 为了实现图片的 3D 翻转，除了旋转之外，还需要定义动画的执行方式、执行次数以及 3D 方面的特性。代码如下所示：

```
.img_3d, .line_3d {
    -webkit-transform-style:preserve-3d;
    -webkit-animation-iteration-count:infinite;
    -webkit-animation-timing-function:linear;
}
```

**Step 8** 至此，已经完成了背景墙上每行图片的水平翻转动画。为了使效果更加真实，还需要的背景墙的动画特性进行定义，代码如下所示：

```
#animate_3d {
    -webkit-transform-style:preserve-3d;
    -webkit-animation-name:x-spin;
```

```
/* 应用第一个动画效果 */
    -webkit-animation-duration:7s;
    -webkit-animation-iteration-count:infinite;
    -webkit-animation-timing-function:linear;
}
```

上述代码主要是使用动画 x-spin 将背景墙进行垂直旋转，还定义了动画的执行次数、执行方式以及持续时间。

**Step 9** 至此，本实例就制作完成了。在动画效果中将看到背景墙垂直翻转，里面每行的图片在不同的时间周期又进行不一致的水平翻转动画。这样内外配合，最终形成了本实例的效果，如图 13-23 和图 13-24 所示。

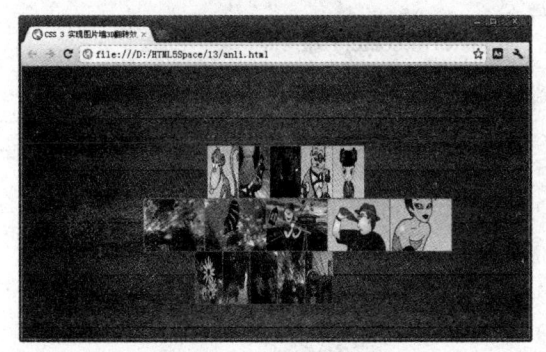

图13-23　实例运行效果1　　　　　　　图13-24　实例运行效果2

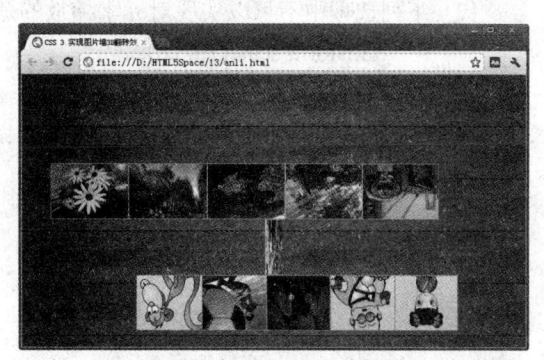

## 13.6　本章小结

本章详细介绍了 CSS 3 在变形、过渡和动画效果方面的应用。变形可以对元素的外观产生特殊效果，而过渡可以在元素属性变化的过程中产生动画效果，除此之外，还可以通过关键帧定义复杂的动画效果。

通过对本章的学习，相信读者一定掌握了如何将普通页面制作得更加丰富多彩和富有动感。但是在使用的时候首先应该注意浏览器的兼容性，并添加私有属性前缀。另外在应用动画效果之前，必须理解各个动画参数的含义以及对效果的影响。只有这样，才能在需要时快速设计出符合预期效果的动画。

最后一点，使用动画效果的最佳做法是在恰当的地方使用，以增强用户体验，而并非越多越好。

## 13.7　课后练习

一、填空题

（1）如果要实现平移功能应该将 transform 属性设置为 ＿＿＿＿＿＿＿。

(2) 要将元素顺时针旋转 45 度，应该使用代码 transform:＿＿＿＿＿＿。

(3) 当过渡效果需要应用到所有 CSS 属性上时，应该将 transition-property 设置为＿＿＿＿＿＿值。

(4) 在 CSS 3 中，要创建动画必须使用＿＿＿＿＿＿属性定义关键帧集合。

(5) 使用＿＿＿＿＿＿属性可以定义要应用的动画名称。

## 二、选择题

(1) 使用 transform 属性不能实现下列哪个效果？＿＿＿＿＿＿。
  A．将元素向左和右进行移动　　　B．将元素变得透明
  C．将元素向右进行旋转　　　　　D．将元素的原点修改为左上角

(2) 下列选项中不可以实现对元素缩放的是＿＿＿＿＿＿。
  A．transform:scale(10, 20);　　　B．transform:scale(10);
  C．transform:scaleX(-2.0);　　　 D．transform:scaleX(-2.0deg);

(3) 下列选项使用 transform-origin 属性错误的是＿＿＿＿＿＿。
  A．transform-origin:top left;　　　　B．transform-origin:100px left;
  C．transform-origin:-20deg 10deg;　D．transform-origin:10% 50%;

(4) 下列不属于 transition 子属性的是＿＿＿＿＿＿。
  A．transition-property　　　　　B．transition-duration
  C．transition-function　　　　　D．transition-delay

(5) 下列不属于 CSS 3 中过渡效果名称的是＿＿＿＿＿＿。
  A．ease　　　B．fade　　　C．linear　　　D．cubic-bezier

(6) 下列 transition-delay 属性的用法中，错误的是＿＿＿＿＿＿。
  A．transition-delay:50s;　　　　B．transition-delay:-50s;
  C．transition-delay:-50ms;　　　D．transition-delay:none;

(7) 下列哪个关键帧选器是错误的＿＿＿＿＿＿。
  A．begin　　　B．from　　　C．10%　　　D．0%

(8) 下列不属于 animation 子属性的是＿＿＿＿＿＿。
  A．animation-direction　　　　　B．animation-count
  C．animation-fill-mode　　　　　D．animation-timing-function

## 三、简答题

(1) 简述对元素进行平移、缩放、旋转和倾斜操作的方法。

(2) 如何更改元素变形操作时的基点。

(3) 简述 transition-delay 属性的用法，以及对过渡效果的影响。

(4) @keyframes 属性由哪些部分组成，并举例说明各部分的含义。

(5) animation 属性由哪些部分组成，并举例说明各部分的含义。

# 第 14 章

# CSS 3 布局样式

### 内容摘要：

CSS 的作用是设置页面格式。页面的 CSS 代码单独存放，便于对页面进行统一管理。CSS 3 在 CSS 2 的基础上进行了改善，使代码更加简洁。以前样式中需要使用图片和脚本才能实现的效果，在 CSS 3 中只须几行代码，不仅简化了设计师的工作，而且加快了页面的加载速度。

在本章将详细介绍 CSS 3 中新添加的 columns 和 outline 以及 box-sizing 等属性，使用这些属性可以让页面设置更简单快捷。

### 学习目标：

- 熟练掌握 columns 属性
- 理解并熟练掌握 box-sizing 属性
- 熟练掌握 overflow 属性
- 理解并熟练掌握盒子模型
- 熟悉掌握 outline 属性

## 14.1　单个盒子样式

盒子模型是比较抽象的东西，理解起来是比较麻烦的一件事，但是盒子模型在 CSS 样式中有着非常重要的作用。CSS 3 中的盒子模型布局对网页布局有很大的作用。

通常情况下，页面上所有容器的摆放顺序都按照载入的顺序排列。而使用 CSS 3 提供的盒子模型功能后，我们可以在不改变 HTML 结构的前提下随意改变容器的显示位置。

本节将详细讲述盒子模型的原理，并将盒子模型应用到实际案例中。

### 14.1.1　盒子模型简介

使用盒子模型，可以很轻松地创建适应浏览器窗口的流动布局或自适应字体大小的弹性布局，盒子模型为开发者提供了一种非常灵活的布局方式。盒子模型在 CSS 中是比较重要的属性。盒子模型分为外盒模型和内合模型，下面介绍 W3C 标准浏览器和 IE 传统浏览器（IE6 以下版本浏览器）的盒子模型原理。

CSS 中的盒子模型分为两种，第一种是 W3C 的标准模型，另一种是 IE 的传统模型，它们的相同之处都是对元素计算尺寸的模型，具体说就是对元素的 width、height、padding、border 以及元素实际尺寸的计算关系，它们的不同之处就是计算方法不一样。

W3C 的标准盒子模型的元素尺寸计算方法如下所示：

```
/*外盒尺寸计算（元素空间尺寸）*/
  Element空间高度 = content height + padding + border + margin
  Element 空间宽度 = content width + padding + border + margin
/*内盒尺寸计算（元素大小）*/
  Element Height = content height + padding + border （Height为内容高度）
  Element Width = content width + padding + border （Width为内容宽度）
```

IE 的盒子模型计算方法如下所示：

```
  Element空间高度 = content Height + margin (Height包含了元素内容宽度，边框宽度，内距宽度)
  Element空间宽度 = content Width + margin (Width包含了元素内容宽度、边框宽度、内距宽度)
/*内盒尺寸计算（元素大小）*/
  Element Height = content Height(Height包含了元素内容宽度，边框宽度，内距宽度)
  Element Width = content Width(Width包含了元素内容宽度、边框宽度、内距宽度)
```

为了更好地理解盒子模型，下面结合示例分析盒子模型，如图 14-1 所示。

在图 14-1 中，content 内容包括图片、文本、视频等；padding 的作用是设置内盒的外间距；border 的作用是设置内距的外边框；margin 的作用是设置围绕在边框外的边距大小。

从图 14-1 中可以看出，IE6 以下版

图14-1　盒子模型示例图

本浏览器的宽度包含了元素的 padding 和 border 值，其内容的真正宽度是（width- padding- border）。用内外盒来说，W3C 标准浏览器的内盒宽度等于 IE6 以下版本浏览器的外盒宽度。

## 14.1.2　overflow属性

在网页中，经常出现大小不固定的内容，这给页面样式的设置增加了难度，在 CSS 3 中可以使用 overflow 属性处理内容溢出的问题。本节将通过实例详细介绍使用该属性解决内容溢出的实现过程。

overflow 属性用于设置因为内容过多而影响页面效果的情况，该属性的语法格式如下所示：

```
overflow : visible | auto | hidden | scroll
```

其中，visible（默认值）的作用是不剪切内容也不添加滚动条。假如显式声明此默认值，对象将以包含对象的 window 或 frame 的尺寸裁切；auto 的作用是在必需时对象内容才会被裁切或显示滚动条；hidden 的作用是不显示超出对象尺寸的内容；scroll 的作用是显示滚动条。

接下来通过一个实例讲述 overflow 属性的使用方法，实例页面很简单，只需一个 div 元素，实例代码如下所示：

```html
<div id="text">
        <ul>
            <marquee direction="UP" onmouseout="this.start();" onmouseover="this.stop();" style="margin-top:0px; padding:5px;width:95%;font-size:12px; LINE-HEIGHT: 20px; overflow:hidden" scrolldelay=200 scrollamount=4>
                欢迎光临中国<a href="http://www.itzcn.com" >计算机教程网</a>，我们将致力于创建权威原创计算机教程，努力营造互动学习交流平台，打造一流IT学习乐园，推进无纸化教学进程！！！<a href="#">视频教程</a>，将带您进入身临其境的视频教学氛围；<a href="#">在线课堂</a>，展现给您图文井茂的原创教程；如果在学习过程中有什么疑问，可以登录<a href="#">在线交流</a>栏目，在这里您可以得到权威人士的点拨和指导，当然您也可以为网友提供帮助，展现自己的智慧和才华；<a href="#">资源下载</a>，为您提供常用工具，最新软件；<a href="#">业界新闻</a>，了解IT最新动态，掌握更多IT资讯；<a href="#">图书推荐</a>最新计算机教程畅销图书重点推荐；更多精彩内容，敬请期待......您的支持是我们工作最大的动力！
        </marquee>
        <!--跑马灯/-->
        </ul></div>
```

上述代码创建了 div 元素，在该元素内添加了文本内容，在 CSS 中需要使用 overflow 属性处理文本内容，CSS 代码如下所示：

```css
<style type="text/css">
        #text
        {
            border:solid 1px #693;
            width:400px;
            height:120px;
            padding:8px;
            margin:160px 0 0 260px;
            font-size:13px;
            font-family:"宋体"、Aria;
```

```
            line-height:18px;
            color:red;
            overflow:auto;
            }
</style>
```

上述代码的运行效果如图 14-2 所示。

图14-2  overflow属性的运行效果

## 14.1.3 overflow-x和overflow-y属性

在 14.1.2 节中讲述了 overflow 的属性，下面讲述 overflow-x 和 overflow-y 的属性。
overflow-x 的属性的语法格式如下所示：

```
overflow-x:visible | auto | hidden | scroll
```

overflow-y 的属性的语法格式如下所示：

```
overflow-y:visible | auto | hidden | scroll
```

overflow-x 和 overflow-y 属性的参数请参考 14.1.2 节

通过一个实例来讲解 overflow-x 和 overflow-y 的用法，实例代码如下所示：

```
<div id="newtest1"><p>
    这几天心里颇不宁静。今晚在院子里坐着乘凉，忽然想起日日走过的荷塘，在这满月的光里，总该另
有一番样子吧。月亮渐渐地升高了，墙外马路上孩子们的欢笑，已经听不见了；妻在屋里拍着闰儿，迷
迷糊糊地哼着睡歌。我悄悄地披了大衫，带上门出去。
</p>
<p>沿着荷塘，是一条曲折的小煤屑路。这是一条幽僻的路；白天也少人走，夜晚更加寂寞。荷塘四
面，长着许多树，蓊蓊郁郁的。路的一旁，是些杨柳，和一些不知道名字的树。没有月光的晚上，这路
上阴森森的，有些怕人。今晚却很好，虽然月光也还是淡淡的。</p>
<p>路上只我一个人，背着手踱着。这一片天地好像是我的；我也像超出了平常的自己，到了另一
个世界里。我爱热闹，也爱冷静；爱群居，也爱独处。像今晚上，一个人在这苍茫的月下，什么都可以
想，什么都可以不想，便觉是个自由的人。白天里一定要做的事，一定要说的话，现在都可不理。这是
独处的妙处；我且受用这无边的荷香月色好了。</p>
</div>
```

上述代码为在页面中添加文本内容，使用 CSS 代码处理文本内容，CSS 代码如下所示：

```
#newtest1
{
width:350px;
height:350px;
border:thin solid black;
overflow-x:scroll;
overflow-y:scroll;
}
```

上述代码的运行效果如图 14-3 所示。

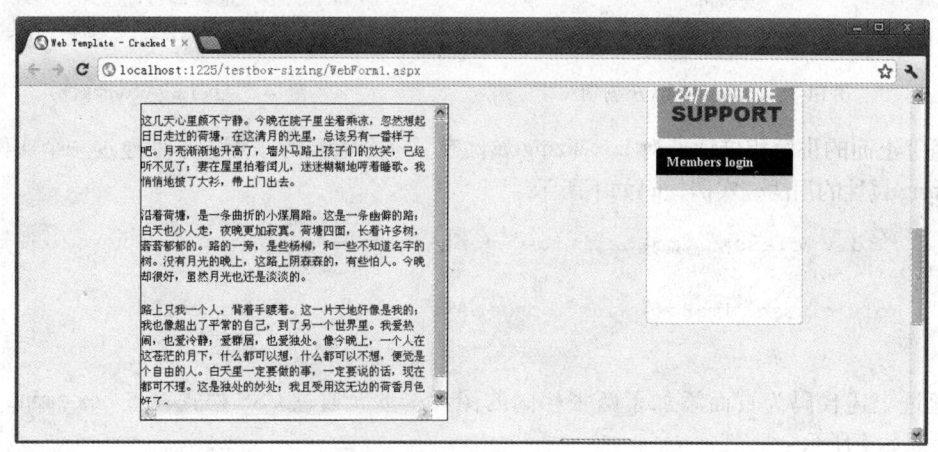

图14-3　overflow-x和overflow-y属性的运行效果

## 14.1.4　box-sizing属性

box-sizing 是 CSS 3 中的一个重要属性。为了更好地学习和理解 box-sizing 属性，需要先了解盒子模型原理。盒子模型原理请参考 14.1.1。

box-sizing 属性的语法格式如下所示：

```
box-sizing :content-box || border-box || inherit
```

其中，content-box 值为默认值。元素的宽度或高度等于元素边框宽度加上元素内边距，加上元素内容宽度或者高度即：

```
element Width/Height = border+padding+content width/height。
```

border-box 是指维持 IE 传统的盒子模型（IE6 以下版本），也就是说，元素的宽度／高度等于元素内容的宽度／高度。

为了更能形象地看出 box-sizing 中 content-box 和 border-box 两者的区别，如图 14-4 和图 14-5 所示。

box-sizing 虽然得到各种主流最新浏览器的支持，但有些浏览器还是需要加上自己的前缀，Mozilla 需要加上 -moz-，Webkit 内核需要加上 -webkit-。所以 box-sizing 兼容浏览器时需要加上各自的前缀才能展现 box-sizing 属性的效果。

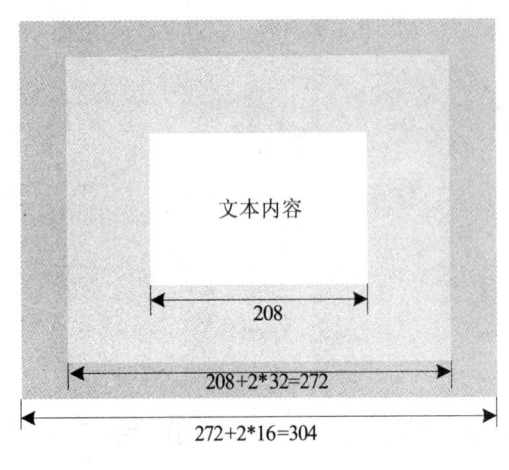

图14-4 content-box示例图 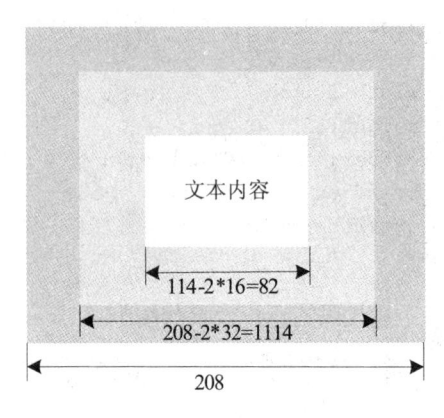　　　　图14-5 border-box示例图

通过上面的讲解相信读者对 box-sizing 属性有了一个大概的了解，下面通过一个实例讲解 box-sizing 属性的用法。实例代码如下所示：

```
    <div class="imgBox" id="contentBox"><img src="images/09.jpg" alt="" /></div>
    <div class="imgBox" id="borderBox"><img src="images/09.jpg" alt="" /></div>
```

通过上述代码为页面添加了两张相同的图片，下面通过 CSS 样式设置 box-sizing 属性。CSS 代码如下所示：

```
.imgBox img{
  width: 140px;
  height: 140px;
  padding: 20px;
  border: 20px solid orange;
  margin: 10px;
}
#contentBox img{
  -moz-box-sizing: content-box;     /*Firefox3.5以上版本+*/
  -webkit-box-sizing: content-box;  /*Safari3.2以上版本+*/
  -o-box-sizing: content-box;       /*Opera9.6以上版本*/
  -ms-box-sizing: content-box;      /*IE8以上版本*/
  box-sizing: content-box;   /*W3C标准(IE9+,Safari5.1+,Chrome10.0+,Opera10.6+都符合box-sizing的w3c标准语法)*/
}
#borderBox img{
  -moz-box-sizing: border-box;     /*Firefox3.5+*/
  -webkit-box-sizing: border-box;  /*Safari3.2+*/
  -o-box-sizing: border-box;       /*Opera9.6*/
  -ms-box-sizing: border-box;      /*IE8*/
  box-sizing: border-box;   /*W3C标准(IE9+,Safari5.1+,Chrome10.0+,Opera10.6+都符合box-sizing的w3c标准语法)*/
}
```

上述代码的运行效果如图 14-6 所示。

图14-6　box-sizing属性的运行效果

## 14.2　多列类布局

很多时候我们会选择多列显示的方法对网页中的文字进行排版，排版时为每列制定特定的层或段落。在 CSS 3 之前会选择使用 HTML 代码实现多列布局，这是很麻烦的事情。CSS 3 中对多列布局进行了定义，使用 CSS 3 样式可以简单地实现这种效果。

本节将详细讲述如何使用 CSS 3 中的新属性实现多列布局。

### 14.2.1　column-count属性

在网页中有时需要创建等高的文本列，实现这种效果就要借助 CSS 来巧妙地实现，在 CSS 3 中有比较简单的途径来实现这种等高的多列布局，实现这种等高多列的文本就需要使用 column-count 属性。

column-count 的作用是设置或检索对象的列数，设置等高的文本列，该属性的语法格式如下所示：

```
column-count:num              //num为整型
```

下面创建一个案例来演示 column-count 属性的用法，示例代码如下所示：

```html
<div class="wrapper">
    <div class="inner">
        <h2>column-count</h2>
        <div class="cont">
            <div class="column-count">
                <p><strong>CSS即层叠样式表（Cascading Stylesheet）</strong>在网页制作时采用CSS技术，可以有效地对页面的布局、字体、颜色、背景和其他效果实现更加精确的控制。只要对相应的代码做一些简单的修改，就可以改变同一页面的不同部分，或者页数不同的网页的外观和格式</strong>。</p>
                <p><strong>CSS3是CSS技术的升级版本，</strong>CSS3语言开发是朝着模块化发展的。以前的规范作为一个模块实在是太庞大而且比较复杂，所以，把它分解为一些小的模块，更多新的模块也被加入进来</p>
```

```
        <p>Grid布局应用很广泛,最简单的例子就是内容的分栏显示。
            对于左边这个布局复杂的三栏网页来说,如果使用CSS3Gird布局的话,我们只需这样写:
CSS3-Gird布局图中蓝色的线不会出现在实际的网页中。</p>
        <p>在网页制作时采用CSS技术,可以有效地对页面的布局、字体、颜色、背景和其他效果实现
更加精确的控制。 只要对相应的代码做一些简单的修改</p>
        <p>CSS3-Gird布局图中蓝色的线不会出现在实际的网页中。
            Grid布局应用很广泛,最简单的例子就是内容的分栏显示。</p></p>
            </div>
        </div>
    </div>
</div>
```

上述代码设置了 div 元素以及文本内容,需要使用 CSS 样式将文本内容分成列,CSS 样式的代码如下所示:

```
    .wrapper {width:703px; padding:10px; margin:40px auto 0; border:1px solid
#333333;}
    .wrapper .inner {padding:5px 10px;}
    .wrapper .inner h2 {color:#333333; background:#DCDCDC; padding:5px 8px;}
    .wrapper .inner .cont {color:#333333; font-size:14px; line-height:180%;
text-indent:2em;}
    .wrapper .inner .cont p {margin-bottom:15px; line-height:180%;}
    .wrapper .inner .cont .column-count {-webkit-column-count:3;-moz-column-
count:3;}
```

上述代码的运行效果如图 14-7 所示。

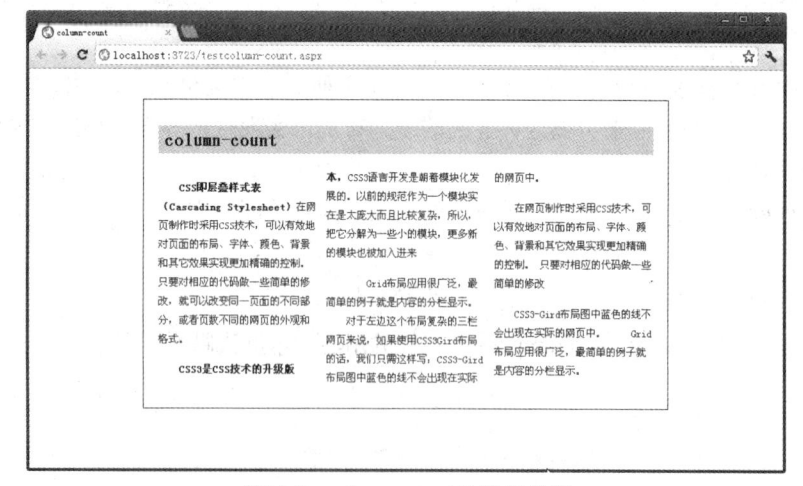

图14-7　column-count的运行效果

## 14.2.2　column-gap属性

在网页中为了显示文本格式的美观程度需要将一段文本分成几列,每列之间需要设置间隔距离,接下来我们通过 column-gap 属性设置每列之间的间隔距离。

column-gap 是 columns 复合属性的一个子属性,该属性的作用是定义列之间的间隔宽度。该属性的语法格式如下所示:

## CSS 3布局样式 第14章

```
column-gap: length
```

其中，length 表示由浮点数和单位标识组成的单位长度，length 不可为负数。

通过一个具体的实例详细介绍该属性实现列的间隔距离的过程。实例代码如下所示：

```
<div class="columns">
    <div class="title">columns-gap</div>
    <div class="column_gap">
        CSS即层叠样式表（Cascading Stylesheet在网页制作时采用CSS技术，可以有效地对页面的布局、字体、颜色、背景和其他效果实现更加精确的控制。 只要对相应的代码做一些简单的修改，就可以改变同一页面的不同部分，或者页数不同的网页的外观和格式
        CSS3是CSS技术的升级版本，CSS3语言开发是朝着模块化发展的。以前的规范作为一个模块实在是太庞大而且比较复杂，所以，把它分解为一些小的模块，更多新的模块也被加入进来
        Grid布局应用很广泛，最简单的例子就是内容的分栏显示。
    </div>
</div>
```

通过 CSS 样式设置文本间隔距离，实例代码如下所示：

```
<style type="text/css">
.columns{width:300px;}
    .columns .title{margin-bottom:5px; line-height:25px; background:#f0f3f9; text-indent:3px; font-weight:bold; font-size:14px;}
    .columns .column_gap{
    -webkit-column-count:2;
    -moz-column-count:2;
    -webkit-column-gap:40px;
    -moz-column-gap:40px;
}
</style>
```

上述代码的运行效果如图 14-8 所示。

图14-8 设置列间距的运行效果

## 14.2.3 column-width属性

在网页中，为了显示文本格式的美观程度需要将一段文本分成几列，每列需要设置固定的宽度。本节将详细介绍如何设置每列的固定宽度。

column-width 属性是 columns 复合属性的一个子属性，该属性的作用是定义每列的固定宽度。该属性的语法格式如下所示：

```
column-width: length
```

其中，length 是由浮点数字和单位标识组成的长度，不可为负数。

下面通过一个实例介绍该属性的使用方法。将文本内容分为两列，每列之间的间隔距离是 10，每列的固定宽度是 140。示例代码如下所示：

```
<div class="columns">
    <div class="title">columns-width</div>
    <div class="column_width">
CSS即层叠样式表（Cascading Stylesheet在网页制作时采用CSS技术，可以有效地对页面的布局、字体、颜色、背景和其他效果实现更加精确的控制。 只要对相应的代码做一些简单的修改，就可以改变同一页面的不同部分，或者页数不同的网页的外观和格式
CSS3是CSS技术的升级版本，CSS3语言开发是朝着模块化发展的。以前的规范作为一个模块实在是太庞大而且比较复杂，所以，把它分解为一些小的模块，更多新的模块也被加入进来
Grid布局应用很广泛，最简单的例子就是内容的分栏显示。
对于左边这个布局复杂的三栏网页来说，如果使用CSS3Gird布局的话，我们只需这样写：CSS3-Gird布局图中蓝色的线不会出现在实际的网页中。
在网页制作时采用CSS技术，可以有效地对页面的布局、字体、颜色、背景和其他效果实现更加精确的控制。 只要对相应的代码做一些简单的修改
CSS3-Gird布局图中蓝色的线不会出现在实际的网页中。
Grid布局应用很广泛，最简单的例子就是内容的分栏显示。
    </div>
</div>
```

通过 CSS 样式为上述代码中的文本内容设置每列的固定宽度，CSS 代码如下所示：

```
<style type="text/css">
.columns
    {
        width:300px;
    }
.columns .title
    {
        line-height:25px; background:#f0f3f9; text-indent:3px; font-weight:bold; font-size:14px;
    }
.columns .column_width{
    -webkit-column-width:140px;
    -moz-column-width:140px;
    -webkit-column-count:2;
    -moz-column-count:2;
    -webkit-column-gap:10px;
    -moz-column-gap:10px;
}
</style>
```

上述代码的运行效果如图 14-9 所示。

CSS 3布局样式 第14章

图14-9 columns-width属性的运行效果

## 14.2.4 column-rule属性

  column-rule 是用来定义列与列之间的边框宽度、样式和颜色的属性，简单地说，它有点类似于 border 属性。但 column-rule 是不占用任何空间位置的，在列与列之间改变其宽度并不会改变任何元素的位置。这样的话，当 column-rule 的宽度大于 column-gap 时，column-rule 将会和相邻的列重叠，从而形成了元素的背景色；但有一点需要注意，column-rule 只存在于两边都有内容的列之间。

  为了能更形象地理解 column-rule，可以把 column-rule 当作元素中的 border 来理解，因为 column-rule 同样具有 border 类似的属性：宽度为 column-rule-width，样式为 column-rule-style，颜色为 column-rule-color，不同的是，border 占有一定的空间位置，而 column-rule 不占空间的位置。

  column-rule 属性语法如下所示：

```
column-rule:<column-rule-width> || <column-rule-style> || <column-rule-color>
```

  其中，column-rule-width 的作用是定义 column-rule 的宽度，默认值为"medium"，不允许取负值。column-rule-style 的作用是用来定义 column-rule 的样式，其默认值为"none"，如果取值为默认值时，column-rule-width 值将等于"0"。column-rule-color 的作用是用来定义 column-rule 的颜色，其默认值为前景色 color 的值。

  下面通过一个案例讲述 column-rule 的使用方法。

  示例代码如下所示：

```
<div class="wrapper">
    <div class="inner">
        <h2>column-rule</h2>
    <div class="cont">
        <div class="column-count">
            <p><strong>CSS即层叠样式表（Cascading Stylesheet）</strong>在网页制作时采用CSS技术，可以有效地对页面的布局、字体、颜色、背景和其他效果实现更加精确的控制。 只要对相应的代码做一些简单的修改，就可以改变同一页面的不同部分，或者页数不同的网页的外观和格式</strong>。</p>
            <p><strong>CSS3是CSS技术的升级版本，</strong>CSS3语言开发是朝着模块化发展的。以前的规范作为一个模块实在是太庞大而且比较复杂，所以，把它分解为一些小的模块，更多新的
```

357

模块也被加入进来</p>
    <p>Grid布局应用很广泛，最简单的例子就是内容的分栏显示。对于左边这个布局复杂的三栏网页来说，如果使用CSS3Gird布局的话，我们只需这样写：CSS3-Gird布局图中蓝色的线不会出现在实际的网页中。</p>
    <p>在网页制作时采用css技术，可以有效地对页面的布局、字体、颜色、背景和其他效果实现更加精确的控制。 只要对相应的代码做一些简单的修改</p>
    <p>CSS3-Gird布局图中蓝色的线不会出现在实际的网页中。Grid布局应用很广泛，最简单的例子就是内容的分栏显示。</p>
   </div>
  </div>
 </div>

上述代码的作用是在页面中添加需要处理的文字内容，通过 CSS 样式处理文字，CSS 代码如下所示：

```
.wrapper {width:703px; padding:10px; margin:40px auto 0; border:1px solid #333333;}
.wrapper .inner {padding:5px 10px;}
.wrapper .inner h2 {color:#333333; background:#DCDCDC; padding:5px 8px;}
.wrapper .inner .cont {color:#333333; font-size:14px; line-height:180%; text-indent:2em;}
.wrapper .inner .cont p {margin-bottom:15px; line-height:180%;}
.wrapper .inner .cont .column-count
{
    -webkit-column-count:3;-moz-column-count:3;
    -webkit-column-rule-width:4px;
    -moz-column-rule-width:4px;
    -webkit-column-rule-style:double;
    -moz-column-rule-style:double;
    -webkit-column-rule-color:red;
    -moz-column-rule-color:#beceeb;
}
```

上述代码的运行效果如图 14-10 所示。

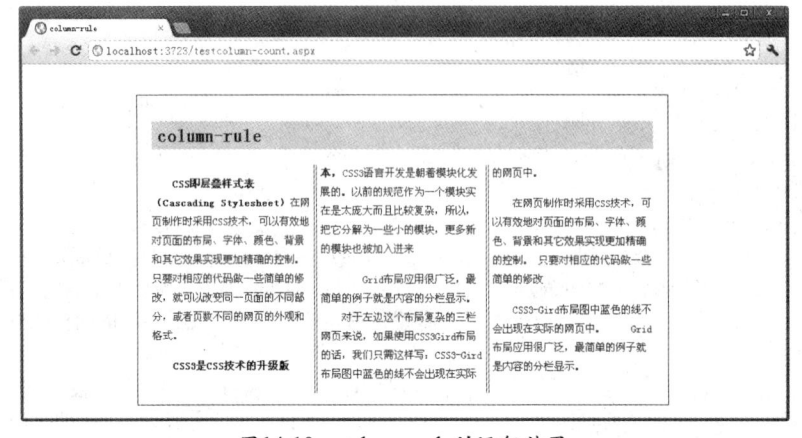

图14-10 column-rule的运行效果

## 14.2.5 column-span属性

在网页中,经常会遇到将一行标题横跨很多列,在 CSS 3 中只须设置 column-span 属性即可,该属性经常用于标记标题。该属性调用格式如下所示:

```
column-span: 1 | all
```

其中,1 表示横跨一列,all 表示横跨所有列。

下面以《荷塘月色》文章为例讲解使用 column-span 实现跨多列的过程。实例代码如下所示:

```
<div class="multicol">
<h2>朱自清 《荷塘月色》</h2>
<p>这几天心里颇不宁静。今晚在院子里坐着乘凉,忽然想起日日走过的荷塘,在这满月的光里,总该另有一番样子吧。月亮渐渐地升高了,墙外马路上孩子们的欢笑,已经听不见了;妻在屋里拍着闰儿,迷迷糊糊地哼着眠歌。我悄悄地披了大衫,带上门出去。</p>
<p>沿着荷塘,是一条曲折的小煤屑路。这是一条幽僻的路;白天也少人走,夜晚更加寂寞。荷塘四面,长着许多树,蓊蓊郁郁的。路的一旁,是些杨柳,和一些不知道名字的树。没有月光的晚上,这路上阴森森的,有些怕人。今晚却很好,虽然月光也还是淡淡的。</p>
<p>路上只我一个人,背着手踱着。这一片天地好像是我的;我也像超出了平常的自己,到了另一个世界里。我爱热闹,也爱冷静;爱群居,也爱独处。像今晚上,一个人在这苍茫的月下,什么都可以想,什么都可以不想,便觉是个自由的人。白天里一定要做的事,一定要说的话,现在都可不理。这是独处的妙处;我且受用这无边的荷香月色好了。</p>
<p>曲曲折折的荷塘上面,弥望的是田田的叶子。叶子出水很高,像亭亭的舞女的裙。层层的叶子中间,零星地点缀着些白花,有袅娜地开着的,有羞涩地打着朵儿的;正如一粒粒的明珠,又如碧天里的星星,又如刚出浴的美人。微风过处,送来缕缕清香,仿佛远处高楼上渺茫的歌声似的。这时候叶子与花也有一丝的颤动,象闪电般,霎时传过荷塘的那边去了。叶子本是肩并肩密密地挨着,这便宛然有了一道凝碧的波痕。叶子底下是脉脉的流水,遮住了,不能见一些颜色,而叶子却更见风致了。</p>
</div>
```

上述代码创建了文本内容,使用 CSS 样式可以对文本内容进行处理,CSS 代码如下所示:

```
.multicol p {line-height:1.5em;}
.multicol
{
  padding: 5px;
  column-width: 15em;
  -moz-column-width: 15em;
  -webkit-column-width: 15em;
}
.multicol h2
{
 column-span: all;
 -moz-column-span: all;
 -webkit-column-span: all;
 text-align:center;
}
```

上述代码的运行效果如图 14-11 所示。

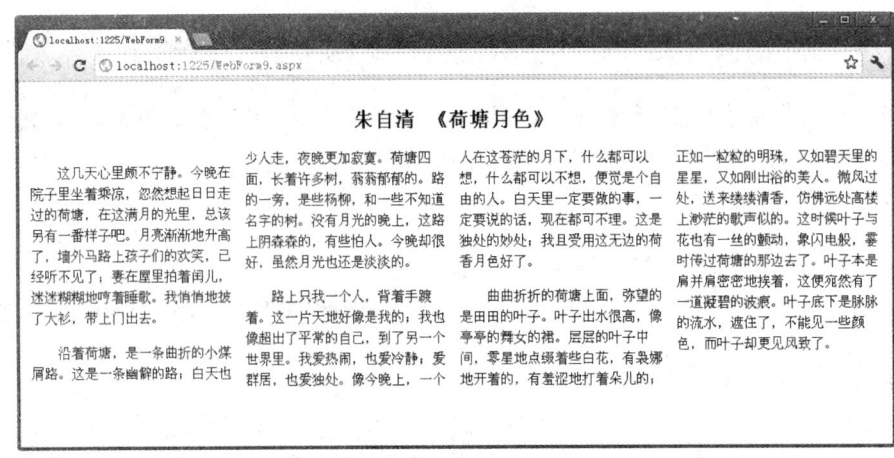

图14-11　column-span属性的运行效果

## 14.2.6　column-fill属性

如果网页中的元素上定义了 height 属性，同时也希望将内容分散到多列中，在 CSS 3 中可以使用 column-fill 属性实现这种效果，如果浏览器支持该属性，并且将值设置为 balance，则浏览器会根据内容较多的列来平衡列的高度，这时元素中定义的 height 属性无效。

column-fill 属性的作用是使栏目高度统一。该属性的语法格式如下所示：

```
column-fill:auto | balance
```

其中，auto 表示各栏目的高度随着其内容的多少而自动变化，balance 表示各栏目的高度将会根据内容最多的那栏的高度进行统一。

下面通过一个实例详细讲述 column-fill 的用法，实例代码如下所示：

```
    <div class="c1"><img src="images/09.jpg" style=" width:100%; height:400px;"></div>
    <div class="c2"><img src="images/51.jpg" style=" width:100%; height:120px;"></div>
```

上述代码在页面上添加了两张图片，通过 CSS 样式定义 column-fill 属性实现各列高度统一，CSS 代码如下所示：

```
body
{
    -webkit-column-count:4;
    -moz-column-count:4;
    column-count:4;
    -moz-column-gap:3em;
    -webkit-column-gap:3em;
    column-gap:3em;
    line-height:2.5em;
    -webkit-column-rule:dashed 2px gray;
    -moz-column-rule:dashed 2px gray;
    column-rule:dashed 2px gray;
```

```
        -webkit-column-fill:auto;
        -moz-column-fill:auto;
        column-fill:auto;
        }
    .c1
    {
        width:100%;
        height:500px;
        background:red;
        }
    .c2
    {
        width:100%;
        height:300px;
        background:#dddfff;
        }
```

上述代码的运行效果如图 14-12 所示。

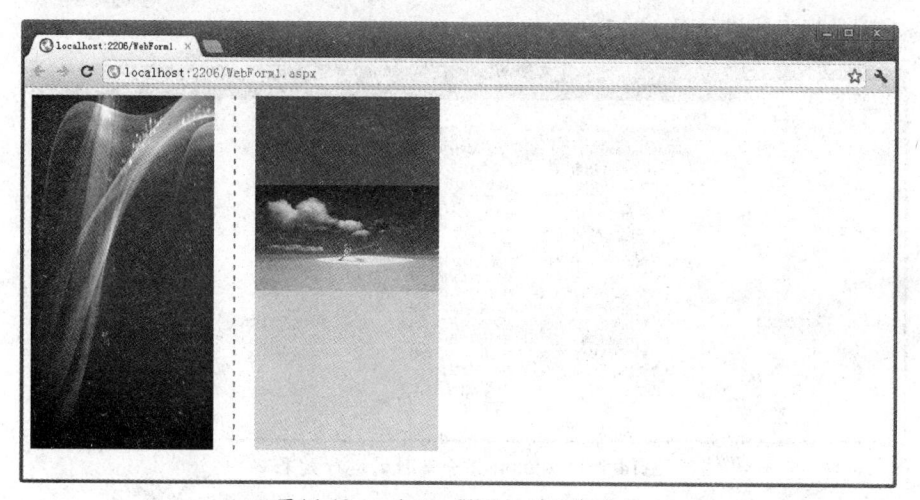

图14-12　column-fill属性的运行效果

## 14.2.7　columns属性

在前面介绍了 column-count、column-gap 和 column-width 等属性，每种属性都可以将文本内容设置成不同的格式。columns 是一个复合属性，设置内容的列数，每列间隔距离和每列长度都是 columns 属性的其中一种特性。

columns 复合属性语法格式如下所示：

```
columns:column-width,column-count
```

其中，column-width 和 column-count 的用法请参考 14.2.3 和 14.2.1 小节。

通过一个实例详细介绍 columns 复合属性的用法。实例代码如下所示：

```
<div class="columns">
    <div class="title">columns</div>
```

```
        <div class="col">
            CSS即层叠样式表（Cascading Stylesheet在网页制作时采用CSS技术，可以有效地对
页面的布局、字体、颜色、背景和其他效果实现更加精确的控制。  只要对相应的代码做一些简单的修
改，就可以改变同一页面的不同部分，或者页数不同的网页的外观和格式
    CSS3是CSS技术的升级版本，CSS3语言开发是朝着模块化发展的。以前的规范作为一个模块实在是
太庞大而且比较复杂，所以，把它分解为一些小的模块，更多新的模块也被加入进来
    Grid布局应用很广泛，最简单的例子就是内容的分栏显示。
        </div>
</div>
```

使用 columns 复合属性配合 CSS 样式设文本内容格式，实例代码如下所示：

```
<style type="text/css">
        .columns{width:300px; margin-left:300px;}
            .columns .title{line-height:25px; background:#f0f3f9; text-indent:3px; font-weight:bold; font-size:14px;}
            .columns .col{-webkit-columns:90px 3;}
</style>
```

上述代码的运行效果如图 14-13 所示。

图14-13  columns复合属性的运行效果

# 14.3 outline属性

有时候在网页中需要在可视化图像周围添加一些轮廓线，以此突出图像，需要说明的是，这里所说的轮廓线与元素边框线不同，外轮廓线并不占用空间，而且是动态样式。

outline 属性定义块元素的轮廓线，在 CSS 2 的基础之上，CSS 3 对其进行了改善增强。outline 是一个复合属性，该属性对应的子属性如下所示：

- outline-color 定义轮廓边框的颜色。
- outline-style 定义轮廓边框样式。
- outline-width 定义轮廓宽度。
- outline-offset 定义轮廓偏移数值。

下面通过一个实例详细介绍 outline 属性，实例代码如下所示：

```
<div class="outline_style">是否可见背景外3像素的虚线形式的轮廓外框</div>
```

上述代码的作用是为页面添加了文本内容，使用 CSS 样式代码对其进行处理，CSS 代码如下所示：

```
.outline_style{
    width:200px;
    height:80px;
    margin:50px;
    padding:15px;
    background:#f0f3f9;
    outline-width:5px;
    outline-color: #dddfff;
    outline-style:dotted;
    outline-offset:5px;
}
```

上述代码的运行效果如图 14-14 所示。

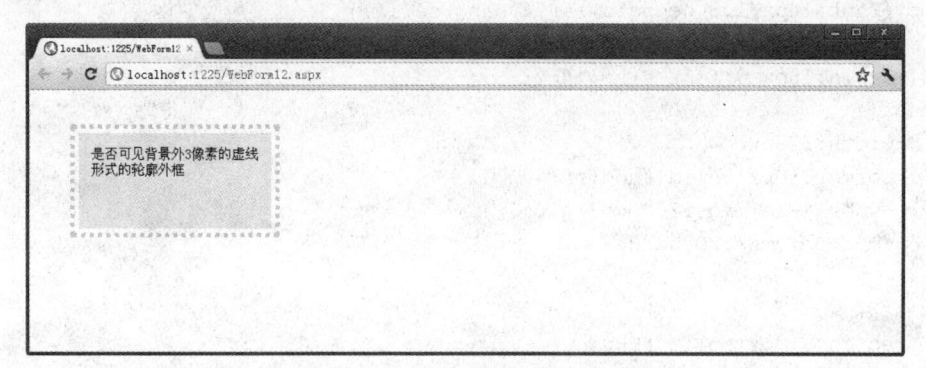

图14-14　outline属性的运行效果

## 14.4　动手操作：创建相册图片列表页面

在网页中，很多图片是并列显示的，在 CSS 2 中如果要实现这种效果，需要设置很多的样式，而在 CSS 3 中实现图片并列显示只需设置 columns 属性，简化了样式代码。

下面通过一个实例介绍 columns 属性的用法。实例代码如下所示：

```
<div id="zzjs_zzjs_3_1">
        <div id="text">
            <div class="test" >
    <p><img src="../images/01.jpg" style=" height:200px; width:200px;"/></p>
    <p><img src="../images/51.jpg" style=" height:200px; width:200px;"/></p>
    <p><img src="../images/02.jpg" style=" height:200px; width:200px;"/></p>
</div>
  <div class="test">
    <p><img src="../images/06.jpg" style=" height:200px; width:200px;"/></p>
    <p><img src="../images/07.jpg" style=" height:200px; width:200px;"/></p>
```

```
        <p><img src="../images/7.jpg" style=" height:200px; width:200px;"/></p>
    </div>
</div>
```

上述代码创建了图片，使用 CSS 样式实现将网页上的图片并列显示，CSS 代码如下所示：

```
<style type="text/css">
        #text
        {
            border:solid 1px #693;
            font-size:13px;
            height:350px;
            font-family:"宋体"、Aria;
            line-height:18px;
            color:Gray;
            overflow:auto;
        }
body{font:14px/1.5 georgia,serif,sans-serif;}
p{margin:0;padding:5px 10px;background:#eee;}
h1{margin:10px 0;font-size:16px;}
.test{
    width:628px;
    border:10px solid #dddfff;
    -webkit-columns:200px 3;
    -moz-columns:200px 3;
}
.test2{
    border:10px solid #000;
    -webkit-columns:200px;
    -moz-columns:200px;
}
</style>
```

上述代码的运行效果如图 14-15 所示。

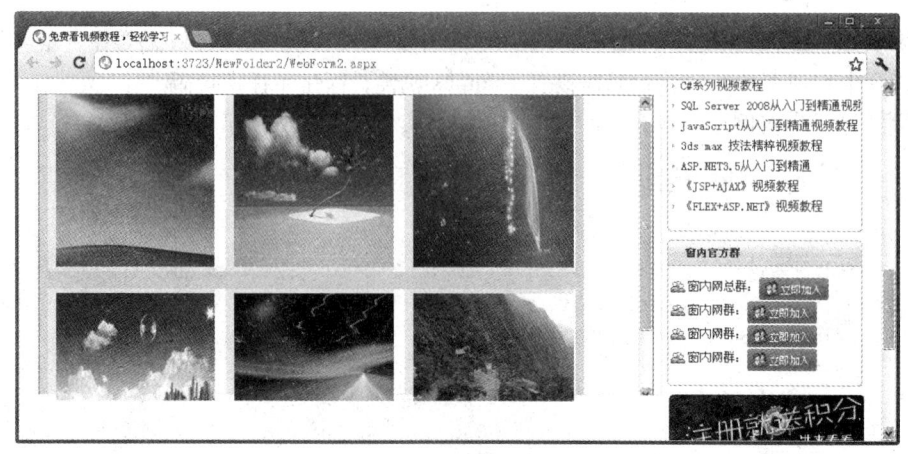

图14-15　图片列表的运行效果

## 14.5 本章小结

本章详细讲述了盒子模型的原理以及应用；使用 CSS 3 中的属性实现多列类布局；利用 outline 属性处理边框问题。在讲述理论知识的同时附有实际案例，让读者更加深入地了解所学知识。在本章最后将所学知识点综合应用到案例中，以便巩固所学内容。

## 14.6 课后练习

**一、填空题**

(1) CSS 3 中处理内容溢出使用的属性是 _____ 。
(2) CSS 3 中将文本内容分成多列使用的属性是 _____ 。
(3) CSS 3 中设置每列固定宽度使用的属性是 _____ 。
(4) CSS 3 中将标题横跨多行的属性是 _____ 。
(5) CSS 3 中 columns 复合属性对应的单属性有 _____ 个。

**二、选择题**

(1) 在 CSS 3 中，column-rule 属性所对应的单个属性有多少个 _____ 。
   A．2 个　　　　　B．3 个　　　　　C．4 个　　　　　D．5 个
(2) 想要将标题横跨多列并且在中间显示可以使用哪种办法解决 _____ 。
   A．outline-width　B．column-gap　C．column-count　D．column-span
(3) 在 CSS 3 中，若页面上的文字内容过多，采用哪种解决办法最快捷 _____ 。
   A．box-sizing　　B．column-span　C．设置 div 属性　D．overflow
(4) 在 CSS 3 中，设置每列之间的间隔距离使用哪种方法最快捷 _____ 。
   A．column-width　B．column-rule-width　C．column-gap　D．设置 div 属性

**三、简答题**

(1) 简述 CSS 中的盒子模型的原理。
(2) 列出所有 columns 复合属性的单个属性。
(3) 描述 W3C 标准的盒子模型与 IE 的盒子模型的区别。
(4) 列出所有 outline 复合属性对应的单个属性，并解释每个属性所代表的意思。

# 第 15 章
# 制作个人博客网站

**内容摘要：**

随着网络的普及，越来越多的用户开始将自己的想法、感受、心情等以文字、图像或多媒体的形式发布到网络中，让用户通过互动的方式留下自己的见解或意见，博客应运而生。大部分的博客内容以文字为主，也可以专注在艺术、摄影、视频、音乐等各种方面，它是社会媒体网络的一部分。

本章以博客网站为例，对博客每个页面的结构进行分析，详细讲解如何使用 HTML 5 与 CSS 3 对页面的结构和样式进行定义，其中，博客网站包括网站首页、文章列表、文章详细、博客相册等内容。

**学习目标：**

- 了解什么是博客以及博客的分类
- 掌握常用的 HTML 5 表单属性，如 autofocus、required 和 placeholder 等
- 掌握常用的 HTML 5 页面元素，如 nav、article、section、mark、time 和 address 等
- 掌握 CSS 3 中常用的选择器，如 before、after、nth-child、nth-of-type 和 checked 等
- 掌握如何使用 video 元素制作网页视频播放器
- 熟练使用 border-radius 属性创建圆角边框
- 掌握 CSS 3 新增的转换和过渡特效，如 transition 属性和 transform 属性
- 掌握如何使用 Web 存储对象实现数据的增、删、改、查操作

## 15.1 博客简介

"博客"一词是由英文单词 Blog 翻译而来，中文意思是"网络日志"。博客又可称为网络日志、部落格或部落阁等，它是一种通常由个人管理、不定期张贴新文章的平台。是继电子邮件、论坛、即时聊天工作之后出现的第 4 种网络交流方式；是网络时代的个人"读者文摘"；是以超链接为武器的网络日记；也代表着新的生活和新的工作方式，更代表着新的学习方式。

博客主要体现在三个方面：
- 网页主体内容由不断更新的、个人性的众多"帖子"组成。
- 按时间顺序排列，而且是倒序方式排列。
- 内容可以是各种主题、各种外观布局和各种写作风格，但是必须以"超链接"作为重要的表达方式。

其实，一个 Blog 就是一个网页，通常是由简短且经常更新的日志（帖子）所构成，这些张贴的文章一般都是按照年份和日期倒序排列。博客的内容和目的有很大的不同，从对其他网站的超级链接和评论，有关公司、个人构想到日记、照片、诗歌、散文，甚至有发表科幻小说的。许多日志是个人心中所想事情的发表，个别日志则是一群人基于某个特定主题或共同利益领域的集体创作。

随着博客的快速扩张，它的目的与最初的浏览网页心得已相去甚远。博主们（博客的主人）发表和张贴日志的目的有很大差异。不过，由于沟通方式比电子邮件、讨论群组以及论坛更简单和容易，博客早已成为家庭、公司、部门和团队之间较盛行的沟通工具。根据其种类可以分为以下几类：

- 基本博客

博客中最简单的形式。单个作者对于特定的话题提供相关的资源，发表简短的评论。这些话题几乎可以涉及人类的所有领域。本节制作的个人博客实例属于基本博客的一种。

- 小组博客

一些小组成员共同完成博客日志，有时候作者不仅能编辑自己的博客内容，还能够编辑别人的条目。这种形式的博客能使小组成员就一些共同的话题进行讨论，甚至可以共同协商完成同一个项目。

- 亲朋之间的博客

这种类型博客的成员主要由亲属或朋友构成，他们是一种生活圈、一个家庭或一群项目小组的成员。

- 协作式的博客

与小组博客相似，其主要目的是通过共同讨论，使得参与者在某些方法或问题上达成一致，通常把协作式的博客定义为允许任何人参与、发表言论、讨论问题的博客日志。

- 公共社区博客

公共博客在几年以前曾经流行过一段时间，但是因为没有持久有效的商业模型而销声匿迹了。廉价的博客与这种公共博客系统有着同样的目标，但是使用更方便，所花的代价更小，所以也更容易生存。

- 商业、企业、广告型的博客

对于这种类型博客的管理类似于通常网站的 Web 广告管理。商业博客分为：CEO 博客、企业博客、产品博客、"领袖"博客等。以公关和营销传播为核心的博客应用已经被证明将是商业博客应用的主流。

- 知识库博客

基于博客的知识管理将越来越广泛，使得企业可以有效地控制和管理那些原来只是由部分工作人员拥有的、保存在文件档案或者个人电脑中的信息资料。知识库博客提供给了新闻机构、教育单位、商业企业和个人一种重要的内部管理工具。

## 15.2 设计博客首页模块

博客首页是整个网站的最重要的页面，可以说是网站的脸面。它主要包括顶部模块、底部模块以及中间详细内容模块。

### 15.2.1 结构分析

HTML 页面是由一个个文字、图像、动画等基本元素组成的，将它们放置在页面标签中，再使用 CSS 样式进行设置可以显示美轮美奂的页面。下面先看一下博客首页的最终效果，如图 15-1 所示。

通过仔细分析图 15-1 可以知道，首页模块主要包括上、中、下三个大的区域。总体来说整个页面的主体框架如图 15-2 所示。

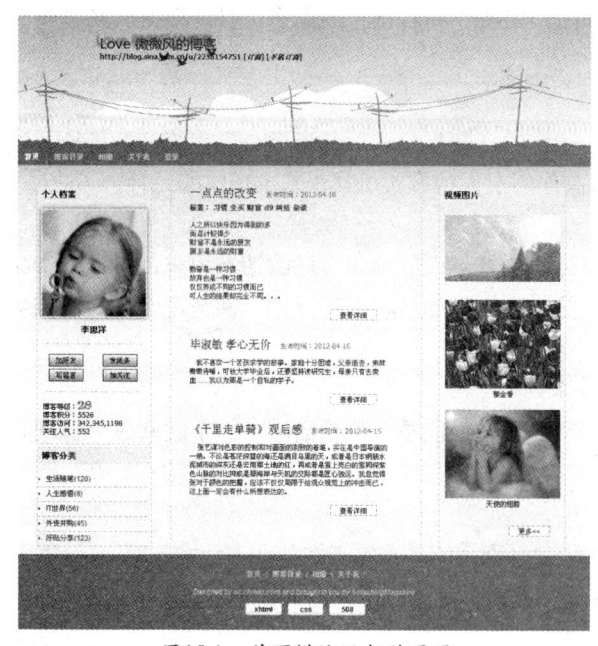

图15-1　首页模块运行效果图 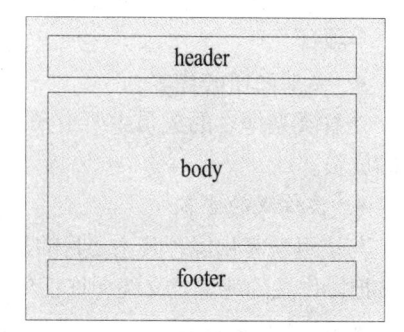　　　　图15-2　页面主体框架结构图

### 15.2.2 设计顶部模块

从图 15-1 可以看到，页面的顶部模块非常简单，主要包括形象区域和导航菜单两部分。上面的形象区域和页面浑然一体，所以可以整体作为一张图片处理，简单方便。但是博客空间的

名称以及博客地址等文字，可以单独处理。而顶部模块的导航部分可以设计为一个横向菜单列表。顶部模块的结构如图 15-3 所示。

**Step 1** 顶部结构设计完成后，顶部模块中博客空间名称以及博客地址的页面代码，如下所示：

图15-3　顶部模块的结构图

```
<header>
    <div class="sinabloghead" id="sinablogHead">
        <div class="blogtoparea" id="blogTitle">
            <h1 class="blogtitle" id="blogname">
                <a href="#"><span id="blognamespan">Love 微微风的博客</span></a>
            </h1>
            <div class="bloglink" id="bloglink">
                <a href="#">http://blog.sina.com.cn/u/2236154751</a>
                <a href="#">[<cite>订阅</cite>]</a>
                <a href="#">[<cite>手机订阅</cite>]</a>
            </div>
        </div>
    </div>
</header>
```

上段代码使用 header 元素来定义顶部模块博客的内容，cite 元素用来标识"订阅"和"手机订阅"的字体。

**Step 2** 为页面顶部的博客内容模块设计样式，主要针对宽度、高度、行高以及颜色等属性。其主要样式如下所示：

```
header{
    width:1004px;
    height:287px;
    margin-right: auto;
    margin-left: auto;
    font-family: Tahoma;
    font-size: 12px;
    font-style: normal;
    line-height: normal;
    font-weight: bold;
    font-variant: normal;
    text-transform: none;
    color: #dcd66e;
    text-decoration: none;
    float: none;
    background-image: url(images/banner.jpg);
    background-repeat: no-repeat;
}
```

```
.sinabloghead .blogtoparea {
    left:115px;
    position:absolute;
    top:35%;
}
.sinabloghead .blogtitle {
    color: #000000;
    font-family: "微软雅黑","黑体";
    font-size: 24px;
    font-weight: 300;
    text-decoration:none;
    text-shadow:-6px -6px 4px gray;
}
```

上段代码中，主要使用 text-shadow 属性定义空间名称的阴影效果。

**Step 3** 顶部模块中导航部分的代码如下所示：

```
<nav>
    <li><a href="index.html">首页</a></li>
    <li></li>
    <li><a href="articlelist.html">博客目录</a></li>
    <li></li>
    <li><a href="picture.html">相册</a></li>
    <li></li>
    <li><a href="#">关于我</a></li>
    <li></li>
    <li><a href="login.html">登录</a></li>
</nav>
```

上段代码中，主要使用 nav 元素和 li 元素相结合，实现头部导航的功能。

**Step 4** 导航部分的页面代码完成以后，为其定义样式，主要是宽度、高度以及字体样式等属性。主要样式的代码如下所示：

```
nav{
    width:1004px;
    height:27px;
    font-weight: bold;
    margin-right: auto;
    margin-left: auto;
    font-family: Tahoma;
    font-size: 12px;
    font-style: normal;
    line-height: normal;
    font-variant: normal;
    text-transform: none;
    color: #dcd66e;
    text-decoration: none;
    background-color: #00ac69;
}
```

```
nav li:nth-of-type(even) {
    background-image: url(images/menu_divider.jpg);
    background-repeat: no-repeat;
    float: left;
    height: 27px;
    width: 1px;
    list-style:none;
}
nav li:nth-of-type(odd)
{
    float: left;
    height: 22px;
    padding-top: 5px;
    list-style:none;
}
nav li a:nth-of-type(odd){
    font-family: Arial;
    font-size: 12px;
    font-weight: bold;
    font-variant: normal;
    text-transform: none;
    text-decoration: none;
    padding-right: 12px;
    padding-left: 12px;
    float: left;
    height: 22px;
    color: #e5df85;
}
nav li a:nth-of-type(odd):hover {
    /* 省略其他样式，可以参考nth-of-type(odd)中的属性 */
    color: #ffffff;
    background-image: url(images/arrow_menu.jpg);
    background-repeat: no-repeat;
    background-position: center bottom;
}
```

上段代码使用 text-transform 属性控制文本的大小写，默认值为 none；使用伪类选择器 nth-of-type 定义导航部分同种类型元素奇数行和偶数行的样式。

## 15.2.3 设计底部模块

从图 15-1 还可以看到，底部模块非常简单，仅仅包含了一些友情链接，显示辅助信息和备案信息。所以这里不再给出结构。

**Step 1** 底部模块的页面代码如下所示：

```
<footer>
    <div class="fotter_linksarea">
```

```
            <div align="center"><a href="#" class="fotter_link">首页</a>
| <a href="#" class="fotter_link">博客目录</a> | <a href="#" class="fotter_
link">相册</a> | <a href="#" class="fotter_link">Solution</a> | <a href="#"
class="fotter_link">新浪首页</a> | <a href="#" class="fotter_link">关于我</a></
div>
        </div>
        <address>
            <div align="center">Designed by <a href="#" target="_blank"
class="copyrightslink">sc.chinaz.com</a> and brought to you by <a href="#"
target="_blank" class="copyrightslink">SmashingMagazine</a></div>
        </address>
        <div class="fotter_validationarea">
            <div class="validation">
                <div align="center"><a href="#" target="_blank"
class="validationlink">xhtml</a></div>
            </div>
            <!-- 其他代码 -->
        </div>
    </footer>
```

上段代码主要使用 footer 元素包含整个底部模块的内容，使用 address 元素显示版权部分的信息。

**Step 2** 为底部模块定义样式，主要是宽度、高度、字体以及填充等属性。主要样式代码如下所示：

```
footer{
    width:1004px;
    height:128px;
    margin-right: auto;
    margin-left: auto;
    font-family: Tahoma;
    font-size: 12px;
    font-style: normal;
    line-height: normal;
    font-weight: bold;
    font-variant: normal;
    text-transform: none;
    color: #dcd66e;
    text-decoration: none;
    float: none;
    background-image: url(images/fotter.jpg);
    background-repeat: repeat-x;
    background-attachment: scroll;     padding: 0px;
    clear:both;
}
```

**Step 3** 顶部模块和底部模块的代码全部完成以后，运行上面的实例代码，效果如图 15-4 所示。

图15-4　顶部和底部模块效果图

## 15.2.4　设计中间内容模块

中间模块是整个页面最重要的部分，从图 15-1 可以看到，中间区域主要包括 3 部分：左侧的个人资料和博客分类信息、中间的博客文章以及右侧的图片信息。中间模块的结构如图 15-5 所示。

图15-5　中间模块结构图

### 1. 左侧内容显示模块

左侧内容主要包括博客用户的个人档案和博客文章分类两个部分。这两个部分互不影响，所以分开进行讲解。

**Step 1** 个人档案部分主要包括档案标题、用户头像、用户名、博客等级以及访问数量等基本信息。页面主要代码如下所示：

```
<div class="leftperson">
    <div class="mod_wrap_hd"><h3><a >个人档案</a></h3></div>
    <div>
        <center>
            <img src="images/tianshi.jpg" class="personimage"/>
            <h3>李思洋<img src="images/share.gif" width="1" height="1"></h3>
        </center>
        <div class="left1"></div>
        <button>加好友</button>
        <button>发纸条</button><br/>
        <button>写留言</button>
        <button>加关注</button><br/>
        <div class="left1"></div>
        <span class="span">博客等级：<img src="images/2.gif"/><img src="images/8.gif" /></span><br/>
        <span class="span">博客积分：5526</span><br/>
        <span class="span">博客访问：342,345,1198</span><br/>
        <span class="span">关注人气：552</span><br/><br/>
    </div>
</div>
```

**Step 2** 为个人档案的标题、头像、按钮等定义样式，主要针对宽度、高度、填充以及边框颜色等属性。样式主要代码如下所示：

```css
.leftperson{
    border:1px solid #DDD;
    margin-bottom:5px;
    font-family:Tahoma;
    font-weight:normal;
}
.mod_wrap_hd{
    border-top-left-radius:2px;
    border-top-right-radius:2px;
    height:28px;
    line-height:28px;
    padding:0 8px;
    color:black;
    position:relative;
    background-color:#F0F0F0;
}
.personimage{
    padding:2px;
    -webkit-box-shadow:0 0 10px gray; /*Chrome浏览器*/
    /*其他浏览器的代码*/
    margin-bottom:10px;
    margin-top:10px;
}
button{
    background-image: -moz-linear-gradient(top,#FFFFFF,#9DBCEA); /* Firefox */
    background-image: -webkit-gradient(linear,left top,left bottom,color-stop(0,#FFFFFF),color-stop(1,#9DBCEA)); /* Chrome */
    width: 60px;
    border: 1px solid #002D96;
    padding: 2px 1px;
    font-size: 12px;
    cursor: pointer;
    margin-left:20px;
}
```

上段代码使用 border-top-left-radius 属性和 border-top-right-radius 属性设置个人资料 div 元素的圆角半径；使用 box-shadow 属性设置用户头像的模糊阴影效果；使用 -webkit-graient 属性设置 button 元素背景的渐变效果。

**Step 3** 博客分类是指博客文章分类，页面主要代码如下所示：

```html
<div style="border:1px solid #DDD; height:166px; font-weight:normal;">
    <div class="mod_wrap_hd" style=""><h3><a >博客分类</a></h3></div><br/>
    <p class="classlist"><a href="#" >生活随笔(120)</a></p>
    <p class="classlist"><a href="#" >人生感悟(8)</a></p>
    <p class="classlist"><a href="#" >IT世界(56)</a></p>
    <p class="classlist"><a href="#" >外资并购(45)</a></p>
```

```
            <p><a href="#" class="mid_menu1">好贴分享(123)</a></p>
        </div>
```

上段代码使用 div 元素定义博客分类的标题，使用 p 元素定义博客文章的分类信息。

**Step 4** 为博客分类的内容定义样式，针对字体、颜色、背景以及填充等属性。分类部分样式的主要代码如下所示：

```
.classlist a{
    font-family: Arial;
    font-size: 12px;
    font-weight: normal;
    font-variant: normal;
    text-transform: none;
    color: #363636;
    text-decoration: none;
    background-image: url(images/mid_menu_active.jpg);
    background-repeat: no-repeat;
    margin: 0px;
    float: left;
    height: 22px;
    width: 180px;
    padding-top: 3px;
    padding-right: 0px;
    padding-bottom: 0px;
    padding-left: 15px;
}
.classlist a:hover {
    color: #c46706;
    background-image: url(images/mid_menu_hover.jpg);
    background-repeat: no-repeat;
}
```

### 2. 中间内容显示模块

中间内容主要根据发布文章的时间来显示最新发布的文章列表信息，包括文章的标题、发布时间和内容等。页面主要代码如下所示：

```
<article>
    <section>
        <div class="h1">一点点的改变<time pubdate="2012-04-16">    发布时间: 2012-04-16</time></div>
        <mark>标签: 习惯 全买 财富 d9 纠结 杂谈</mark>
        <div class="mid_text">
            <span class="mid_h3">人</span>之所以快乐因为得到的多<br/>
            <span class="mid_h3">而是</span>计较得少<br/>
            <span class="mid_h3">财富</span>不是永远的朋友<br/>
            <span class="mid_h3">朋友</span>是永远的财富
        </div>
        <div class="mid_text">
            勤奋是一种习惯<br/>放弃也是一种习惯<br/>
```

```
            仅仅养成不同的习惯而已<br/>可人生的结果却完全不同。。。
        </div>
        <div class="mid_text"><a href="detail.html" style="margin-left:250px;" class="button">查看详细 </a></div>
    </section>
    <!-- 其他文章的信息信息，文章标签也可以省略 -->
</article>
```

上段代码使用 article 元素包含中间文章部分的所有内容，section 元素定义独立文章区域的信息，time 元素的 pubdate 属性指定文章的发布日期，mark 元素突出文章标签的效果。相关样式的主要代码如下所示：

```
article{
    float: left;
    width: 380px;
    padding-top: 0px;
    padding-right: 30px;
    padding-bottom: 0px;
    padding-left: 33px;
    border-width: 1px;
    border-right-style: dashed;
    border-color: #c6d09d;
}
time{
    font-family:Tahoma;
    font-weight:normal;
    font-size:12px;
    color:gray;
}
.mid_h3 {
    font-family: Arial;
    font-size: 12px;
    font-weight: bold;
    font-variant: normal;
    text-transform: none;
    color: #c46706;
    text-decoration: none;
}
mark {
    font-size: 12px;
    font-weight: bold;
    font-variant: normal;
    text-transform: none;
    color: #005b7f;
    float: left;
    padding-bottom: 10px;
    background:none
}
```

### 3. 右侧内容显示模块

首页右侧的内容非常简单，就是用来显示用户视频和图像文件的。页面主要代码如下所示：

```
<div class="right">
    <div class="rightborder">
        <div class="mod_wrap_hd"><h3><a >视频图片</a></h3></div>
        <div>
            <center>
            <video controls autoplay loop width=200 height=150>
                <source src= "http://demoplayer.inrete.eu/video/samplevideo_hq.old.ogg" type="video/ogg"></source>
                <source src= "http://demoplayer.inrete.eu/video/samplevideo_hq.old.mp4" type="video/mp4"></source>
            </video>
            </center>
            <div class="services_area"><center><img src="images/flower1.jpg" /><br/>郁金香</center></div>
            <div class="services_area"><center><img src="images/angla1.jpg" /><br/>天使的翅膀</center></div>
        </div>
        <div><a href="picture.html" style="margin-left:120px;margin-top:20px;" class="button">更多<<</a></div>
    </div>
</div>
```

上段代码使用 video 元素和 source 元素显示视频加载文件，然后为页面设计样式，主要代码如下所示：

```
.right{
    float: left;
    width: 220px;
    padding-left: 30px;
}
.rightborder{
    border:1px solid #DDD;
    height:615px;
    margin-bottom:5px;
    font-weight:normal;
}
.services_area {
    margin: 0px;
    float: left;
    width: 220px;
    padding-top: 10px;
    padding-bottom: 10px;
}
```

到了这里，关于首页网站中间区域的相关代码已经完成，在浏览器中运行中间区域的代码，效果如图 15-6 所示。

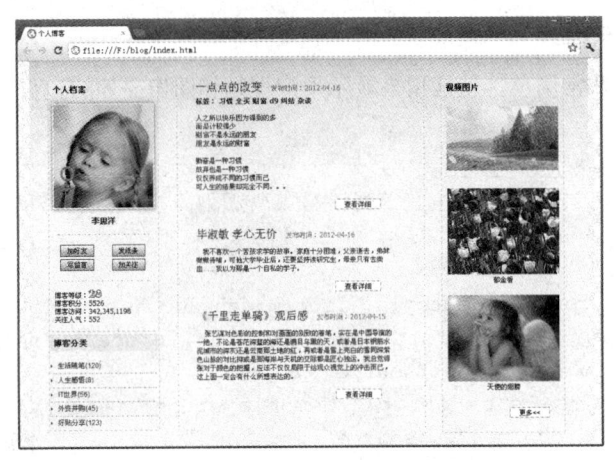

图15-6　博客首页中间区域效果图

## 15.3　设计博客相册模块

上一节完成了博客首页内容的制作，本节设计博客相册模块。这个模块用来显示博客用户的照片信息。

### 15.3.1　结构分析

博客相册模块的最终效果如图 15-7 所示。

从图 15-7 可以看到，相册模块结构包括上、中、下三个区域，其中，中间区域包括：左侧的个人资料和博客分类信息；右侧的相册照片列表信息。相册页面整体框架如图 15-8 所示。

图15-7　相册模块效果图 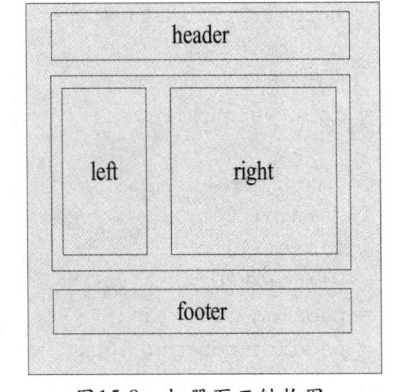　　　　　　　图15-8　相册页面结构图

图 15-7 与图 15-1 相比可以发现，页面的顶部区域和底部区域以及中间区域的左侧部分是完全一样的，所以本节和后面两节就不再多做介绍，仅仅介绍中间区域右侧部分的功能。

## 15.3.2 设计相册内容

相册就是用来显示照片的,相册内容部分的页面代码如下所示:

```html
<article style=" border-right-style:none; height:auto;">
    <div id="articledetail">
        <div class="detail_text" >
            <ul class="polaroids">
                <li><a href="1" title="紫色花"><img width="150" height="150" src="images/images_01.jpg" alt="紫色花" /></a></li>
                <!-- 显示其他照片 -->
            </ul>
        </div>
    </div>
</article>
```

上段代码使用 article 元素定义中间区域右侧的全部内容,ul 元素和 li 元素相结合显示图像。相关的主要样式代码如下所示:

```css
ul.polaroids a {
    background:#fff;
    display:inline;
    float:left;
    margin:0 0 27px 30px;
    width:auto;
    padding:10px 10px 15px;
    text-align:center;
    font-family:"Marker Felt", sans-serif;
    text-decoration:none;
    color:#333;
    font-size:18px;
    -webkit-box-shadow:0 3px 6px rgba(0, 0, 0, .25);
    -webkit-transition:-webkit-transform .15s linear;
    -webkit-transform:rotate(-2deg);
    /* 省略其他浏览器的书写方式 */
}
ul.polaroids a:after {
    content:attr(title);
}
ul.polaroids li:nth-child(even) a {
    -webkit-transform:rotate(5deg);
    -moz-transform:rotate(5deg);
}
ul.polaroids li:nth-child(3n) a {
    position:relative;
    top:-5px;
    -webkit-transform:none;
    /* 省略其他浏览器的书写方式 */
}
```

```
/* 省略使用nth-child属性设置参数为5n、8n和11n的样式 */
ul.polaroids li a:hover {
    -webkit-transform:scale(2);
    -webkit-box-shadow 0 3px 6px rgba(0, 0, 0, .5);
    /* 省略其他浏览器的书写方式 */
    position:relative;
    z-index:5;
}
```

上段代码使用 box-shadow 属性设计图像外框的阴影效果，transform 属性设计图像的变形效果，函数 rotate()、函数 scale() 和函数 rgba() 分别实现元素的旋转、缩放以及透明度的功能；使用 after 选择器将图像的 title 属性作为 content 属性的属性值；使用 nth-child 选择器对指定序号的元素设置样式。运行上面的相册模块代码，图像显示如图 15-7 所示。当鼠标移动到图像上时，会自动放大图像到 2 倍的效果并且垂直摆放，效果如图 15-9 所示。

图15-9　鼠标悬浮时图像的放大效果

## 15.4　设计博客文章目录模块

博客文章目录主要显示用户文章的列表信息，包括文章的标题、发布日期等。博客文章模块的最终效果如图 15-10 所示。

从图 15-10 可以看到，文章模块结构包括上、中、下三个区域，其中，中间区域包括：左侧的用户个人资料和文章分类信息；右侧的文章列表信息。整体框架和相册模块结构框架一样，可以参考图 15-8 所示，这里不再多做介绍。

图15-10　博客文章效果图

## 15.4.1 文章列表

文章列表就是用来显示用户书写的博客文章的，页面的主要代码如下所示：

```html
<article style=" border-right-style:none;" >
    <div>
        <div class="mod_wrap_hd"  style="width:632px;"><h3><a >博客列表</a></h3></div>
    </div>
    <div id="divList" style="width:650px;">
        <table summary="设计优雅的博客列表">
            <tr><th style="width:500px;">标题</th><th>发表时间</th></tr>
            <tr><td><a href="detail.html">一点点的改变。。</a></td><td>2012-04-16</td></tr>
            <!-- 省略其他博客文章列表 -->
        </table>
    </div>
</article>
```

上段代码使用 article 元素定义整个右侧文章列表内容，包括文章列表标题和文章列表两部分。table 元素用来显示博客文章列表。右侧部分的相关样式代码如下：

```css
#divList{
    margin-top:10px;
    margin-left:0px;
    width:650px;
}
table{
    width:100%;
    font-size:12px;
    table-layout:fixed;
    empty-cells:show;
    border-collapse:collapse;
    margin:0 auto;
    color:#666;
}
tr:nth-child(odd){
    background-color:#B5FFB5;
}
td a:hover{
    text-decoration:underline;
    color:orange;
}
```

上段代码使用 nth-child 选择器设置表格奇数行的样式，实现表格隔行分色的功能。当鼠标悬浮于每篇文章上时，设置文章标题的字体颜色。文章列表效果如图 15-10 所示。鼠标悬浮的效果如图 15-11 所示。

381

图15-11　鼠标悬浮到文章标题时的效果

## 15.4.2　文章详细信息

在图15-10或图15-11中，单击博客文章标题的链接，可以跳转至博客文章详细信息页面，文章详细信息页面的效果如图15-12所示。

从图15-12可以看到，文章详细信息主要包括两部分：文章内容和文章评论。文章评论我们会在下一节详细介绍，现在，我们来看一下文章内容的页面代码，如下所示：

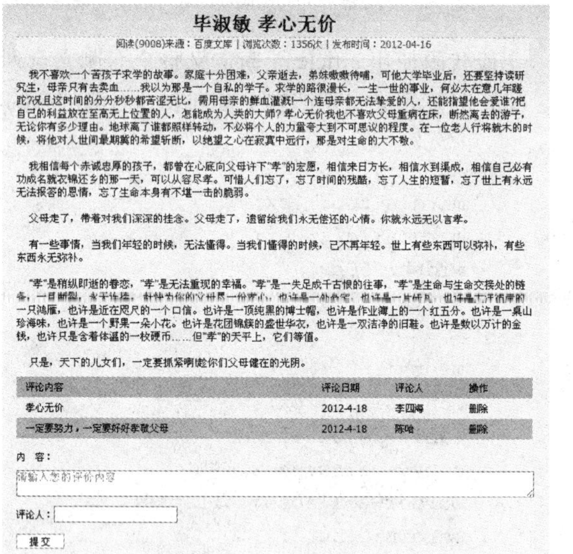

图15-12　文章详细信息效果图

```
    <div><h1>毕淑敏　孝心无价    </h1><h2>　阅读(9008)来源：百度文库　|　浏览次数：1356次　|　发布时间：2012-04-16</h2></div>
    <div class="detail_text">    我不喜欢一个苦孩子求学的故事。家庭十分困难，父亲逝去，弟妹嗷嗷待哺，可他大学毕业后，还要坚持读研究生，母亲只有去卖血……我以为那是一个自私的学子。求学的路很漫长，一生一世的事业，何必太在意几年蹉跎?况且这时间的分分秒秒都苦涩无比，需用母亲的鲜血灌溉!一个连母亲都无法挚爱的人，还能指望他会爱谁?把自己的利益放在至高无上位置的人，怎能成为人类的大师？　孝心无价我也不喜欢父母重病在床，断然离去的游子，无论你有多少理由。地球离了谁都照样转动，不必将个人的力量夸大到不可思议的程度。在一位老人行将就木的时候，将他对人世间最期冀的希望斩断，以绝望之心在寂寞中远行，那是对生命的大不敬。<br/><br/>
    <!-- 省略此篇文章内容的其他文字 -->
    </div>
```

上段代码使用 h1 元素定义文章的大标题，h2 元素定义文章的小标题，主要包括文章的阅读数、来源以及浏览数量等内容。为文章的大标题、小标题和其他元素定义样式，主要代码如下所示：

```css
h1 {
    color:#006;
    font-size:24px;
    font-weight:bold;
    text-align:center;
}
h2 {
    font-size:12px;
    text-align:center;
    font-weight:normal;
    border-top:#ccc 1px dashed;
    color:#666;
    height:24px;
    margin:3px 5px 8px 0;
    background:#f5f5f5
}
.detail_text{
    font-family: Arial;
    font-size: 13px;
    font-weight: normal;
    font-variant: normal;
    text-transform: none;
    color: #252525;
    text-decoration: none;
    float: left;
    width: 650px;
    padding-top: 5px;
    padding-bottom: 10px;
}
```

## 15.4.3 文章评论

上一节已经提及到文章评论部分，本节介绍文章评论，它包括文章评论列表和添加文章评论两部分，其中评论列表中可以实现删除评论的功能。

**Step 1** 页面中文章评论列表的主要代码如下：

```html
<div>
    <table style="color:black;">
        <tbody id="list"></tbody>
    </table>
</div>
```

上段代码使用 table 元素动态地显示文章评论列表，当页面加载时触发 load 事件，调用函数 showArticleList() 自动加载评论列表，JavaScript 中的代码如下所示：

```
window.onload = showArticleList();
function $$getValue(ids)
{
    return document.getElementById(ids);
}
function showArticleList()
{
    db = openDatabase('ArticleManage','2.0','博客文章管理',10*1024*1024);
    if(db)
    {
        db.transaction(function(tx){
        tx.executeSql('create table if not exists articlesInfo(id unique,content text,person text,times text)');
        tx.executeSql('select * from articlesInfo',[],
            function(tx,rs){
                var strHTML = "<tbody>";
                strHTML += "<tr style=background:lightblue>";
                strHTML += "<td width=200px>评论内容</td>";
                strHTML += "<td width=50px>评论日期</td>";
                strHTML += "<td width=50px>评论人</td>";
                strHTML += "<td width=50px>操作</td>";
                strHTML += "</tr>";
                if(rs.rows.length>0)
                {
                    for(var i=0;i<rs.rows.length;i++)
                    {
                        strHTML += "<tr>"
                        strHTML += "<td style='text-overflow:ellipsis'>"+rs.rows.item(i).content+"</td>";
                        strHTML += "<td>"+rs.rows.item(i).times+"</td>";
                        strHTML += "<td>"+rs.rows.item(i).person+"</td>";
                        strHTML += "<td><a href='javascript:deleteArticle("+rs.rows.item(i).id+")'>删除</a>   ";
                        strHTML += "</tr>";
                    }
                }else
                    strHTML+="<tr><td colspan=4><center>暂时没有日志记录</center></td></tr>";
                strHTML += "</tbody>";
                $$getValue("list").innerHTML = strHTML;
            },
            function(tx,ex){ alert("显示日志列表记录失败,失败原因是："+ex.message);}
        )
        });
    }
}
```

上段代码中的函数 $$getValue() 返回一个对象，根据指定的 Id 属性值得到对象。函数

showArticleList() 用来获得评论列表。

在函数 showArticleList() 中，首先调用 openDatabase() 方法创建或打开一个名称为"ArticleManage"、版本号为"2.0"的 10MB 的数据库。然后使用 transaction() 方法执行事务，调用 executeSql() 方法执行 SQL 语句。第一个 executeSql() 方法表示如果不存在表 articlesInfo 则创建表；第二个 executeSql() 方法用来查询评论记录，查询成功后，则可以访问成功回调函数中的 rs.rows.length，获得全部记录数量，根据"rs.rows.item(Index 索引值).字段名"获得某个字段的值。同时在页面添加了"删除"链接，实现删除评论记录的功能。

**Step 2** 在每篇文章内容的末尾，输入评论内容和评论人名称，单击"提交"按钮，实现添加文章评论信息的功能。添加评论的页面代码如下所示：

```
<div style="margin-top:15px;">
    内   容：<label><textarea name="textarea" id="textarea" cols="0" rows="0" class="detail_content" placeholder="请输入您的评价内容"></textarea></label><br/>
    评论人：<label><input type="text " id="commentname" name="cname" cols="0" rows="0" /></label>
</div><br/>
<div class="right_contactbox"><a href="javascript:;" onClick="addArticleComment()" class="button">提 交</a></div><br/><br/>
```

上段代码 textarea 元素用来定义评论的内容，placeholder 属性设置评论的占位符内容。

**Step 3** 在页面中单击"提交"按钮，触发按钮的 click 事件，调用函数 addArticleComment()。JavaScript 中的主要代码如下所示：

```
function RetRandNum()
{
    var randomstr = "";
    for(var i=0;i<4;i++)
    {
        randomstr += Math.floor(Math.random()*10);
    }
    return randomstr;
}
function addArticleComment()
{
    var contents = $$getValue('textarea').value;
    var persons = $$getValue('commentname').value;
    var adddate = new Date();
    adddate = adddate.getFullYear()+"-"+(adddate.getMonth()+1)+"-"+adddate.getDate();
    var ids = RetRandNum();
    db = openDatabase('ArticleManage','2.0','博客文章管理',10*1024*1024);
    if(db)
    {
        var addsql = "insert into articlesInfo values";
        addsql += "(?,?,?,?)";
        db.transaction(function(tx){
```

```
            tx.executeSql(addsql,[ids,contents,persons,adddate],
                function(){
                    showArticleList();
                    $$getValue('textarea').value = "";
                    $$getValue('commentname').value = "";
                },
                function(tx,ex){ alert("错误信息是："+ex.message);}
            )
        });
    }
}
```

上段代码函数 RetRandNum() 用于获取随机生成的 4 位数字，作为文章评论的 Id。函数 addArticleComment() 用来实现添加评论的功能，添加评论记录完成后，则可以访问成功回调函数，调用函数 showArticleList() 重新加载评论信息，然后清空内容和评论人中输入的信息。

**Step 4** 在文章评论列表中，单击"删除"链接，实现删除文章评论的功能。JavaScript 中的主要代码如下所示：

```
function deleteArticle(ids)
{
    db = openDatabase('ArticleManage','2.0','博客文章管理',10*1024*1024);
    if(db)
    {
        var delsql = "delete from articlesInfo where id='"+ids+"'";
        db.transaction(function(tx){
        tx.executeSql(delsql,[],
            function(){
                showArticleList();
            },
            function(tx,ex){ alert("删除数据记录失败,失败原因是："+ex.message);}
        )
        });
    }
}
```

上段代码根据传入的评论 Id 删除单条评论记录。删除评论成功后，则访问成功回调函数，重新调用函数 showArticleList() 加载评论列表记录。

**Step 5** 到了这里，文章评论部分的代码已经完成，运行评论部分的代码，实现查看、删除和添加的功能，效果如图 15-13 所示。

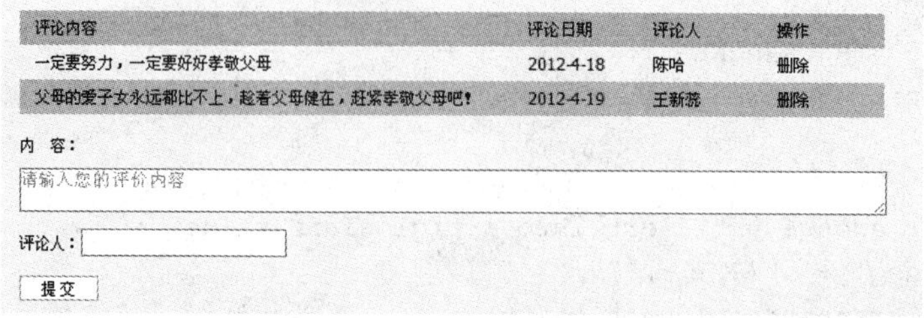

图15-13　文章评论效果图

## 15.5 设计博客登录模块

如果用户拥有多个博客账号，想要切换登录到其他账号，单击导航列表中的"登录"链接，可以跳转至用户登录页面，重新进行登录。博客登录模块的最终效果如图15-14所示。

从图15-14可以看到，文章模块也是采用上、中、下三个区域的结构，其中，中间区域包括：左侧的用户个人资料和文章分类信息；右侧的博客用户登录信息。整体框架和相册模块的结构框架一样，可以参考图15-8，这里不再多做介绍。

右侧用户登录的页面代码如下所示：

图15-14 博客用户登录页面

```
<div id="right">
    <form action="#" method="post" >
        <h2 style="margin-left:50px;">用户登录界面</h2><br/><br/>
        用户名：<span><input autofocus type="text" placeholder="请输入用户名" /></span>
        <input type="checkbox" />  记住密码<br/><br/>
        密   码：<span><input type="password" placeholder="请输入密码" /></span><br/><br/>
        <span style="margin-left:60px;"><button>登录</button><br/></span>
    </form>
</div>
```

上段代码的 autofocus 属性设置页面加载时直接将光标定位到用户名的输入框，placeholder 属性设置输入框占位符的内容。

用户登录代码完成后，为用户登录信息定义样式，主要针对元素的位置、颜色、边框以及宽度等属性。相关样式的主要代码如下所示：

```
#right{
    padding-left: 30px;
    color:black;
    position:absolute;
    left: 650px;
    top: 541px;
    width: 325px;
    height: 155px;
```

```css
        font-weight:normal;
}
input[type="text"]:focus ,input[type="password"]:focus{
    border:1px solid gray;
    background-color:#FEC0DC;
}
input[type="checkbox"]:checked {
    outline:1px solid red;
    border: medium none;
}
```

上段代码使用 focus 选择器定义输入框或密码框获得焦点时的样式，checked 选择器设置复选框选中时的样式，outline 属性用于绘制元素周围的线，位于边框边缘的外围，起到突出元素的作用。

## 15.6 本章小结

本章通过博客这个目前非常流行的主题展开介绍。首先，阐述了什么是博客以及博客的分类。然后依次介绍博客首页、博客相册、博客文章、博客登录 4 个模块的内容，对每个模块的结构进行分析，并逐步按照从上到下、从左到右的顺序来实现。

在本章的实例中，对本书的知识点进行了总结。比如文本阴影、图像阴影、圆角边框、导航元素、底部元素、checked 选择器、nth-child 选择器等。通过实例将知识点进行了综合运用，强化了读者的理解，加深了记忆。但是，对一门技术的掌握，关键在于勤学多练，只有多做项目，不断地汲取经验，才能有更大的收获。

# 第16章

# 制作博客后台管理

**内容摘要:**

博客已经成为社会媒体网络的一部分。上一章介绍了使用 HTML 5 和 CSS 3 制作博客网站的前台。本章将实现博客的后台管理,讲解创建博客管理的过程,从需求分析入手,以系统分析为依据,使用 ASP.NET 技术来编程。

**学习目标:**

- 熟悉 ASP.NET 的项目开发流程
- 了解博客系统所需的各个功能
- 掌握如何设计模块的架构
- 掌握文章模块的实现
- 掌握多线程的应用
- 熟悉并且掌握异步访问

## 16.1 需求分析

博客就是以网络作为载体，简易迅速便捷地发布自己的心得，及时有效轻松地与他人进行交流，再集丰富多彩的个性化展示于一体的综合性平台，博客是继 Email、BBS、ICQ 之后出现的第四种网络交流方式。

一个博客其实就是一个网页，它通常是由简短且经常更新的帖子所构成，这些张贴的文章都按照年份和日期倒序排列。博客的内容有很多种，从对其他网站的超级链接和评论、有关公司、个人构想到日记、照片、诗歌、散文、甚至科幻小说的发表或张贴，可以看出博客的丰富多彩。

根据前面对博客系统的介绍，大概可以设计出所需的主要模块，包括有：

- 系统首页

该页面是每个系统必不可少的，在这里提供了到其他页面的链接，给用户浏览各部分信息提供便利。

- 文章模块

文章模块是博客的核心，包括添加文章信息、删除文章信息、查看文章详情。

- 登录模块

登录模块提供的是用户登录。

- 相册模块

相册管理模块是博客后台系统重要的部分，包括添加相册信息、查看需要上传相册的信息、上传相册。

## 16.2 博客后台系统分析

在开发博客后台管理系统之前，首先需要根据需求分析，分析出整个系统的结构，需要实现哪些功能、设计出功能模块、需要哪些关联数据以及数据保存的方式。

下面对实现的功能进行系统分析。系统模块结构如图 16-1 所示。

### 1. 登录模块

用户登录模块主要是管理员登录，管理员登录系统之后可以对系统进行相关的信息管理。

### 2. 文章管理模块

文章管理模块主要是针对文章的管理。在这个模块中，管理员可以添加、查看和删除文章信息。

### 3. 相册管理模块

相册管理模块主要是针对相册的管理，在这个模块中，管理员可以添加图像，并且可以让被选中的图片显示出来。

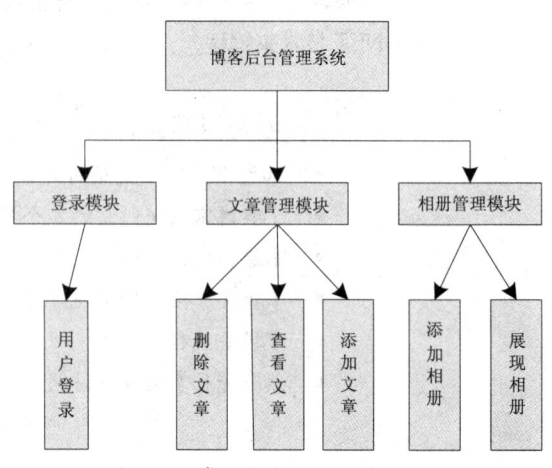

图16-1 博客后台管理系统结构图

## 16.3 数据库分析

数据库是整个系统的核心,因为数据库的设计直接关系到系统的执行效率。因此在系统开发中,数据库设计是非常重要的环节。根据博客后台的需求分析,为该系统设计了两张表,分别是用户表和文章表。

### 1. 用户表

用户表用于存储用户的账号和密码等信息,包括两个字段,字段详细信息如表 16-1 所示:

表16-1　用户表字段信息

| 字 段 | 数据类型 | 是否为空 | 备 注 |
| --- | --- | --- | --- |
| username | varchar(10) | 否 | 账号 |
| userpwd | varchar(10) | 否 | 密码 |

### 2. 文章表

文章表用于管理文章的信息,包括文章标题、文章内容、时间等字段。文章表的详细信息如表 16-2 所示。

表16-2　文章表字段信息

| 字 段 | 数据类型 | 是否为空 | 备 注 |
| --- | --- | --- | --- |
| articletitle | varchar(50) | 否 | 文章标题 |
| articleneirong | varchar(600) | 否 | 文章内容 |
| articletime | varchar(40) | 否 | 发布文章的时间 |
| articletype | varchar(40) | 否 | 文章类型 |
| articleid | varchar(20) | 否 | 文章的唯一标识 |

## 16.4 登录模块

为了区分普通浏览者与管理员的身份,在系统的入口处设置了登录页面,只有从登录入口处登录成功之后才能执行管理操作。

使用 Visual Studio 2010 创建一个 login.aspx 页面,然后在该页面下制作登录表单,示例代码如下所示:

```
<table cellSpacing=0 cellPadding=2 border=0>
<tbody>
<tr>
  <td style="height: 28px" width=80>登 录 名:</td>
  <td style=" height: 28px" width=150><input id=txtName
    style="WIDTH: 130px" name=txtName required="required"></td>
  <td style=" height: 28px" width=370></td>
</tr>
<tr>
  <td style=" height: 28px">登录密码: </td>
```

```
          <td style=" height: 28px"><input id=txtPwd style="width: 130px"
            type=password name=txtPwd required="required"></td>
          <td style=" height: 28px"></td>
        </tr>
        <tr>
          <td style=" height: 18px"></td>
          <td style=" height: 18px"></td>
          <td style=" height: 18px"></td>
        </tr>
        <tr>
          <td></td>
          <td>
            <img onclick="login()" style="border-top-width: 0px; border-left-width: 0px;
border-bottom-width: 0px; border-rigth-width: 0px"  src="login_button.gif">
          </td>
        </tr>
      </tbody>
    </table>
```

上述代码的效果如图 16-2 所示。

如上代码所示，单击 img 元素时会触发 JavaScript 代码中的 login() 函数，JavaScript 代码如下所示：

图16-2　登录页面的运行效果

```
    var worker;
    function login() {
    var username = document.getElementById("txtName").value;
    var pwd = document.getElementById("txtPwd").value;
    worker = new Worker("JScript1.js");
    var str = username + "|" + pwd;
    worker.postMessage(str);
    worker.onmessage = function (event) {
        if (event.data == "1") {
            window.location = "index.aspx";
        }
        else {
            alert("账号或者密码错误");
        }
    }
    }
```

如上代码所示，JavaScript 使用 Worker 对象调用了 JScript1.js 文件，将接收的值传递给 JScript1.js 文件，文件代码如下所示：

```
    onmessage = function (event) {
      var xhr = new XMLHttpRequest();
      xhr.open("GET", "newlogin.aspx?text=" + event.data);
      xhr.onreadystatechange = function ()
      {
          var result = xhr.responseText;
          if (xhr.readyState == 4) {
              postMessage(result);
          }
      }
      xhr.send();
   }
```

如上代码所示，在 JScript1.js 线程中使用 ajax 以 get 的请求方式提交表单，提交的地址为 newlogin.aspx，并且将用户输入的值传递给 newlogin.aspx 页面。newlogin.aspx 页面代码如下所示：

```
    private static string sqlconn=System.Configuration.ConfigurationManager.AppSettings["sqlconn"];
    private SqlConnection con = new SqlConnection(sqlconn);
    if (Request.QueryString["text"] != null)
    {
        string username = Request.QueryString["text"].Split('|')[0];
        string pwd = Request.QueryString["text"].Split('|')[1];
        string sql = "select count(*) from userlogin where username='" + username + "' and userpwd='" + pwd + "'";
        SqlCommand cmd = new SqlCommand();
        cmd.Connection = con;
        cmd.CommandText = sql;
        con.Open();
        int a = Convert.ToInt32(cmd.ExecuteScalar());
        con.Close();
        if (a > 0)
        {
            Response.Write("1");
            Response.End();
        }
        else
        {
            Response.Write("0");
            Response.End();
        }
    }
```

如上代码所示，在该页面中核对用户输入的信息，如果核对信息正确则返回 1，否则返回 0。1 和 0 最终要返回到 login.aspx 页面中。

## 16.5 首页模块

用户成功登录后会进入主界面，在主界面中可以进行各种管理操作。主界面是由多个单独的页面组合而成的,主界面的主体部分包括两个部分,左侧是标题的列表界面,右侧是对数据进行操作的界面。下面通过代码讲述主界面。

如下代码为 index.aspx 页面,也即成功登录之后跳转到这个页面,在该页面中使用 <frame> 标记绑定多个页面,组合成一个新的页面,index.aspx 页面代码如下所示:

```
< frameset frameSpacing=0 rows=80,* frameBorder=0>
< frame name="top" src="../index/top.aspx" frameBorder="0" noResize scrolling="no" />
< frame frameSpacing="0" frameBorder="0" cols="220,*" />
< frame name="menu" src="../index/menu.aspx" frameBorder="0" noResize/>
< frame name="dmMain" src="../index/WebForm2.aspx" frameBorder="0"></ frameset >
<noframes>
    <p>
        您的浏览器不支持框架
    </p>
</ noframes >
</ frameset >
```

index.aspx 页面的运行效果如图 16-3 所示。

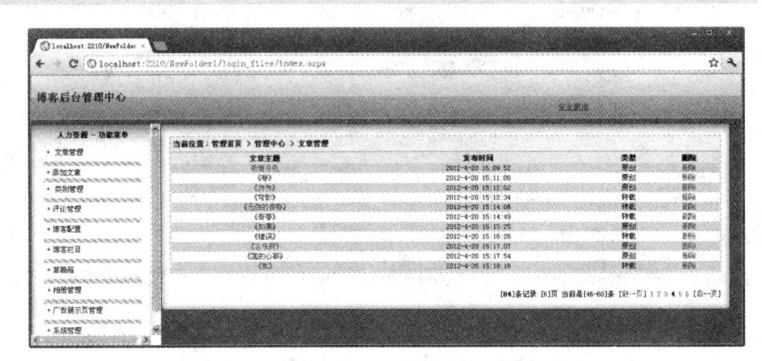

图16-3　index.aspx页面的运行效果

## 16.6　文章管理模块

通过上几个步骤,系统的基本框架已经搭建完成了。接下来的工作就是在这个框架上实现博客的功能,文章模块是后台博客管理的核心模块。主要功能有:提供一个文章列表,查看文章的详细内容以及删除文章。

### 16.6.1　添加文章信息

添加文章信息是文章模块的重要模块之一,作为博客系统,为最终用户提供浏览文章内容的功能是必不可少的。单击左侧的添加文章链接,会调用 addarticle.aspx 页面,将该页面绑定在主页面的右侧。下面通过多线程实现添加文章信息。

addarticle.aspx 页面的示例代码如下所示:

```
<form id="form1" method="post" runat="server">
<table>
    <tr style=" margin-bottom:10px;">
```

```html
      <td><span style=" font-size:15px;">文章标题</span></td>
    </tr>
<tr>
  <td>
    <select style=" width:8%; height:18px;" id="atype">
      <option value="-1">请选择</option>
      <option value="1">原创</option>
<option value="2">转载</option>
    </select>
      <input type="text" id="title" style=" width:60%; height:18px;" required="required"/>
    </td>
    </tr>
      <tr style=" margin-bottom:10px;">
<td><span style=" font-size:15px;">文章内容<br /></span></td>
    </tr>
    <tr>
      <td align="center">
           <textarea id="text" required="required"></textarea>
      </td>
    </tr>
    <tr>
      <td align="right" height=25>
           <input type="button" onclick="test()" value="确定" style=" width:70px; height:30px;"/>
      </td>
    </tr>
</table>
</form>
```

如上代码所示，在 addarticle.aspx 页面中单击确定按钮时会触发 JavaScript 函数，JavaScript 示例代码如下所示：

```javascript
    function test() {
    var atype = document.getElementById("atype").value;
    var title = document.getElementById("title").value;
    var text=document.getElementById("text").value;
    var worker = new Worker("JScript2.js");
    var str = atype + "|" + title + "|" + text;
    worker.postMessage(str);
    worker.onmessage = function (event) {
     if (event.data == "1") {
        alert("数据添加成功");
        window.location = "WebForm2.aspx";
     }
     else {
        alert("数据添加失败");
       }
    }
   }
```

如上述代码所示，JavaScript 函数使用 Worker 对象调用了 JScript2.js 文件，并且将文章的相关信息传递过去，JScript2.js 文件示例代码如下所示：

```javascript
onmessage = function (event) {
    var xhr = new XMLHttpRequest();
    xhr.open("post", "WebForm6.aspx?text=" + event.data);
    xhr.onreadystatechange =
    function () {
        var result = xhr.responseText;
        if (xhr.readyState == 4) {
            postMessage(result);
        }
    }
    xhr.send(event.data);
}
```

如上代码所示，在线程中使用 ajax 技术与服务器进行交互，同时，在 JScript2.js 文件中以 post 方式提交表单，提交的地址是 WebForm6.aspx 页面，WebForm6.aspx 页面示例代码如下所示：

```csharp
    if (Request.QueryString["text"] != null)
    {
        string id=System.DateTime.Now.Month+" "+System.DateTime.Now.Day
+" "+System.DateTime.Now.Hour +" "+System.DateTime.Now.Minute+" "+System.
DateTime.Now.Second + " " + System.DateTime.Now.Millisecond;
        string str=Request.QueryString["text"];
        string atype = str.Split('|')[0];
        string title = str.Split('|')[1];
        string text = str.Split('|')[2];
        string date = System.DateTime.Now.ToString();
        string sql = "insert into article values(@title,@neirong,@time,@type,@id)";
        SqlParameter[] para ={
                            new SqlParameter("@title",title),
                            new SqlParameter("@neirong",text),
                            new SqlParameter("@time",date),
                            new SqlParameter("@type",atype),
                            new SqlParameter("@id",id)
                        };
    SqlCommand cmd = new SqlCommand();
    cmd.Connection = con;
    cmd.CommandText = sql;
    cmd.Parameters.AddRange(para);
    con.Open();
    int a = cmd.ExecuteNonQuery();
    con.Close();
    if (a > 0)
    {
    Response.Write("1");
    Response.End();
    }
    else
```

```
        {
            Response.Write("0");
            Response.End();
        }
    }
```

如上述代码，在 WebForm6.aspx 页面中将用户输入的文章信息保存到数据库中，如果保存成功返回 1，否则返回 0，而且 1 和 0 最终返回到 addarticle.aspx 页面。

上述代码的运行效果如图 16-4 所示。

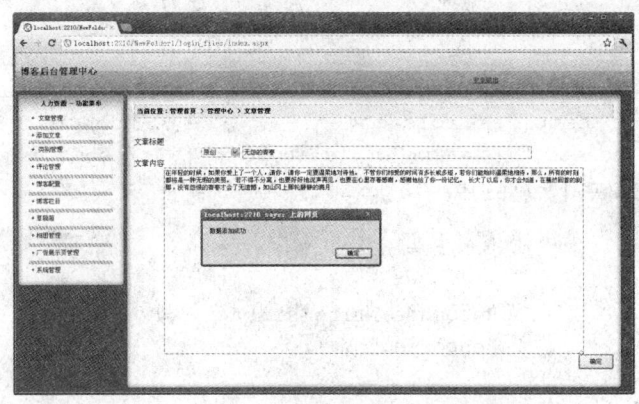

图16-4 添加文章的运行效果

## 16.6.2 查看文章信息

查看文章详情是博客系统中最重要的模块之一，阅读博客中文章的内容才是浏览者登录博客网站的主要目的，而不是仅仅查看文章的标题和摘要。在图 16-3 中单击文章标题链接，就会进入文章的阅读页面。

查看文章详情首先需要从绑定文章数据时分析，单击文章管理时，会将文章的相关信息绑定到 WebForm2.aspx 页面中。单击 WebForm2.aspx 中的文章列表的标题，会跳转到 WebForm5.aspx，WebForm2.aspx 页面是对应标题的详细内容。

将文章信息绑定到 WebForm2.aspx 页面中的后台示例代码如下所示：

```
if (Request.QueryString["type"] != null)
{
    string sql = "select articletitle,articleneirong,articletime,(case articletype when 1 then '原创' else '转载' end) as articletype,articleid from article";
    SqlCommand cmd = new SqlCommand();
    cmd.Connection = con;
    cmd.CommandText = sql;
    SqlDataAdapter apater = new SqlDataAdapter(cmd);
    DataSet ds = new DataSet();
    apater.Fill(ds);
    string str = "";
    int a = 1;
    foreach (DataRow temp in ds.Tables[0].Rows)
    {
        if (a % 2 == 0)
        {
            str += "<tr style=\"background-color:White;\"><td><a
```

```
                 href=\"WebForm5.aspx?id=" + temp["articleid"] + "\" target=\"dmMain\">"
                 + temp["articletitle"] + "</a></td><td>" + temp["articletime"] + "</
                 td><td>" + temp["articletype"] + "</td><td><a href=\"#\" onclick=\"del('" +
                 temp["articleid"] + "')\">删除</a></td></tr>";
                 }
                 else
                 {
                             str += "<tr style=\"background-color:#dddfff;\"><td><a
                 href=\"WebForm5.aspx?id=" + temp["articleid"] + "\" target=\"dmMain\">"
                 + temp["articletitle"] + "</a></td><td>" + temp["articletime"] + "</
                 td><td>" + temp["articletype"] + "</td><td><a href=\"#\" onclick=\"del('" +
                 temp["articleid"] + "')\">删除</a></td></tr>";
                 }
                 a = a + 1;
             }
             Response.Write(str);
             Response.End();
        }
```

如上述代码所示，在绑定文章相关信息数据时，为文章标题绑定一个连接，同时为连接指向一个 WebForm5.aspx 页面，在 WebForm5.aspx 页面中绑定指定行的信息，WebForm5.aspx 示例代码如下所示：

```
<form id=form1 name=form1 method=post>
    <table id=grid >
            <%--主要内容--%>
    <tbody>
        <%getinfo();%>
    </tbody>
    </table>
</form>
```

上述代码中可以看出，在前台页面中绑定一个后台的 getinfo() 方法。在后台代码中，该方法的作用是输出查询的文章信息，后台 getinfo() 方法示例代码如下所示：

```
    if (Request.QueryString["id"] != null)
    {
        string sql = "select articleid,articletitle,articleneirong,articleti
me,(case articletype when 1 then '原创' else '转载' end) as articletype from
article where articleid='" + Convert.ToString(Request.QueryString["id"]) +
"'";
        SqlCommand cmd = new SqlCommand();
        cmd.Connection = con;
        cmd.CommandText = sql;
        SqlDataAdapter apater = new SqlDataAdapter(cmd);
        DataSet ds = new DataSet();
        apater.Fill(ds);
        string str = "";
      str += "<tr><td>文章主题:" + ds.Tables[0].Rows[0]["articletitle"] + "</
a></td><td>发布时间:" + ds.Tables[0].Rows[0]["articletime"] + "</td><td>文章类型
```

```
:" + ds.Tables[0].Rows[0]["articletype"] + "</td></tr>";
    str += "<tr style=\"; background-color:#dddfff;\"><td colspan=\"3\" style=\"height:100px; width:100%;text-align:left;padding-top:0px;valign=\"top\"\">" + ds.Tables[0].Rows[0]["articleneirong"] + "</td></tr>";
    Response.Write(str);
}
```

上述代码的运行效果如图 16-5 所示。

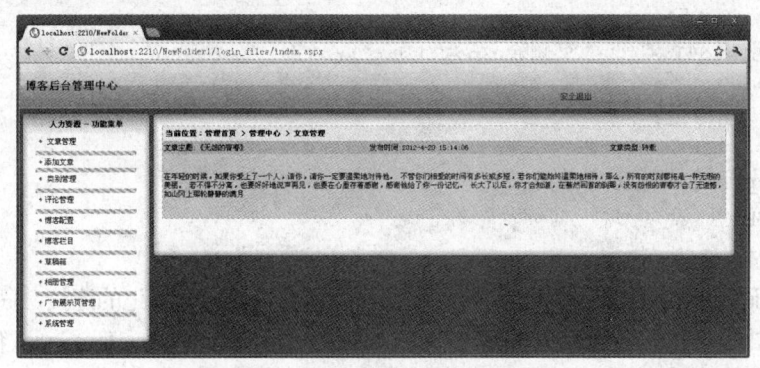

图16-5 文章详细信息的运行效果

## 16.6.3 删除文章记录

删除文章信息功能是博客管理系统中的重要部分,对于已经没有价值的文章内容,可以进行删除处理。

执行删除指定文章的操作时,首先需要从绑定文章数据时分析,单击文章管理时会将文章的相关信息绑定到 WebForm2.aspx 页面中。

将文章信息绑定到 WebForm2.aspx 页面中的后台示例代码如下所示:

```
if (Request.QueryString["type"] != null)
{
    string sql = "select articletitle,articleneirong,articletime,(case articletype when 1 then '原创' else '转载' end) as articletype,articleid from article";
    SqlCommand cmd = new SqlCommand();
    cmd.Connection = con;
    cmd.CommandText = sql;
    SqlDataAdapter apater = new SqlDataAdapter(cmd);
    DataSet ds = new DataSet();
    apater.Fill(ds);
    string str = "";
    int a = 1;
    foreach (DataRow temp in ds.Tables[0].Rows)
    {
        if (a % 2 == 0)
        {
            str += "<tr style=\"background-color:White;\"><td><a href=\"WebForm5.aspx?id=" + temp["articleid"] + "\" target=\"dmMain\">" + temp["articletitle"] + "</a></td><td>" + temp["articletime"] + "</
```

```
td><td>" + temp["articletype"] + "</td><td><a href=\"#\" onclick=\"del('" +
temp["articleid"] + "')\">删除</a></td></tr>";
        }
        else
        {
                str += "<tr style=\"background-color:#dddfff;\"><td><a
href=\"WebForm5.aspx?id=" + temp["articleid"] + "\" target=\"dmMain\">"
+ temp["articletitle"] + "</a></td><td>" + temp["articletime"] + "</
td><td>" + temp["articletype"] + "</td><td><a href=\"#\" onclick=\"del('" +
temp["articleid"] + "')\">删除</a></td></tr>";
        }
      a = a + 1;
    }
    Response.Write(str);
    Response.End();
}
```

如上述代码所示，在绑定文章信息时绑定了一个前台页面 <a> 标记的连接，同时为 <a> 标记绑定了 id，单击 <a> 标记会触发 WebForm2.aspx 页面的 JavaScript 代码，JavaScript 代码如下所示：

```
function del(delid) {
    if (confirm("确定删除数据吗")) {
        var worker = new Worker("JScript1.js");
        var str = "del" + "|" + delid;
        worker.postMessage(str);
        worker.onmessage = function (event) {
            document.getElementById("ttbody").innerHTML = event.data;
            alert("删除成功");
        }
    }
}
```

如上述代码所示，单击文章列表中的删除连接时触发 del() 函数，在该函数中调用了 JScript1.js 线程，JScript1.js 代码如下所示：

```
onmessage = function (event) {
    if (str == "del") {
        var str = event.data.split("|")[1];
        var xhr = new XMLHttpRequest();
        xhr.open("post", "WebForm4.aspx?id=" + str);
        xhr.onreadystatechange =
            function () {
                var result = xhr.responseText;
                if (xhr.readyState == 4) {
                    postMessage(result);
                }
            }
        xhr.send(str);
    }
}
```

如上述代码所示，在多线程中使用 ajax 与服务器进行交互，同时以 post 请求的方式指定了

## 制作博客后台管理 第16章

WebForm4.aspx 页面作为提交的地址，并且使用 result 接受返回的值，WebForm4.aspx 页面示例代码如下所示：

```
        if(Request.QueryString["id"]!=null)
    {
            string sql = "delete from article where articleid='" + Convert.
ToString(Request.QueryString["id"])+ "'";
        SqlCommand cmd = new SqlCommand();
        cmd.Connection = con;
        cmd.CommandText = sql;
        con.Open();
        int a = cmd.ExecuteNonQuery();
        con.Close();
        if (a > 0)
        {
            string str = getinfo();
            Response.Write(str);
            Response.End();
        }
        else
        {
            Response.Write("删除失败");
            Response.End();
        }
    }
```

如上述代码所示，该代码段的作用是删除文章信息。如果删除成功则会调用 getinfo() 函数，该函数的功能是查询出所有保留的文章信息，getinfo() 函数的示例代码如下所示：

```
        public string getinfo()
        {
            string sql = "select articletitle,articleneirong,articletime,(
case articletype when 1 then '原创' else '转载' end) as articletype,articleid
from article";
        SqlCommand cmd = new SqlCommand();
        cmd.Connection = con;
        cmd.CommandText = sql;
        SqlDataAdapter apater = new SqlDataAdapter(cmd);
        DataSet ds = new DataSet();
        apater.Fill(ds);
        string str = "";
        int a = 1;
        foreach (DataRow temp in ds.Tables[0].Rows)
        {
            if (a % 2 == 0)
            {
                str += "<tr style=\"background-color:White;\"><td><a
href=\"WebForm5.aspx?id=" + temp["articleid"] + "\" target=\"dmMain\">"
+ temp["articletitle"] + "</a></td><td>" + temp["articletime"] + "</
td><td>" + temp["articletype"] + "</td><td><a href=\"#\" onclick=\"del('" +
temp["articleid"] + "')\">删除</a></td></tr>";
```

```
            }
        else
        {
                str += "<tr style=\"background-color:#dddfff;\"><td><a
href=\"WebForm5.aspx?id=" + temp["articleid"] + "\" target=\"dmMain\">"
+ temp["articletitle"] + "</a></td><td>" + temp["articletime"] + "</
td><td>" + temp["articletype"] + "</td><td><a href=\"#\" onclick=\"del('" +
temp["articleid"] + "')\">删除</a></td></tr>";
            }
            a = a + 1;
        }
        return str;
    }
```

在 WebForm4.aspx 代码中删除指定的文章信息，同时返回所有保留的文章信息。上述代码的运行效果如图 16-6 和图 16-7 所示。

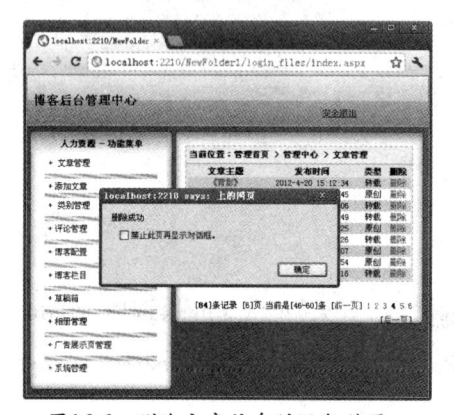

图16-6　删除文章信息的运行效果 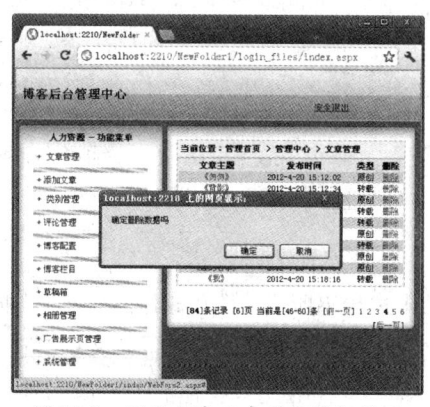　　　　图16-7　删除文章信息后的运行效果

## 16.7　相册管理模块

相册管理模块的作用是添加和展现相册，使用 JavaScript 代码机制展现需要的上传图片，可以提高执行的效率，JavaScript 代码如下所示：

```
    <from form id="form1" enctype="multipart/form-data" method="post"
target="_self" runat="server">
    <input type="file" id="bookfile" multiple="true" name="bookfiles"
style=" height:18px;" />  
    <input type="button" value="预览" onclick="getFilesInfo()" style="
width:70px; height:25px;"/>
    <input type="button" onclick="test()" value="上传" style=" height:25px;
width:70px;"/>
        <table width="100%" class="prod" border="1" style=" border-
color:#dddfff;">
    <thead>
        <tr style=" text-align:center;">
```

```
                <td>文件名称</td>
                <td>文件大小</td>
                <td>文件类型</td>
                <td>图片<td>
        </tr>
    </thead>
        <tbody id="tFiles"></tbody>
    </table>
    <div id="text">
        <div class="test" >
            <p><img src="newimage/01.jpg" style=" height:200px; width:200px;"/><p>
            <p><img src="newimage/02.jpg" style=" height:200px; width:200px;"/></p>
            <p><img src="newimage/51.jpg" style=" height:200px; width:200px;"/></p>
            <p><img src="newimage/7.jpg" style=" height:200px; width:200px;"/></p>
        </div>
    </div>
</form>
```

如上述代码所示，单击预览按钮和上传按钮时会触发 JavaScript 函数，JavaScript 函数的示例代码如下所示：

```
        function $(id) { return document.getElementById(id); }
        function getFilesInfo() {
            var str = "";
            var result = $("tFiles");
            for (var i = 0; i < $("bookfile").files.length; i++) {
                var aFile = $("bookfile").files[i];
                if (typeof FileReader == "undefined") {
                    alert("对不起，您的浏览器不支持FileReader接口，将无法正常使用本程序。");
                } else {
                    var fd = new FileReader();
                    fd.readAsDataURL(aFile);
                    fd.onload = function (res) {
                        str = "<tr style=\"text-align:center\"><td>" + aFile.name + "</td><td>" + aFile.size + "字节</td><td>" + aFile.type + "</td><td><img src=" + this.result + " width=100/></td></tr>";
                        result.innerHTML+= str;
                    }
                }
            }
            result.innerHTM += "<tr><td colspan='4'>本次一共上传" + $("bookfile").files.length + "个文件。</td></tr>";
        }
        function test() {
            document.getElementById("form1").submit();
        }
```

如上代码所示，单击预览按钮时触发 getFilesInfo() 函数，该函数将选中图片信息，将其显示到网页上面。单击上传按钮时触发 test() 函数，该函数将表单提交到本页面后台，后台代码如下所示：

```
    if (IsPostBack)
```

```
        {
            int iTotal = Request.Files.Count;              //获取文件数量
            if (iTotal == 0)
            {
                _msg = "没有数据";
            }
            else
            {
                for (int i = 0; i < iTotal; i++)           //循环进行上传
                {
                    HttpPostedFile file = Request.Files[i];
                    if (file.ContentLength > 0 || !string.IsNullOrEmpty(file.FileName))
                    {
                        //保存文件
                        file.SaveAs(System.Web.HttpContext.Current.Server.MapPath("images/"+ Path.GetFileName(file.FileName)));
                    }
                }
                _msg += "一共上传" + iTotal + "个文件。";
            }
            Page.ClientScript.RegisterStartupScript(Page.GetType(), "", "<script>alert('" + _msg + "');</script>");
        }
```

如上代码所示，单击上传按钮时，将选中的图片上传到服务器下的 images 文件夹下，上述代码的运行效果如图 16-8 所示。

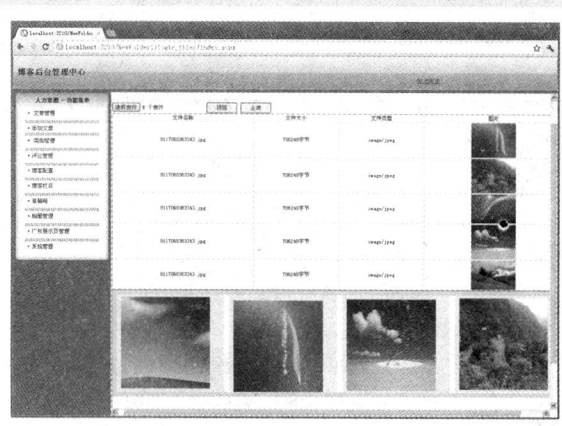

图16-8　上传图片的运行效果

## 16.8　本章小结

本章从我们非常熟悉的博客为话题，逐步展开需求分析、功能分析、数据库设计以及实现各个功能等一系列过程，并最终编码实现。

在本章中全是通过 HTML 与服务器进行交互，HTML 与服务器进行交互的异步操作，提高了程序的执行效率；在处理应用程序时，将主线程序进行了分割，分割主线程序可以缩短了程序的执行时间，减少主线程序的负担。客户端脚本语言有利有弊，HTML 的异步操作能够在很大程度上提高代码的执行效率，但是安全性不高，对于敏感数据不建议使用 HTML 来完成。

# 习题答案

## 第1章
## 下一代 Web 开发标准

一、填空题
(1) doctype
(2) W3C
(3) autofocus
(4) mark
(5) max

二、选择题
(1) A
(2) B
(3) D
(4) A

## 第2章
## 从零开始构建 HTML 5 Web 页面

一、填空题
(1) true
(2) <!DOCTYPE html>
(3) article
(4) audio、video
(5) spellcheck

二、选择题
(1) D
(2) C
(3) A
(4) A

## 第3章
## 使用 HTML 5 结构元素构建网站

一、填空题
(1) html
(2) meta
(3) progress
(4) true
(5) cite

二、选择题
(1) B
(2) D
(3) D
(4) C

## 第4章
## 基于 HTML 5 的表单

一、填空题
(1) readonly
(2) off
(3) tel
(4) range
(5) checkValidity()

二、选择题
(1) D
(2) C
(3) D
(4) A
(5) D
(6) B
(7) B

## 第5章
## HTML 5 的绘图技术

一、填空题
(1) getContext()
(2) drawImage()
(3) strokeRect()
(4) save()
(5) fill()

二、选择题
(1) C
(2) A
(3) D
(4) D

## 第6章
## HTML 5 中处理视频和音频

一、填空题
(1) source
(2) loop
(3) poster
(4) readyState
(5) true
(6) currentTime

二、选择题
(1) C
(2) D
(3) A
(4) A
(5) B

## 第7章
## HTML 5 与文件

一、填空题
(1) name
(2) if(type of FileReader=="undefined")
(3) readAsText()
(4) onload
(5) ABORT_ERR

二、选择题
(1) D
(2) C
(3) A
(4) B
(5) B

(6) D

# 第 8 章
# HTML 5 的数据处理

一、填空题
(1) getItem()
(2) sessionStorage
(3) clear()
(4) stringify()
(5) executeSql()

二、选择题
(1) B
(2) A
(3) D
(4) C
(5) B
(6) D

# 第 9 章
# HTML 5 的高级功能

一、填空题
(1) manifest
(2) checking
(3) postMessage()
(4) 4
(5) 3

二、选择题
(1) B
(2) D
(3) D
(4) C

# 第 10 章
# CSS 3 样式入门

一、填空题
(1) -ms-
(2) 140

(3) 0
(4) text-shadow:5px 5px 2px #123456
(5) ellipsis

二、选择题
(1) D
(2) C
(3) A
(4) D
(5) C
(6) D
(7) C
(8) B

# 第 11 章
# 使用 CSS 3 选择器

一、填空题
(1) first-line
(2) url
(3) close-quote
(4) upper-roman

二、选择题
(1) B
(2) C
(3) A
(4) A

# 第 12 章
# CSS 3 边框和背景样式

一、填空题
(1) border-color
(2) collapse
(3) background-clip
(4) inset

二、选择题
(1) C
(2) A
(3) C

(4) D

# 第 13 章
# CSS 3 新增变形和过滤

一、填空题
(1) translate
(2) rotate(45deg)
(3) all
(4) @keyframes
(5) animation-name

二、选择题
(1) B
(2) D
(3) C
(4) C
(5) B
(6) D
(7) A
(8) B

# 第 14 章
# CSS 3 布局样式

一、填空题
(1) overflow
(2) column-count
(3) column-width
(4) column-span
(5) 6

二、选择题
(1) B
(2) D
(3) D
(4) C